发酵过程解析、控制与检测技术

第二版

史仲平　潘　丰　编著

化学工业出版社

·北京·

图书在版编目（CIP）数据

发酵过程解析、控制与检测技术/史仲平，潘丰编著．—2版．—北京：化学工业出版社，2010.1
（现代发酵工程丛书）
ISBN 978-7-122-07121-7

Ⅰ.发…　Ⅱ.①史…②潘…　Ⅲ.发酵工程　Ⅳ.Q81

中国版本图书馆CIP数据核字（2009）第211814号

责任编辑：傅四周　孟嘉　　　　装帧设计：关　飞
责任校对：战河红

出版发行：化学工业出版社（北京市东城区青年湖南街13号　邮政编码100011）
印　　装：北京科印技术咨询服务有限公司数码印刷分部
787mm×1092mm　1/16　印张16　字数469千字　　2010年2月北京第2版第1次印刷

购书咨询：010-64518888　　　　售后服务：010-64518899
网　　址：http://www.cip.com.cn
凡购买本书，如有缺损质量问题，本社销售中心负责调换。

定　　价：68.00元

序

中国20世纪早期的发酵工业多限于厌氧发酵产品的生产，如乙醇、丙酮、丁醇及酿酒等。20世纪40年代初，需氧的青霉素发酵在多学科学者的通力协作下，在美国投入了工业化生产。关于从自然界筛选和优化菌种的方法，以及需氧发酵过程中诸多规律性研究成果——《生化工程学》也伴随而生。这标志着现代发酵工业新纪元的开始。它不但以很快的速度催生了多系列的需氧发酵产业，同时也使原有的厌氧发酵业界受益匪浅。择其要者简述如下：

抗生素　中国20世纪50年代早期在上海开始生产青霉素。如今中国是青霉素的生产大国，并具有多家综合性大型抗生素厂，医用抗生素种类基本齐全，但半合成头孢菌素的生产能力不足。

氨基酸　中国用微生物发酵法代替面筋酸水解法工业化生产谷氨酸，于1964年在上海投产。现在几乎全部的L-氨基酸都可用发酵法生产；只有少数几种氨基酸采用固定化菌体（酶）催化不对称水解化学合成的DL-氨基酸-*N*-酰化衍生物的方法，实现光学拆分，最终获得高得率的L-氨基酸。

酶制剂　中国的微生物酶制剂发酵工业于1965年在无锡首先投产。当时品种虽少，但相关工业行业受益颇丰。1990年美国食品和药物管理局（FDA）批准以安全菌株构建的凝乳酶基因工程菌投入工业使用之后，国外大型酶制剂生产公司的基因工程菌酶制剂于20世纪90年代中期进入中国，并建立了控股公司或独资公司，销售3个等级10多个系列的产品。

有机酸　中国用发酵法生产有机酸是20世纪80年代兴起的。以柠檬酸、L-乳酸、L-苹果酸和衣康酸等为主。其中柠檬酸产量居世界第二位，年出口额2亿美元以上，为世界第一，也是中国化工行业单项出口额最大的产品。

维生素　维生素发酵在我国起步较早，已形成规模化生产的主要是维生素B_{12}、维生素B_2和维生素C。中国科学家于20世纪70年代末期发明的双菌协同发酵生物合成维生素C的“二步发酵法”，一举取代了沿用近半个世纪的“莱氏化学合成法”，成为当今国际通用的维生素C生产法。中国已成为维生素C的生产大国，也是技术强国。

燃料乙醇　汽油中添加10%～15%的无水乙醇可获得良好的抗震性，乙醇的助燃性可明显降低汽车尾气对城市的大气污染。中国多省已法定在车用汽油中添加定量无水乙醇，全国大有跟进之势，因而燃料乙醇业有望成为中国最大的发酵产业之一。生产燃料乙醇所消耗的能量大于产出燃料乙醇的能量，是国际上多年来尚未攻克的难题。

酿酒工业　以大曲酒为代表的蒸馏酒传承着中国独有的酿造文化和历史，不同的香型和口感具有明显的产地特征，造就了不少驰名中外的名牌。啤酒源于外国，但近十余年来国内啤酒业已经实现了集约化和现代化，产量位居世界第二。如今酿酒工业的年产值逾千亿元。

当前，中国发酵工业多数产品的技术经济指标均落后于国际先进水平。特别是产品的分离纯化技术进步不快，高纯度等级产品的产量低、成本高。以氨基酸、酶制剂为例，尽管中国不乏优良的生产菌株，可是高纯度等级的产品需要进口。要扭转这种局面，从业人员的继续学习是必由之路。另外，优良的生产菌种是发酵工业的源头，菌种又是在生产过程和环境中极易流失的资源。期待这种产权尽快得到切实、有力的保护，以促进跨学科间的协作。

《现代发酵工程丛书》着眼于提升发酵工业水平的共性技术。内容侧重实用，原理的阐述深入浅出。丛书约十册，先期出版以下五册。

一、现代发酵微生物实验技术

微生物是发酵工业的根本，优良菌株是上佳发酵结果的前提，生产过程中不断强化菌种的性能是保持技术经济优势的必需。中国青霉素发酵液的效价从20世纪50年代的每毫升数千国际单位，提高到6万国际单位以上。据业界总结，菌种强化的贡献约为50％。

本书含81项实验。包括显微技术、细胞特殊结构的观察、代谢调控育种、原生质体融合育种和基因工程等定向育种技术，以及相关新型仪器设备的使用。书中图文并茂，特别适于在学者学习和在职者继续学习时阅读参考。

二、高细胞密度发酵技术

许多发酵的产物积累于菌体细胞内部。要获得这些产物的高生产强度，理想的办法是在维持产率系数和比生产率不降低的同时，尽可能提高发酵液内细胞的密度。但实现高密度发酵并非易事，这涉及液内传质的强化、加速溶氧的供给、基质改良和流加优化控制、有害副产品的随程移除和反应器合理设计等问题的解决。

高细胞密度发酵技术是随着基因工程重组药物生产的需要而发展起来的一项发酵工程新技术。书中详细阐述了它的进展和应用实例，显示了该技术广阔的应用前景。

三、微生物酶与应用生物催化

本书着重阐述微生物酶与生物转化的基本知识与应用，具有实用性和前沿性。微生物酶不但具有所催化底物的专一性，还有底物分子上相同反应基团所在位点的专一性，以及消旋体异构物的选择性，后者对手性化合物的合成具有特别重要的价值。结合固定化酶或固定化细胞技术的生物转化法，大大拓宽了发酵工业的领域。目前，愈来愈多的原来用化工合成的药物和其他精细化工产品改用生物转化法生产，获得高效率、低能耗和低污染的结果。

四、现代固态发酵与酶制剂生产

固态发酵源于中国，酱油发酵已有千年的历史。固态发酵技术用于酶制剂生产的潜在优势早就引起国内外学者的重视。本书主要取材于近10年来数百篇国外研究论文，结合作者的研究经验，详细地介绍了固态发酵的理论基础、过程参数的测量方法和控制技术、固态发酵动力学的研究方法和过程的优化控制技术等。书中还介绍了多种酶制剂的固态发酵的生产实例。

五、发酵过程解析、控制与检测技术

发酵过程的在线检测、实时在线控制和流加过程的优化是提高发酵总体水平的有效途径。本书结合具体的发酵实例，归纳、阐述和系统地总结了发酵过程在线检测、在线自适应控制和最优化控制理论，并对模糊逻辑推理、人工神经网络、代谢网络模型、状态预测模型或识别等方法与技术作了介绍。

本书对所论述的控制方法和技术均附有应用实例，有助于继续学习者对内容的理解。

本丛书的作者都是多年来工作在科研第一线的学者。他们在百忙之中不辞辛劳，为读者撰写了这套丛书。相信该丛书的面世将会为发酵工业技术水平的提升有所贡献。

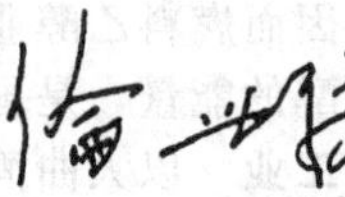

第二版前言

工业生物行业（包括发酵食品、饲料、化学品、医药品、能源等），是关系到国计民生的国民经济支柱产业之一。但是，目前我国工业生物行业普遍存在着工艺与装备落后、自动化水平低、过程操作依赖技术人员和熟练工人的经验知识等问题，这严重制约了工业生物行业的发展和进步。

发酵过程控制和优化技术，既关系到能否发挥菌种的最大生产能力、提高发酵效率，又影响到下游处理的难易程度，在整个发酵过程中是一项承上启下的关键工程技术，它同时也是发酵工程技术的一个重要分支。由于发酵过程的特征明显，如动力学模型呈高度非线性和强时变性、重要状态变量难以在线测量、过程响应速度慢等，传统的过程控制和优化方法难以适应发酵过程控制优化的特殊要求。开发和建立与发酵过程特征相适应的、具有共性特征的发酵过程解析、控制和最优化技术，对于提升我国工业生物行业的整体技术水平、实现科学技术的产业化具有重要意义。

本书对发酵过程解析、控制与优化的关键技术和方法进行了比较系统和详细的介绍和总结。在归纳总结编著者原创性成果的基础上，充分借鉴国内外同行的研究成果，结合具体发酵过程实例，详细介绍了一些处于前沿、先进的发酵工程技术，如发酵过程在线检测技术、在线自适应控制和最优化控制技术，特别是引入模糊逻辑推理、人工神经网络、代谢网络模型等技术的过程控制和优化、状态预测、模式识别、故障诊断的新方法。与此同时，本书比较侧重技术内容的系统性和通用性，一些关键技术，如基于人工网络模式识别模型的在线控制系统和基于代谢分析的在线控制系统，可通用扩展于基因重组菌高密度流加培养表达生产外源蛋白的发酵过程，和以氨基酸、有机酸为代表的、好氧通风型大宗发酵产品的生产过程。由于该书所涉及的内容横跨发酵工程和自动控制两个不同的领域，属于典型的学科交叉型技术范畴，为了帮助读者接受、理解、参考借鉴所介绍的专业技术和知识，本书引用了大量具有典型特征的、发酵过程和控制优化的实例，并对如何将理论应用于实际进行了比较详细的说明和诠注。本书自 2005 年出版发行以来，受到相关领域科研人员、高校教师和学生的好评，曾经获得 2006 年度中国石油和化学工业协会科技进步奖二等奖。

为进一步满足读者的需求、拓宽读者的群体范围、提高可读性，编著者和化工出版社经过充分调研，在第一版的基础上对本书进行了重新编排组织和修改加工。主要修订内容包括：1）添加补充了相关的、介绍新型前沿技术的内容；2）研究实例介绍的进一步充实和完善；3）加入适量习题（含答案），以帮助读者理解和掌握书中内容。本书一共分成十章。本书第 1、3～9 章由江南大学生物工程学院史仲平编写，第 2、10 章由江南大学通信与控制学院潘丰编写。本书可以用做在相关企业、高等院校、科研院所中从事发酵生产、科研开发、质量管理的科技人员的参考书，也可作为大专院校的本科生、研究生及其他相关读者的教材和学习参考书使用。

由于作者的能力与水平有限，错误和不足之处在所难免，错漏之处，诚恳希望读者批评指正。

编著者
2010 年 1 月

第一版前言

最近几十年来，以基因工程技术、细胞大量培养技术和生物反应器技术等为基础的发酵过程技术已经成为化学工业、农业、食品工业、医药工业以及能源等国民经济行业的关键技术之一。随着上述行业的迅速发展，发酵产品生产规模和品种不断增加，对于发酵过程进行控制和优化的要求也越来越迫切。作为发酵中游技术中心的发酵过程控制和优化技术，既关系到能否发挥菌种的最大生产能力，又会影响到下游处理的难易程度，在整个发酵过程中是一项承上启下的关键技术。但是，与一般的物理和化学过程相比，发酵过程有着迥然不同的动力学特征，如动力学模型呈高度的非线性和强烈的时变性、大多数生物状态变量难以在线测量、过程响应速率慢、在线测量带有大幅时间滞后等。因此，发展和建立与发酵过程的特点相适应、具有共性的发酵过程解析、控制和最优化技术，对于提高发酵过程的总体性能，提高目的产物的产率产量、生产强度及原料的转化率，将起到至关重要的作用。

鉴于发酵过程的上述基本特征，特别是其强烈的非线性、时变性和基本生物量难以在线测量的特征，对发酵过程实施在线检测和有效的实时在线控制和优化势在必行，发酵过程在线控制和最优化成为提高发酵总体生产水平的最为有效的途径。然而，国内有关发酵过程解析、控制与优化的书籍一般都是以基于离线动力学模型的离线控制和最优化为基础的，实时在线检测和控制也仅仅涉及到常规测量变量，如温度、压力、溶氧浓度、pH 以及发酵尾气分压等的测量和简单的定值控制，从实用的角度来看，这已经远远不能适应发酵过程控制与优化的需要。近年来，国内外不少研究者提出了许多适用于发酵过程在线控制和优化的方法、理论和技术。同时，随着计算机以及相关技术的飞速发展，人工神经网络、模糊逻辑推理等新型人工智能技术也逐步开始渗入到发酵过程的建模、状态预测、模式识别、控制与优化等诸多领域。越来越多的适用于发酵过程的在线实时控制技术，例如基于实时在线模型的自适应控制和在线最优化控制系统，基于人工神经网络和模糊逻辑推理技术的智能型过程控制与优化技术，以及基于代谢网络模型的在线状态预测和控制技术等，被不断地开发出来，并在许多发酵过程中得到了实际应用。然而，国内尚未见有人对这些有关发酵过程在线分析、控制和优化的新的和关键性的理论与技术加以详细和系统性的总结和归纳。

作者多年来一直从事发酵过程的在线检测、解析、控制和优化等方面的研究，通过结合发酵过程自身的特点以及相应的在线检测、过程控制与优化的特有模式，在借鉴国外有关最新研究成果和作者自身完成的研究实例的基础上编撰了此书。本书对发酵过程的解析、控制与优化，特别是在线检测、在线状态预测和模式识别以及在线控制和最优化控制的技术和方法，进行了比较系统和详细的介绍和总结。在介绍基本过程解析、控制和最优化技术的基础上，结合具体的发酵过程实例，着重归纳、阐述和详细系统总结了发酵过程在线检测、在线自适应控制和最优化控制，以及引入模糊逻辑推理、人工神经网络、代谢网络模型等新型的控制和优化、状态预测与模式识别等方法和技术。希望能够对从事发酵工程、生物工程等方面工作的专业人士、研究人员、教师和研究生提供一些有价值的参考以及共性的方法和思路。

本书一共分成九章，第一章为绪论。第二章“生物过程参数在线检测技术”，主要讨论和讲述生物过程的主要状态变量，如溶氧浓度、pH、CO_2 生成速率、O_2 摄取速率、呼吸商、细胞浓度、细胞比增殖速率、基质浓度、代谢产物浓度等的在线测量、推定和计算。第三章“发酵过程控制系统和控制设计原理及应用”是本书的基础部分，主要阐述和讲解发酵过程的各类反应和动力学模型，生物反应器的操作模式和解析，前馈和反馈控制系统的构成，反馈控制器在时间和拉普拉斯域上的稳定性、响应特性和定常特性的分析，反馈控制器的设计方法，以及前馈和反馈控制器在发酵过程中的实际应用。第四章“发酵过程的最优化控制”主要论述了以非构造式动力学模型为基础的最优化控制的基本原理和以最大原理、格林定理、遗传算法为代表、典型的最优化控制的计算方法以及它们在发酵过程中的实际应用。第五章“发酵过程的建模和状态预测”详细论述和探讨了发酵过程的各类数学模型，非构造式动力学模型的建模方法，人工神经网络模型的建模方法和在发酵过程状态预测、模式识别等诸方面的实际应用，卡尔曼滤波器以及在发酵过程在线状态预测中的实际应用。第六章“发酵过程的在线自适应控制”主要介绍基于过程输入输出时间序列数据的自回归移动平均模型的在线自适应控制系统和在线最优化控制的概念、方法以及实际应用。第七章“人工智能控制”主要介绍和阐述了基于人类知识和经验的模糊逻辑控制器和融入人工神经网络技术的模糊神经网络控制系统的概念、构成、计算和调整方法，以及在发酵过程中的实际应用。第八章“利用代谢网络模型的过程控制和优化”简要介绍了代谢网络模型的基本特征，代谢流模型的简化和计算，利用代谢流模型的在线状态预测和在过程控制中的应用。第九章“计算机在生化反应过程控制中的应用”主要讲解了实际工业控制的集散控制系统（DCS）及接口技术，硬件和软件设计，以及计算机控制在柠檬酸、青霉素发酵过程中的实际应用。

本书第一章、第三章～第八章由江南大学生物工程学院史仲平教授编写，第二章、第九章由江南大学通信与控制工程学院潘丰教授编写。在本书的撰写过程中，得到了中国工程院院士、江南大学生物工程学院教授伦世仪先生的热情鼓励。日本九州工业大学情报工学部清水和幸教授、江南大学生物工程学院陈坚教授也对本书的成稿提供了很大的支持，并对内容的修改和完善提供了宝贵的意见。在此谨向他们表示衷心的感谢。

由于作者的能力与水平有限，错误和不足之处在所难免，敬希读者批评指正。

作　者

2004 年 11 月

目录

第一章 绪 论

第一节 发酵过程的特点以及发酵过程的操作、控制、优化的基本特征

发酵工业是我国国民经济的重要支柱产业之一，其兴旺发达直接关系到国计民生。据统计，目前我国发酵行业生产企业有5000多家。根据2004年的国家统计数据，我国生物行业（含发酵食品、发酵化学品、发酵医药品、发酵能源等）的生产总值已达2300亿元人民币。发酵产品既包括诸如医药、精细化学品、化妆品等小生产批量、高附加值的产品，又包含发酵食品、大宗化学品、能源产品等大生产批量、相对低附加值的产品。发酵工程，以基因工程技术、细胞大量培养技术、发酵工程技术等为基础，是21世纪的高新科学技术之一。在农业、食品工业、医药工业、精细化工以及燃料能源工业等诸产业中，发酵工程有着非常广泛的应用空间和良好的发展前景。

发酵工业的特点如下。发酵液中产品浓度低且混有各种副产物，这造成了产品精制回收的极大困难，因此，发酵下游产品的精制回收成本通常要占到总生产成本的50%～70%。与石油化学行业相比，发酵工业虽然操作条件相对温和，但生产强度却非常低。改善发酵生产强度、提高发酵设备的利用效率，可以通过引入液-液萃取、电透析、膜分离等“原位”分离操作单元来加以实现，但是，这又无疑极大地增加了投资成本、操作成本（发酵工艺的复杂化）和能源成本，有时也并不能真正取得预想中的经济效益。

目前我国工业发酵行业普遍存在着工艺与装备落后、缺乏工业规模的发酵过程控制的系统性研究等问题，许多有关过程控制、状态监测、动态优化等新型产业化技术的研发还基本处在起步状态。随着工业生物行业的迅速发展和进步，对于发酵过程进行控制和动态优化的迫切要求也越来越强烈。过程控制和优化是建立在具有能够准确地描述过程动力学特性的数学模型和有效的在线状态变量计量基础上的。与其他行业过程不同，发酵过程有着以下几个非常鲜明的特征：①动力学模型呈高度非线性，建立数学模型困难。②强烈的时变性特征，即过程的动力学特征随发酵时间或批次的变化而变化，因此，传统的、以动力学模型为基础的PID控制系统已经难以满足要求。③能够在线测量的状态参数极其有限，新型的生物传感器在测量稳定性、操作维护条件、价格等方面存在着严重问题，其在工业发酵中的实际应用还有待时日。④产品质量波动大，错误和故障不易早期发现，一旦发现，发酵过程已不可逆转，造成原料的浪费和设备的空转。解决以上问题将是发酵过程控制所面临的主要任务。

发酵过程的最优操作和控制优化的目标在于，要在不改变发酵工艺条件和增加能耗的前提下，解决发酵产品浓度低、副产物杂生、发酵生产效率低等问题，降低精制、回收成本，提高设备使用效率，进而提高发酵工业的整体经济效益。发酵过程的许多环境因子，也就是通常所说的操作条件，如温度、压力、pH、培养基浓度、通风量/搅拌速度等，也是影响发酵过程生产水平的重要因素。利用过程控制和优化的方法，将发酵过程控制在最优的环境或操作条件下，是提高整体发酵水平的一个捷径或者说是一种更简单易行的办法。

具体地讲，发酵过程的控制和优化具有以下特点：①模型是进行过程控制与优化的基础。传

统的动态发酵过程控制优化技术，是建立在非构造式动力学模型（如底物恒速流加、指数流加、分阶段环境控制等）基础上的。上述模型普遍存在着难以适应或描述发酵过程的强时变性特征和非线性特征、模型参数多、物理化学意义不明确且难以计算确定、建模费时费力、通用性能不强等诸多缺点，这严重制约了建立在上述模型基础上的过程控制和最优化系统的有效性和通用能力，传统的自动控制理论难以直接应用（但可以作为重要参考）。②相当数量的工业规模或实验室规模的发酵过程，由于没有合适的定量数学模型可循，其控制与优化操作还必须依靠操作人员的经验和知识来进行，然而，这种依靠经验的操作管理方式要受到操作人员的能力、素质和专业知识等的影响，优化控制性能因人而异、差别很大。③近年来，随着计算机技术和生物技术的飞速发展，以模糊理论和神经网络为代表的智能工程技术，和以代谢反应模型为代表的现代生物过程模型技术已经逐步、大量地渗入到发酵过程的建模、过程状态预测、状态模式识别、产品品质管理、过程故障诊断和早期预警、大规模系统的仿真和模拟、遗传育种乃至过程控制与优化等诸多领域。把先进的过程控制技术、智能工程技术、代谢工程技术与发酵工程融合在一起才是现代发酵过程控制的发展方向和大趋势。

如图 1-1 所示，现代发酵过程控制和优化技术是集反应模型技术、自动控制理论、物理/化学/生物变量在线测量技术、代谢工程、智能工程等于一体的综合性技术门类或学科。它要在使用现有菌种、不改变基本发酵工艺条件和增加能耗的前提下，克服发酵过程存在的诸多控制难点，提高发酵性能。

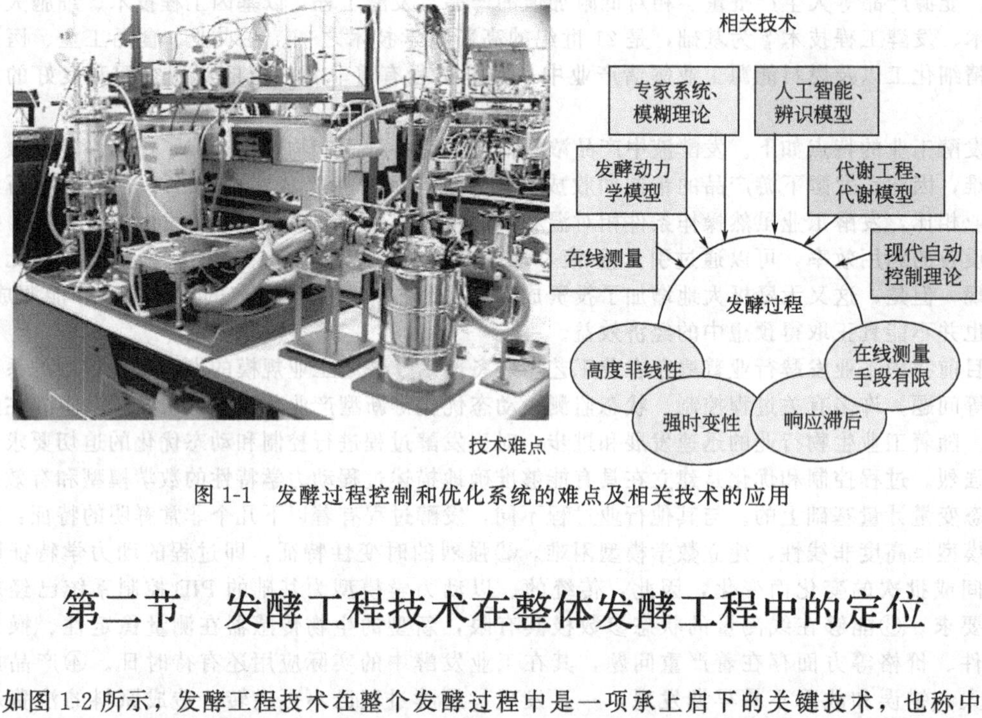

图 1-1　发酵过程控制和优化系统的难点及相关技术的应用

第二节　发酵工程技术在整体发酵工程中的定位

如图 1-2 所示，发酵工程技术在整个发酵过程中是一项承上启下的关键技术，也称中游技术。它既关系到发酵能否发挥菌种的最大生产能力，又影响到下游处理的难易程度。它要在利用现有菌种、基本不改变发酵工艺条件和使用现有产品回收工艺的前提下，提高整体发酵水平，实现国家所大力倡导的“原料吃干榨尽，提高产品质量，节能减排”的高效、绿色、环保型的工业生产模式。

发酵工程技术主要包括生物反应器技术、新型发酵工艺和发酵过程控制技术这三大方面（图 1-3）。一般而论，生物反应器技术是要利用传质、传热等化学工程的手段，对发酵过程的性能指标进行优化，其研究范围一般限定于伴随有高黏度、高密度细胞、传质（葡萄糖、O_2 等）不均和对剪切力敏感等特征的发酵领域，如微生物多糖和生物聚合物发酵、微生物高密度流加培养、

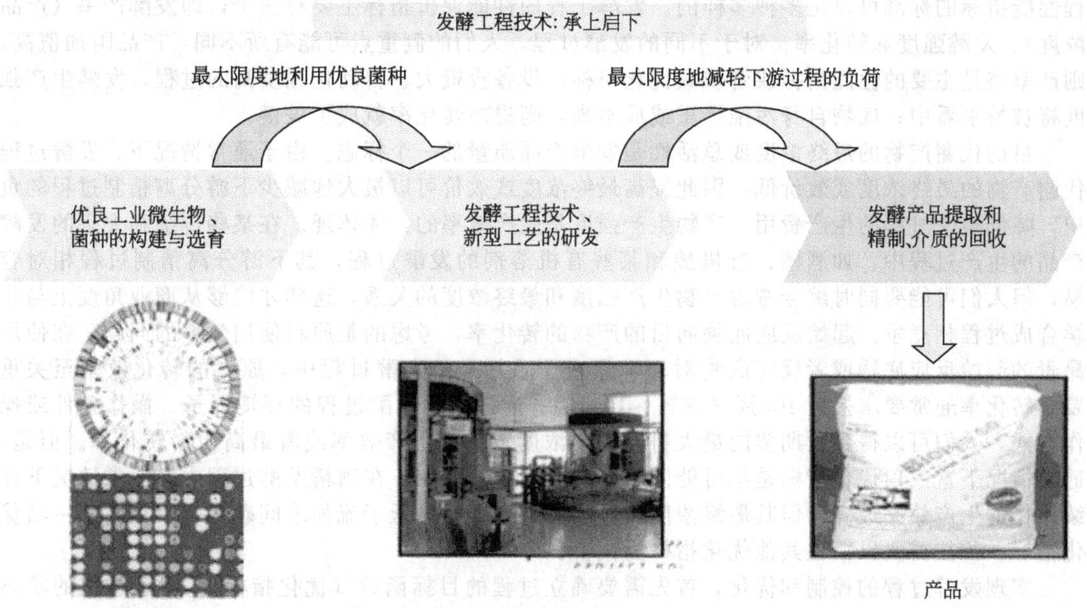

图 1-2　发酵工程技术在整体发酵工程中的定位

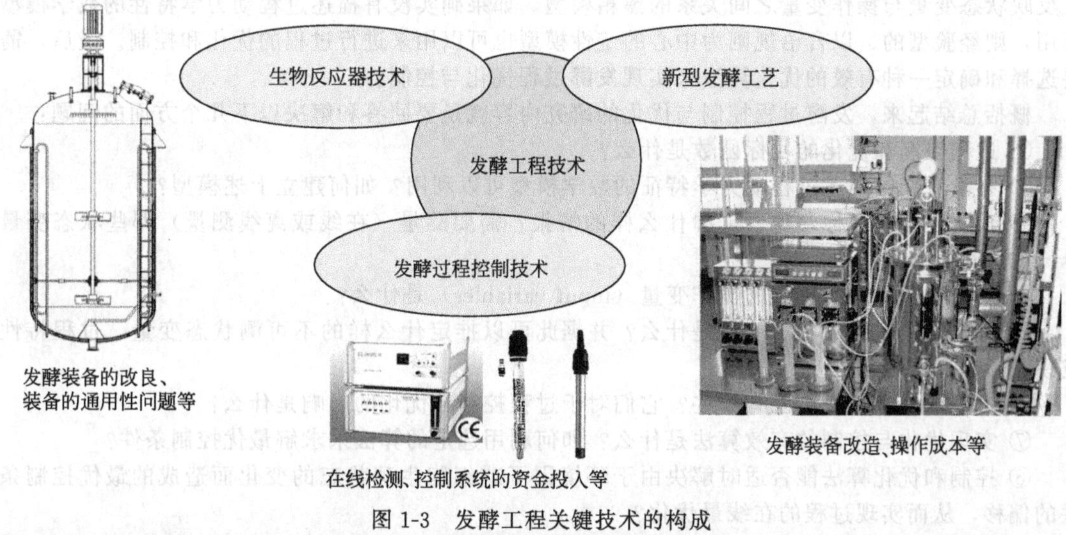

图 1-3　发酵工程关键技术的构成

动植物细胞培养等。发酵过程控制技术则是利用过程自动控制和系统工程（systems engineering）的手段，通过动态调控诸如底物流加速度、通风量、搅拌速度、温度、pH、操作时间和方式的切换等外部环境因子对发酵过程的性能指标实施优化。其应用范围更广，无论是发酵食品、有机酸、氨基酸、酶制剂，还是生物能源产品、医用品，它们的生产最优化都与发酵过程控制技术息息相关。因此，发酵过程控制技术可以称得上是发酵工程技术的核心关键技术之一。

第三节　发酵过程控制的主要研究内容和要解决的问题

发酵过程控制工程是一门将发酵工程、生物化学、微生物学、反应模型技术和自动控制理论等融会贯通于一体的交叉型学科。其研究内容和目标就是要以上述各类技术、理论为手段，将发酵过程控制在最优的操作环境之下，提高发酵的性能和水平。根据实际情况和需要，评价发酵过程性能指标的标准可以是多种多样的。发酵工程的性能评价指标主要有三个，即发酵产率（产品浓度）、发酵强度和转化率。对于不同的发酵过程，人们的侧重点可能有所不同：产品附加值高，则产率将是主要的性能指标或者说最优化目标；设备投资大、自动化程度高的过程，发酵生产强度将被特别看中；底物自身污染严重或成本高，则提高转化率就成了关键。

目的代谢产物的最终浓度或总活性是发酵产品质量的一个标志。由于通常情况下，发酵过程代谢产物的最终浓度或效价低，因此提高最终浓度或效价可以极大地减少下游分离精制过程的负担，降低整个过程的生产费用。产物生产强度是生产效率的具体体现。在某些传统和大宗的发酵产品的生产过程中，如酒精、有机酸和某些有机溶剂的发酵过程，其下游分离精制过程相对容易，但人们可能要同时综合考虑产物生产强度和最终浓度的关系，这样才能够从商业角度上与化学合成过程相竞争。起始反应底物向目的产物的转化率，考虑的是原料使用效率的问题。在使用昂贵的起始反应底物或者反应底物对环境形成严重污染的发酵过程中，原料的转化效率至关重要，转化率通常要求接近100%（98%～100%）。通过优化发酵过程的环境因子、操作条件或操作方式，人们可以得到所期望的最大目标产物浓度、最大生产效率或者最高原料转化率。但是，通常情况下这三项优化指标是不可能同时取得最大的。例如，在酒精发酵过程中，通常情况下连续操作的生产效率最高，但其最终浓度和原料转化率却明显低于流加或间歇操作。提高某一项优化指标，往往需要以牺牲其他优化指标为代价。

实现发酵过程的控制和优化，首先需要确立过程的目标函数（优化指标），明确过程的状态变量、操作变量和可测量（状态）变量，然后建立描述状态变量与独立变量（通常是时间）、操作变量之间关系的动力学数学模型。数学模型可以是有明确物理和化学意义的模型，也可以是仅仅反映状态变量与操作变量之间关系的黑箱模型。如果确实没有描述过程动力学特性的数学模型可用，则经验型的、以言语规则为中心的定性模型也可以用来进行过程的优化和控制。最后，需要选择和确定一种有效的优化算法来实现发酵过程优化与控制。

概括总结起来，发酵过程控制与优化的研究内容就是要回答和解决以下几个方面的问题：

① 过程控制和优化的目标函数是什么？

② 有没有能够描述过程动力学特征的数学模型可以利用？如何建立上述模型？

③ 为实现优化目标，需要掌握什么样的情报？需要测量（在线或离线测量）哪些状态变量(state variables)？

④ 用来实现优化与控制的操作变量（input variables）是什么？

⑤ 可以在线测量的状态变量是什么？并据此可以推定什么样的不可测状态变量、过程特性或模型参数和环境条件？

⑥ 过程的外部干扰可能有哪些？它们对于过程控制和优化的影响是什么？

⑦ 实现优化与控制的有效算法是什么？如何利用选定的算法来求解最优控制条件？

⑧ 控制和优化算法能否适时解决由于环境因子或细胞生理状态的变化而造成的最优控制条件的偏移，从而实现过程的在线最优化？

一、发酵过程优化实现的顺序和条件

发酵过程非常复杂，具有高度的时变性和批次变化特征。发酵过程的控制优化是按照以微生物学和发酵工程学为基础，对发酵过程特性的基本认知和了解；所需数据的确定和采集，包括下面将谈到的状态变量（过程输出）和操作变量（过程输入）；建立模型；提出优化和控制方案(明确优化目标、提出可能的操作控制策略)，实施优化、进行过程控制的顺序来实现的。但有时候，即便把发酵条件严格控制在预定设定、控制的“最优轨道”上，也达不到预期的优化控制效果，甚至会导致发酵失败，而失败的原因可能是配料错误、机械或测量故障、误操作等。因此，作为发酵过程控制和优化的最后一环，还必须要加上发酵过程的异常诊断和早期预警的内容。

总体而言，发酵过程控制与优化实现的顺序和条件可以概括为：对发酵过程现象的认知→所需数据的确定和采集→模型的构建→优化控制方案提出与实施→故障诊断和早期预警。

二、实现发酵过程控制和优化的硬软件技术支撑

前面已经提到，发酵过程控制技术是集发酵工程、生物化学、微生物学、化学工程、计算机

技术、模型技术和自动控制理论于一体的交叉型学科。图 1-4 从另一个侧面再次显示了发酵过程控制和优化所需的软、硬件技术集成。对发酵过程特征特性的了解和把握，离不开发酵工程学、微生物（生理）学等知识的支撑；对发酵过程数据的采集，则离不开计算机科学、仪器学（传感器技术）、计算机硬件和数据采集接口、计算机软件编程等专业技能和知识作为基础；发酵工程、代谢工程以及智能工程的专业知识则是发酵过程模型以及故障诊断/早期预警系统构建的基础；而发酵过程控制与优化更是要依赖自动控制理论、计算机数值算法和编程技术；过程控制的实施还离不开以传质、传热和单元操作为代表的化学工程学的基础理论和知识。

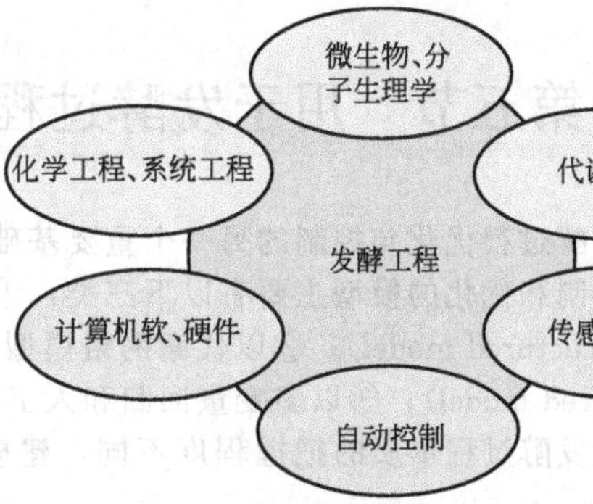

图 1-4 发酵过程控制和优化所需的软、硬件技术集成

第四节 发酵过程的状态变量、操作变量和可测量变量

发酵过程控制的基础首先是确定、采集和操纵各种变量，并以此为基础优化环境因子，使发酵过程的状态和性能达到最优。发酵过程的主要变量分为状态变量、操作变量和可测量变量三大类。

发酵过程的状态变量（state variables）是指那些显示过程状态及其特征的参数，一般是反映生物浓度、生物活性/效价以及反应速率的参数。如菌体浓度、底物浓度、代谢产物浓度、溶解氧浓度（DO）、生物酶活性、目标蛋白效价、细胞比生长速率、CO_2 生成速率等。在狭义上，发酵过程的状态变量仅指那些反映过程的浓度和活性的参数，它们与操作参数之间存在着对应的因果关系。一般情况下，这种关系可以通过被称为状态方程式的常微分方程（组）来加以描述和表达。

发酵过程的操作变量（input variables）通常就是指所谓的环境或操作因子，改变这些因子，可以造成发酵过程的状态变量的改变。发酵过程的典型操作变量包括温度、压力、pH、底物流加速率、搅拌速率、通气量等。需要注意的是在某些场合，状态变量也可以被当成操作变量，如发酵液中的溶解氧浓度。DO 可以通过改变搅拌速率和通气量来调控，这时它是一个状态变量；而 DO 的调控水平又直接影响其他状态参数的变化，因此进行 DO 控制时，它也可以被看成是一个操作变量。

发酵过程的测量变量（measurement variables）是指那些可以测量的状态变量。可测量变量又包括直接测量（一级）变量和间接测量（二级）变量。发酵过程中典型的直接测量变量有 pH、DO、电导率、黏度、化学电位、发酵罐进出口处的气体分压、碳源和氮源的添加量、菌体浓度、基质浓度、代谢产物浓度等。而间接测量变量则有 CO_2 生成速率（CER）、O_2 摄取速率（OUR）、呼吸商（RQ）、菌体比生长速率、代谢产物比生成速率、转化率、发酵罐体积传质系数 K_La 等，一般它们都是利用直接测量变量，按照一定公式计算得到的。

为实现发酵过程的优化和控制，不断地开发适用于生物过程的新型传感器和在线检测技术是十分关键的。然而，现实中能够用于大规模工业生产，而且操作维护简易、性能稳定、价格低廉的检测设备并不多。工业上较为成熟的可测量变量一般只有 pH、DO、发酵罐尾气中的气体分压等为数不多的几个。能够最真实地反映过程内在状况和本质的底物浓度、产物浓度、细胞浓度等的在线测定设备价格昂贵、操作维护复杂，基本上仍然停留在实验室水平。因此，如何能够有效地利用为数不多的、工业上成熟可靠的在线检测设备，最大限度地将发酵过程的内在状况和本质显示出来，也将是本书所要重点阐述的内容。

第五节 用于发酵过程控制和优化的各类模型

实现发酵过程优化与控制的另一个重要基础就是建立能够描述发酵特征、特性的模型。用于发酵过程控制和优化的模型主要有以下三类：①传统的、以常微分方程组为基础的非构造式数学模型（unstructured model）；②以代谢网络模型为代表的、具有明确反应机制和机理的构造式模型（structured model）；③以多变量回归和人工神经网络为代表的黑箱模型。这些模型的复杂程度不同，对发酵过程本质的把握程度不同，建模方法不同，在过程控制和优化中的应用方式也不同。

以代谢网络模型为代表的、涉及细胞构成成分变化的构造性模型几乎考虑了参与生物过程的所有反应网络，有的甚至还考虑到反应物和产物在细胞内的扩散、吸收等物理现象。这类模型可以最真实可靠地把握发酵过程的内在本质和特征。但是，由于这类模型必然要涉及过多的状态方程式、线性代数方程式，以及模型参数，另外还由于对细胞内物质测量困难等问题，建模自身也是一件非常困难的事情，所以，直接将这类模型用于发酵过程的控制和优化中还存在相当的困难。

以多变量回归和人工神经网络为代表的黑箱模型正好与上述模型截然相反，它们是完全基于发酵过程状态变量和操作变量的时间序列数据之间关系的模型。这类模型考虑的是发酵过程某一时段内状态变量和操作变量之间的表观动力学特性，而根本不考虑过程的本质和各类反应的机理和机制，模型本身也不具有任何物理意义，因此，这类模型是一种纯粹的黑箱性质的模型。在发酵过程控制和优化中，基于过程状态和操作变量的时间序列数据关系的多变量回归模型多用于构建在线自适应控制系统和在线最优化控制系统；而人工神经网络模型则主要应用于发酵过程的状态预测、模式识别、故障诊断等领域，与过程控制和优化的实施也存在着非常密切的关系。

介于上述两类模型之间的、所谓的非构造式模型是发酵过程控制和优化中使用最广泛的模型。非构造式模型是把生物过程的理论定量与经验公式结合起来的统合（lumping）形式的模型。过程状态变量一般以浓度或产物活性的形式表示，如菌体浓度、底物浓度、各类产物浓度等。这类模型用几个乃至十几个常微分方程组形式的状态方程式来表述发酵过程的状态变量，操作变量也以变量的形式写入到状态方程式中。状态方程式中的几个最重要的动力学模型参数，如菌体的比增殖速率、基质的比消耗速率、代谢产物的比生产速率等，可以根据微生物种类和发酵系统的不同，选取不同的经验公式或模型来加以描述。如选取 Monod 模型来表述菌体比增殖速率和基质比消耗速率，选用 Luedeking-Piret 方程来描述产物的比生成速率等。这种非构造式模型没有考虑参与生物过程的所有反应网络，反映的仅仅是过程表观的动力学特征，所考虑顾及的状态变量和模型参数有限，建模相对比较简单，且模型参数一般也具有一定程度的物理意义。基于 Pontryagin 最大原理、格林定理（Green theorem）、动态规划法，以及遗传算法等的最优化控制方法基本上都是以利用上述非构造式模型为基础的。虽然非构造式模型在结构上已经做了很大的简化，但它依然是以强烈的非线性为特征的。如果不对模型进行适当处理和线性化，反馈控制器的设计与调整仍然不可以直接套用基于线性系统的自动控制理论。另外，模型参数的不准确性和它们在发酵过程中产生的漂移，也会导致控制和优化结果的劣化。

第六节 发酵过程控制概论

所谓发酵过程控制，顾名思义就是把发酵过程的某些状态变量控制在某一期望的恒定水平上或者时间曲线上。控制和（最）优化是两个不同的概念，但是彼此之间又是紧密关联的。很多情况下，过程优化是靠把某些状态变量控制在某一水平或者某一时间曲线上才得以实现的。比如说，在酵母和大肠杆菌的流加培养中，将底物浓度控制在葡萄糖效应（Crabtree 效应）的临界值附近，实际上就是一种间接形式的最优化控制，因为此时细胞的增殖速率最大、生产强度最高、代谢副产物的生成水平也最低。发酵过程性能的提高和改善，必须要经过最优化条件和程序指导下的过程控制才能得以实现。

一、传统的发酵过程控制系统

1. 离线型和在线型的发酵过程定值控制

根据对某一发酵过程动力学的了解状况，尤其是能否在线测定某些反映发酵过程特征的状态变量，可以将发酵过程控制分成两类：离线控制和在线控制。离线控制的最大特点，就是它不需要测量任何状态变量，也不需要进行有关控制系统稳定性、响应特性和定常特性的分析。从控制角度上来讲，是一种典型的开回路-前馈的控制方式。它利用已知的非构造式动力学模型或其他已知的方式，来计算和确定控制变量（策略)。最简单的例子莫过于在流加培养中使用的指数流加法，通过使基质流加速率与操作时间呈指数形式变化，让细胞按指数规律生长，同时保持底物浓度恒定。虽然离线控制不需要对过程状态参数进行在线测量，但是，它要求描述过程动力学特征的数学模型一定要准确。一旦实际环境下的过程动力学特性发生变化和偏移，离线控制的性能和效果就会产生不同程度的恶化。

在线控制则是典型的闭回路-反馈的控制方式。在反馈控制中，至少要有一个状态变量必须可以在线测量。根据测量值与被控变量设定值之间的偏差，反馈控制调节器按照一定的方式，自动地对操作变量进行调整和修改，使得测量值能够迅速和稳定地被控制在其设定值附近。反馈控制器的建立与调整，实际上就是要通过确定和改变控制器的控制参数，使得反馈控制器具备良好的稳定性、响应特性和定常特性。反馈控制器的建立与调整离不开有效的数学模型，控制系统的类型也因使用的数学模型的不同而不同。如果使用非构造式的动力学模型，则相应的控制系统一般将是传统的 PID 控制系统；如果使用基于状态变量和操作变量时间序列数据的黑箱性质的模型，则控制系统就是所谓的在线自适应控制系统；如果使用经验型的、以言语规则为中心的定性模型，则过程控制就是所谓的模糊逻辑控制。在控制精度要求不高的条件下，甚至可以利用最简单的开关（on-off）控制的手段来控制诸如溶解氧浓度、pH、甲醇浓度等状态变量。基于时间序列输入输出（操作变量和状态变量）数据和黑箱模型的控制，一般假定某一时段内的过程输入和输出存在着线性关系，而模型参数，即线性模型的系数可以通过逐次最小二乘回归法求得。根据在线回归得到的模型以及线性控制理论，反馈控制器的参数可以得到适当的调节，以确保控制系统具有良好的稳定性和响应特性。此时，由于模型是一种在线模型，模型系数要随时间和环境的变化而不断更新，反馈控制器的参数也要随着在线模型的变化而不断地调整和改变。这种能够适应过程动力学特性漂移、环境因子变化的在线自适应控制系统特别适合于发酵过程的控制优化。

2. 发酵过程的最优化控制

发酵过程最优化控制的方法主要可以分成两类：①基于非构造式模型的最优化控制方法；②基于可实时测定的过程输入输出时间序列数据和黑箱模型的最优化控制方法。使用构造式模型（包括代谢网络模型）进行过程优化和控制的研究报道尚不多见，也未真正形成系统体系，有关内容将在本书的第八章中进行介绍。这里，再次重申一下控制和最优化控制这两个不同的概念。通过改变操作条件或控制变量，使得过程的目标函数（发酵过程性能指标）取得最大，这是发酵过程的最优化控制。而通过改变和调整控制变量，将过程的某一或多个状态变量控制在某一水平或时间轨道上（通常是恒定水平)，则称为控制。

基于非构造式动力学模型的最优化控制的问题，一般来说，就是求解操作变量的时变函数集合的问题，如求解诸如温度、pH、基质流加速率、发酵罐搅拌速率等控制变量随时间变化的曲线或轨道。Pontryagin 最大原理、格林定理、动态规划法以及遗传算法等是求解上述控制轨道的主要数学方法。为实现最优控制轨道的求解，必须要具有或明确：①过程目标函数的具体形式。②能够比较准确地描述过程动力学特征、反映操作变量和状态变量之间关系的数学模型。模型通常以常微分方程组形式的状态方程式来表述，初始条件给定。③状态变量和操作变量是否存在限制条件，如浓度不可能出现负值，温度和流加速率等操作变量应该存在上下限等。④最有效的最优控制轨道的求解方法。除极个别的场合，最优控制轨道的解析解是不可能得到的，一般只能通过计算机数值运算得到数值解。几种优化算法之中，格林定理最为直观，但它只能考虑状态变量为两个的最优化控制问题，应用范围有局限性。利用最大原理求解最优控制轨道，需要求解目标函数对操作变量的梯度，它要靠引入 Hamilton 函数、伴随变量和伴随方程式来解决，是一个求解难度较大的、所谓求解两点边界值的问题，需要通过大量的试行错误计算才能求解出所希望的最优控制轨道。遗传算法则需要在时间和控制变量的值域上，将控制变量细分，通过基因的随机生成、交叉、变异、解码、代入状态方程式求解对应的状态变量的数值，计算和比较适合度，再利用优胜劣汰等选择操作方法，求得最优控制轨道。它同样也是一个复杂的数值计算求解的问题，但它不需要求解目标函数对于操作变量的梯度。基于非构造式模型的最优化控制是一种离线型的控制方法，只要按照计算好的最优控制轨道，按时间变更操作变量即可，不需要测定任何状态变量和进行反馈控制。但是，由于发酵过程中特有的模型参数漂移性和不确定性，一旦模型参数发生变化，计算得到的操作轨道就偏离了真正的最优控制轨道，造成最优化控制性能的恶化。为了提高最优化控制系统对于环境因子偏离的自适应能力，在一定的时间间隔内（如 1～2h）在线测量某些状态变量，再结合使用遗传算法等方法，在线追踪和更新非构造式模型参数的变化，然后按照更新后的模型参数重新计算最优控制轨道，就可以实现能够适应环境变化和动力学偏移的自适应最优化控制。在计算机技术高度发展的今天，通常的微机已经完全能够满足这种反复不断的模型参数更新和操作轨道计算的要求。

基于时间序列输入输出数据和黑箱模型的在线最优化控制一般是一种分级阶梯型的控制系统。上位的在线优化机构不断地在线探索能使整个过程目标函数最大的最优条件，并向下位的定值控制系统实时发出新的设定值。探索最优条件当然就是要找到目标函数与被控状态变量之间的关系。如果过程的目标函数和被控状态变量可以在线测量或者计算，而且它们之间的关系可以用某种函数的形式（如交叉多项式的形式）表现出来，那么同样可以通过逐次最小二乘回归法求得该函数模型的模型系数。这时，由模型系数就可以得到目标函数对于被控状态变量的梯度，再利用反复迭代的计算方法就可以不断、实时地搜寻被控状态变量的最优设定值。而下位的定值控制系统，就是要在保证系统稳定性的同时，使各受控状态变量迅速追踪和靠近其设定值。在线最优化控制一般只适用于连续发酵、使用固定化酶和固定化细胞的生物过程的最优化，而不能用来优化那些与时间和历史经历有关的过程，如间歇发酵、流加发酵等，因为这类过程的目标函数都与发酵的最终状态有关，一般无法在线测量或使用回归模型进行计算和推定。

二、展望——新型、集约式发酵过程控制系统

除了酒精发酵、丙酮-丁醇发酵和某些有机酸发酵属于厌氧发酵外，大部分发酵都是好氧发酵，发酵过程一般都具有某些共性的特征。根据我国发酵工业的产品种类和比例、装备条件，以及操作工人自身素质等的现状，建立一套比较完整的，与发酵过程的特点相适应、新型、具有共性特征，而又实施操作简易的集约型发酵过程控制和动态优化技术（简称“新型、集约式发酵过程控制技术”），对于加强我国工业发酵的整体水平和生产力，提升我国在生物过程系统工程国际学科领域中的地位和影响，实现我国自主知识产权的生物产品的产业化具有重要意义。

在共性特征和技术方面，如图 1-5 所示，新型、集约式发酵过程控制技术必须能够兼容并包，在使用工业化可靠的检测手段的基础上，对生产各种生物制品的发酵过程具有广泛的通用性和可放大性。

在发酵控制技术的新颖性方面，随着生物技术、控制技术、智能技术和计算机技术等的飞速发展，必须要把代谢工程、智能工程和现代控制工程等新兴技术的方法和手段融合到发酵过程的控制和优化技术上去。一个典型的例子就是如图 1-6 所示的新型阶层式的发酵过程控制系统。代谢网络模型虽然难以直接应用于发酵过程控制系统，但是它所能够提供的宝贵情报和信息却可以帮助人们从众多的可选状态变量中，挑选出最易实现发酵过程优化控制的（被控）状态变量（如 X_1）。发酵过程是具有强时变特征的过程，当被控状态变量被选定以后，其控制水平（设定值）不可能一成不变，必须要随着发酵的进行而变化。基于智能工程的智能模式辨识器，通过观察和辨识被控变量以外的状态变量的变化模式（如 X_2），自动、自适应地调整最优被控变量的控制水平（X_1），以适应发酵过程的强时变特征，取得最优的发酵性能效果。阶层式过程控制系统的最

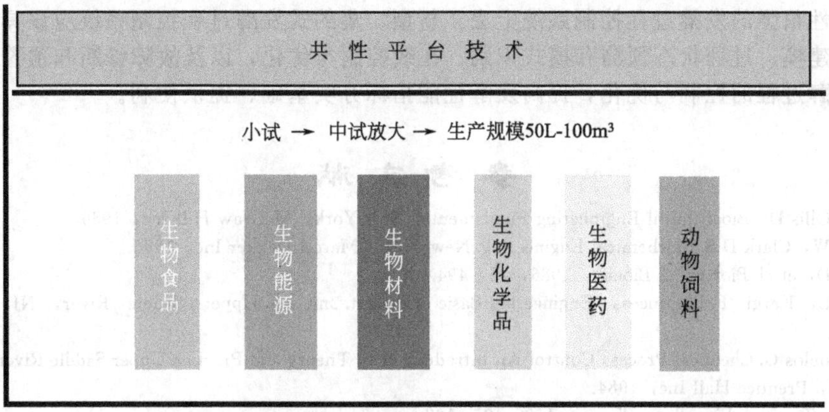

图 1-5　以新型、集约式发酵过程控制技术作为各类发酵过程的应用和放大平台

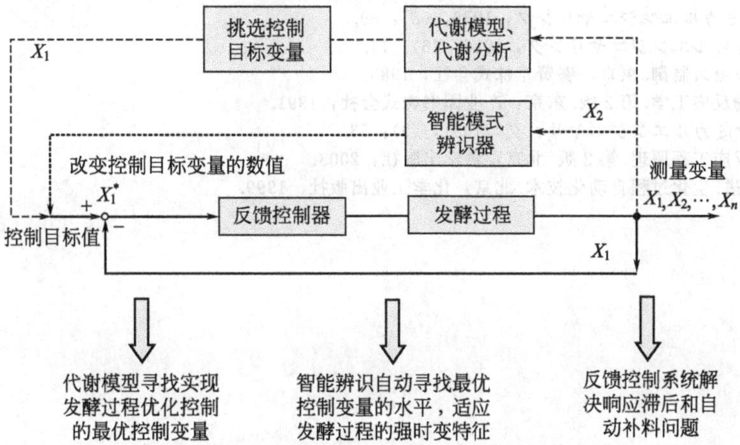

图 1-6　新型阶层式的发酵过程控制系统

下层当然就是一个常规反馈控制系统，但是，该系统必须要在充分利用现代自动控制技术的基础上，具备解决发酵过程中常见的输入输出响应滞后、控制精度差等代表性和关键性问题的能力，从而切实保障发酵的被控变量一直被控制在“理想和最优”的水平。

在发酵控制技术的集成性方面，必须如图 1-7 所示的那样，把各类关联技术和知识捆绑集成

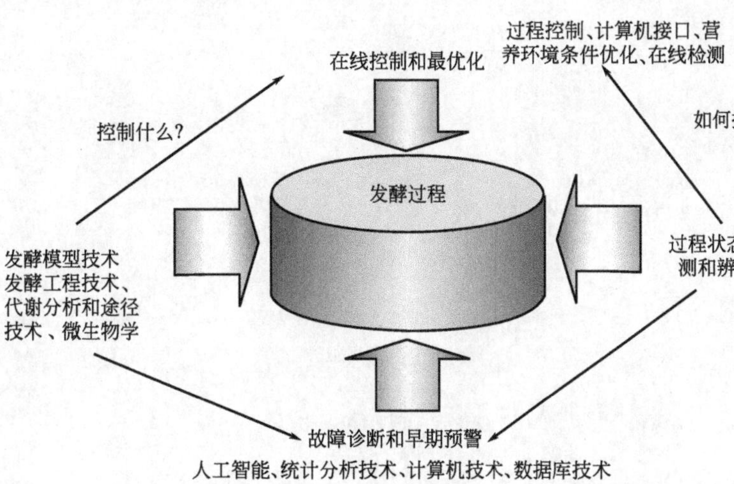

图 1-7　新型发酵过程控制系统的技术集成和范围涵盖

到专业交叉性很强的发酵过程控制系统上去。新型、集约式发酵过程控制系统应该具有广泛和通用的，过程建模、过程状态预测和模式识别、在线控制与优化，以及故障诊断和预警的能力，为真正实现发酵过程的控制与优化，提高发酵性能指标夯实基础、提供便利。

参考文献

[1] Bailey J，Ollis D. Biochemical Engineering Fundamental. New York：McGraw Hill Inc，1986.

[2] Blanch H W，Clark D S. Biochemical Engineering. New York：Marcel Dekker Inc，1996.

[3] Merrill R D，et al. Biotechnol Bioeng，1986，28：494.

[4] Shuler M L，Kargi F. Bioprocess Engineering-Basic Concept. 2nd ed. Upper Saddle River，NJ：Prentice-Hall Inc，2002.

[5] Stephanopoulos G. Chemical Process Control-An Introduction to Theory and Practice Upper Saddle River. Upper Saddle River，NJ：Prentice-Hall Inc，1984.

[6] Takamatsu T，et al. Biotechnol Bioeng，1985，27：167.

[7] Williams D，et al. Biotechnol Bioeng，1986，28：631.

[8] 清水和幸. バイオプロセス解析法-システム解析原理とその応用. 福岡：コロナ社，1997.

[9] 松原正一ら. ケミカルエンジニヤリング，1986，(8)：39.

[10] 松原正一. ケミカルエンジニヤリング，1985，(6)：14.

[11] 松原正一. プロセス制御. 東京：養賢堂株式会社，1983.

[12] 山根恒夫. 生物反応工学. 第2版. 东京：产业图书株式会社，1991.

[13] 山根恒夫ら. ケミカルエンジニヤリング，1981，(9)：33.

[14] 贾士儒. 生物反应工程原理. 第2版. 北京：科学出版社，2003.

[15] 王树青，元英进. 生化过程自动化技术. 北京：化学工业出版社，1999.

第二章　生物过程参数在线检测技术

微生物的生长是受内外条件相互作用调控的复杂过程，外部条件包括物理条件、化学条件及发酵液中的生物学条件，内部条件主要是细胞内部的生化反应条件。通常发酵过程的操作只能对外部因素进行直接调控。所谓调控一般是将环境因素调节到最适条件，使其利于细胞生长或产物的生成。因此发酵过程的操作需要了解一些与环境条件和微生物生理状态有关的信息，即需要对过程参数进行检测。

发酵参数和条件的检测是非常重要的，检测所提供的信息有助于人们更好地理解发酵过程，从而对工艺过程进行改进。发酵过程检测是为了获得给定发酵过程及菌体的重要参数（物理的、化学的和生物学参数）的数据，以便实现对发酵过程的优化、模型化和自动控制。一般而言，由检测获取的信息越多，对发酵过程的理解就越深刻，工艺改进的潜力也就越大。发酵过程一般在无菌条件下进行，因而只能通过取样检测或在反应器内部进行直接检测的方法来获得相关信息。但是检测仪表（传感器）和控制仪表的花费较大，而且需要维护和校准，同时也有染菌的风险。随着计算机技术的迅速发展，新型检测技术的应用已使检测的仪表化表现出明显优势，例如合理的仪表化和设备控制的重要性已在提高产品质量与产量、减少整个工艺过程的费用、产品研发等方面有所体现，它们正被越来越多地用于工业化生产。

标准化检测装置的大部分仪表用于检测温度、压力、搅拌转速、功率输入、流加速率和质量等物理参数。这些参数的测量在一般工业中的应用已相当普遍，在用于发酵过程检测时，只需进行微小的调整即可。化学参数检测技术中比较成熟的是尾气中 O_2 浓度和 CO_2 浓度、发酵液 pH、溶解氧浓度的检测。目前较为缺乏的是用于检测发酵生物学参数的装置，如检测菌体量、基质浓度和产物浓度等基本参数的传感器，这些重要的生物学参数仍然很难实现直接在线检测。由于缺乏可靠的生物传感器，有关微生物的信息反馈量极少，这就使得发酵过程中微生物的状态只能通过理化指标间接得到。例如，构建物质平衡关系式是生化工程中的重要工具，由平衡关系式可以确定导出量，并能补充传感器直接测得的数值。物料平衡可用于估计呼吸商、氧吸收速率、CO_2 得率等导出量。

微生物反应的参数检测及传感器具有以下特点：①需要检测的参数种类多。对于普通的化学反应过程而言，只需要检测温度、压力、反应物浓度及产物的浓度等几个参数。但对于微生物反应，需要测定的参数非常多，如表 2-1 所示，这些参数可分为物理参数和化学参数两大类。②传感器直接装在反应器内使用时，必须能承受高温蒸汽灭菌，以避免灭菌后其性能下降。这一点对于防止染菌是完全必要的。

根据是否能够承受高温灭菌这一标准可将表 2-2 所示的各种传感器分为以下两类：①直接插入型传感器，如 pH 电极、溶解氧电极、溶解二氧化碳电极、膜管传感器、浊度传感器等；②取样检测系统的传感器，如各种离子选择性电极及生物传感器等。表 2-2 为目前可以检测的生化工程参数以及相应的传感器。在培养过程中对培养液取样分析时，必须采取无菌取样技术。

表 2-1 需要测定的微生物反应工程参数

种类①	参数
物理参数	温度,压力,搅拌器转速,动力消耗,通气量,流加物流量②,料液总质量,料液体积,发酵液黏度,流动特性,放热量,添加物质的累计量③等
化学参数	氧化还原电位,溶解氧速率,溶解 CO_2 浓度,排气的氧分压,排气的 CO_2 分压,氧呼吸速率 K_La,菌体浓度,细胞内物质组成④,碳源⑤,氮源⑥、金属离子⑦、诱导物质、目的代谢产物、副产物等物质的浓度,酶的比活力,各种比速率⑧,呼吸商(RQ)等

① 有时将此参数分为物理参数、生物参数和化学参数 3 类，如菌体浓度、比生长速率等可作为生物参数。
② 包括底物、前体物质、诱导物的流加质量。
③ 添加物质包括酸、碱、消泡剂等。
④ 细胞内物质包括蛋白质、DNA、RNA、ATP 系列物质、NAD 系列物质等。
⑤ 包括葡萄糖、蔗糖、淀粉、甲醇等。
⑥ 包括 NH_4^+、NO_3^- 等。
⑦ 包括 K^+、Na^+、Mg^{2+}、Ca^{2+}、Fe^{3+}、SO_4^{2-}、PO_4^{3-} 等。
⑧ 包括比生长速率、比底物消耗速率、比氧消耗速率、比产物生成速率、比 CO_2 生成速率等。

表 2-2 目前能够检测的生化工程参数及其传感器

参数	传感器	参数	传感器
温度	热电偶,热敏电阻,铂电阻温度计	DCO_2(溶解 CO_2 浓度)	CO_2 电极,膜管传感器
		醇类物质浓度	膜管传感器,生物传感器
罐内压力	隔膜式压力表	各种培养基组分及代谢产物浓度	生物传感器
气体流量	热质量流量计,孔板流量计,转子流量计	NH_4^+	铵离子电极,氨电极,生物传感器
搅拌转速	转速传感器		
搅拌功率	应变计	金属离子浓度	离子选择性电极
料液量	测力传感器	排气中的氧分压	热磁氧分析仪,氧化镐陶瓷氧分析仪
气泡	接触电极		
流加物料流量	转速传感器,测力传感器	排气中的 CO_2 分压	红外气体分析仪
pH	复合玻璃电极	培养液浊度或菌体浓度	光导纤维法(光电池法),等效电容法
氧化还原电位	复合铂电极		
DO(溶解氧浓度)	复膜氧电极,膜管传感器		

第一节 pH 的在线测量

一、pH 传感器的工作原理

许多制造商可提供能够耐受加热灭菌的 pH 探头（电极）。图 2-1 为一种可灭菌的 pH 电极示意。pH 传感器多为组合式 pH 探头，由一个玻璃电极和参比电极组成，通过一个位于小的多孔塞上的液体接合点与培养基连接，多孔塞一般位于传感器的侧面（图 2-2）。传感器的选择取决于发酵罐是原位灭菌还是在高压灭菌锅内灭菌。如果是原位灭菌，需将电极安装在一个由传感器制造商提供的专用外壳内，以使电极的外部在灭菌时能耐受高于 1.01325×10^5 Pa 的压力，这是为了防止罐压使物料流入多孔塞中。如果是高压灭菌锅灭菌，则需要采用特殊的电连接方式，以防由电极暴露于高压蒸汽中所带来的问题。

pH 探头是一种产生电压信号的电化学元件，其内阻相当高（$10^9\,\Omega$ 以上），因此产生的电位是用一种高输入阻抗的直流放大器来测量，这种放大器可以获取微量电流，pH 计及控制器都含有合适的放大器。探头的高阻抗对传感器和 pH 计之间的连接器和电导线有着严格要求。

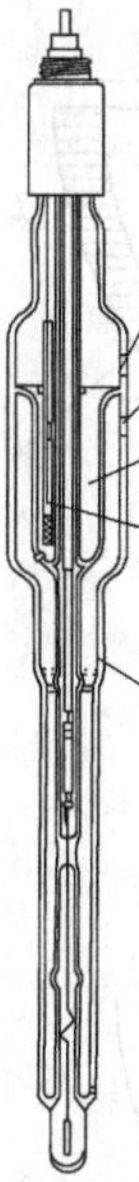

图 2-1 Ingold可灭菌的pH电极
1—参考电解液；2—参考元件；3—电桥电解液

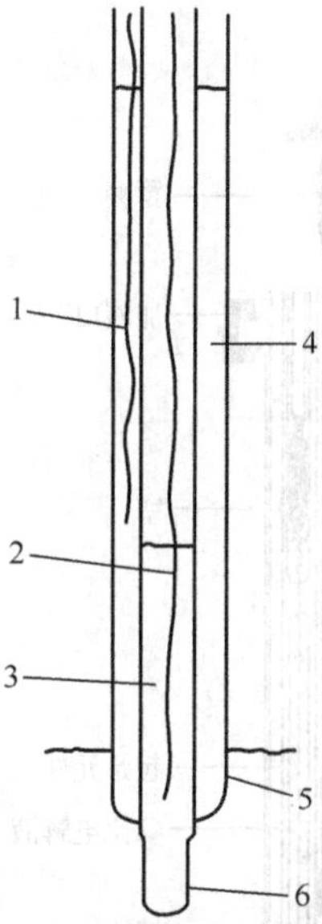

图 2-2 可灭菌的pH电极的典型设计示意
1—参比电极；2—内部电极；3—内部电解液；
4—参比电解液；5—多孔塞；6—pH敏感玻璃

许多发酵过程在恒定的或小范围pH内进行最为有效。培养基的pH在发酵过程中一般会发生变化，这是因为细胞或基质消耗会产酸或产碱。通过影响基质分解以及基质和产物通过细胞壁的运输，pH对细胞生长及产物形成具有重要影响。因此pH是发酵过程中一个非常重要的因素。例如在抗生素发酵中，即使很小的pH变化也可能导致产率大幅下降；在动物细胞培养中，pH对细胞生存能力具有很大影响。

pH表示溶液中H^+的活度，定义如下：

$$pH=-\lg[H^+] \tag{2-1}$$

pH的范围是0～14，酸性溶液pH<7，碱性溶液pH>7，pH=7相当于纯水。pH的测量基于标准氢电极的电化学性质的绝对基准。实践中应用可灭菌的由玻璃电极集合参比电极组合而成的pH探头，其结构原理如图2-3所示。

电极的基础部分是极薄的玻璃膜（0.2～0.5mm），它可与水发生反应，形成厚度为50～500nm的水合成凝胶层。这一凝胶层存在于膜的两侧，是正确操作和保养电极的关键部位。凝胶层中的H^+是流动的，膜两侧离子活度之差会形成pH相关的电位。

电极末端的球形元件采用能对pH产生响应的玻璃制成，可将响应限定在电极顶端小面积的玻璃膜内。通过在电极的球内填充缓冲液来维持玻璃膜内表面的电位恒定，该缓冲液经过精确测定，并具有稳定的组分及恒定而精确的H^+活度。液体中pH的变化会导致膜外表面的电位发生改变，因此检测时需要一个参比电极来共同构成检测回路。在这种组合电极中参比电极是构成电极的主要部分，由含有饱和AgCl的KCl电解液中的Ag/AgCl电极组成。这种参比电极一定要与过程流体直接接触，因为它需要连续电流。这可以通过将Cl^-电解液与过程流体相连的横隔膜来实现，从而使微量但连续的电解液透过膜而向外流动，并能够保持连续，同时可防止过程流体污染电极。

二、pH传感器的使用

1. 使用

在使用时，通常先将pH传感器加上不锈钢保护套，再插入发酵罐中。大多数pH传感器都具有温度补偿系统。由于电极内容物会随使用时间或高温灭菌而不断变化，因而在每批发酵灭菌操作前后均需进行标定，即用标准的pH缓冲液校准。通常pH传感器的测定范围是0～14，精

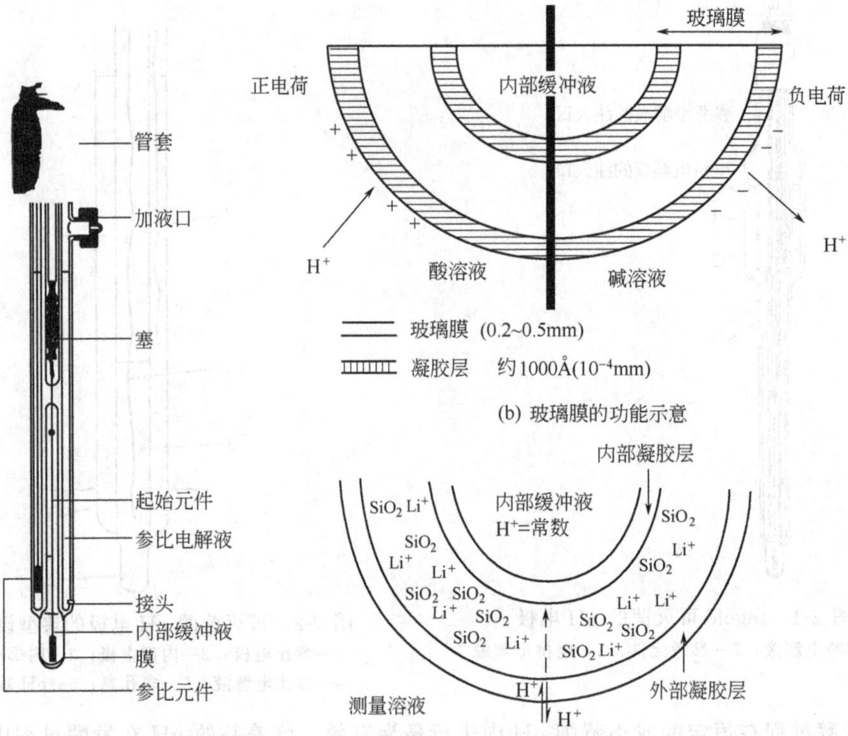

(a) 组合式 pH 电极的结构

(b) 玻璃膜的功能示意

(c) 玻璃膜的剖面

图 2-3　组合式 pH 电极

度达±(0.02～0.05)，响应时间为数秒至数十秒，灵敏度为 0.01。

(1) 校准　由于发酵过程中重新校准十分困难或者不可能，必须在使用前对传感器进行校准，这是对发酵罐进行灭菌前的最后一步操作。传感器的校准在发酵罐外进行，将 pH 电极浸没到含一种或多种标准缓冲液的适当容器中进行校准。pH 电极需与发酵过程中使用的 pH 计相连接，pH 计的校准装置可按常规的 pH 计校准步骤来调整。

(2) 灭菌　校准以后，应该将传感器插入到发酵罐中并进行密封。采用高压灭菌锅灭菌时，一般将 pH 计的连接线移开，灭菌后重新连接，pH 传感器开始工作。也有实验操作人员用酒精对 pH 传感器单独消毒（即不放入灭菌锅），主要是为了延长传感器的使用寿命。然后需将传感器立即插入且密封在罐内。必须指出，这一过程可能染菌，尽管有些报道称在研究中规则地使用这一步骤没有问题。具体方法如下：放好传感器，加上一个合适的配件以使 pH 探头易于由发酵罐顶盘进行安装，然后将其在无水酒精中至少放置 1h。探头和配件必须是很干净的，探头的浸没位置应高于配件。最后应迅速地将传感器转移到预先灭好菌的发酵罐中，其已与空气供应系统相连，而且其中的空气已开始流动。

(3) 校准的检查　在灭菌或使用过程中，很可能会使校准发生偏移。对于状况良好的传感器，这种偏移不会超过 0.2 个单位。但仍建议在发酵罐灭菌以后进行校准或者再校准。目前已有适用于较大发酵罐的这种系统，可以完全无菌地取出传感器，再将其部分地插入校准缓冲液中进行校准。在实验中检查校准的较好方法是对发酵液进行无菌取样，在发酵罐外测量其 pH，然后与传感器的读数进行比较。如果采用这一方法，应在取样后对 pH 尽快进行检测、读数。因为细胞在不断变化的条件下（例如在连续培养中氧和基质的消耗）进行连续代谢，如果培养基的缓冲性能较差，pH 在几分钟内即可发生显著变化，从而无法正确检查传感器的校准。

2. 维护

pH 电极是一种电化学传感器，其原理是利用电极和待测溶液间发生的可逆反应来测量 pH 值的。如果在玻璃膜上有固体沉淀物或参考系统的反应影响该可逆反应，则信号的精确性就会降低。

(1) 电极功能维护　如果待测溶液污染了电极或电极老化，则会造成电极响应时间增加，零点漂移，斜率减小等现象。电极的使用寿命取决于玻璃的化学性质。即便是电极不投入使用，高温也会减少电极的寿命。在实验室条件下，电极的使用寿命可多于 3 年。如果电极在 80℃下进行连续测量，则电极的使用年限会大大下降（可能只能用几个月）。

避免污染的方法有以下几种：

① 经常用适当溶剂冲洗电极；

② 如果可能有固体物质沉淀于膜表面，则可提高搅拌转速或增大通气速率来去除。

当电极的玻璃膜和连接部位受污染后，则电极应及时清洗。根据污染的不同类型，可采用不同的清洗方法，如表 2-3 所示。

表 2-3　不同的清洗方法

污染类型	清洗方法
含有蛋白质的待测溶液(接合处污染)	电极浸入胃蛋白酶/HCl 几小时
含有硫化物的待测溶液(接合处变黑)	接合处浸入尿素/HCl 溶液直至发白
脂类或其他有机待测溶液	用丙酮或乙醇短时间冲洗电极
酸溶或碱溶的污染物	用 0.1mol/L NaOH 或 0.1mol/L HCl 冲洗电极几分钟

在用这些方法处理过电极以后，应将电极浸入参考电解液中 15min，在测量之前还要标定电极，这是因为清洗液也会扩散进入接合处，引起扩散电势。电极只能淋洗，不能擦洗或机械清洗液，因为这种洗法会导致静电荷，同时会增加电极测量响应时间。

当参考电极的传导元件已不再能完全浸入到电解液中（由于电解质会通过接合处扩散），或参考电解质溶液已污染（由于待测溶液的扩散），或参考电解液由于水分蒸发引起浓度升高时，电解也需要补充或更新。在更新电解液时要注意应使用与电极相同的电解质溶液。

此外，当充液式 pH 电极用于反应器或管线中 pH 测量时，电极必须在正压下操作，以防止参考电解液被待测溶液污染。

(2) 电极贮存　电极应贮存在参考电解液中，这便于电极即时投入使用，同时保证电极的响应时间较短。如果电极干燥长时间贮存，为了获得准确 pH 测量，则在再次使用前往往需要浸入到参考电解液中活化数小时，也可以使用特定的活化溶液，如果电极是放入蒸馏水中贮存，则其响应时间会延长。特别要注意，有些电极是不能干燥贮存的。

(3) 温度补偿　pH 范围（0～14）取决于水中的离子的产生，水中的游离 H^+ 和 OH^- 是很少的，其关系如下式所示

$$[H^+][OH^-]=10^{-14}=I(25℃) \tag{2-2}$$

离子积 I 与温度有密切关系，而温度通过待测溶液的温度系数、温度影响电极斜率（见“能斯特方程”）、等温内插点的位置和电极扩散响应时间（由温度变化引起的）4 个方面影响 pH 测量值。

温度系数表征待测溶液的温度与 pH 间的关系，它是待测溶液的特征常数。温度改变引起溶液 pH 改变的原因是温度不同，离子积不同，则导致 $[H^+]$ 改变。这种改变是确实的离子浓度改变而不是测量误差，如表 2-4 所示。

表 2-4　温度对 pH 的影响

溶　液	pH		溶　液	pH	
	20℃	30℃		20℃	30℃
0.001mol/L HCl	3.00	3.00	磷酸盐缓冲液	7.43	7.40
0.001mol/L NaOH	11.17	10.83	三羟甲基氨基甲烷缓冲液	7.84	7.56

在实际测量中要特别注意，只有当电极标定与待测溶液的温度相同时才能看到准确的 pH 测量值。温度与电极的斜率关系可由能斯特方程描述：

$$E=E_0-2.303\frac{RT}{F}\Delta pH \tag{2-3}$$

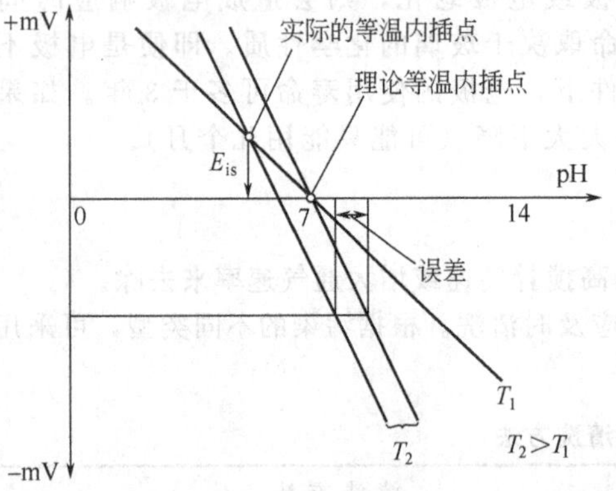

图 2-4　标定线和等温内插点

式中　ΔpH——玻璃膜内外的 pH 差值；

F——法拉第常数；

R——气体常数；

T——热力学温度，K。

因此斜率随温度升高而增大，为此转换器需要有温度补偿的功能。

在理想情况下，电极的标定线在不同的温度下都交于电极零点（pH＝7 时对应于 0），如图 2-4 所示。由于 pH 电极的总电势是许多电势的总和，而它们又有其各自的温度效应，所以一般等温内插点不满足电极的零点，即理想情况下，在温度 25℃，pH＝7 时为 0。

近几年来，电极的研究工作主要集中在使等温内插点与电极零点尽可能接近，两者越接近，温度补偿的误差就越小。此外，测量误差随着标定于实际使用温度差的增加而增加，一般这种误差在 0.1 个 pH 单位。

第二节　溶解氧浓度的在线测量

一、溶解氧浓度测量原理

发酵液的溶解氧浓度（DO）是一个非常重要的发酵参数，它既影响细胞的生长，又影响产物的生成。这是因为当发酵培养基中溶氧浓度很低时，细胞的供氧速率会受到限制。反应器条件下溶解氧的检测远比温度检测要困难，低溶解氧也使检测非常困难，除非采用直接的在线检测。

溶解氧浓度的检测方法主要有 3 种，其共性是使用膜将测定点与发酵液分离，使用前均需进行校准。这 3 种方法为：①导管法（tubing method）；②质谱电极法；③电化学检测器。因为上述方法均使用膜，因而检测中出现的问题也具有某些共性。

在导管法中，将一种惰性气体通过渗透性的硅胶蛇管充入反应器中。氧从发酵液跨过管壁扩散进入管内的惰性气流，扩散的驱动力是发酵液与惰性气体之间的氧浓度差。惰性混合气中的 O_2 浓度在蛇管出口处用氧气分析仪测定。这种方法的响应速率较慢，通常需要几分钟，因为管壁对其扩散产生一定的阻力，从而使气体从蛇管到检测仪器的输送出现迟滞。此法简便且易于进行原位灭菌，但当系统校准时，由于气体中氧浓度远低于液体中与之相平衡的氧浓度，使得惰性气体的流动对校准产生很大影响。

在第二种方法中，质谱仪电极的膜可将发酵罐内容物与质谱仪高真空区隔开。除了溶解氧的检测外，质谱仪电极和导管法通常可检测任何一种可跨膜扩散的组分。

最常用的溶解氧检测方法是使用可蒸汽灭菌的电化学检测器。两种市售的电极是电流电极和极谱电极，二者均用膜将电化学电池与发酵液隔开。对于溶解氧测定，重要的一点是膜仅对 O_2 有渗透性，而其他可能干扰检测的化学成分则不能通过，这些电极的基本结构特征如图 2-5 所示。

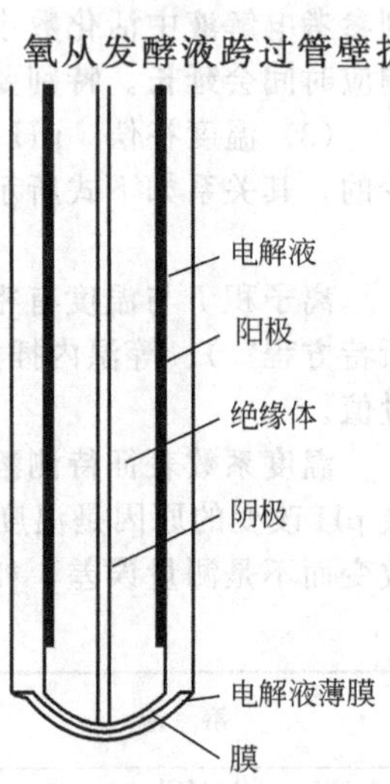

图 2-5　电化学溶解氧电极结构示意

O_2 通过渗透性膜从发酵液扩散到检测器的电化学电池，O_2 在阴极被还原时会产生可检测的电流或电压，这与 O_2 到达阴极的速率成比例。需要指出，阴极检测到的实际是 O_2 到达阴极的速率，这取决于它到达膜外表面的速率、跨膜传递的速率以及它从内膜表面传递到阴极的速率。如果忽略传感器内所有动态效应，O_2 到达阴极的速率与氧气跨膜扩散速率成正比，而且与氧从发酵液扩散到膜表面的速率相等，膜表面的扩散速率与氧传质的总浓度驱动力成比例。假定膜内表面的氧浓度可以有效地降为零，则扩散速率仅与液体中的溶解氧浓度成正比，从而使电极测得的电信号与液体中的溶解氧浓度成正比。

二、溶解氧电极

在工业发酵过程中因为要进行高温灭菌处理，所以发酵液溶解氧浓度的测量采用耐高温消毒的带金属护套的玻璃极谱电极。这种溶解氧浓度测量电极原理如图 2-6 所示，这是按照 Clark 原理设计的复膜电极，复合膜是由聚四氟乙烯膜和聚硅氧烷膜复合而成，它既有高的氧分子渗透性，又有贮氧作用，可用来测量气体中的氧或溶解氧。其中包括一个阴极（铂电极）和一个阳极（银电极），两电极之间通过电解质相连接。

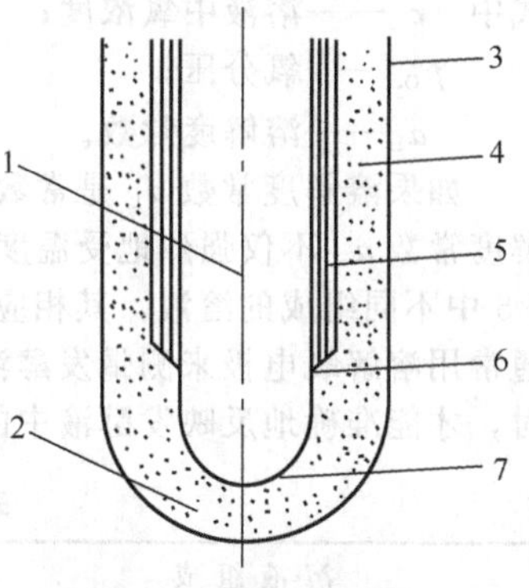

图 2-6 溶解氧电极示意

1—阴极；2—气体渗透膜；3—外壳；4—电解质；5—阳极；6—绝缘体；7—电解质薄膜

当在阳极与阴极之间加一极化电压（0.6～0.8V），在有氧存在的情况下，在电极上将产生选择性的氧化还原反应。

阴极反应 $O_2+2H_2O+4e^- \longrightarrow 4OH^-$

阳极反应 $4Ag+4Cl^- \longrightarrow 4AgCl+4e^-$

由此可见，在两电极之间就会有电流产生，典型的极化曲线（即电压与电流在不同的氧浓度下）如图 2-7(a) 所示。图中表示氧浓度分别为 1.5%、7%、12%、17%和 21%的电极极化电压与极化电流之间的关系。因此，当极化偏置电压一定，如 0.7V，这种电极极化电流的强弱与溶液中的氧分压呈线性关系，如图 2-7(b) 所示。根据 Fick 定律，其关系式为：

$$i=k_1 DaA\frac{p_{O_2}}{X} \tag{2-4}$$

式中 i——电极电流；

k_1——常数；

D——膜中氧的扩散系数；

a——膜材料中氧的溶解度；

A——阴极表面积；

X——气体渗透膜的厚度；

p_{O_2}——溶液中氧的分压。

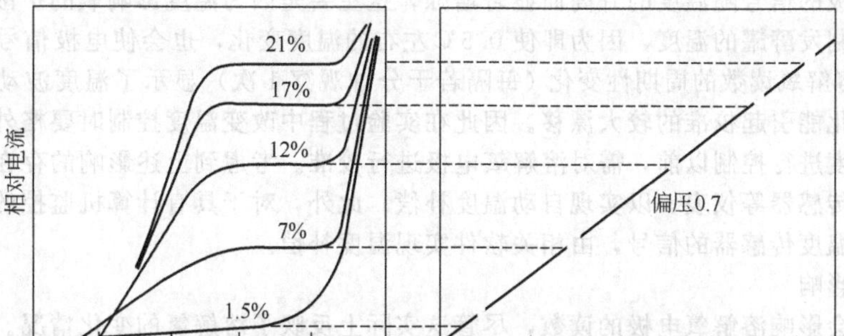

图 2-7 溶解氧电极的极化电流与氧浓度关系

若电极材料一定，物理特性和尺寸一定，那么 k_1、D、A、a 和 X 都确定，则：

$$i=Kp_{O_2} \tag{2-5}$$

$$K=k_1DaA/X \tag{2-6}$$

因此，电极电流与氧分压成正比例关系。根据这个原理，就可以测量溶液中氧的含量。

因为溶解氧电极测得的是氧在溶液中的分压，即电极电位与氧分压有关，但与溶液中氧的溶解浓度没有直接关系，所以溶解氧电极测量到的信号并不是溶液中的氧浓度（mg/L）。但是，由Henry定律可知，溶液中的氧浓度与其分压（p_{O_2}）成正比关系，即：

$$c_L=p_{O_2}a_L \tag{2-7}$$

式中 c_L——溶液中氧浓度；

p_{O_2}——氧分压；

a_L——溶解度常数。

如果溶解度常数 a_L 是常数，那么氧电极电流就可以直接表示成溶液中氧的浓度。然而，溶解度常数 a_L 不仅强烈地受温度的影响，而且随溶液的组成变化而改变。例如，用空气来饱和表2-5中不同组成的溶液，其相应的在20℃、0.101MPa的压力条件下的溶解度如表中所示。因此，通常用溶解氧电极来测量发酵液中的氧含量时，只有当发酵罐温度、压力以及发酵液的组成一定时，才能准确地反映发酵液中的氧浓度。

表 2-5 溶液组成、温度对溶解度的影响

溶液组成	20℃，0.101MPa溶解度（以 O_2 计）/$mg \cdot L^{-1}$
去离子水	9.2
4mol·L^{-1} KCl	2
50%甲醇和水	21.9

三、溶解氧电极的使用

使用溶解氧电极时，对读数产生影响的有3个物理参数：搅拌、温度和压力。下面分别介绍其对读数的影响。

1. 搅拌的影响

由于溶解氧电极在工作中存在明显的电流，自身消耗大量的氧。电极的信号与氧向电极表面传递的速率成比例，而氧的传递速率则受氧跨膜扩散速率控制。这一速率与发酵液的浓度成比例，其比值（以及电极的校准）取决于总的传质过程。电极的一般工作条件是，氧向膜外表面的传递速率很快且不受限制。因此整个过程受跨膜传递的限制，比例常数（传质系数）较易维持恒定。发酵实验时搅拌操作可以获得满意的跨膜传递速率。需要指出，在对电极进行最初校准的过程中，必须对发酵罐进行搅拌。

2. 温度的影响

溶解氧电极的信号随温度的升高而显著增强，这主要是因为温度影响氧的扩散速率。发酵实验过程中需控制发酵罐的温度，因为即使0.5℃左右的温度变化，也会使电极信号发生显著变化（超过1%）。溶解氧读数的周期性变化（每隔若干分钟观察1次）显示了温度波动的影响，而且较大的温度变化能引起校准的较大漂移。因此在实验过程中改变温度控制时要格外注意。在以发酵罐的操作温度进行控制以前，需对溶解氧电极进行校准。考虑到上述影响的存在，一些溶解氧电极带有温度传感器等仪表，以实现自动温度补偿。此外，对于具有计算机监控的发酵罐，可利用来自独立的温度传感器的信号，由相关软件实现温度补偿。

3. 压力的影响

压力变化会影响溶解氧电极的读数，尽管这实际上反映了溶解氧的变化情况。电极的响应主要由溶液的平衡氧分压确定。读数通常表示为大气压下空气的饱和度（%），100%的溶解氧张力(DOT)约相当于160mmHg（1mmHg≈133Pa）的氧分压。如果发酵液的平衡气体总压发生变化，即使气体组分未发生变化（因为氧分压会成比例的改变），也会改变溶解氧电极的读数。如果达到平衡，电极的信号可由下式确定：

$$p_{O_2}=c_{O_2}p_T \tag{2-8}$$

式中 p_{O_2}——电极测得的氧分压；

c_{O_2}——氧在气相中的体积分数或摩尔分数；

p_T——总压。

因此发酵液中气泡压力的改变会影响溶解氧张力，进而影响电极读数。在发酵罐中，流体静压不会显著地影响气泡压力，但压头的改变则会对其产生显著的影响。一般出口滤器或管路压降可产生 7000Pa 左右的压头，这足以使电极信号上升 7%。在发酵过程中，大气压的变化也会引起读数变化，甚至在正常天气情况下，读数变化可高达 5%。

考虑到压力的上述影响，可采用下列方法对 pH 电极进行校准。

① 在大气压下对电极进行校准。这种情况下，实验中可能会获得超过 100% 的 DOT 值。这并不意味着发酵液中的空气处于过饱和状态，只是说明供气压力上升导致氧分压超过用于校准的氧分压。

② 在预期的操作压力下对电极进行校准。此时 100% 的读数表示发酵液相对于大气组分处于过饱和状态。

③ 根据氧分压或溶解氧浓度给出所有结果，基于校准条件下的计算值进行校准，这些是影响电极响应的最直接的参数。

4. 校准

在向发酵罐接种前需要对氧电极进行校准。通常采用线性校准，包括零点和斜率的调节。

零点是在向发酵罐中充入大量的 N_2（不含 O_2）后进行设定，这最好在灭菌后立即进行，因为灭菌过程中已除去大量可溶性气体。但是大多数溶解氧电极在零点氧（不含氧）时的输出值接近于零电位，因此无需进行零点校准。但是当读数在极低的溶解氧张力下设定时，需将电极的一根导线断开，将电流设置为零。如果需要在发酵后检查校准零点，简便方法是将少量亚硫酸钠加到发酵罐中，使其和氧迅速发生化学反应。但要注意，这种物质也会杀死细胞，所以应在发酵结束后使用。

其他需要校准的参数包括斜率、灵敏度满刻度和量程等。这些校准应该在接种之前、发酵罐大量充气后进行搅拌，在操作温度下进行。校准后可以给出空气的饱和度，溶解氧计设定为可读取 100% 的溶解氧张力，或者是适当的分压计算值。

第三节　发酵罐内氧气和二氧化碳分压的测量以及呼吸代谢参数的计算

一、氧分析仪

微生物生长过程中要利用氧，微生物的氧利用率（OUR）是生化反应过程的重要参数，因此，测量发酵生物呼吸代谢所排出气体中的氧含量成为研究发酵生物生长、产物形成的主要变量。

生化过程气体中氧浓度的分析测量主要采用磁风式氧分析仪（也叫磁导式氧分析仪，简称为磁氧分析仪）。

1. 磁风式氧分析仪原理

各种气体都具有不同的磁化率，表 2-6 列出了部分气体的相对磁化率。

表 2-6　部分气体的相对磁化率

气体种类	O_2	NO	NO_2	N_2	CO_2	H_2	Ar	CH_4	NH_3
相对磁化率	+100	+43.8	+6.2	−0.42	−0.61	−0.12	−0.59	−0.37	−0.57

磁风式氧分析仪的工作原理是利用氧具有极高的磁化率特性设计而成的。当氧气通过非均匀

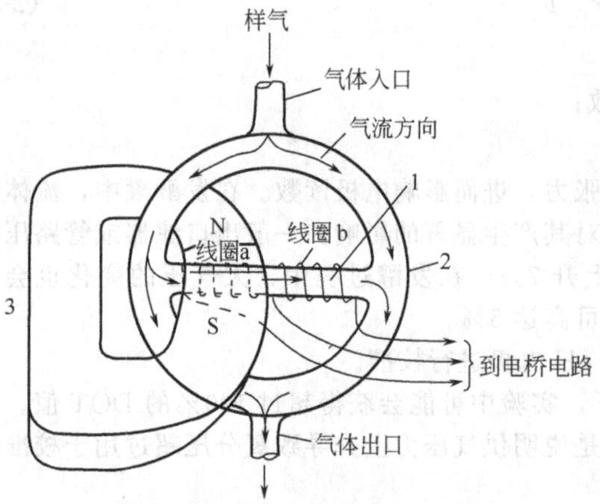

图 2-8 磁风式氧分析仪原理

1—玻璃管；2—玻璃环形管；3—磁体

磁场的作用时，将会形成“热磁对流”或称“磁风”。这种磁风对敏感元件产生冷却作用，其作用原理见图 2-8。

如果不含氧的混合气体进入测量环室，则样气分两路经过环形气路两旁通道流出环室，处于环室气路中央的水平管道，因其两端的气压相同，不会有气流生成。而当含有氧的混合气体进入测量环室时，氧气被磁场吸入中间的水平管道内，由于水平管道上绕有被加热的铂电阻丝的电桥臂线圈 a 和线圈 b，进入水平管道的氧气将受热而温度升高，而氧的磁化率随温度升高而降低，这样，就减弱了磁场对氧的吸引力，变热的氧气体分子将不断被冷却的氧分子所补充而排出磁场，因此，在水平管道中就形成了氧的对流，即称为“热磁对流”。很明显，热磁对流强度只随着被测混合气体中含氧量的增减而变化。在水平管道中的热磁对流强度的改变，将使测量桥臂线圈 a 和线圈 b 产生不同程度的冷却作用，从而使桥臂的电阻改变不一样，这样，由桥臂线圈 a 和线圈 b 接至电桥测量电路，在电桥中产生不平衡电流，电桥两端输出一个不平衡电压信号，该不平衡电压信号与被测气体中的氧含量成正比例关系。

由表 2-6 可知，NO 和 NO_2 将会影响氧分析仪的测量准确性，但是，通常这两种气体在样气中的含量很少，因此，磁氧分析仪广泛用来测量氧含量。

2. 磁氧分析仪的组成

磁氧分析仪主要由取样气体预处理系统、传感器部分、信号放大部分和二次仪表组成，如图 2-9 所示。

取样气体预处理系统有时又叫采样系统。当有多路样气需要分析时，则采样系统要装有一个定时按路采样的阀门，这样可以降低造价。所采集的样气要进行减压、稳流、净化、干燥处理，使样气符合磁氧分析仪的使用要求。

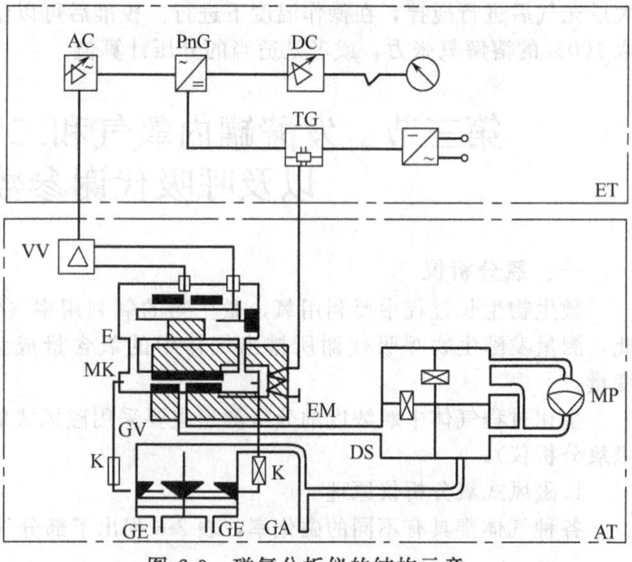

图 2-9 磁氧分析仪的结构示意

AT—分析部分；ET—电子部分；MP—膜片泵；DS—缓冲系统；GA—气体出口；K—毛细管；GV—气体分配管；EM—电磁体；MK—测量气室；E—接收器；VV—前置放大器；AC—交流放大器；PnG—相敏电流；DC—直流放大；TG—脉冲直流电压源；GE—气体进口

传感变换系统是磁氧分析仪的核心装置。由测量原理可知，测量环室必须水平安装，而且要恒温，确保在测量过程中外部温度变化不会影响测量传感器电阻的温度变化。而通过电阻丝上的电流要恒定不变，这样，在这核心传感变换部件中还需有恒温控制系统和恒定的供电电源系统。信号放大转换系统是将桥路的信号放大并转换成标准的 4～20mA 电流信号，该信号的输出可与记录仪表或计算机的模拟电路接口相接，达到记录、指示或作为控制的测量信号的目的。

3. 磁氧分析仪在发酵过程中的应用

在发酵过程中进行排出气体氧含量的分析，测量到的氧含量信号可以指导发酵操作和了解生物生长状态。从这一参数可了解生物对氧的消耗速率，也可以用来指导、控制供气量。

磁氧分析仪的测量准确性和稳定性易受仪器的使用条件和环境的影响。例如取样系统的压力变化、取样管路堵塞等，都将影响样气流量的稳定，由测量原理可知样气的流量变化将会影响仪器的测量准确度和稳定性。从大量的实际使用经验看，取样系统工作的好坏，将直接影响仪器的正常工作。因此，在使用时，要确保取样系统安全、可靠地运行。

另外，为确保磁氧分析仪的准确测量，必须定期用标准样气对分析仪进行零点和满量程的校验，至少一个发酵罐批校验一次。

在选用磁氧分析仪的测量范围时，要根据发酵过程排出气体的氧含量的变化范围来选择合适的仪器量程规格。对于一般的抗生素发酵生产过程，磁氧分析仪的量程范围选用16%～21%的氧浓度比较合适。

二、尾气 CO_2 分压的检测

发酵工业中常用的尾气 CO_2 分压（浓度）检测仪为红外线 CO_2 测定仪，其检测原理主要是在近红外波段 CO_2 气体的吸收造成光强度的衰减，其衰减量遵循朗伯-比尔定律，即：

$$\lg\left(\frac{I}{I_0}\right)=aL/c_{CO_2} \tag{2-9}$$

式中 I_0，I——入射光强度和衰减后光强度；

a——光吸收系数；

L——光透过气体的距离，m；

c_{CO_2}——CO_2 气体的浓度，%。

例如，波长为4300nm的近红外光吸收 CO_2 测定仪，可测定的 CO_2 浓度为1%～100%，精度为±(0.5%～1%)FS，响应时间为数秒，灵敏度为±(1%～2%)FS。CO等具有相近红外吸收峰的其他气体对测定精度有影响。

大规模发酵过程的 CO_2 气流的测量可以简单实现，这具有重要价值，也是发酵过程控制中重要的在线信息。确定产生的 CO_2 的量有助于计算碳回收。有研究者发现了生物量生长率及 CO_2 生成速率之间的线性相关性，并开发出用于估计细胞浓度的模型；也有研究者设计了简单的算法，由在线检测的尾气 CO_2 的数据来估计比生长速率。

在现代化的通风发酵罐中，为全面监控发酵过程，通常均安装尾气的氧浓度和 CO_2 浓度检测仪，当然这需要取样系统来连接。尾气检测系统的流程如图2-10所示。

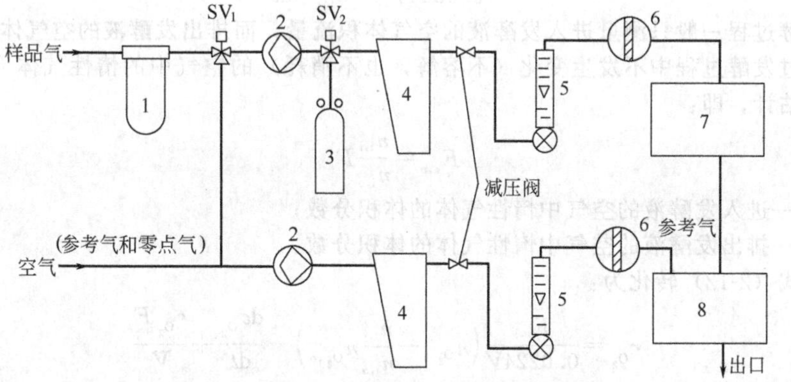

图2-10 通风发酵罐尾气检测系统流程

1—粗滤器；2—膜片泵；3—贮气瓶；4—除水器；5—流量计；6—精过滤器；7—CO_2 检测仪；8—氧分析仪

三、呼吸代谢参数的计算

微生物发酵是典型的生化反应过程。从发酵过程测量到的数据，有一部分可以直接用于控制

发酵过程和操作，而另一部分信息缺乏直接的实际物理意义，必须与其他的参数关联起来才能得到有用的信息。例如发酵温度、pH、溶解氧浓度（DO）等直接可以测量，并用来控制、驱动执行机构，如冷却或加热、驱动加入酸或碱的泵转动、改变气体流量或搅拌桨的转速。但是，空气流量和出口气体成分分析的测量，相对发酵来说，信息不是很直接，它要与其他的信息组合起来，才能得到有意义的信息。这种方法叫推断测量，也有叫软测量技术（soft-sensors），或叫基于模型的测量（model-based measurement）。

通过这种软测量技术，可以了解细胞代谢和发酵过程的信息。物料的消耗速率或产物的形成速率可以通过发酵罐的物料平衡计算获得。其中比较普遍应用，也比较容易在线实现的是氧利用速率（OUR）、二氧化碳释放速率（CER）和呼吸商（RQ）的计算。这些信息提供了很有用的信息，并且能很好地指示出细胞的呼吸活力。另外，从间接测量可获得的变量有总的氧质量传递速率、代谢热的释放速率、比生长速率、细胞产率、物质利用速率以及次级代谢产物产生速率等。

1. 氧利用速率（OUR）

以单位时间、单位发酵液体积内细胞消耗的氧量表示的氧利用速率，可以根据氧的动态质量平衡进行估计。在发酵过程中氧既连续进入系统，又连续排出系统。因此，氧的平衡可以表示为：氧在系统内的变化率，等于氧进入系统的速率减去氧排出系统的速率和氧在系统内消耗的速率。若用摩尔氧来表示，则：

$$\frac{\mathrm{d}(c_{O_2}V)}{\mathrm{d}t}=\frac{n_{O_2,i}F_{a,i}-n_{O_2,o}F_{a,o}}{0.0224}-r_{O_2}V+c_{O_2}F \tag{2-10}$$

式中 c_{O_2}——发酵液中的溶解氧浓度，$mol \cdot m^{-3}$；

$F_{a,i}$——进入发酵液的空气在标准状态下的体积流量，$m^3 \cdot h^{-1}$；

$F_{a,o}$——排出发酵液空气在标准状态下的体积流量，$m^3 \cdot h^{-1}$；

V——发酵液体积，m^3；

F——流加补料速率，$m^3 \cdot h^{-1}$；

$n_{O_2,i}$——进入发酵液的空气中氧的体积分数；

$n_{O_2,o}$——排出发酵液的空气中氧的体积分数；

r_{O_2}——氧利用率，$mol \cdot m^{-3} \cdot h^{-1}$。

将式（2-10）左边展开，对 r_{O_2} 求解，得氧利用率的估算式：

$$r_{O_2}=\frac{n_{O_2,i}F_{a,i}-n_{O_2,o}F_{a,o}}{0.0224V}-\frac{\mathrm{d}c_{O_2}}{\mathrm{d}t}+\frac{c_{O_2}F}{V} \tag{2-11}$$

由于发酵过程一般只测量进入发酵液的空气体积流量，而排出发酵液的空气体积流量是不测量的，要通过发酵过程中不发生变化（不溶解，也不消耗）的空气中的惰性气体（主要是氮气）为参比进行估计，即：

$$F_{a,o}=\frac{n_{i,i}}{n_{i,o}}F_{a,i} \tag{2-12}$$

式中 $n_{i,i}$——进入发酵液的空气中惰性气体的体积分数；

$n_{i,o}$——排出发酵液的空气中惰性气体的体积分数。

因此，可将式（2-12）转化为：

$$r_{O_2}=\frac{F_{a,i}}{0.0224V}\left(n_{O_2,i}-\frac{n_{i,i}}{n_{i,o}}n_{O_2,o}\right)-\frac{\mathrm{d}c_{O_2}}{\mathrm{d}t}+\frac{c_{O_2}F}{V} \tag{2-13}$$

由式（2-13）可知，进入发酵液空气体积流量、补料体积流量、发酵液体积、发酵液中溶解氧浓度、进入和排出发酵液的空气中氧及惰性气体的含量（体积分数）等能够在线测量的前提下，可以对发酵过程的氧消耗率进行在线估计。当系统处于准稳定状态，且补料速率 F 相对于发酵液体积很小时，则式（2-13）可以变成：

$$r_{O_2}=\frac{F_{a,i}}{0.0224V}\left(n_{O_2,i}-\frac{n_{i,i}}{n_{i,o}}n_{O_2,o}\right) \tag{2-14}$$

通常进入发酵液的空气流量 $F_{a,i}$、发酵液体积 V、进入和排出发酵液空气中的氧含量 $n_{O_2,i}$ 和 $n_{O_2,o}$ 可由气体成分分析仪测量来得到，这样，通过式（2-14）就可求得氧利用速率。

表 2-7 给出了正常大气中各组成气体的体积分数，可作为确定进入发酵液的空气中氧和惰性气体含量的参考。需要注意的是，表 2-7 中给出的是干空气的组成，使用时应以空气的湿含量进行校正。例如，干空气中氧和惰性气体的体积分数分别为 20.95%和 79.01%体积分数，当空气湿含量为 2.39%体积分数时，上述氧和惰性气体的体积分数分别校正为 20.34%和 76.70%。

表 2-7　大气的组成

组分	分子式	体积分数/%	质量分数/%	组分	分子式	体积分数/%	质量分数/%
氮	N_2	78.08	75.50	氪	Kr	0.0001	0.028
氧	O_2	20.95	23.14	氙	Xe	0.00001	0.005
氩	Ar	0.93	1.30	氖	Ne	0.0018	0.00086
二氧化碳	CO_2	0.03	0.05	氦	He	0.0005	0.000056

2. 二氧化碳释放速率（CER）

在单位时间、单位发酵液体积内细胞释放的二氧化碳量，叫做二氧化碳释放速率或称为二氧化碳生成率，它可以由系统内二氧化碳的动态质量平衡进行估计。

这一平衡为二氧化碳在系统内的变化率等于二氧化碳在系统内生成的速率加上二氧化碳进入系统的速率减去二氧化碳排出系统的速率，即：

$$\frac{d(c_{CO_2}V)}{dt}=r_{CO_2}V+\frac{n_{CO_2,i}F_{a,i}-n_{CO_2,o}F_{a,o}}{0.0224}+c_{CO_2}F \tag{2-15}$$

式中等号右边第一项为系统二氧化碳生成速率，第二项为空气带入系统的二氧化碳速率，第三项为补料时带入的二氧化碳速率。由此得出二氧化碳生成率的估算式：

$$r_{CO_2}=\frac{n_{CO_2,i}F_{a,i}-n_{CO_2,o}F_{a,o}}{0.0224V}+\frac{dc_{CO_2}}{dt}-\frac{c_{CO_2}F}{V} \tag{2-16}$$

或

$$r_{CO_2}=\frac{F_{a,i}}{0.0224V}\left(\frac{n_{i,i}}{n_{i,o}}n_{CO_2,o}-n_{CO_2,i}\right)+\frac{dc_{CO_2}}{dt}-\frac{c_{CO_2}F}{V} \tag{2-17}$$

式中　c_{CO_2}——发酵液中溶解的二氧化碳浓度，$mol \cdot m^{-3}$；

$n_{CO_2,i}$——进入发酵液的空气中二氧化碳体积分数；

$n_{CO_2,o}$——排出发酵液的空气中二氧化碳体积分数；

r_{CO_2}——二氧化碳生成率，$mol \cdot m^{-3} \cdot h^{-1}$；

V 和 F 含义同式（2-10）。

于是，通过对进入发酵液中的空气体积流量、补料体积流量、发酵液体积、发酵液中溶解二氧化碳浓度、进入和排出发酵液的空气中二氧化碳和惰性气体的含量（体积分数）等的在线测量，可以在线估计发酵过程中的二氧化碳释放速率。若系统处于准稳定状态，且补料速率很低，则式（2-17）变成：

$$r_{CO_2}=\frac{F_{a,i}}{0.0224V}\left(\frac{n_{i,i}}{n_{i,o}}n_{CO_2,o}-n_{CO_2,i}\right)$$

式（2-13）和式（2-17）中进入和排出发酵液的空气中惰性气体的体积分数，可以用工业色谱仪测定，也可由下面的算式估计。

进入发酵液的空气中惰性气体的体积分数：

$$n_{i,i}=n_{i,i}^{*}(1-n_{w,i}) \tag{2-18}$$

排出发酵液的空气中惰性气体的体积分数：

$$n_{i,o}=1-n_{CO_2,o}-n_{O_2,o}-n_{w,o} \tag{2-19}$$

以上两式中　$n_{i,i}^*$——进入发酵液的干空气中水分的体积分数（按表 2-7 数据可取作 71.09%）；

$n_{w,i}$——进入发酵液的空气中水分的体积分数；

$n_{O_2,o}$，$n_{CO_2,o}$，$n_{w,o}$——分别为排出发酵液的空气中氧、二氧化碳和水分的体积分数。

进入发酵液的空气中水分的体积分数，由空气的相对湿度按下式计算：

$$n_{w,i}=\Phi n_w^* \tag{2-20}$$

式中　n_w^*——空气在操作温度下饱和水蒸气的体积分数（见表 2-8）；

Φ——空气的相对湿度，%。

排出发酵液的空气可以认为被水蒸气饱和，即：

$$n_{w,o}=n_w^* \tag{2-21}$$

这里必须注意，进入发酵液的空气与排出发酵液的空气操作温度不同，前者是在输入空气管道中与测量温度同一点上测得的温度，后者等于发酵液温度。空气在不同温度下的饱和水蒸气体积分数见表 2-8。

表 2-8　空气在不同温度下的饱和水蒸气体积分数

t/℃	n_w^*/%	t/℃	n_w^*/%	t/℃	n_w^*/%	t/℃	n_w^*/%
21	2.45	31	4.43	41	7.68	51	12.79
22	2.61	32	4.69	42	8.09	52	13.43
23	2.77	33	4.96	43	8.53	53	14.11
24	2.94	34	5.25	44	8.98	54	14.80
25	3.12	35	5.55	45	9.46	55	15.53
26	3.32	36	5.86	46	9.95	56	16.29
27	3.52	37	6.19	47	10.47	57	17.08
28	3.73	38	6.53	48	11.01	58	17.91
29	3.95	39	6.90	49	11.58	59	18.76
30	4.19	40	7.28	50	12.17	60	19.66

3. 呼吸商（RQ）

二氧化碳释放速率除以氧消耗速率所得到的商叫做呼吸商（RQ），即：

$$RQ=\frac{r_{CO_2}}{r_{O_2}} \tag{2-22}$$

呼吸商是各种碳源在发酵过程中代谢状况的指示值。在碳源限制及供氧充分的情况下，各种碳源都趋向于完全氧化，呼吸商应接近于表 2-9 所列的理论值。而当供氧不足时，碳源不完全氧化，可使呼吸商偏离理论值。

表 2-9　一些碳源完全氧化后的理论呼吸商

碳　源	理论呼吸商	碳　源	理论呼吸商	碳　源	理论呼吸商	碳　源	理论呼吸商
葡萄糖	1.0	甲烷	0.5	乳酸	1.0	蛋白质	约 0.8
蔗糖	1.0	甲醇	0.67	甘油	0.86		
淀粉	1.0	乙醇	0.67	油脂	约 0.7		

以葡萄糖为碳源培养酵母的过程为例，呼吸商呈现如下的变化规律：在充分供氧条件下，酵母利用葡萄糖进行生长，呼吸商接近于 1；在厌氧条件下，酵母进行发酵，将葡萄糖转化为乙醇，呼吸商显著上升；当葡萄糖耗尽，酵母在供氧条件下利用乙醇作为碳源进行生长时，呼吸商下降到 1 以下；如污染其他微生物，在好氧条件下将乙醇氧化为乙酸，则呼吸商进一步显著下降。因此，在工业生产上，已成功地利用呼吸商监控这类发酵过程。

对于使用混合碳源的发酵过程，由呼吸商的变化还可以推断出不同碳源利用的先后顺序。例如，当以葡萄糖和油脂作为复合碳源时，如果呼吸商先高后低，则说明葡萄糖先于油脂被利用。

第四节　发酵罐内氧气体积传质系数 K_La 的测量

体积传质系数 K_La 是反映微生物生物反应器气液相质量传递性能的一个重要参数。K_La 的测定方法有许多种，如亚硫酸盐氧化法、极谱法、物料衡算法、溶解氧电极法、动态测定法等，以下简要介绍几种常用的测定方法。

一、亚硫酸盐氧化法

将一定温度的自来水加入试验罐内，开始搅拌，加入化学纯的亚硫酸钠晶体，使 SO_3^{2-} 浓度约为 2mol/L 左右，再加化学纯的硫酸铜晶体，使 Cu^{2+} 浓度约为 10^{-3}mol/L；待完全溶解后，通空气，一开始就接近预定的流量，尽快调整至所需的空气流量，稳定后立即计时，为氧化作用开始的时间，氧化时间连续 4～10min，到时停止通气和搅拌，准确记录氧化时间。

试验前后各用吸管取 5～100mL 样液，立即移入新吸入的过量的标准碘液中，此时吸管的下端离开碘液液面不要超过 1cm，防止进一步氧化。然后用标准的硫代硫酸钠溶液，以淀粉为指示剂滴定至终点。

若操作时罐压 P=1atm（1.01325×10^5Pa），则

$$N_v=\frac{VN}{1000mt\times4}\left(\frac{\text{mol}}{\text{mL}\cdot\text{min}}\right) \tag{2-23}$$

或

$$N_v=\frac{VN\times60}{mt\times4}\left(\frac{\text{mol}}{\text{L}\cdot\text{h}}\right) \tag{2-24}$$

式中　V——两次滴定所用 $Na_2S_2O_3$ 毫升数的差值；

N——$Na_2S_2O_3$ 的浓度，常用 $0.200\text{mol}\cdot\text{L}^{-1}$；

m——所取样液的体积；

t——两次取样的间隔时间；

N_v——溶解氧速率。

用公式 $N_v=K_Lac^*$ 计算体积溶解氧系数。在 25℃、1.01325×10^5Pa 下，空气中氧的分压为 0.21atm（1atm=101325Pa），与之相平衡的纯水中的溶解氧浓度 c^*=0.24mmol/L。在亚硫酸盐氧化法的具体条件下，规定 c^*=0.21mmol/L。所以

$$K_La=N_v/(0.21\text{mmol/L}) \tag{2-25}$$

以总压差为传氧推动时的体积溶解氧系数 K_d，可由下式计算：

$$K_d=\frac{N_v}{P} \tag{2-26}$$

式中，$K_d=K_La/H$，K_d 的单位为 mol/(mL·min·atm)，而 $K_La=6\times10^7\times\frac{1}{0.21}K_d$。

用亚硫酸盐氧化法测定溶解氧系数的优点是氧溶解速率和亚硫酸盐浓度无关，且反应速率快，不需要特殊仪器，这一简便方法在研究反应器的性能、放大和操作条件的影响时是很有用的；其缺点是不如极谱法测定准确，模拟溶液的物化性质不可能与实际发酵液完全相同，因而不能在真实发酵条件下测定发酵液的溶解氧，亚硫酸盐对微生物的生长有影响，且发酵液的成分、消泡剂、表面张力、黏度，特别是菌体浓度均影响氧的传递，高离子浓度会使界面面积和传质系数减小。这一方法仅能测定发酵设备的溶解氧系数，只能表示发酵设备的通气效率的优劣，同时工作容积只有在 4～80L 才比较可靠。

二、溶解氧电极法

用溶解氧电极与氧气分析相配合，可直接测定实际的体积溶解氧系数 K_La。在发酵液中，供氧的溶解氧速率为 N_v，微生物消耗溶解氧的耗氧速率为 r，当供氧与耗氧维持不变时，则溶解氧浓度变化为零。

因

$$N_v=K_La(c^*-c)$$

$$r=Q_{O_2}X$$

在稳态时
$$r=\frac{Q(c_{进}-c_{出})}{V}$$

$$r=N_v$$

所以
$$K_La=\frac{Q(c_{进}-c_{出})}{V(c^*-c)} \tag{2-27}$$

式中 r——微生物的耗氧速率，$mmol \cdot L^{-1} \cdot h^{-1}$；

Q_{O_2}——微生物的呼吸强度，$mmol \cdot g^{-1} \cdot h^{-1}$，以干重为计算基础；

X——微生物菌体浓度，$g \cdot L^{-1}$，菌体以干重计；

Q——通气量，$L \cdot h^{-1}$；

V——发酵液体积，L；

$c_{进}$——通入气体中的氧浓度，$mmol \cdot L^{-1}$；

$c_{出}$——排出气体的氧浓度，$mmol \cdot L^{-1}$。

c^* 表示纯水中的溶解氧浓度；$c_{进}$、c^* 为常量；$c_{出}$ 可用氧气分析仪对排出气体测定；c 为培养液中的溶解氧浓度，可用溶解氧电极测得。

三、物料衡算法

物料衡算法又称为稳态法。即在培养过程中，供氧和耗氧速率平衡时，溶解氧浓度不变，可根据通入反应器的空气及排气中的氧含量，求出氧吸收速率 OUR（$mol \cdot m^{-3} \cdot s^{-1}$）：

$$OUR=\frac{1}{Rv}\left(\frac{f_{in}P_{in}y_{in}}{T_{in}}-\frac{f_{out}P_{out}y_{out}}{T_{out}}\right) \tag{2-28}$$

式中，f_{in} 和 f_{out} 分别为进气和排气的体积流量，$m^3 \cdot s^{-1}$，由流量计测定；P_{in} 和 P_{out} 分别为进气和排气的总压力，Pa；y_{in} 和 y_{out} 分别为进气的排气中氧的摩尔分数；T_{in} 和 T_{out} 分别为进口和出口气体的绝对温度，K；v 为培养液体积；R 为气体常数。只要知道 DO^* 和 DO，即可根据式（2-30）求得 K_La。DO^* 可根据气相中氧的分压来计算：

$$DO^*=p_{O_2}/H \tag{2-29}$$

式中，DO^* 为与 p_{O_2} 平衡的氧的溶解度；H 称为 Henry 常数。

$$K_La=\frac{OUR}{DO^*-DO} \tag{2-30}$$

式中 OUR——氧吸收速率，$mol \cdot m^{-3} \cdot s^{-1}$；

DO^*——汽液平衡时培养液中的溶解氧浓度，$mmol \cdot L^{-1}$；

DO——实际溶解氧浓度，$mmol \cdot L^{-1}$；

K_La——体积传质系数，s^{-1}。

对于小型搅拌罐反应器，氧的传质推动力（$\Delta DO=DO^*-DO$）可取出口或入口处的值。但对于大型生物反应器很难达到完全混合状态，还必须考虑静压差对 DO^* 的影响。此时应取出口与入口处培养液内的氧传递推动力的对数平均值 ΔDO_m 来计算。

$$\Delta DO_m=\frac{\Delta DO_{in}-\Delta DO_{out}}{\ln\frac{\Delta DO_{in}}{\Delta DO_{out}}} \tag{2-31}$$

式中，$\Delta DO_{in}=DO^*_{in}-DO_{in}$；$\Delta DO_{out}=DO^*_{out}-DO_{out}$。

根据氧的物料衡算求 K_La 时，需要测定空气流量、空气中的氧含量、DO 及 DO^*。这些参数的测定直接影响 K_La 的准确程度。物料衡算法是测定 K_La 的最精确的方法之一，可用于实际发酵系统中，但需要精确的氧分析仪，较为昂贵，也需对温度和压力进行精确测量。

四、动态测定法

在非稳定状态的分批培养过程中，连续通气供氧时由氧的物料衡算可得：

$$\frac{dDO}{dt}=K_La(DO^*-DO)-Q_{O_2}X \tag{2-32}$$

用溶解氧电极连续测定DO随时间的变化。如图 2-11 所示，从某一时刻起暂停通气并将搅拌转速调小，这时氧的供应速率为 0，即 $K_La(DO^*-DO)=0$，DO直线下降，由直线斜率可求出 $-Q_{O_2}X$。然后再开始通气，DO又逐渐上升，最后恢复到原来浓度。DO的记录曲线如图 2-11 所示。则：

$$DO=DO^*-\frac{1}{K_La}\left(Q_{O_2}X+\frac{dDO}{dt}\right) \tag{2-33}$$

根据恢复通气后DO的变化曲线求出不同时刻的 dDO/dt，用DO对（$Q_{O_2}X+dDO/dt$）作图，绘得一条直线，直线斜率的负倒数即为 K_La。K_La 的动态测定法比较简便，并可对实际培养罐进行测定。但测定DO时，溶解氧电极应有很快的响应速率，否则必须结合响应特性进行数据处理。

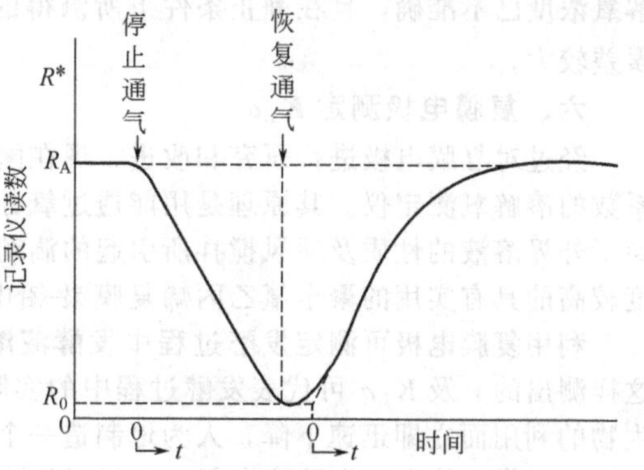

图 2-11　动态法测定 $Q_{O_2}X$ 及 K_La 时的DO的读数 R 的变化曲线

如果在非培养时用动态法测水溶液（不含菌体）的 K_La，可先通入氮气，赶出液体中的溶解氧，然后将氮气切换成空气并记录溶解氧浓度的变化曲线。此时，

$$\frac{dDO}{dt}=K_La(DO^*-DO) \tag{2-34}$$

初始条件为 $t=0$ 时，$DO=0$，据此，可得下式：

$$-\ln\frac{DO^*-DO}{DO^*}=K_Lat \tag{2-35}$$

其中 $DO^*=DO_{t\to\infty}$。通空气阶段的 $-\ln[(DO^*-DO)/DO^*]$ 对 t 作图均可得一条直线，其斜率即 K_La。如果溶解氧电极有较明显的滞后，则必须考虑滞后对 K_La 的影响。

五、取样极谱法

发酵液中的溶解氧可用极谱仪来测定，其原理是当电解电压为 0.6～1.0V 时，其扩散电流的大小随液体中溶解氧浓度的变化成正比关系。由于氧的分解电压最低，因此发酵液中其他物质对测定的影响甚微，且发酵液中含有氢氧化钠、磷酸盐等电解质，故可直接用来测定。

具体测定方法是将从发酵罐中取出的样品置于极谱仪的电解池中，并记下随时间而下降的发酵液中氧的浓度 c_L 的数值。而发酵液中氧的饱和浓度 c^* 可在标绘以上所得 c_L 的数据后，用外推曲线的方法求得（见图 2-12），同时曲线的斜率的负数即为微生物的耗氧速率 r。K_La 可由下式求得：

$$K_La=\frac{Q_{O_2}X}{c^*-c_L}=-\frac{斜率}{c^*-c_L} \tag{2-36}$$

式中　K_La——以浓差为推动力的溶解氧系数，h^{-1} 或 $(m\cdot h^{-1})\cdot(m^2\cdot m^{-3})$；

Q_{O_2}——微生物的呼吸强度，$mmol\cdot g^{-1}\cdot h^{-1}$，以干重为计算基础；

X——菌体细胞的浓度，$g\cdot L^{-1}$；

c_L——溶液中氧的实际浓度，$kmol\cdot m^{-3}$；

c^*——与气相中氧分压平衡进溶液中氧的浓度，$kmol\cdot m^{-3}$。

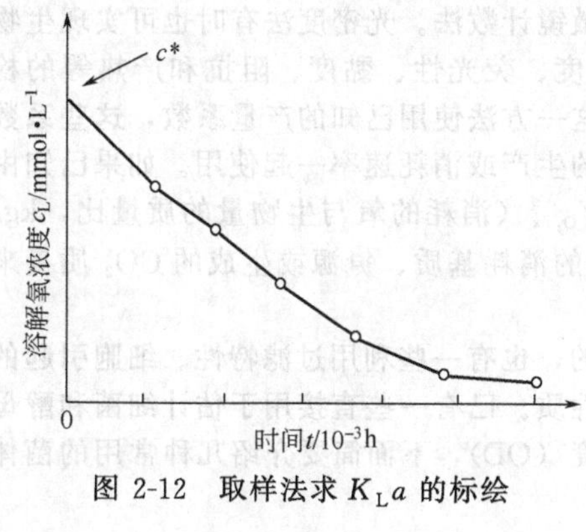

图 2-12　取样法求 K_La 的标绘

从图 2-12 中可以看见，只要用极谱仪取样测定发酵液中氧浓度 c_L，便可求得发酵液中饱和溶解氧浓度 c^*，同时曲线的斜率 $=-Q_{O_2}X$，则由上式可计算溶

解氧系数 K_La。应用谱仪法的缺点在于样品取出发酵罐后，压力自罐压降至大气压，测得的溶解氧浓度已不准确，且在静止条件下所测得的 Q_{O_2} 与在发酵罐中的实际情况不完全一致，因而误差较大。

六、复膜电极测定 K_La

经过对复膜电极进行研究和改进，现在国内外已有应用复膜电极直接测定发酵过程中溶解氧系数的溶解氧测定仪。其原理是用能透过氧分子的薄膜将电极系与被测定溶液分隔开来，因而避免了外界溶液的性质及通风搅拌所引起的湍动对测定的影响。现在已制成耐高温蒸汽灭菌、灵敏度较高的具有实用的聚全氟乙丙烯复膜银-铅电极。

利用复膜电极可测定发酵过程中发酵液溶解氧浓度、菌的耗氧率 r 及溶解氧系数 K_La 等，这样测出的 r 及 K_La 可代表发酵过程中的实际情况。发酵过程中停止通气片刻，溶解浓度因微生物的利用而立即迅速下降，人为地制造一个不稳定状态（即溶解氧速率和耗氧速不平衡）来求 K_La。不稳定状态时发酵液中某一个时间间隔的溶解氧量为：

$$\frac{dc_L}{dt}=K_La(c^*-c_L)-Q_{O_2}X \tag{2-37}$$

可改写为：

$$c_L=-\frac{1}{K_La}\left(\frac{dc_L}{dt}+Q_{O_2}X\right)+c^* \tag{2-38}$$

当关闭空气进口阀门时，发酵液内的溶解氧浓度即由 c_1 下降到 c_2，经过时间 t_1 后再打开空气进口阀门，溶解氧浓度即由 c_2 上升至 c_1，其时间为 t_2。这样就可以求得菌的耗氧速率：

$$r=Q_{O_2}X=\frac{c_1-c_2}{t_1} \tag{2-39}$$

$$\frac{dc_L}{dt}=\frac{c_1-c_2}{t_2} \tag{2-40}$$

这里假定发酵液中溶解氧浓度的变化并不影响微生物的呼吸速率。用此法不仅能求出微生物细胞的耗氧速率 r，还可求得溶解氧系数 K_La。

第五节 发酵罐内细胞浓度的在线测量和比增殖速率的计算

一、菌体浓度的检测方法及原理

菌体浓度的测定可分为全细胞浓度和活细胞浓度的测定，前者的测定方法主要有湿重法、干重法、浊度法和湿细胞体积法等；后者则使用生物发光法或化学发光法进行测定，例如，可通过对发酵液中的 ATP 或 NADH 进行荧光检测而实现对活细胞浓度的测定。

生物量（biomass）和细胞生长速率的直接在线检测，目前尚难以在所有重要的工业化发酵过程中应用。最普通的离线检测方法是细胞干重法、显微镜计数法。光密度法有时也可实现生物量的在线检测，其他的生物量浓度在线检测方法包括浊度、荧光性、黏度、阻抗和产热等的检测。一种更深层的测定生物量的方法应用了质量平衡，这一方法使用已知的产量系数，这些系数是在过去操作经验基础上得来的，可以和其他测量得来的生产或消耗速率一起使用。如果已知由气体平衡得到的氧气消耗速率和氧/生物量的产量系数 $Y_{O_2/x}$（消耗的氧与生物量的质量比，kg/kg)，就可以估算生物量的产率。这一方法也可利用测得的消耗基质、氮源或生成的 CO_2 质量来确定生物量。

许多市售的生物量传感器是基于光学测量原理制成的，也有一些利用过滤特性、细胞引起的悬浮液密度的改变或悬浮的完整细胞的导电（或绝缘）性质。已有一些直接用于估计细菌和酵母菌发酵液生物量的典型传感器。大多数传感器测量光密度（OD），下面简要介绍几种常用的菌体浓度（生物量）的检测方法及原理。

1. 光密度

应用光密度原理的生物量在线直接检测技术，有助于了解反应器中微生物的代谢过程。这种检测对 *E. coli* 等球形细胞十分有效。检测中使用可灭菌的不锈钢探头，通过一个法兰盘或快卸接合装置将探头直接插入生物反应器中。

市售的 OD 传感器基于对光的透射、反射或散射而实现测定。由 OD 值直接计算干重浓度是不现实的，但这常用于校准系统。细菌的波长应选在可见光范围内；对于较大的微生物，则选用红外波长；对于更大的植物细胞培养或昆虫细胞培养，可由浊度测定法来估计。随着波长下降，许多基质对光的吸收增强，因此经常采用绿色滤光器、红外二极管、激光二极管或 780～900nm 的激光。用稳定的发光二极管（在 850nm 左右发光）可以得到廉价的变型光源。用几个 100Hz 的截光器进行调节，可以使环境光的影响降到最低。另一种方法是使用置于反应器外的、装有高质量分光光度计的光纤传感器，它可以在保护室中使用，但相对比较昂贵。

2. 电性质

在低无线电频率下悬浮液的电容与浓度相关，该浓度是指由极性膜（即完整细胞）封闭的液体组分中悬浮相的浓度。生物量检测器可检测的电容为 0.1～200pF，无线电频率为 200kHz～10MHz。这一原理的局限是最大可接受的电导率（连续相的）约为 24mS/cm，而高密度培养时所用的浓缩培养基中，很容易达到这一极限电导率。气泡在检测过程中会产生噪声。

3. 热力学

检测生物量的另一种方法是测定细胞生长过程中的产热，而产热与活细胞量成比例。在明确限定的条件下，甚至对杂交瘤细胞（hybridoma）等缓慢生长的微生物，或对以低生物量产量生长的厌氧细菌而言，量热法是估计其总生物量（或活生物量）较好的方法。

微生物生长过程中的净放热量取决于生物量浓度及细胞的代谢状态。厌氧生长的理论热力学推导给出产热系数 $Y_{Q/O}$ 为 460kJ/mol。实验证实这一预测是一很好的估计：许多实验中的平均值为 (400±33)kJ/mol。在可用的 3 种方法（微量热法、流体量热法及热通量量热法）中，热通量量热法通常是用于生物过程检测的最好选择。动态热量计可以测定反应器温度 T_R 和夹套温度 T_J。在计算生物反应的热通量时，需要知道搅拌器的耗热或由于水蒸发的热损等各种热通量。总传热系数 k_w($W \cdot K^{-1} \cdot m^{-2}$) 可通过电校准来简单地测定，热交换面积 A (m^2) 一般恒定，两个参数可组合为 ($k_w A$)，则生物反应器的热通量为：

$$q = k_w A(T_R - T_J) \tag{2-41}$$

式中，q 为热通量，单位为 W。发酵规模越大，热通量量热法就越简单。

二、在线激光浊度计

一般在半连续发酵过程中，通过测量 pH、溶解氧浓度（DO），或者通过分析出口气体中氧浓度和发酵液体积（V），从而计算出氧利用速率（OUR）、二氧化碳释放速率（CER）和呼吸商（RQ）来调节营养物质的流加量。这种方法是一种间接的方法，若能直接在线测量生物质浓度，然后，依此信息来控制营养物质的流加速率，显然比间接的方法要好。在线激光浊度计测量生物质浓度的最大问题是发酵液中的空气或 CO_2 气泡对测量信号的扰动，从而影响测量信号的准确性和这种仪表的可靠使用。为了克服这些扰动对测量准确性的影响，最简便的可实现的方法是采用合适的线性迭代分析算法来随机处理和分析这些采样数据，对这些信号进行平滑处理，从而得到生物质的干重浓度、比生长速率等极为重要的信息，再根据这些信息来自动补加营养物质。

激光浊度计测量生物质浓度系统原理如图 2-13 所示。系统由浊度传感器、激光浊度计、计算机接口、计算机系统所组成。在测量信号中显然包括有许多噪声信号（或称扰动信号），因此信号处理是不仅为了平滑这些信号以去除噪声，而且可将其转换成生物质干重浓度 X[g/L(以干重计)]，培养液体积的变化可以通过测量补料罐的称重计量得到质量 W(g) 来换算，所有这些都要有相应的算法和计算机软件来处理。这些软件中，计算机存储浊度计变送器来的信息和质量 W 数据，每分钟平均一次，同时根据预先校验的数据应用插值方法，将浊度信号变换成干重浓度信号 X。然后，在计算机中，乘以发酵液体积 V 得到 1min 前生物质的总量 XV 的计算值。计算机对每分钟的 XV 和 W 数据进行平滑处理，对过去 30min 内的 XV 和 W 的数据，再用一阶迭

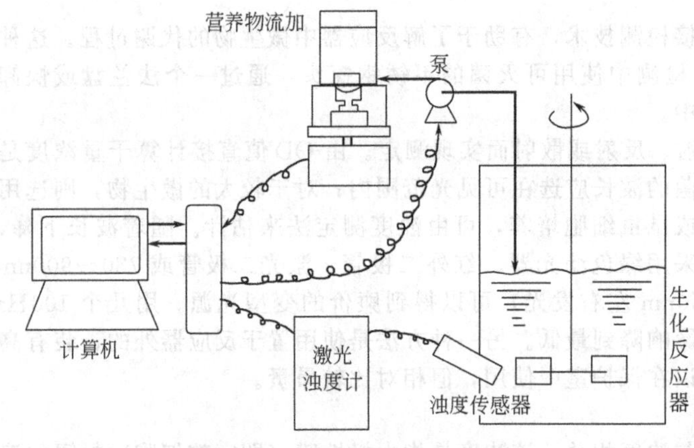

图 2-13　激光浊度及应用原理

代分析获得近似的线性斜率方程，即实时得到生物质的体积增长速率 $d(XV)/dt$ 和质量变化速率 dW/dt。由此，计算机从采集到的 XV 值对其进行自然对数运算，即 $\ln(XV)$，这样就可以从刚才 30min 的一阶迭代方程估计 $d(XV)/dt$ 的斜率中估计出比生长速率 μ。

应用这一测量系统对高密度大肠杆菌细胞的培养过程进行生物质浓度的测量，其在线激光浊度计输出信号的瞬时随机数据如表 2-10 所示。其生物质体积增长速率 $d(XV)/dt$[g/h(以干重计)] 和比生长速率 $\mu(h^{-1})$，都可以从 XV 和 $\ln(XV)$ 获得。实验得到的数据经处理后可得 $\frac{d(XV)}{dt}$、μ 和 $\frac{dW}{dt}$，其值都十分相近，如表 2-11 所示。

表 2-10　在线激光浊度计输出信号的瞬时统计数据

近似菌体浓度(以干重计)/$g \cdot L^{-1}$	10	70	近似菌体浓度(以干重计)/$g \cdot L^{-1}$	10	70
培养条件			统计分析结果		
培养液体积/L	2.06	2.00	最大浊度	0.801	2.167
搅拌速率/$r \cdot min^{-1}$	700	50	最小浊度	0.785	2.133
通气率/$L \cdot min^{-1}$	3.0	3.0	范围	0.016	0.034
			平均	0.793	2.150
			标准偏差	0.00300	0.00693
			离散率/%	0.378	0.322

表 2-11　用线性回归分析计算 $\frac{d(XV)}{dt}$、μ 和 $\frac{dW}{dt}$ 的统计估计

变量	XV	$\ln(XV)$	W
斜率	$\frac{d(XV)}{dt}$	μ	$\frac{dW}{dt}$
确定率	0.966	0.961	0.9996

第六节　生物传感器在发酵过程检测中的应用

一、生物传感器的类型和结构原理

生物传感器是利用生物催化剂（生物细胞或酶）和适当的转换元件制成的传感器。用于生物传感器的生物材料包括固定化酶、微生物、抗原抗体、生物组织或器官等，用于产生二次响应的转换元件包括电化学电极、热敏电阻、离子敏感场效应管、光纤和压电晶体等。

生物传感器包括酶电极、微生物电极、免疫酶电极及其他生物化学电极，其结构原理如图 2-14 所示。

生物传感器具有如下特点：①具有特异性和多样性，可制成检测各种生化物质的生物传感器；②无需添加化学反应试剂，检测方便、快速；③可实现自动检测和在线检测。但由于生物活性材料不能耐受高温灭菌，其在线应用仍存在困难，而且稳定性有待提高，使用寿命有待延长。以下简要介绍几种常用的生物传感器及其转换元件。

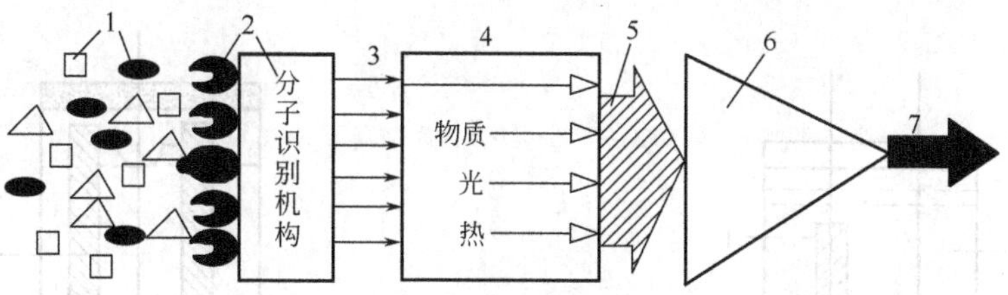

图 2-14　生物传感器的结构原理示意

1—待测物质；2—生物功能材料；3—生物反应信息；4—换能器件；5—电信号；6—信号放大；7—输出信号

1. 酶电极

酶电极即酶传感器，主要由固定化酶膜与相应的各类电化学元件构成，其结构原理如图 2-15 所示。

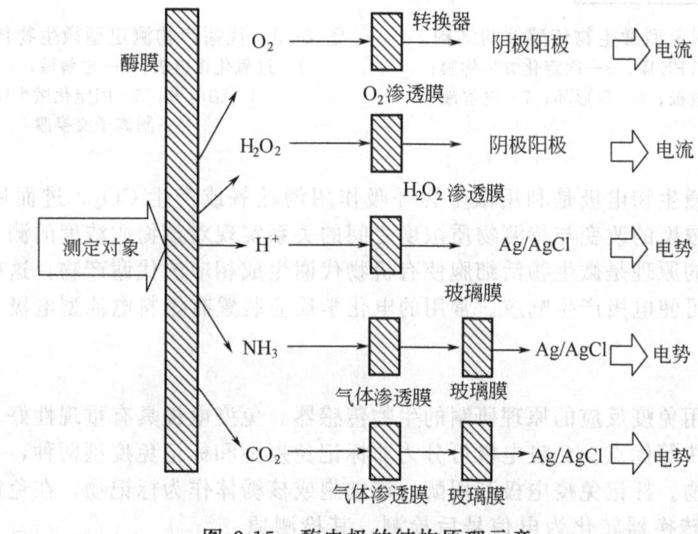

图 2-15　酶电极的结构原理示意

酶电极中的酶需经过处理，以获得活力稳定、响应特性好的酶膜。所用酶可以是一种酶或复合酶，或是酶和辅酶系统。与酶膜相匹配的转换元件根据不同的酶反应及其产物、副产物而定，其信号可分为电流型和电位型。

2. 微生物电极

由载体固定的微生物细胞和相关的电化学检测元件组合构成的微生物电极（传感器）分为两类，即呼吸性测定型微生物传感器和代谢产物测定型微生物传感器。其原理分别见图 2-16 和图 2-17，其结构分别见图 2-18 和图 2-19。

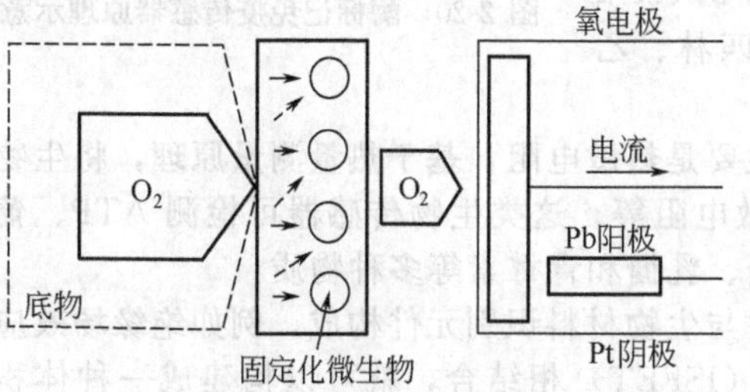

图 2-16　呼吸性测定型微生物传感器的工作原理

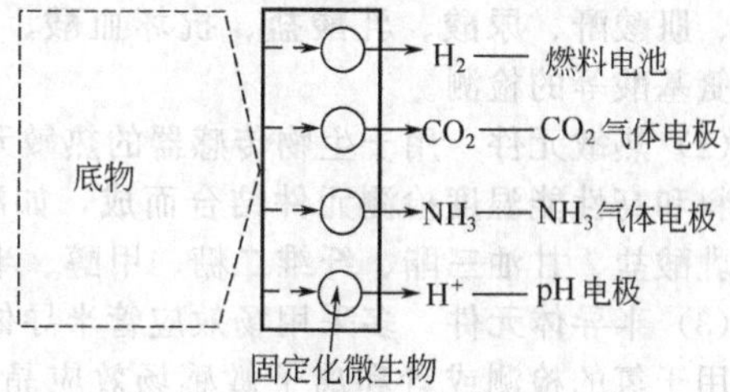

图 2-17　代谢产物测定型微生物传感器的工作原理

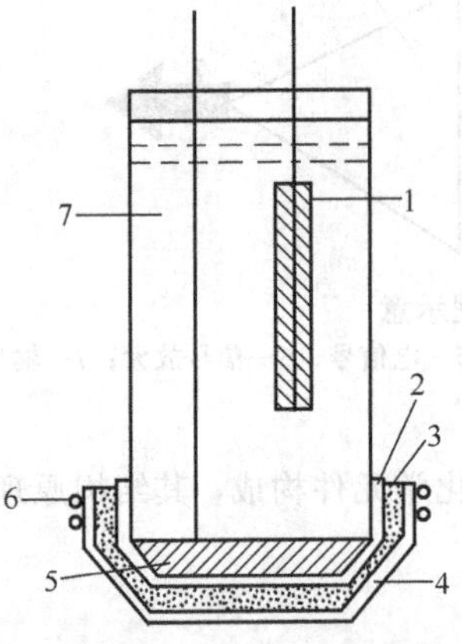

图 2-18 呼吸性测定型微生物传感器的结构
1—铂电极；2—聚 PTFE 膜；3—固定化微生物膜；
4—尼龙网；5—铂电极；6—O 形环；7—电解液

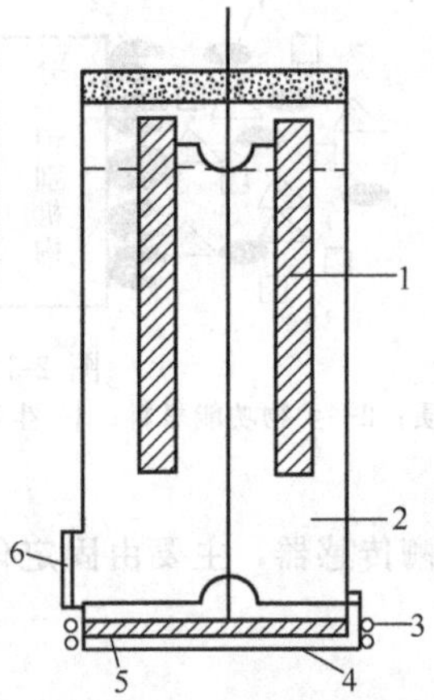

图 2-19 代谢产物测定型微生物传感器的结构
1—过氧化银电极；2—电解液；3—O 形环；
4—铂电极；5—固定化微生物膜；
6—阴离子交换膜

呼吸性测定型微生物电极是利用微生物呼吸作用消耗氧或产生 CO_2，进而用氧电极或 CO_2 进行检测，利用其浓度的改变与待测物质浓度之间的关系实现对该物质浓度的测定。代谢产物测定型微生物传感器的原理是微生物活细胞使有机物代谢生成相应的代谢产物，这些代谢产物中含有电极活性物质，可使电极产生响应。常用的电化学反应装置有燃料电池型电极、离子选择型电极和 CO_2 电极等。

3. 免疫电极

免疫电极是利用免疫反应的原理研制的生物传感器。免疫电极具有重现性好、灵敏度高、专一性强和检测速率快等优点。免疫电极可分为非标记免疫型和标记免疫型两种，主要用于识别蛋白质类高分子有机物。标记免疫电极利用酶、红细胞或核糖体作为标记物，在免疫反应后标记物的变化通过电化学转换器转化为电信号后检测，其检测原理如图 2-20 所示。非标记免疫电极是基于电极表面上形成抗原体复合物，将所有发生的物理化学变化转换成电信号的生物传感器，主要包括膜免疫电极和化学修饰免疫电极。

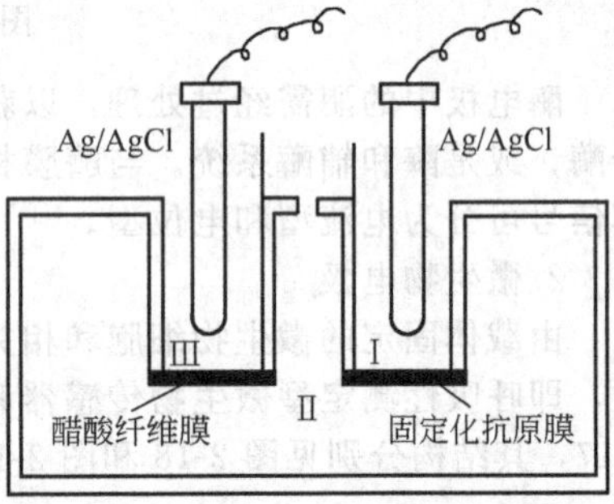

图 2-20 酶标记免疫传感器原理示意

4. 生物传感器的转换元件

(1) 电化学转换元件　这类元件主要包括离子选择型电极，其原理主要是电化学电池的电势测量或膜电位测量，主要有电流型电极或电位型电极，化学灵敏的半导体仍在研究之中。目前市售的这类生物传感器可用于葡萄糖、果糖、乳糖、麦芽糖、半乳糖、人工甜味剂（nutra sweet）、尿素、肌酸酐、尿酸、乳酸盐、抗坏血酸、阿司匹林、乙醇和氨基酸等的检测。

(2) 热敏元件　用于生物传感器的热敏元件主要是热敏电阻，基于热量测量原理，将生物功能材料和高性能温度检测元件结合而成，如酶热敏电阻等。这类生物传感器可检测 ATP、葡萄糖、乳酸盐、甘油三酯、纤维二糖、甲醇、半乳糖、乳糖和青霉素等多种物质。

(3) 半导体元件　多采用场效应管半导体元件与生物材料识别元件构成，例如绝缘场效应晶体管用于氢的检测或者和离子敏感场效应晶体管（ISFET）相结合，就可以构建成一种体积较小、输出阻抗低的半导体生物传感器（BioFET）。

(4) 介体元件　以电子介体作为生物传感器的受体，从而取代 O_2 或 H_2O_2 在酶反应中所起的电子传递作用，构成的传感器称为介体生物传感器，如由葡萄糖氧化酶构成的介体酶电极。

(5) 光学元件　用于生物传感器的光学元件最主要的是光纤，光纤与能够引起光学变化（生物发光、生物物质的光吸收、光激发及对光传播的干扰等）的生物功能材料相结合，构成了光学生物传感器。

此外，也有采用压电效应原理的转换元件用于生物传感器。有关生物传感器更详尽的知识，可参阅相关专著。

二、发酵罐基质（葡萄糖等）浓度的在线测量

典型的用以检测葡萄糖浓度的生物传感器的原理如图 2-21 所示，葡萄糖氧化酶催化以下反应：

$$\text{葡萄糖} + O_2 + H_2O \xrightarrow{GOD} \text{葡萄糖酸} + H_2O_2$$

反应式中的 GOD 表示葡萄糖氧化酶。氧气的消耗量可由生物传感器测出，这种生物传感器中，葡萄糖可渗透性膜包围溶解氧电极尖端，保持溶解氧电极的膜与葡萄糖氧化酶/电解液直接接触。溶解氧电极可测量氧气从液体穿过溶解氧电极膜到达阴极（氧气在此被还原）的流速。当与生物传感器结合使用时，氧气到达电极的流速下降，与 GOD 转化葡萄糖为葡萄糖酸时葡萄糖的消耗速率相等。这一速率与溶液中葡萄糖浓度成正比，因而溶解氧电极读数的下降与所测的葡萄糖浓度成正比。如果反应中产生的葡萄糖酸没有及时去除，葡萄糖传感器的使用寿命较为有限。可将传感器转化为流通式（flow-through）系统，使酶液连续通过电极以去除葡萄糖酸，从而克服这一缺点。其优点是电极可以进行原位灭菌。

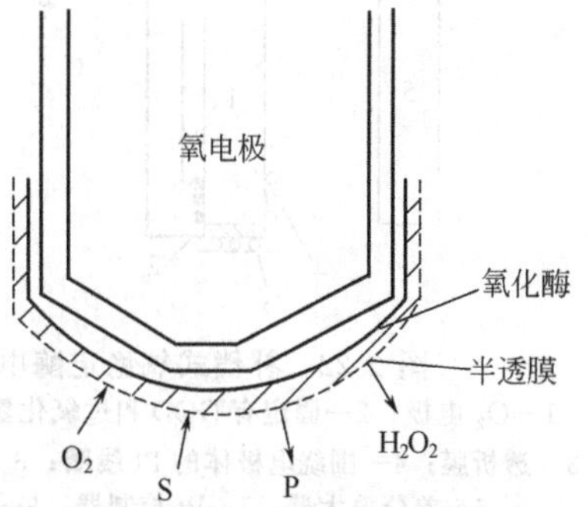

图 2-21　典型的葡萄糖浓度检测用生物传感器的原理

GOD 反应的另一应用中，可以使用连接了 pH 电极的酶和膜来检测质子流。在这种情况下反应中产生的质子，会使 pH 电极产生一个额外的与葡萄糖浓度直接相关的电位读数。使用过氧化氢酶可以检测反应中产生的过氧化氢。将过氧化氢酶与氧化酶联用是组合酶系统的一个例子，显示了多酶电极系统的巨大应用潜力。这一系统中合理布置的各种酶顺序地转化复杂的物质，最终产生一个简单的可测量的基于浓度的变化，从而实现对该物质浓度的检测。

(1) 原位测定的补偿式稳定酶电极　为了克服溶液浓度变化对 GOD 电极的影响，有研究者提出一种补偿式氧稳定酶电极（图 2-22）。电极系统包括一支氧电极和由另一支氧电极制作的 GOD 酶电极，在酶电极敏感部位安装了铂丝电解电极对。在不含葡萄糖的样品中，酶电极与参比电极输出一致；当样品中含葡萄糖时，葡萄糖透过膜与酶发生反应，由于氧的消耗，电极输出差分信号，表示测得的葡萄糖浓度，这一差分信号同时驱动铂丝产生电解电流，在酶电极敏感层的水分子电解产生 O_2，直到差分信号消除，由此保证酶电极附近的氧浓度与发酵罐中氧浓度一致。

这种酶传感器已被先后用于酵母菌和大肠杆菌的发酵控制。当改变发酵罐中氧浓度时，酶传感器测定结果与罐外常规分析结果吻合性很好。在厌氧发酵条件下，参比氧电极被一个恒定参比电位取代。由水分子的电解提供酶反应所需要的氧。这种传感系统结构比较复杂，当发酵液中氧浓度过低时，GOD 酶活力会受到限制，从而影响检测。

(2) 原位测定的介体酶电极　介体酶电极的最大特点是以介体作为电子受体，因而能抗氧干扰，是目前最有希望用于原位检测的方法之一。有研究者设计了一种改进型介体 GOD 酶电极（图 2-23），GOD 经羟基化后与经十六烷胺处理的石墨电极上的氨基团共价结合固定。该酶电极的特点是：①对氧不敏感，当 $[O_2]\%$（溶解氧的饱和程度）从 0 变化到 100%时，传感器对 20mmol/L 葡萄糖响应信号仅降低 5%；②使用寿命为 14 天；③响应时间随使用天数的延长而增加，一般为 1～2.5min；④线性范围较窄，但在非线性范围（约 100mmol/L）仍可工作。

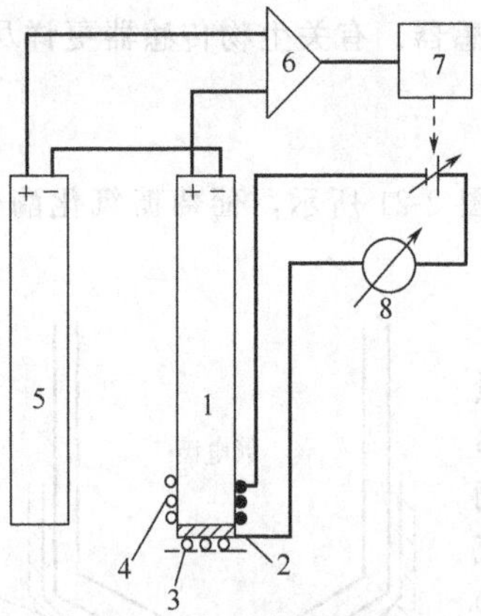

图 2-22　补偿式氧稳定酶电极

1—O_2 电极；2—固定有 GOD 和过氧化氢酶的 Pt 网；
3—透析膜；4—围绕电极体的 Pt 线圈；5—参比氧电极；
6—差分放大器；7—Pt 控制器；8—微安计

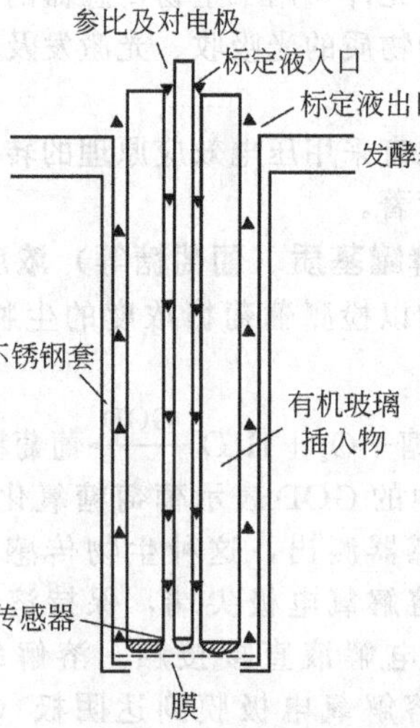

图 2-23　原位测定介体酶电极结构示意

为了能进行原位测定，专门设计了一个不锈钢套，固定在发酵罐上，灭过菌后将酶电极、电极对及参比电极装入。电极外部组件均用 95%酒精消毒，电极套底部有一层聚碳酸滤膜（孔径 0.2μm）将酶电极与发酵液分开，以防止发酵液染菌。传感器套中还设计有液流腔，以便进行自动原位标定。

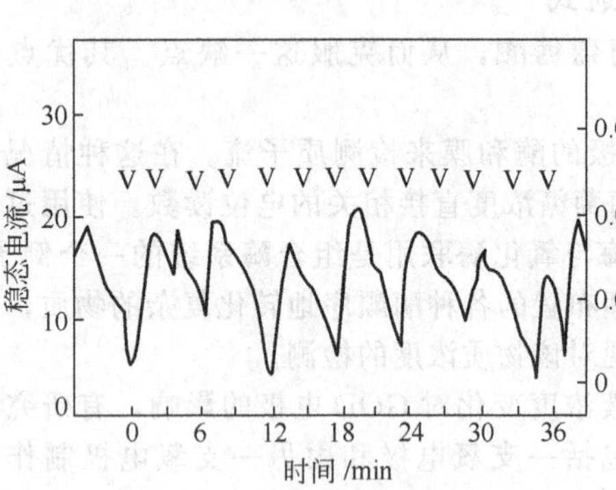

图 2-24　葡萄糖浓度的在线测定

V 代表补糖，终浓度控制相当于 0.03%

使用微机通过两个接口控制传感过程，一个接口用于平衡电压和检测响应电流，另一接口用于控制电磁阀和蠕动泵的动作以进行自动标定。传感的异常响应能被"表决程序"辨认并予以删除。搅拌噪声用信号的平均值扣除，氧浓度变化引起传感器微小的线性漂移也可通过软件进行补偿。

有研究者用这种传感器连续跟踪 2L 和 20L 规模压榨酵母发酵罐中葡萄糖浓度的变化情况。在发酵液体积固定的条件下，用程序控制注射泵将 50%葡萄糖溶液按预设发酵模式以指数递减速率形式补入发酵罐，如图 2-24 所示，每个峰信号代表一次补糖操作。但也有例外，如果两次补糖只观察到一个峰，则可能是补糖速率超过了菌体氧化的耗糖速率。

三、引流分析与控制

流动注射式分析仪（FIA），早在 1988 年就开始研制开发，至今，已在实验室应用，并正在不断改进以提高它的可靠性，使其在工业生产中能得到应用。

这种分析仪的原理，首先把发酵液从发酵罐中经过滤器分离出来。取出清洁的发酵液，再由定量泵以一定的流速注入装有探测头的探测器中，该探测器与清洁的发酵液接触，将不同的发酵液中物质浓度的变化转换成用光学系统可测的光信号，或者是 pH 的变化，或用离子敏感电极，或者是电势电极与电流电极，或是用电导法，或是热敏电阻等形式来测量。FIA 分析仪不是连续工作方式，但是，其重复取样测量分析速率相当高，因此，一般应用时，可认为是连续形式的。

引流分析系统包括 3 个组成部分：采样单元、传感单元和数据处理单元。图 2-25 是酸奶发酵过程中乳酸的流注分析法（FIA）连续监测系统。为防止酸奶分离成凝乳和乳清，取样器设计成一种微型旋转漏斗式。样品混匀后进入FIA的液流系统，经稀释、混匀及保温后进入测量池，由L-乳酸氧化酶电极实现检测，使用计算机处理传感信号并给出调整发酵过程的指令。

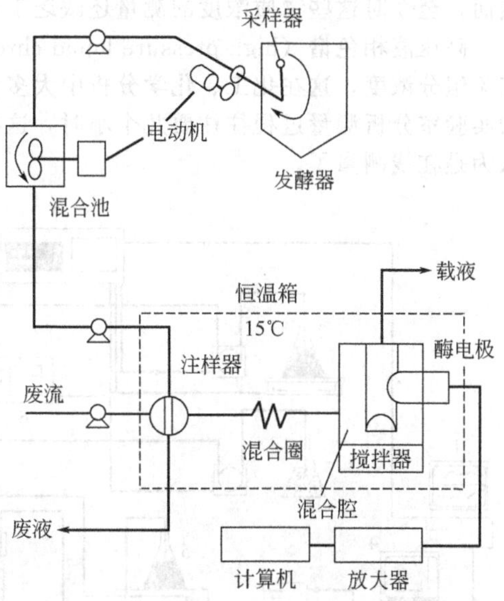

图 2-25 酸奶发酵过程中乳酸的在线监测

Ruzicka 和 Hansen 将 FIA 描述为：由浓度梯度来收集信息，这一梯度由流体的明确限定的注射区产生，该流体分散进入连续的载体流。FIA 装置的基本结构是一个含有管路、泵和阀的输送系统及载体流，注射系统向其中注射试样或试剂。流体中通常会发生生化反应，产物和残留基质可由检测系统测定。试样的萃取、分离和扩散等物理处理过程也易于实现，检测器的选择具有高度灵活性，除了热敏电阻、质谱仪、生物传感器、微生物电极之外，光学装置或电子装置已广泛应用。

FIA 具有如下优点：取样频率高（可达 $100h^{-1}$ 以上），取样体积小，试剂消耗低，重现性好，检测方法具有通用性。已有报道在 FIA 分析前采用高效液相色谱来分离化合物，FIA 用于酶分析具有良好的自动化性能。由于整个仪器在生物反应器外部工作，因而不会干扰无菌屏障，但对于连接有无菌屏障的取样装置仍需加以注意。FIA 易于满足检测过程的有效性的需求。

FIA 已用于葡萄糖的在线测定，直接估计生物量，或通过扩展卡尔曼滤波器间接地估计生物量，测定化学需氧量（COD），用于水质监测，用于检测氨基酸、酶或肽、抗生素、DNA 或 RNA 以及乳酸或乙醇等简单代谢产物。一个新的进展是将 FIA 与血球计数法相结合。当然，可以应用生物传感器作为 FIA 的探测器，这样可以提高 FIA 的选择性和灵敏度。通常采用的生物传感器可用生物酶，这种酶以溶液形式或固定化的形式作为生物探测器。作为固定化酶的物质可以是抗原/抗体、有机细胞或微生物有机组织。

实现 FIA 的高度自动化是必需的。在不远的将来，随着非线性校准模型的应用及数据评价技术的改进，FIA 有望成为生物过程定量监测的最强大的工具之一。当前的趋势是向着多路（multichannel）FIA 系统发展（这一系统可实现并行工作或顺序注射）以及 FIA 设备的小型化及自动化。无需注射，FIA 也可进行工作并给出有价值的结果，甚至是一个连续的信号。例如，有研究者将反应器中酵母细胞内经过染色的 DNA 去除，在线定量地测定 DNA，从而给出细胞周期依赖于振动的证据。

很多情况下系统需要在采样处安装一个过滤器，以防菌体流入测定系统而污染检测器。这种微过滤器具有良好的抗阻塞能力，但价格昂贵，需要寻找新的过滤方法。滤流中常会有气泡，由取样时吸入或保温时气体从溶液中逸出所形成，气泡在液流中有助于样品与缓冲液的混合，但会产生响应噪声，因此 FIA 系统必须设法解决气泡干扰的问题，例如搅拌式酶电极反应池便是一种有效的方法。其他引流分析与控制的例子见表 2-12。

表 2-12 发酵过程中底物浓度的在线检测与控制

发　酵	分析物	联机传感系统	反馈控制
酒精	葡萄糖	GOD/O_2 电极	直接
酸乳酒(kefir)	乳酸	GOD/O_2 电极	间接
酵母	葡萄糖	GOD/O_2 电极	间接

四、发酵罐器内一级代谢产物（乙醇、有机酸等）浓度的在线测量

在发酵工业中，大多数采用半连续发酵（fed-batch）形式，因为有些敏感营养物质浓度过高，会抑制生物质的生长或产物的形成，为了获得高的优化产率，对这些抑制物质的浓度在发酵过程中要加以控制，使其保持在优化轨迹上。因此，发酵液中该物质浓度的测量就极其重要了。然而，至今对这些物质浓度的测量还缺乏工业上可用的在线测量仪表。

高压液相色谱（high pressure liquid chromatography，HPLC）广泛地用来分析液体系统中的有关组分浓度，这在化工、化学分析中大多用作离线分析。但在发酵过程中，发酵液中物质浓度的实验室分析测量过程往往要几个小时，这样，HPLC的分析响应时间相对来说就可忽略，故可认为是在线测量了。

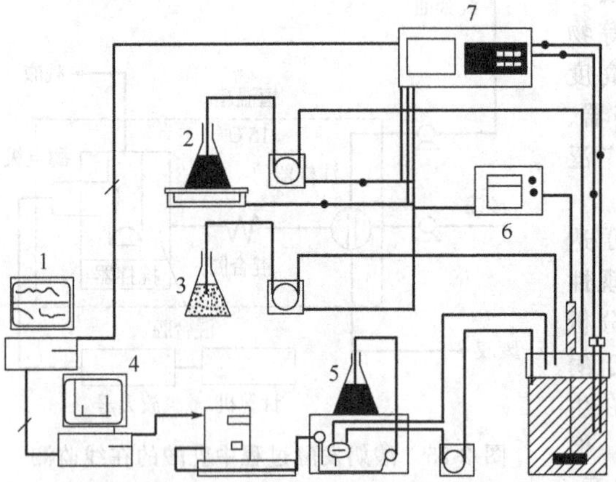

图 2-26　HPLC在发酵中的应用

1—主机；2—基质；3—碱；4—HPLC-PC机；5—HPLC过滤取样模件；6—分析仪；7—HP-349A信号采集

利用HPLC在线测量物质浓度，并配有发酵出口气体CO_2分析仪和pH与氧化还原电极的发酵系统见图2-26。在图中，CO_2分析仪、pH和氧化还原电极这些信号由一台HP-349A来采集，然后送给主机（master PC）。物质的浓度，如木糖（xylose）、乙醇和有机酸等，通过对发酵液采样过滤后进入过滤取样模件FAM（filter acquisition module），再由HPLC系统（FAM-HPLC）进行分析。FAM-HPLC由一台PC来控制，这台PC测量记录FAM-HPLC分析的数据，然后再送给主计算机（master PC）。在线HPLC测量系统，首先将发酵液以100mL/min的速率连续取出，经过过滤把生物质从发酵液分离出来，使清洁的发酵液注入到FAM-HPLC系统，多余的发酵液再循环回到发酵罐中。经过滤的清洁发酵液通过取样回路，以0.05mL/min排放出来。每30min，流经取样回路的样品在几秒钟内，把已经过滤的发酵液25μL自动注入到HPLC分析柱中。样品经分析，特定组分的浓度信号送到主计算机。主计算机根据这些信息来调整流加物质的流加速率。每30min采集分析一次，显然比4h取样分析得到的数据及时，但是，HPLC系统作为发酵过程实时优化控制还有待进一步改进。

参考文献

[1] 陈坚，堵国成，李寅等. 发酵工程实验技术. 北京：化学工业出版社，2003.

[2] 王树青，元英青编著. 生化过程自动化技术. 北京：化学工业出版社，1999.

[3] Tibor Anderlei，Werner Zang，et al. Online respiration activity measurement（OTR，CTR，RQ）in shake flasks. Biochemical Engineering，2004，(17)：187-194.

[4] 陈宏文，金副江等. 发酵过程中细胞浓度在线检测系统. 微生物学通报，2003，30（14）：39-43.

[5] 乔晓艳，贾莲凤. 生物量参数实时在线检测技术的应用研究. 山西大学学报（自然科学版），2003，26（1）：88-90.

[6] 潘丰，冯品如，李寅. 酵母流加发酵生产中乙醇浓度的在线测量. 无锡轻工大学学报，2000，19（5）：288-290.

[7] 徐亲民，谷达，马强等. 由排气二氧化碳分析估计青霉素发酵过程的生物质浓度. 无锡轻工大学学报，1996，15（2/A）：80-86.

[8] 王树青. 生化过程新型检测技术. 无锡轻工大学学报，1996，15（2/A）：13-17.

[9] 杜维，乐嘉华编著. 化工检测技术及显示仪表. 杭州：浙江大学出版社，1988.

[10] 蒋慰孙主编. 全国首届生化过程模型化与控制学术讨论会论文集. 上海：华东化工学院出版社，1989.

第三章　发酵过程控制系统和控制设计原理及应用

第一节　过程的状态方程式

过程可以用图 3-1 的形式简略地表示。过程的输入，又叫做操作变量或控制变量，一般用 u 来表示。而过程的输出，通常也叫做可测量（状态）变量，则用 y 来表示。过程的外部干扰则通常用 d 来表示。一般情况下，过程的动力学特性可以用下列常微分方程组来表示：

$$\frac{\mathrm{d}x_i}{\mathrm{d}t}=f_i(x_1,x_2,\cdots,x_n,u_1,u_2,\cdots,u_k)\quad(i=1,2,\cdots,n) \tag{3-1a}$$

$$y_j=g_j(x_1,x_2,\cdots,x_n)+d_j\quad(j=1,2,\cdots,m) \tag{3-1b}$$

这里，式(3-1) 称作状态方程式，$x=(x_1,x_2,\cdots,x_n)^{\mathrm{T}}$、$y=(y_1,y_2,\cdots,y_m)^{\mathrm{T}}$、$u=(u_1,u_2,\cdots,u_k)^{\mathrm{T}}$ 分别是状态变量、可测量变量和操作变量的向量表现。一般情况下，状态变量中只有一部分是可测定的，因此 $m<n$。这里，上标“T”表示向量的转置。

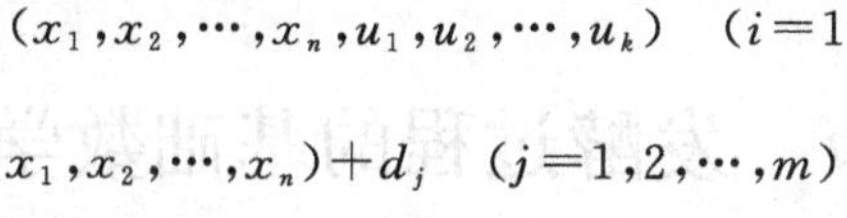

图 3-1　过程的输入输出表现形式

生物过程的建模，就是要确定式(3-1a) 中 f_i 的函数形式及其参数。正如第一章绪论中所讲到的，生物过程的建模是一项困难的工作。而且即使模型建立起来，在实用上还要考虑模型的非线性特征、不确定性和时变特性等诸多因素。

如果过程的状态方程式可以用式(3-2) 来表示，且$(a_{i1},a_{i2},\cdots,a_{in})$，$(b_{i1},b_{i2},\cdots,b_{ik})$，$(c_{j1},c_{j2},\cdots,c_{jn})$都是与状态变量和操作变量无关的系数，则该过程称之为线性系统，过程状态方程式是线性的状态方程式。

$$\frac{\mathrm{d}x_i}{\mathrm{d}t}=a_{i1}x_1+a_{i2}x_2+\cdots+a_{in}x_n+b_{i1}u_1+b_{i2}u_2+\cdots+b_{ik}u_k\quad(i=1,2,\cdots,n) \tag{3-2a}$$

$$y_j=c_{j1}x_1+c_{j2}x_2+\cdots c_{jn}x_n+d_j\quad(j=1,2,\cdots,m) \tag{3-2b}$$

如果将式(3-2) 用向量和行列式的形式来加以表现，则上述线性状态方程式可以写成如下形式：

$$\frac{\mathrm{d}x}{\mathrm{d}t}=Ax+Bu \tag{3-3a}$$

$$y=Cx+d \tag{3-3b}$$

式中，$x^T=(x_1,x_2,\cdots,x_n)$；$u^T=(u_1,u_2,\cdots,u_k)$；$y^T=(y_1,y_2,\cdots,y_m)$；$d^T=(d_1,d_2,\cdots,d_m)$；$A=\begin{bmatrix} a_{11},a_{12},\cdots,a_{1n} \\ a_{21},a_{22},\cdots,a_{2n} \\ \cdots \\ a_{n1},a_{n2},\cdots,a_{nn} \end{bmatrix}$；$B=\begin{bmatrix} b_{11},b_{12},\cdots,b_{1k} \\ b_{21},b_{22},\cdots,b_{2k} \\ \cdots \\ b_{n1},b_{n2},\cdots,b_{nk} \end{bmatrix}$；$C=\begin{bmatrix} c_{11},c_{12},\cdots,c_{1n} \\ c_{21},c_{22},\cdots,c_{2n} \\ \cdots \\ c_{m1},c_{m2},\cdots,c_{mn} \end{bmatrix}$。

为简单起见，假定所有可测量变量的外部干扰均为0，即 $d_j=0(j=1,2,\cdots,m)$。式(3-3) 又称做状态空间表现形式。如果对式(3-3) 两边取拉普拉斯变换（参见本章第三节的拉普拉斯变换和过程的传递函数），过程的输入输出关系就可以用复变量代数方程的形式来加以表现，即：

$$y(s)=G_P(s)u(s) \tag{3-4a}$$

$$G_P(s)=C(sI-A)^{-1}B \tag{3-4b}$$

式中，$y(s)$和$u(s)$分别表示$y(t)$和$u(t)$经过拉普拉斯变换后得到的复变量，其中$s=\alpha+i\beta$表示复平面上的变量，即拉普拉斯变量。I是单位矩阵，“-1”表示逆矩阵，B和C分别是$n\times k$和$m\times n$阶的矩阵，A是$n\times n$阶的方阵。$G_P(s)$ 就是过程的传递函数，它是一个有关复变量s的$m\times k$阶矩阵。发酵过程的控制和优化问题一般都是单输入单输出的系统（single-input single-output system，SISO），即操作变量和可测量变量各只有一个($y=y,u=u,m=k=1$)。这时，B和C可以简化成$n\times 1$和$1\times n$阶的矩阵，过程的传递函数$G_P(s)$ 则是一个标量。多输入多输出系统（multi-input multi-output system，MIMO）有时也会在发酵过程控制中遇到。

第二节　发酵过程的基础数学模型

发酵过程的数学模型，是生物反应器解析、发酵过程控制和优化的基础。在发酵过程中，存在着成百上千个与生物酶相关联的反应。从过程控制和优化的角度来讲，将这成百上千个的反应全部进行解析，既没有可能又没有任何实际意义。实用上，在不失去整体反应特征的前提下，用统合（lumping）的形式对最重要、最能体现过程特征的反应进行归纳总结，建立模型更具有意义。

一、发酵过程最基本的合成和代谢分解反应

图 3-2 是微生物细胞合成过程的一个简要图解。微生物细胞从培养基中摄取碳水化合物，然后将其分解合成细胞成分并同时生成能量。细胞合成过程中的化学能量以 ATP 的形式贮存起来，每水解 1mol 的 ATP 放出约 31kJ 的能量，用来进行化学反应、能量输送等。将培养基中的营养成分分解生成 ATP 的过程称为异化过程（catabolism）；而利用 ATP 水解生成的能量将低分子化合物合成复杂的高分子细胞构成成分的过程则称为同化（anabolism）过程。

以葡萄糖为碳源时最主要的酵解途径是 EMP（Embden-Meyerhof-Parnas）途径（即糖酵解途径）。EMP 途径中 1mol 葡萄糖生成 2mol 丙酮酸，总计量式如下：

$$C_6H_{12}O_6+2ADP+2NAD^++2H_3PO_4 \longrightarrow 2CH_3COCOOH+2ATP+2NADH+2H^++2H_2O$$

在有氧条件下，EMP 途径中生成的 NADH 进入三羧酸循环（TCA）和呼吸链，生成 ATP。理论上，与呼吸链电子传递系统共同作用的 NADH 的氧化磷酸化，可以将 1mol 的 NADH 氧化成 3mol 的 ATP［P/O=3，P/O 指每消耗 1mol 氧原子能够氧化磷酸化 NADH（ADP）的物质的量］。

呼吸链电子传递系统（P/O=3）：

$$NADH+H^++\frac{1}{2}O_2+3ADP+3H_3PO_4 \longrightarrow NAD^++3ATP+4H_2O$$

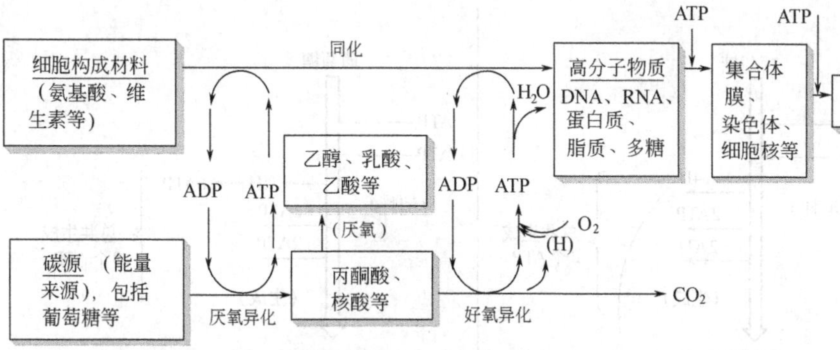

(a) 使用复合培养基（使用蛋白胨和酵母膏等含氨基酸、维生素类的细胞构成材料，并以葡萄糖等为碳源）

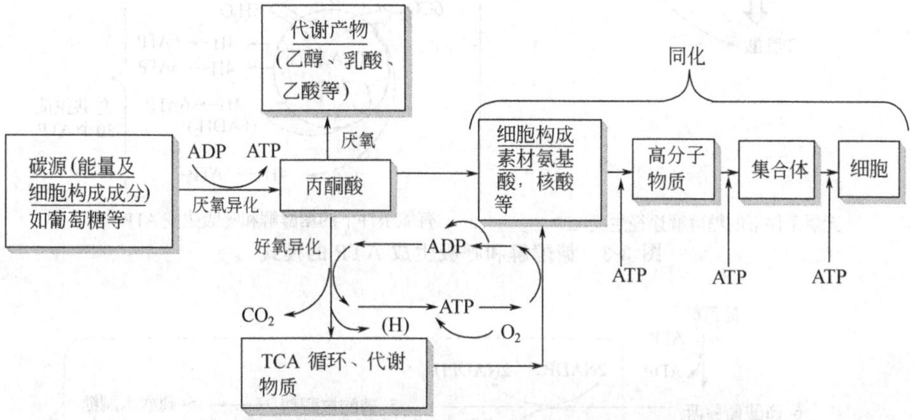

(b) 用最小培养基（仅使用氨水等无机材料，并以葡萄糖为唯一碳源）

图 3-2 细胞的生物合成过程

如果将以上两个反应式合并，在好氧条件下，基质水平的磷酸化将 1mol 葡萄糖代谢分解为丙酮酸，并生成 2mol ATP。然后，氧化磷酸化再生成 6mol ATP，合计 8mol ATP：

$$C_6H_{12}O_6 + O_2 + 8ADP + 8H_3PO_4 \longrightarrow 2CH_3COCOOH + 8ATP + 10H_2O$$

由 EMP 途径生成的丙酮酸脱羧形成乙酰辅酶 A，经过 TCA 循环和呼吸链的作用，最终完全氧化生成 CO_2 和水：

$$CH_3(CO)COOH + \frac{5}{2}O_2 + 15ADP + 15H_3PO_4 \longrightarrow 3CO_2 + 15ATP + 44H_2O$$

结果，由于丙酮酸被 TCA 回路和呼吸链电子传递系统完全氧化，最终葡萄糖完全氧化成 CO_2 和水，同时生成 38mol ATP。葡萄糖经 EMP 糖酵解途径和 TCA 循环的总反应式如下：

$$C_6H_{12}O_6 + 6O_2 + 38ADP + 38H_3PO_4 \longrightarrow 6CO_2 + 38ATP + 44H_2O$$

ATP 的生成模式如图 3-3 所示。EMP 途径和 TCA 循环的具体反应和步骤则由图 3-4 和图 3-5 表示。这里，图 3-4 的虚线框内表示磷酸戊糖酵解旁路（PP），磷酸戊糖酵解旁路的主要意义是产生 NADPH 和磷酸戊糖，在合成诸如脂肪酸、氨基酸、胆固醇等细胞构成前体时需要大量使用。图 3-5 中的虚线部分称做乙醛酸循环，是使用乙酸、乙醇、脂肪酸等作为碳源时的代谢支路。

在厌氧条件下，丙酮酸走厌氧发酵的途径，葡萄糖则按照以下方式代谢生成乳酸或者乙醇，同时每 1mol 葡萄糖生成 2mol ATP：

$$C_6H_{12}O_6 + 2ADP + 2H_3PO_4 \longrightarrow 2CH_3CH(OH)COOH(乳酸) + 2ATP + 2H_2O$$

$$C_6H_{12}O_6 + 2ADP + 2H_3PO_4 \longrightarrow 2C_2H_5OH(乙醇) + 2CO_2 + 2ATP + 2H_2O$$

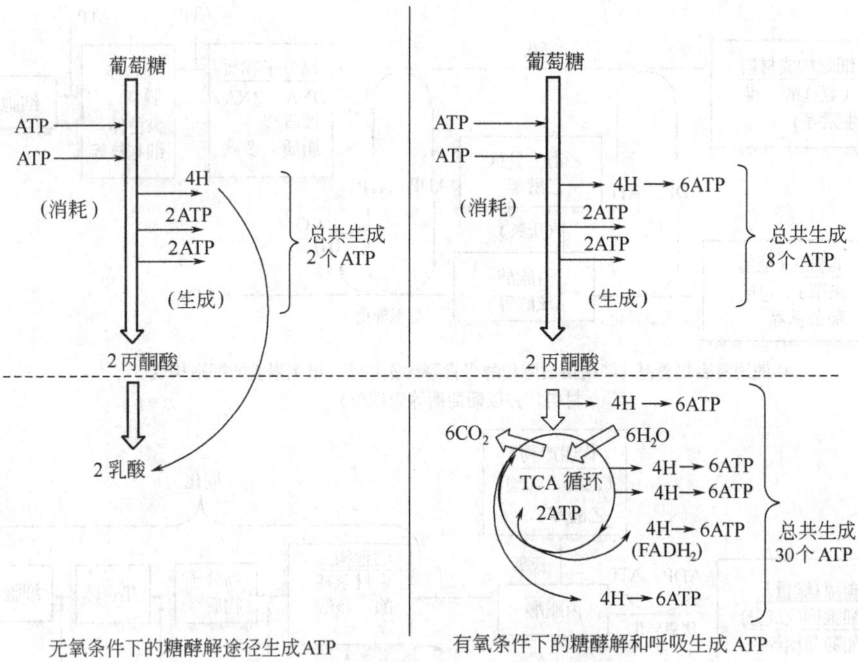

图 3-3 糖酵解和呼吸生成 ATP 的模式

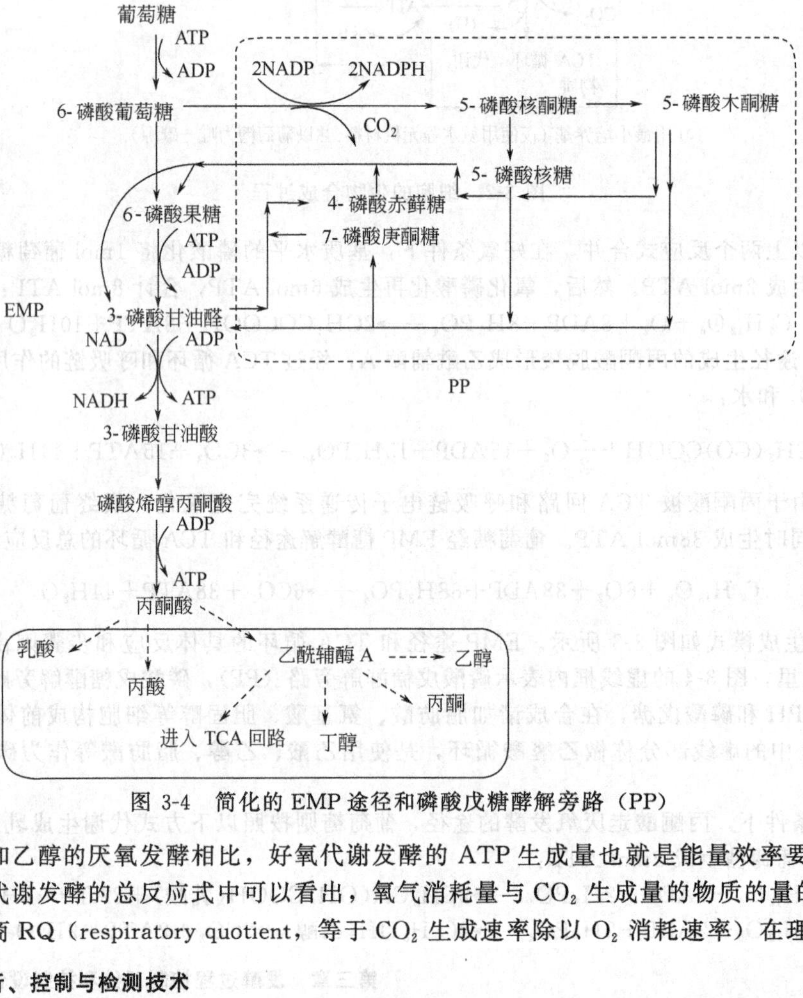

图 3-4 简化的EMP途径和磷酸戊糖酵解旁路（PP）

与乳酸和乙醇的厌氧发酵相比，好氧代谢发酵的ATP生成量也就是能量效率要高得多。另外，从好氧代谢发酵的总反应式中可以看出，氧气消耗量与CO_2生成量的物质的量的比为1∶1，因此，呼吸商RQ（respiratory quotient，等于CO_2生成速率除以O_2消耗速率）在理论上应该等于 1。但是，如果部分葡萄糖代谢在氧化磷酸化后要走厌氧发酵生成乳醇或者乙醇的途径，就会过量生成 CO_2，在此条件下 RQ 要大于 1。

研究细胞合成和物质代谢途径的意义在于以下几个方面。

① 了解反映过程特征的、整体和统合形式的表观反应模型的内在实质。

② 利用代谢反应网络推定细胞、基质以及代谢产物的生长、消耗和生成速率。

③ 利用代谢反应网络推定细胞和各类代谢产物的得率（转化率）。

④ 利用代谢反应网络分析整个发酵过程的代谢流分布和走向。

⑤ 找出生物过程最优操作和控制的可能、有效的手段和途径。

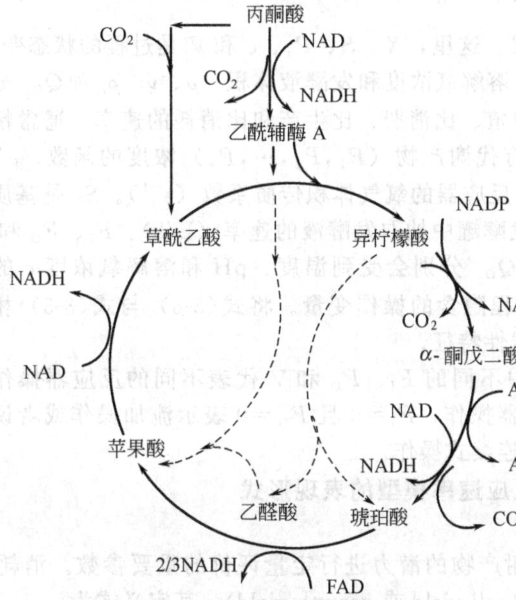

图 3-5 简化的三羧酸循环和乙醛酸循环

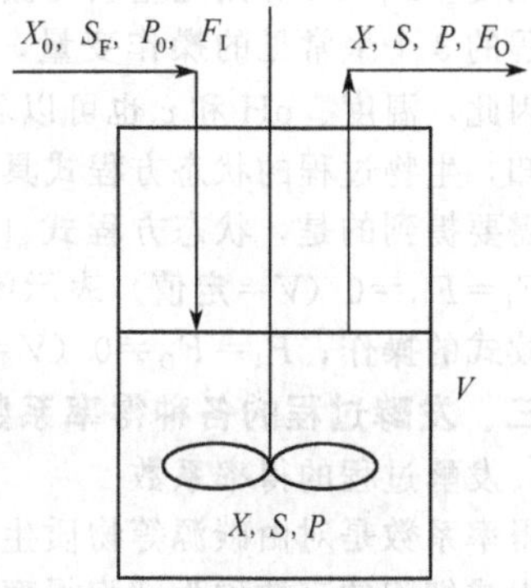

图 3-6 生物反应器的操作示意

二、发酵过程典型的数学模型形式

通常情况下，发酵在生物反应器（bioreactor）中进行（图 3-6），描述生物过程的典型和基本数学模型可以通过各种物质（菌体、限制性基质、代谢产物、氧气等）的物质平衡式进行计算。

（单位时间内目的物质的）变化量＝（单位时间内目的物质的）流入量－流出量＋生成量

或

（单位时间、单位体积内目的物质的）变化量＝（单位时间、单位体积内目的物质的）传质量－消耗量

假定流加液中菌体和代谢产物的浓度为 0，则上述物质平衡方程式可以写成

$$\frac{\mathrm{d}(VX)}{\mathrm{d}t}=\mu(S,P_1,P_2,\cdots,P_n)VX-F_{\mathrm{O}}X \tag{3-5a}$$

$$\frac{\mathrm{d}(VS)}{\mathrm{d}t}=-\nu(S,P_1,P_2,\cdots,P_n)VX+S_{\mathrm{F}}F_{\mathrm{I}}-SF_{\mathrm{O}} \tag{3-5b}$$

$$\frac{\mathrm{d}(VP_i)}{\mathrm{d}t}=\rho_i(S,P_1,P_2,\cdots,P_n)VX-F_{\mathrm{O}}P_i \quad (i=1,2,\cdots,n) \tag{3-5c}$$

$$\frac{\mathrm{d}C}{\mathrm{d}t}=-Q_{\mathrm{O}_2}(S,P_1,P_2,\cdots,P_n)X+K_{\mathrm{L}}a(c^*-c) \tag{3-5d}$$

$$\frac{\mathrm{d}V}{\mathrm{d}t}=F_{\mathrm{I}}-F_{\mathrm{O}} \tag{3-5e}$$

如果直接以过程的状态变量（各物质的浓度）作为微分方程式（组）的因变量，以时间 t 作为自变量或者独立变量的话，则式(3-5) 可以改写为：

$$\frac{dX}{dt}=\mu(S,P_1,P_2,\cdots,P_n)X-\frac{F_I}{V}X \tag{3-6a}$$

$$\frac{dS}{dt}=-\nu(S,P_1,P_2,\cdots,P_n)X+\frac{F_I}{V}(S_F-S) \tag{3-6b}$$

$$\frac{dP_i}{dt}=\rho_i(S,P_1,P_2,\cdots,P_n)X-\frac{F_I}{V}P_i \quad (i=1,2,\cdots,n) \tag{3-6c}$$

$$\frac{dC}{dt}=-Q_{O_2}(S,P_1,P_2,\cdots,P_n)X+K_La(c^*-c) \tag{3-6d}$$

$$\frac{dV}{dt}=F_I-F_O \tag{3-6e}$$

式(3-6) 就是通常所说的过程的状态方程式。这里，X、S、P_i、c 和 V 是过程的状态变量，分别表示菌体、限制性基质、第 i 个代谢产物、溶解氧浓度和发酵液体积。μ、ν、ρ_i 和 Q_{O_2} 分别表示菌体、基质、第 i 个代谢产物和氧气的比增殖、比消费、比生产和比消耗的速率。通常情况下，这些速率又可以看作是限制性基质 S 和所有代谢产物（$P_1,P_2,\cdots,P_n$）浓度的函数。c^* 是溶解在发酵液相中的 O_2 饱和浓度，K_La 是生物反应器的氧气体积传质系数（s^{-1}）。S_F 是基质的流加浓度，F_I 和 F_O 则是基质的流加速率和从发酵罐中抽取发酵液的速率（L/h）。F_I、F_O 和 S_F 是过程的 3 个最常见的操作变量。μ、ν、ρ_i 和 Q_{O_2} 分别会受到温度、pH 和溶解氧浓度 c 的影响，因此，温度、pH 和 c 也可以看成是发酵过程隐含的操作变量。将式(3-6) 与式(3-3) 相比较可知，生物过程的状态方程式具有高度的非线性特征。

需要提到的是，状态方程式［式(3-6)］中不同的 F_I、F_O 和 V 代表不同的反应器操作形式：$F_I=F_O=0$（V=定值）表示间歇式的反应器操作；$F_I\neq0$ 且 $F_O=0$ 表示流加操作或者说是半连续式的操作；$F_I=F_O\neq0$（V=定值）表示连续式操作。

三、发酵过程的各种得率系数和各种比反应速率模型的表现形式

1. 发酵过程的得率系数

得率系数是对由碳源等物质生成细胞或代谢产物的潜力进行定量评价的重要参数。消耗 1g 基质生成细胞的克数称为细胞得率或生长得率（cell yield 或 growth yield）。其定义式为：

$$Y_{X/S}=\frac{生成细胞的质量}{基质消耗的质量}=\frac{\Delta X}{-\Delta S} \tag{3-7}$$

细胞得率的单位是 g/g[1]，细胞量一般用干细胞质量来表示。在生物过程中，基质除了基质水平磷酸化生成 ATP（厌氧发酵）外，还要通过氧化磷酸化生成大量 ATP。氧化磷酸化反应的效率常采用其被酯化的无机磷酸的分子数和消耗的氧原子数之比（P/O）来表示，即每消耗 1 个氧原子生成 ATP 分子的数量。一般情况下，酵母菌的 P/O 约为 1.0，细菌的 P/O 为 0.5～1.0 左右。在菌种和培养基相同的情况下，好氧培养的 ATP 利用效率要比厌氧培养高出很多，其 $Y_{X/S}$ 也要高出很多。同一菌种在最小培养基（minimal medium）、合成培养基（synthetic medium）以及复合培养基（complex medium）中培养时所得到的细胞得率也不一样。复合培养基最大，合成培养基次之，最小培养基最小。其原因在于，合成培养基和复合培养基中含有氨基酸，它可以直接被利用生成细胞的构成成分，而碳源则主要用于生物过程中的能量合成。另外，间歇或流加培养中环境因子随时间的变化而不断地改变，因此在发酵过程某个时段的细胞瞬时得率可能是有变化的。细胞的瞬时得率可以用下式来表示：

$$Y_{X/S}(t)=\frac{dX}{-dS}=\frac{\mu(t)}{\nu(t)} \tag{3-8}$$

式中，$\mu(t)$ 和 $\nu(t)$ 分别是状态方程式(3-6) 中的菌体的比增殖速度和基质的比消耗速度。通常情况下，把培养全过程中的最终细胞生成量和基质总消耗量的比当成总细胞得率来使用。表 3-1 给出了不同菌种在不同碳源下的总细胞得率，可以清楚地看出，碳源不同，总细胞得率也大不相同。

---

[1] 以消耗单位质量基质获得单位质量细胞计。

表 3-1 不同菌种、不同碳源下的总细胞得率 $Y_{X/S}$

微生物	基质	$Y_{X/S}/(g/g)$	微生物	基质	$Y_{X/S}/(g/g)$
Saccharomyces cerevisiae	葡萄糖	0.158	*Bacillus amyloliquefaciens*	葡萄糖	0.33
	乳糖	0.301		麦芽糖	0.554
	麦芽糖	0.171	*Aerobacter aerogenes*	麦芽糖	0.436
Chaetomium celluloyticum	葡萄糖	0.705		乙酸	0.175

另外，还可以用以氧气消耗（呼吸）为基准来计算细胞得率，其定义式如下：

$$Y_{X/O}(t)=\frac{\Delta X}{-\Delta O_2}=\frac{\mu(t)}{r_{O_2}(t)}=\frac{\mu(t)}{OUR(t)} \tag{3-9}$$

式中，$r_{O_2}(t)$和 $OUR(t)$ 表示同一个量，就是氧气的消耗或者称氧气摄取速率。不同菌种在不同碳源下的细胞得率 $Y_{X/O}$ 如表 3-2 所示。

表 3-2 不同菌种在不同碳源下的氧气消耗基准总细胞得率 $Y_{X/O}$

微生物	基质	$Y_{X/O}/(g/g)$	微生物	基质	$Y_{X/O}/(g/g)$
Chaetomium celluloyticum	葡萄糖	1.53	*Saccharomyces cerevisiae*	葡萄糖	0.969
Candida utilis	葡萄糖	1.17	*Aerobacter*	麦芽糖	1.51
	乙醇	0.609		乙酸	0.31

同样，以基质异化代谢生成 ATP 为基准的细胞得率可以定义为：

$$Y_{ATP}=\frac{\Delta X}{\Delta ATP} \tag{3-10}$$

最后，以碳源为计算基准的第 i 个代谢产物（$i=1,2,\cdots,n$，如乳酸、乙醇等）的得率可以定义为：

$$Y_{P_i/S}=\frac{\Delta P_i}{-\Delta S} \qquad Y_{P_i/S}(t)=\frac{dP_i}{-dS}=\frac{\rho_i(t)}{\nu(t)} \tag{3-11}$$

式中，$\nu(t)$ 和 $\rho_i(t)$ 分别是状态方程式(3-6) 中的基质比消耗速率和第 i 个代谢产物的比生成速率。不同菌种在不同碳源下的酒精生成得率 $Y_{P/S}$ 参见表 3-3。

表 3-3 不同菌种在不同碳源下的酒精生成得率 $Y_{P/S}$

微生物	基质	生成物	$Y_{P/S}/(g/g)$
Saccharomyces cerevisiae	葡萄糖	乙醇	0.370
	半乳糖	乙醇	1.980
	麦芽糖	乙醇	0.369
Zymomonas mobilis	葡萄糖	乙醇	0.383

2. 各种比反应（菌体生长、基质消耗、产物生成）速率模型的表现形式

间歇培养中的细胞生长曲线如图 3-7 所示，可以分成诱导期、指数（对数）生长期、减速期、静止期和衰退期等 5 期，其中以指数生长期最为重要。在间歇培养的指数增殖期，生物细胞量以指数的形式增长。细胞的比增殖速率 μ 和细胞量的世代（倍增）时间 t_d（表 3-4）存在着如下关系：

$$\frac{dX}{dt}=\mu X \tag{3-12a}$$

$$X(t)=X(0)\exp(\mu t) \tag{3-12b}$$

$$t_d=\frac{\ln 2}{\mu} \tag{3-12c}$$

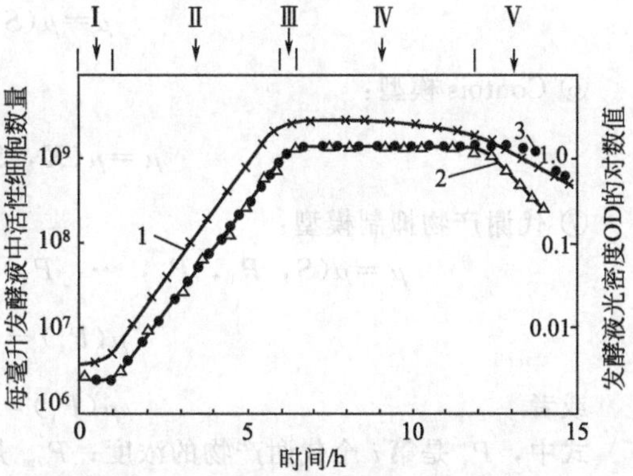

图 3-7 间歇培养中细胞增殖生长曲线
Ⅰ—诱导期；Ⅱ—指数（对数）生长期；Ⅲ—减速期；Ⅳ—静止期；Ⅴ—衰退期；1—光学密度；2—活性细胞浓度（每毫升发酵液中活性细胞数量）；3—总细胞浓度

细胞比增殖速度是生物过程最重要的速率参数，一般可以看作是温度、pH、溶解氧浓度、限制性基质和各代谢产物浓度的函数。即 $\mu=f(T,$

表 3-4 一些典型微生物和培养细胞的指数增殖期的比增殖速度和世代时间

微生物或细胞	温度/℃	比增殖速度/h^{-1}	世代时间
嗜热脂肪芽孢杆菌 *Bacillus stearothermophilus*	60	5.0	8.4min
漂游假单胞菌 *Pseudomonas natriegenes*	30	4.2	10min
大肠杆菌 *Escherichia coli*	40	2.0	21min
产气气杆菌 *Aerobacter aerogenes*	37	1.4～2.3	18～30min
枯草芽孢杆菌 *Bacillus subtilis*	40	1.6	26min
恶臭假单胞菌 *Pseudomonas putida*	30	0.92	45min
黑曲霉 *Aspergillus niger*	30	0.35	2h
纯顶螺旋藻 *Spirulina platensis*	35	0.35	2h
酿酒酵母 *Saccharomyces cerevisiae*	30	0.17～0.35	2～4h
球形红假单胞菌 *Rhodopseudomonas spheroids*	30	0.32	2.2h
绿色木霉 *Trichoderma viride*	30	0.14	5.0h
Hela 细胞	37	0.014～0.023	30～50h

pH，DO，S，P_1，P_2，…，P_n）。剔除温度、pH 和 DO 的影响因素，这里将最常见的描述细胞比增殖速率的非结构式动力学模型总结如下。

① Monod 模型：

$$\mu=\mu(S)=\frac{\mu_m S}{K_S+S} \tag{3-13}$$

式中，μ_m 是最大比增殖速度，h^{-1}；K_S 是饱和常数（saturation constant），g/L。

② 底物抑制模型：

$$\mu=\mu(S)=\frac{\mu_m S}{K_S+S+S^2/K_I} \tag{3-14}$$

式中，K_I 是底物抑制常数（substrate inhibition constant），g/L。

③ Logistic 模型：

$$\mu=\mu(X)=kX\left(1-\frac{X}{X_m}\right) \tag{3-15}$$

式中，k 为 Logistic 模型参数；X_m 为最大可能的细胞浓度。

④ Teissier 模型：

$$\mu=\mu(S)=\mu_m\left[1-\exp\left(\frac{-S}{K_S}\right)\right] \tag{3-16}$$

⑤ Moser 模型：

$$\mu=\mu(S)=\frac{\mu_m S^n}{K_S+S^n} \tag{3-17}$$

⑥ Contois 模型：

$$\mu=\mu(X, S)=\frac{\mu_m S}{K_S X+S} \tag{3-18}$$

⑦ 代谢产物抑制模型：

$$\mu=\mu(S, P_1, P_2, \cdots, P_n)=\mu(S)\mu(P_1)\cdots\mu(P_i)\cdots\mu(P_n) \tag{3-19a}$$

$$\mu(P_i)=\left(1-\frac{P_i}{P_{im}}\right)^{ni} \tag{3-19b}$$

或者

$$\mu(P_i)=\exp(-P_i) \tag{3-19c}$$

式中，P_i 是第 i 个代谢产物的浓度；P_{im} 是第 i 个代谢产物的抑制常数（最大浓度）；ni 是经验指数。

⑧ 重组基因细胞模型：

$$\frac{dX_+}{dt}=(1-\alpha)\mu_+ X_+ \tag{3-20a}$$

$$\frac{dX_-}{dt}=\mu_- X_- + \alpha\mu_+ X_+ \tag{3-20b}$$

式中，下标“+”和“−”分别表示含质粒的活性细胞（plasmid-harboring cells）和不含质粒细胞（plasmid-free cells）的浓度；α 表示质粒的脱落率（$0\leqslant\alpha<1$）。

以细胞得率为媒介，可以确定基质消耗速率与增殖速率之间的关系。当以氮源、无机盐类、维生素等为基质时，由于这些成分只能组成菌体的构成成分，不能成为能量，$Y_{X/S}$ 近似一定。而当基质既作为能量又可用作碳源时，就必须考虑维持代谢所消耗的能量。碳源基质的消耗速率一般用以下物质平衡方程与菌体的增殖速率进行关联：

碳源总消耗速率=用于增殖的消耗速率+用于维持代谢的消耗速率

$$-\frac{dS}{dt}=\frac{1}{Y_G}\frac{dX}{dt}+mX \Longleftrightarrow -r_S=\frac{r_X}{Y_G}+mX \tag{3-21}$$

式中，r_X 和 r_S 分别为细胞的增殖速率和基质的消耗速率；Y_G 为无维持代谢时的最大细胞得率。在式(3-21) 的两边分别除以细胞浓度 X，就可以得到基质比消耗速率 ν 与菌体比增殖速率 μ，以及细胞得率 $Y_{X/S}$ 与 Y_G 之间的关联式：

$$-\nu=\frac{\mu}{Y_G}+m \Longleftrightarrow \frac{1}{Y_{X/S}(t)}=\frac{-\nu}{\mu}=\frac{1}{Y_G}+\frac{m}{\mu} \tag{3-22}$$

式中，m 是维持代谢常数，h^{-1}，$m\geqslant 0$，因此通常条件下，$Y_{X/S}(t)<Y_G$。

氧气的比消耗速率 Q_{O_2} 和以氧气消耗为基准的细胞得率 $Y_{X/O}$ 也可以用同样方法将菌体比增殖速率 μ 和 Y_{GO} 进行关联：

$$Q_{O_2}=\frac{\mu}{Y_{GO}}+m_O \tag{3-23a}$$

$$\frac{1}{Y_{X/O}}=\frac{1}{Y_{GO}}+\frac{m_O}{\mu} \tag{3-23b}$$

利用微生物生产的代谢产物的种类很多，微生物细胞内的生物合成途径与代谢调节机制也各有特色。代谢产物有的分泌于培养基中，有的则保留在细胞体内。必要时要根据代谢产物的分泌情况，探讨产物生成速率的数学模型。同样，代谢产物的比生成速率也能用以下方式与细胞比增殖速率或基质比消耗速率相关联：

$$\rho=Y_{P/X}\mu=-Y_{P/S}\nu \tag{3-24}$$

Gaden 根据代谢产物生成速率与细胞生长速率之间的关系，将代谢产物的生成模式分成三种不同的类型（图 3-8）。

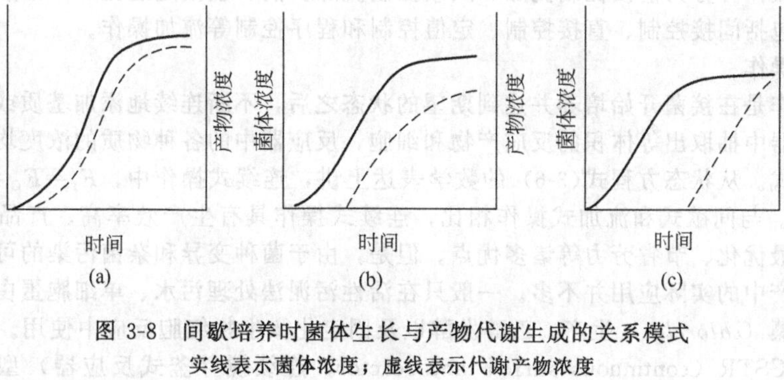

图 3-8　间歇培养时菌体生长与产物代谢生成的关系模式

实线表示菌体浓度；虚线表示代谢产物浓度

第 1 种是产物的代谢生成与细胞生长呈偶联形式的模型［图 3-8(a)］。这时，代谢产物的生成与菌体的生长呈正相关，代谢产物的生成曲线和细胞的增殖曲线基本同型，代谢产物是细胞能量代谢的直接结果。产物通常是基质的代谢分解产物，乙醇发酵、乳酸发酵、葡萄糖酸发酵等都属于这种类型。

第 2 种是产物代谢生成与细胞增殖呈部分偶联形式的模型［图 3-8(b)］，产物是细胞能量代谢的间接结果。在细胞增殖期内，代谢产物仅有少量生成。属于这种类型的有谷氨酸发酵、柠檬酸发酵和其他氨基酸发酵等。

第 3 种是产物代谢生成与细胞增殖非偶联形式的模型［图 3-8(c)］。在微生物生长阶段没有任何代谢产物积累；而当细胞停止生长时，产物却大量生成。青霉素等次级代谢产物的生产就属于这一类型。

将以上 3 种模式综合整理，可以将代谢产物的比生成速率按以下形式与细胞的比增殖速率相关联：

$$\rho = A\mu + B \tag{3-25}$$

这里，常数 A 和 B 分别表示增殖偶联和非增殖偶联的关联系数。第 1 种类型的生物反应由于可以用许多非构造式的增殖模型来加以描述和表现，因此，很多这种类型的发酵过程已经在过程优化和控制中得到了实际应用。实际上，第 3 种类型的发酵过程却是在工业上最为重要的，因为许多高附加值的次级代谢产物都遵从这种模式。但是，这类过程的模型化以及后续的优化和控制也往往最为困难。

四、生物反应器的基本操作方式

1. 间歇式操作

间歇式操作是生物反应器中最常见的操作形式。间歇式操作的特点是，在接菌之前将所有基质和培养基成分加入到反应器中，接菌开始培养之后，除了控制发酵温度、添加酸或碱控制 pH、改变通气量或搅拌速率控制溶解氧浓度外，不再添加任何基质和营养成分。反应终了时取出全部产物。从状态方程式(3-6) 的数学表达上讲，间歇式操作中，$F_I = F_O = 0$、发酵液体积 V 为定值。

2. 流加式操作（半连续式操作）

流加培养是在接菌开始培养之后，按照需要添加基质的操作方式。流加式操作中，发酵液的温度、pH、溶解氧浓度也都可以进行控制，反应终了时取出全部产物。从状态方程式(3-6) 的数学表达上讲，流加式操作中，$F_I \neq 0$ 且 $F_O = 0$，发酵液体积 V 随时间而增大。流加式操作的优点是能够任意控制发酵液中的基质浓度，而许多发酵过程因其特性的要求，基质浓度一定不能过高。比如，在以酒精类、乙酸、苯酚等作为基质的培养过程中，基质浓度过高必然会造成底物抑制。在面包酵母培养中存在着 Crabtree 效应，糖浓度过高，即使在充分供氧的条件下，糖也会转化为乙醇，使酵母的得率降低。

流加式操作的要点是控制基质浓度，因此，其核心问题是流加什么和怎么流加。从流加方式上看，流加式操作可分为前馈控制流加和反馈控制流加。前者包括定速流加、指数流加和最优流加等，后者则包括间接控制、直接控制、定值控制和程序控制等流加操作。

3. 连续式操作

连续式操作是在接菌开始培养并达到期望的状态之后，不断连续地添加基质或营养成分，同时从生物反应器中抽取出等体积的反应产物和细胞，反应器中的各种物质的浓度均处于恒定不变状态的操作方式。从状态方程式(3-6) 的数学表达上讲，连续式操作中，$F_I = F_O \neq 0$，发酵液体积 V 保持恒定。与间歇式和流加式操作相比，连续式操作具有生产效率高、产品品质稳定、易于控制和在线最优化、节省劳力等诸多优点。但是，由于菌种变异和杂菌污染的可能性较大等原因，在工业生产中的实际应用并不多。一般只在活性污泥法处理污水、单细胞蛋白生产、面包酵母生产、小球藻（*chlorella*）生产、乙醇发酵以及固定化微生物细胞反应中使用。连续式操作有两大类型，即 CSTR（continuous stirred tank reactor，连续搅拌釜式反应器）型和 PFR（plug flow reactor，活塞流反应器）型。PFR 更多地应用于酶促反应过程，相关内容将不在本书中介绍。

根据达成稳定状态的方法不同，CSTR 型连续式操作大致可分成 3 种：一是恒化器法（chemostat)；二是恒浊器法（turbistat)；三是营养物恒定法（nutristat)。恒化器法是指在连续培养过程中，基质流加速率恒定，以调节微生物细胞的生长速率与恒定流量相适应的方法。恒浊器法是指预先规定细胞浓度，通过基质流量控制，控制细胞于设定浓度的方法。营养物恒定法则是指通过流加一定的基质成分，使培养基中的营养成分恒定的方法。绝大多数实际应用中，都采用恒化器的操作方式。

五、发酵过程状态方程式在“理想操作点”近旁的线性化

发酵过程的状态方程式(3-6）是高度非线性的。这时，如果需要使用基于线性系统的控制理论和方法，就必须对状态方程式在所期望的操作点（轨道）的近旁进行线性化，否则上述理论和方法就不能直接使用。首先考虑一个单变量（单状态变量-单操作变量）状态方程式的线性化的问题。假定：

$$\frac{dx}{dt}=f(x,\ u) \tag{3-26}$$

这里，x 和 u 分别表示状态变量和操作变量。x^* 和 u^* 分别是 x 和 u 在“理想”或者说是在“期望”操作点下的值，也就是使得非线性函数 $f(x,u)=0$ 时的 x 和 u 的值，也称为特异点（singular point）或平衡点（equilibrium point)。f 是有关 x 和 u 的非线性函数。如果在“理想操作点” x^* 和 u^* 处用泰勒公式对式(3-26）进行级数展开，则有：

$$\begin{aligned}f(x,u)=&\ f(x^*,u^*)+\left(\frac{\partial f}{\partial x}\right)_{(x^*,u^*)}\frac{(x-x^*)}{1!}+\left(\frac{\partial^2 f}{\partial x^2}\right)_{(x^*,u^*)}\frac{(x-x^*)^2}{2!}+\cdots+\\&\left(\frac{\partial^n f}{\partial x^n}\right)_{(x^*,u^*)}\frac{(x-x^*)^n}{n!}+\left(\frac{\partial f}{\partial u}\right)_{(x^*,u^*)}\frac{(u-u^*)}{1!}+\\&\left(\frac{\partial^2 f}{\partial u^2}\right)_{(x^*,u^*)}\frac{(u-u^*)^2}{2!}+\cdots+\left(\frac{\partial^n f}{\partial u^n}\right)_{(x^*,u^*)}\frac{(u-u^*)^n}{n!}\end{aligned} \tag{3-27a}$$

由于 x 和 u 分别处在 x^* 和 u^* 的“近旁”，$\Delta x=x-x^*$ 和 $\Delta u=u-u^*$ 都是很小的数值，如果忽略掉2级以上的泰勒级数，则式(3-27a）可以简化为：

$$f(x,u)=f(x^*,u^*)+\left(\frac{\partial f}{\partial x}\right)_{(x^*,u^*)}(x-x^*)+\left(\frac{\partial f}{\partial u}\right)_{(x^*,u^*)}(u-u^*)$$

$$\begin{aligned}\frac{d(\Delta x)}{dt}=\frac{d(x-x^*)}{dt}&=f(x,u)-f(x^*,u^*)=\left(\frac{\partial f}{\partial x}\right)_{(x^*,u^*)}(x-x^*)+\left(\frac{\partial f}{\partial u}\right)_{(x^*,u^*)}(u-u^*)\\&=\left(\frac{\partial f}{\partial x}\right)_{(x^*,u^*)}\Delta x+\left(\frac{\partial f}{\partial u}\right)_{(x^*,u^*)}\Delta u\end{aligned} \tag{3-27b}$$

图3-9直观地描述了在“理想操作点”近旁 x_0 处对非线性状态方程式实施线性化的具体含义。

上述方法可以简单地扩展到多变量（多状态变量-多操作变量）的状态方程式中，并将其在“理想操作点”的近旁线性化，也就是把由式(3-28a）所描述的非线性状态方程组，转变成式(3-28b）所示的线性常微分方程组的形式

$$\begin{aligned}\frac{dx_1}{dt}&=f_1(x_1,x_2,\cdots,x_n,u_1,u_2,\cdots,u_k)\\\frac{dx_2}{dt}&=f_2(x_1,x_2,\cdots,x_n,u_1,u_2,\cdots,u_k)\\&\cdots\cdots\\\frac{dx_n}{dt}&=f_n(x_1,x_2,\cdots,x_n,u_1,u_2,\cdots,u_k)\end{aligned}$$

(3-28a)

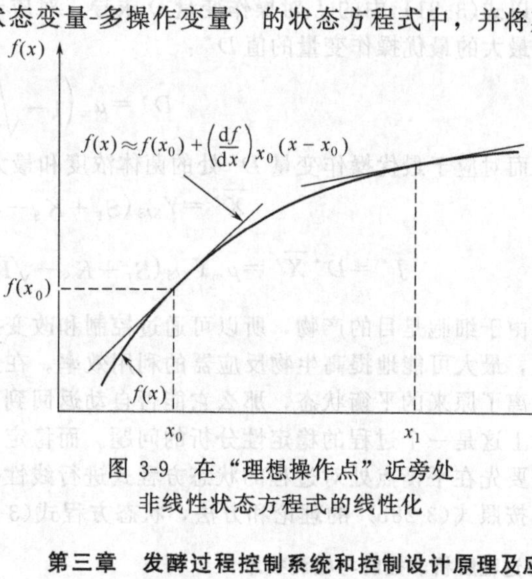

图3-9 在“理想操作点”近旁处非线性状态方程式的线性化

$$\frac{d(\Delta x)}{dt}=A\Delta x+B\Delta u \tag{3-28b}$$

其中，$A=\begin{bmatrix}\frac{\partial f_1}{\partial x_1} & \frac{\partial f_1}{\partial x_2} & \cdots & \frac{\partial f_1}{\partial x_n}\\ \frac{\partial f_2}{\partial x_1} & \frac{\partial f_2}{\partial x_2} & \cdots & \frac{\partial f_2}{\partial x_n}\\ \cdots & \cdots & \cdots & \cdots\\ \frac{\partial f_n}{\partial x_1} & \frac{\partial f_n}{\partial x_2} & \cdots & \frac{\partial f_n}{\partial x_n}\end{bmatrix}_{x^*,u^*}$　　$B=\begin{bmatrix}\frac{\partial f_1}{\partial u_1} & \frac{\partial f_1}{\partial u_2} & \cdots & \frac{\partial f_1}{\partial u_k}\\ \frac{\partial f_2}{\partial u_1} & \frac{\partial f_2}{\partial u_2} & \cdots & \frac{\partial f_2}{\partial u_k}\\ \cdots & \cdots & \cdots & \cdots\\ \frac{\partial f_n}{\partial u_1} & \frac{\partial f_n}{\partial u_2} & \cdots & \frac{\partial f_n}{\partial u_k}\end{bmatrix}_{x^*,u^*}$

这里，$x=(x_1,x_2,\cdots,x_n)^{\mathrm{T}}$、$x^*=(x_1^*,x_2^*,\cdots,x_n^*)^{\mathrm{T}}$、$\Delta x=(x_1-x_1^*,x_2-x_2^*,\cdots,x_n-x_n^*)^{\mathrm{T}}$分别是 $n\times1$ 阶的向量，而 $u=(u_1,u_2,\cdots,u_k)^{\mathrm{T}}$，$u^*=(u_1^*,u_2^*,\cdots,u_k^*)^{\mathrm{T}}$，$\Delta u=(u_1-u_1^*,u_2-u_2^*,\cdots,u_k-u_k^*)^{\mathrm{T}}$，则分别是 $k\times1$ 阶的向量。A 和 B 分别是 $n\times n$ 和 $n\times k$ 阶的方阵和矩阵。

在供氧充足的连续培养中，如果细胞是目的产物，且代谢产物对于细胞生长和基质消耗的影响可以忽略，同时细胞比增殖速率 μ 可以用式(3-13) 的 Monod 方程表示，基质比消耗速率 ν 可以用式(3-8) 与比增殖速率 μ 相关联的话，则此时的过程状态方程式可以简化为：

$$\frac{dX}{dt}=\frac{\mu_m S}{K_S+S}X-\frac{F_I}{V}X=\frac{\mu_m S}{K_S+S}X-DX \tag{3-29a}$$

$$\frac{dS}{dt}=-\frac{1}{Y_{X/S}}\frac{\mu_m S}{K_S+S}X+\frac{F_I}{V}(S_F-S)=-\frac{1}{Y_{X/S}}\frac{\mu_m S}{K_S+S}X+D(S_F-S) \tag{3-29b}$$

这里，$D\equiv F_I/V$，称做稀释率，是唯一的操作变量。

这时，处在稳态条件下（$dX/dt=0$，$dS/dt=0$）的菌体浓度（$\overline{X}$）、基质浓度（$\overline{S}$）和稀释率（D）之间应该有如下关系：

$$D=\frac{\mu_m\overline{S}}{K_S+\overline{S}} \tag{3-30a}$$

$$\overline{S}=\frac{K_S D}{\mu_m-D} \tag{3-30b}$$

$$\overline{X}=Y_{X/S}\left(S_F-\frac{K_S D}{\mu_m-D}\right) \tag{3-30c}$$

而菌体的生产效率或者称生产强度可以表示成：

$$J=D\overline{X}=DY_{X/S}\left(S_F-\frac{K_S D}{\mu_m-D}\right) \tag{3-31}$$

以式(3-31) 中的 J 对操作变量 D 求导，对应于$\partial J/\partial D=0$ 处的 D 就是可以使菌体生产强度取得最大的最优操作变量的值 D^*：

$$D^*=\mu_m\left(1-\sqrt{\frac{K_S}{K_S+S_F}}\right) \tag{3-32a}$$

而对应于最优操作变量 D^* 处的菌体浓度和最大菌体生产强度分别是：

$$\overline{X}^*=Y_{X/S}\left(S_F+K_S-\sqrt{K_S(K_S+S_F)}\right) \tag{3-32b}$$

$$J^*=D^*\overline{X}^*=\mu_m Y_{X/S}\left(S_F+K_S-\sqrt{K_S(K_S+S_F)}\right)\left(1-\sqrt{\frac{K_S}{S_F+K_S}}\right) \tag{3-32c}$$

由于细胞是目的产物，所以可通过控制和改变操作变量——稀释率 D，使得细胞的生产强度最大，最大可能地提高生物反应器的利用效率。在连续操作中，如果由于外部扰动等原因状态变量偏离了原来的平衡状态，那么它能否自动返回到原来的平衡点？还是要走向一个新的平衡点？实际上这是一个过程的稳定性分析的问题。而稳定性分析以及后续的反馈控制器的设计和调整，都需要先在平衡点处对过程的状态方程式进行线性化。

按照式(3-28b) 的理论和方法，状态方程式(3-29) 在最优操作点 D^* 处的线性化系数矩阵 A

和 B 可以分别表示为：

$$A=\begin{bmatrix}\frac{\partial f_1}{\partial X} & \frac{\partial f_1}{\partial S}\\ \frac{\partial f_2}{\partial X} & \frac{\partial f_2}{\partial S}\end{bmatrix}=\begin{bmatrix}\frac{\mu_m\overline{S}}{K_S+\overline{S}}-D^* & \frac{\mu_m\overline{X}\overline{S}}{(K_S+\overline{S})^2}\\ -\frac{\mu_m\overline{S}}{Y_{X/S}(K_S+\overline{S})} & -\frac{\mu_m\overline{X}\overline{S}}{Y_{X/S}(K_S+\overline{S})^2}-D^*\end{bmatrix} \tag{3-33a}$$

$$B=\begin{bmatrix}\frac{\partial f_1}{\partial D}\\ \frac{\partial f_2}{\partial D}\end{bmatrix}=\begin{bmatrix}-\overline{X}\\ S_F-\overline{S}\end{bmatrix} \tag{3-33b}$$

假定过程的各模型参数为 $\mu_m=0.4h^{-1}$、$K_S=2.0g/L$、$S_F=50g/L$、$Y_{X/S}=0.50g/g$，则利用式(3-30) 和式(3-32) 可以得到 $D^*=0.322h^{-1}$，$\overline{X}=20.87g/L$，$\overline{S}=8.26g/L$。将上述数值代入到式(3-33) 中就可以求得最优操作点 D^* 处的线性化系数矩阵 A 和 B：

$$A=\begin{bmatrix}0.000 & 0.655\\ -0.644 & -1.632\end{bmatrix} \tag{3-34a}$$

$$B=\begin{bmatrix}-20.870\\ 41.740\end{bmatrix} \tag{3-34b}$$

在连续培养过程中，只要操作变量（稀释率 D）被选定，稳态下的状态变量（X、S 等）也就随之被确定，不随时间而变化。因此，各稳态操作点处的线性化系数矩阵 A 和 B 为常数矩阵。流加培养的情况则与连续培养不同，“理想”操作变量和与之对应的状态变量是随时间而变化。“理想”操作状态是一条随时间变化的轨道而不是一个点。这时，线性化系数矩阵 A 和 B 也要随时间的变化而变化。

第三节　拉普拉斯变换与反拉普拉斯变换

拉普拉斯变换（Laplace transform）为线性系统（线性状态方程式或线性化的状态方程式）问题的求解提供一个简单而有用的工具。通过拉普拉斯变换可以把时域 t 上的函数 $f(t)$ 变成在 $s=a+jb$ 平面上的复变量函数 $F(s)$，它可以将解微分方程的问题转换成一个解代数方程的问题。拉普拉斯变换广泛应用于控制问题的定量解析上。它虽然是一个纯数学问题，在高等数学或工程数学的有关书籍均有详细的介绍，但是作为求解过程控制问题的一个有力工具，本书还是要对其做一个介绍。

一、拉普拉斯变换的定义

如果一个时间函数的表现形式是 $f(t)$，则其拉普拉斯变换 $F(s)$ 可以定义为：

$$F(s)=\mathcal{L}[f(t)]=\int_0^{\infty}f(t)e^{-st}dt \tag{3-35}$$

二、拉普拉斯变换的基本特性以及基本函数的拉普拉斯变换

(1) 线性特性，即

$$\mathcal{L}[af(t)+bF(t)]=a\,\mathcal{L}[f(t)]+b\,\mathcal{L}[g(t)]=aF(s)+bF(s) \tag{3-36}$$

(2) 时间函数微分的拉普拉斯变换

① 一阶微分：$\mathcal{L}[f'(t)]=sF(s)-f(0)$　(3-37)

② n 阶微分：$\mathcal{L}[f^n(t)]=s^nF(s)-s^{n-1}f(0)-\cdots-f^{(n-1)}(0)$　(3-38)

(3) 时间函数积分的拉普拉斯变换

$$\mathcal{L}\left[\int f(t)dt\right]=\frac{F(s)}{s} \tag{3-39}$$

(4) 带有纯时间滞后的拉普拉斯变换

$$\mathcal{L}[f(t-L)]=e^{Ls}F(s) \tag{3-40}$$

（5）终值定理

$$\lim_{t\to\infty}f(t)=\lim_{s\to 0}sF(s) \tag{3-41}$$

（6）一些最基本函数的拉普拉斯变换

① 阶跃函数 $l(t)$：$\mathcal{L}[l(t)]=\frac{l}{s}$ (3-42)

② δ 函数 $\delta(t)$（幅宽→0，幅高→∞，面积为 1）：$\mathcal{L}[\delta(t)]=1$ (3-43)

③ 时间 t 的 n 次函数：$\mathcal{L}[t^n]=\frac{n!}{s^{n+1}}$ (3-44)

④ 指数函数 e^{-at}：$\mathcal{L}[e^{-at}]=\frac{1}{s+a}$ (3-45)

⑤ 正弦函数：$\mathcal{L}[\sin at]=\frac{a}{s^2+a^2}$ (3-46)

⑥ 余弦函数：$\mathcal{L}[\cos at]=\frac{s}{s^2+a^2}$ (3-47)

三、反拉普拉斯变换

与拉普拉斯变换相反，将复平面上的函数 $F(s)$ 转换成时间域上的函数 $f(t)$ 的变化操作称之为反拉普拉斯变换（inverse Laplace transform），用$\mathcal{L}^{-1}$ 表示，即 $f(t)=\mathcal{L}^{-1}[F(s)]$。

四、有理函数的反拉普拉斯变换

利用拉普拉斯变化的基本特性和最基本函数的拉普拉斯变换表，可以计算和得到以下一些有理函数的反拉普拉斯变换。这对于实际过程控制系统的解析和计算非常有用，如：

①
$$\mathcal{L}^{-1}\left[\frac{C}{(s-a)(s-b)}\right]=\mathcal{L}^{-1}\left[\frac{C}{a-b}\times\left(\frac{1}{s-a}-\frac{1}{s-b}\right)\right]$$
$$=\frac{C}{a-b}\left[\mathcal{L}^{-1}\left(\frac{1}{s-a}\right)-\mathcal{L}^{-1}\left(\frac{1}{s-b}\right)\right]=\frac{C}{a-b}[e^{at}-e^{bt}]$$

②
$$\mathcal{L}^{-1}\left[\frac{1}{s^2+s+1}\right]=\mathcal{L}^{-1}\left[\frac{1}{\{s+(1/2)\}^2+1-(1/4)}\right]$$
$$=\mathcal{L}^{-1}\left[\frac{1}{\{s+(1/2)\}^2+(\sqrt{3}/2)^2}\right]$$
$$=\frac{2}{\sqrt{3}}\mathcal{L}^{-1}\left[\frac{(\sqrt{3}/2)}{\{s+(1/2)\}^2+(\sqrt{3}/2)^2}\right]=\frac{2}{\sqrt{3}}e^{-\frac{1}{2}t}\sin\frac{\sqrt{3}}{2}t$$

五、过程的传递函数 $G_P(s)$——线性状态方程式的拉普拉斯函数表现形式

在本章的第一节中，简要概述了线性过程的状态方程式和传递函数之间的关系。如果线性过程的状态方程式可以用式(3-3) 所示的状态空间的形式来表示，这时对式(3-3) 的两边取拉普拉斯变换，并假定 $x(0)=0$，就可以得到复平面上的过程输入 u 与输出 y 之间的关系：

$$G_P(s)=\frac{y(s)}{u(s)}=C(sI-A)^{-1}B \tag{3-48}$$

这里，矩阵 A、B 和 C 的意义及其维数如本章第一节所示。$G_P(s)$ 就是过程的传递函数，它是一个有关复变量 s 的 $m\times k$ 阶矩阵。如果过程是一个单输入单输出（SISO）的系统，则 $G_P(s)$ 则就是一个有关 s 的标量。过程的传递函数是一个非常重要的概念，它是讨论过程的特性和设计过程控制器的基础。在以后的章节中，将对过程传递函数的特征和变换方式做深入细致的介绍。

六、过程传递函数的框图和转换

过程的传递函数 $G_P(s)$，即复平面上过程的输入 $u(s)$ 和输出 $y(s)$ 之间的关系，可以利用图 3-10 所示的框图形式来表示。复杂的过程可能由多个子过程按照一定的方式组合构成。过程的总传递函数，也就可以通过各子过程的传递函数按一定的组合、变化而转换得到。子过程传递函数的基本组合方式有 3 种：串联、并联和反馈。

① 传递函数的串联：如图 3-10(a) 所示。将第一个传递函数的输出作为第二个传递函数的输入，如此连接起来称为串联。串联后的总传递函数等于各子传递函数之积。

② 传递函数的并联：把各子传递函数的输出叠加在一起构成总传递函数。并联后的总传递函数等于各子传递函数之和［图 3-10(b)］。

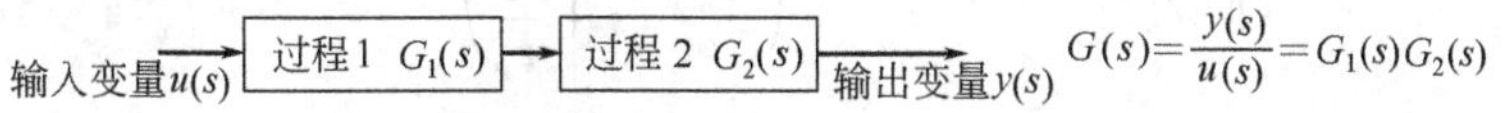

(a) 传递函数的串联

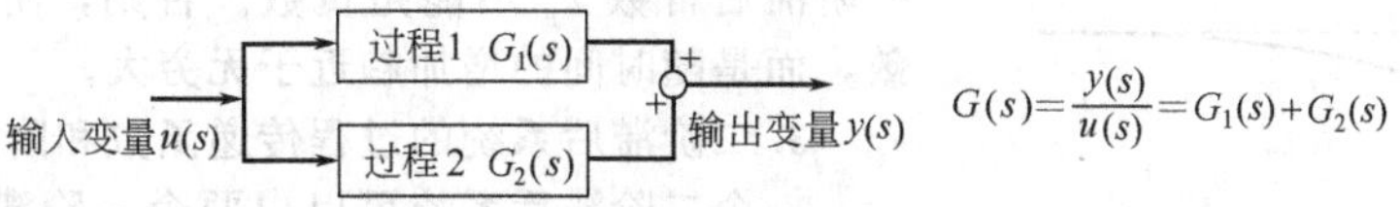

(b) 传递函数的并联

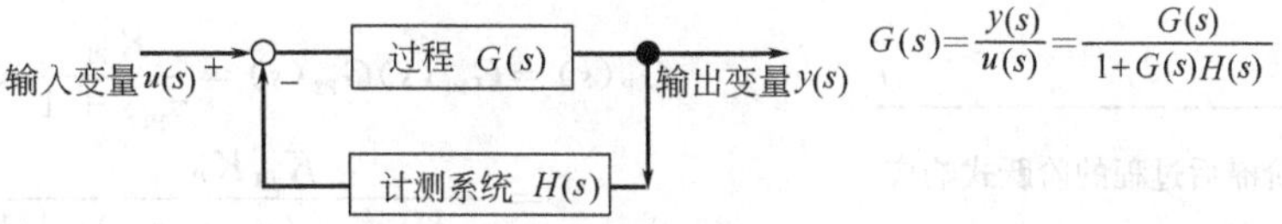

(c) 输出反馈系统的传递函数

图 3-10　过程传递函数的框图转换

③ 输出反馈系统的传递函数：通过一个计测系统 $H(s)$，将过程传递函数的输出取出计量，再与过程的输入信号 $u(s)$ 相比较，最后将比较的结果输入到过程传递函数中去，这称之为反馈。输出反馈系统的传递函数可以按图 3-10(c) 所示的公式进行计算。

七、过程输出对于输入变量阶跃式变化的响应特性

在这里将考察一些典型的过程传递函数对于输入变量阶跃式变化的响应及其响应特征。

1. 过程输出对于阶跃式输入的响应和响应特性

如图 3-11 所示，当过程的输入变量（控制变量）随时间呈阶跃式变化［阶跃幅度为 A，$u(t)=A$，$t\geqslant 0$；$u(t)=0$，$t<0$］时，过程输出的相应变化称为阶跃式响应。这时，根据拉普拉斯变换表，$u(s)=A/s$。再由过程的传递函数 $G_P(s)$，可以将过程输出的阶跃式响应表示成以下形式：

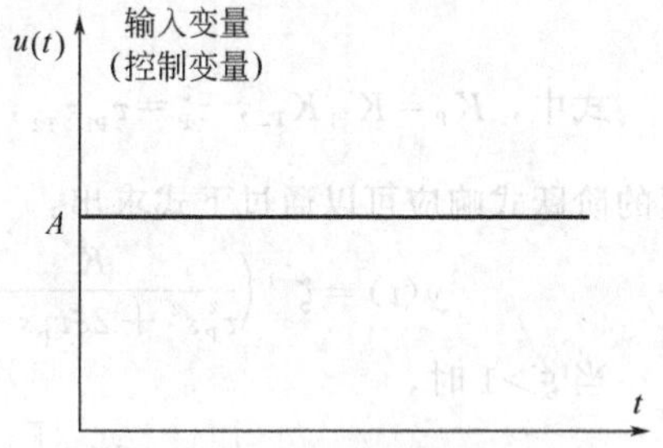

图 3-11　输入变量（控制变量）的阶跃式变化

$$y(t)=\mathcal{L}^{-1}[G_P(s)u(s)]=\mathcal{L}^{-1}\left[G_P(s)\frac{A}{s}\right]$$

$$=A\,\mathcal{L}^{-1}\left[\frac{G_P(s)}{s}\right] \tag{3-49}$$

2. 一阶滞后系统的过程传递函数和阶跃式响应特性

在连续搅拌式反应器（CSTR）中发生一阶化学反应（$r=kc$，r 是反应速度，c 为反应物浓度，k 为反应常数）时，根据反应物质的收支平衡关系式，可以得到：

$$\tau_P\frac{dy(t)}{dt}+y(t)=K_Pu(t) \tag{3-50}$$

式中，τ_P 为一阶滞后常数；$y(t)$ 是过程的输出，即反应物浓度 c；$u(t)$ 是过程的输入［$u(t)=V/F(t)$］，称为反应物质的平均停留时间（resident time），它是反应液体积 V 与反应液流加速率 $F(t)$ 之比。如果假定过程输入输出变量的初值为 0，即 $y(0)=0$ 且 $u(t)=0$。在式(3-50) 两边取拉普拉斯变换，该反应过程的传递函数 $G_P(s)$ 可以表示成：

$$G_P(s)=\frac{K_P}{\tau_Ps+1} \tag{3-51}$$

这里把传递函数如式(3-51) 所示的系统称为一阶滞后系统。对于阶跃式输入 $u(s)=(A/s)$，一阶滞后过程的输出响应可以通过下式求出：

$$y(t)=\zeta^{-1}\left(\frac{K_{\mathrm{P}}}{\tau_{\mathrm{P}}s+1}\times\frac{A}{s}\right)=A\zeta^{-1}\left(\frac{K_{\mathrm{P}}}{s}-\frac{K_{\mathrm{P}}}{s+\dfrac{1}{\tau_{\mathrm{P}}}}\right)=AK_{\mathrm{P}}(1-\mathrm{e}^{-t/\tau_{\mathrm{P}}}) \tag{3-52}$$

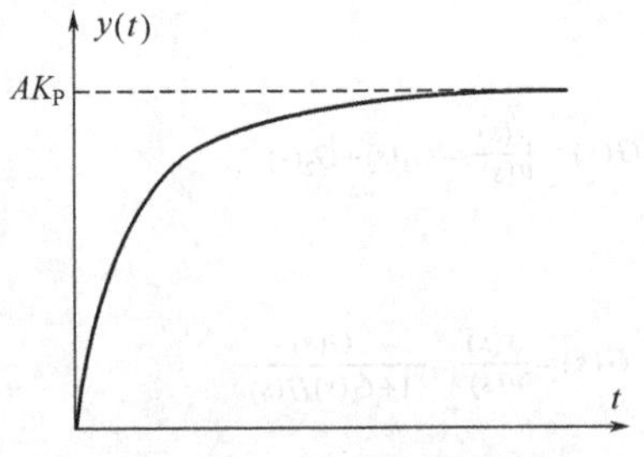

图 3-12 一阶滞后过程的阶跃式响应

一阶滞后系统的阶跃式响应如图 3-12 所示。很显然，一阶滞后常数 τ_{P} 不能是负数。否则，阶跃式响应不会收敛，而是随时间的增加趋近于无穷大。

3. 二阶滞后系统的过程传递函数和阶跃式响应特性

一个二阶滞后系统可以由两个一阶滞后系统串联而得到，即：

$$G_{\mathrm{P}}(s)=G_{\mathrm{P1}}(s)G_{\mathrm{P2}}(s)=\frac{K_{\mathrm{P1}}}{\tau_{\mathrm{P1}}s+1}\times\frac{K_{\mathrm{P2}}}{\tau_{\mathrm{P2}}s+1}$$

$$=\frac{K_{\mathrm{P1}}K_{\mathrm{P2}}}{\tau_{\mathrm{P1}}\tau_{\mathrm{P2}}s^2+(\tau_{\mathrm{P1}}+\tau_{\mathrm{P2}})s+1} \tag{3-53}$$

通过变形，可以将上述二阶滞后过程的传递函数归纳整理为：

$$G_{\mathrm{P}}(s)=\frac{K_{\mathrm{P}}}{\tau_{\mathrm{P}}^2s^2+2\xi\tau_{\mathrm{P}}s+1} \tag{3-54}$$

而对应于时间域上的、该传递函数的常微分方程式可以写成：

$$\tau_{\mathrm{P}}^2\frac{\mathrm{d}^2y(t)}{\mathrm{d}t^2}+2\xi\tau_{\mathrm{P}}\frac{\mathrm{d}y(t)}{\mathrm{d}t}+y(t)=K_{\mathrm{P}}u(t) \tag{3-55}$$

式中，$K_{\mathrm{P}}=K_{\mathrm{P1}}K_{\mathrm{P2}}$，$\tau_{\mathrm{P}}^2=\tau_{\mathrm{P1}}\tau_{\mathrm{P2}}$，$\xi=\dfrac{\tau_{\mathrm{P1}}+\tau_{\mathrm{P2}}}{2\sqrt{\tau_{\mathrm{P1}}\tau_{\mathrm{P2}}}}$。对于阶跃式输入 $u(s)=A/s$，二阶滞后过程的阶跃式响应可以通过下式求出：

$$y(t)=\zeta^{-1}\left(\frac{K}{\tau_{\mathrm{P}}^2s^2+2\xi\tau_{\mathrm{P}}s+1}\times\frac{A}{s}\right)=AK_{\mathrm{P}}\zeta^{-1}\left(\frac{1}{\tau_{\mathrm{P}}^2s^2+2\xi\tau_{\mathrm{P}}s+1}\times\frac{1}{s}\right) \tag{3-56}$$

当 $\xi>1$ 时，

$$y(t)=AK_{\mathrm{P}}\left\{1-\mathrm{e}^{-\xi t/\tau_{\mathrm{P}}}\left[\cosh\left(\sqrt{\xi^2-1}\frac{t}{\tau_{\mathrm{P}}}\right)+\frac{\xi}{\sqrt{\xi^2-1}}\sinh\left(\sqrt{\xi^2-1}\frac{t}{\tau_{\mathrm{P}}}\right)\right]\right\}$$

这里，$\sinh\alpha=\dfrac{\mathrm{e}^{\alpha}-\mathrm{e}^{-\alpha}}{2}$；$\cosh\alpha=\dfrac{\mathrm{e}^{\alpha}+\mathrm{e}^{-\alpha}}{2}$。

当 $\xi=1$ 时，

$$y(t)=AK_{\mathrm{P}}\left[1-\left(1+\frac{t}{\tau_{\mathrm{P}}}\right)\mathrm{e}^{-t/\tau_{\mathrm{P}}}\right]$$

当 $\xi<1$ 时，$y(t)=AK_{\mathrm{P}}\left[1-\dfrac{1}{\sqrt{1-\xi^2}}\mathrm{e}^{-\xi t/\tau_{\mathrm{P}}}\sin(\omega t+\phi)\right]$

这里，$\omega=\dfrac{\sqrt{1-\xi^2}}{\tau_{\mathrm{P}}}$；$\phi=\tan^{-1}\left(\dfrac{\sqrt{1-\xi^2}}{\xi}\right)$。

二阶滞后过程的阶跃式响应如图 3-13 所示。可以看出，当 $\xi\geqslant1$ 时，二阶滞后过程的阶跃式响应以非振动的形式趋近于其最终响应值 AK_{P}；而当 $\xi<1$ 时，阶跃式响应则以振动的形式趋近于其最终响应值 AK_{P}。同样，构成二阶滞后系统的两个一阶滞后系统的滞后常数 τ_{P1} 和 τ_{P2} 不能是负数。否则，系统就将失去物理意义，阶跃式响应将随时间的增加而趋近于无穷大。

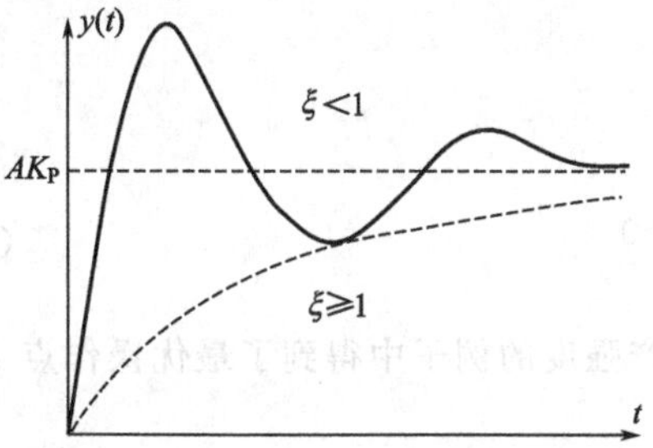

图 3-13　二阶滞后过程的阶跃式响应

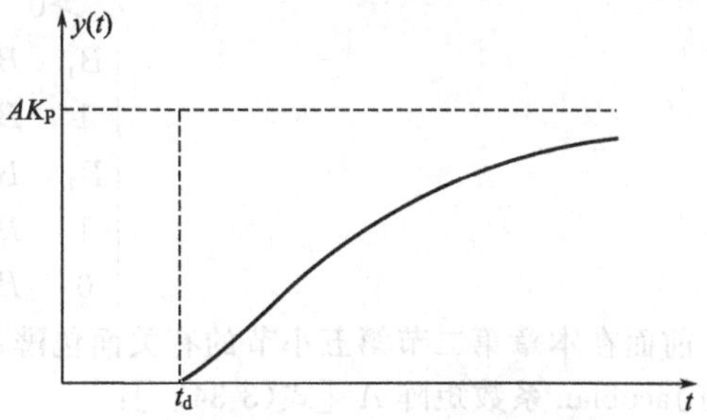

图 3-14　带纯时间延迟过程的阶跃式响应

4.具有纯时间延迟过程的传递函数和阶跃式响应特性

随着串联子过程数量的不断增加，总过程的传递函数越来越趋近于高阶滞后系统。总过程对于输入变化的阶跃式响应越来越慢，出现了响应延迟的现象。对应于过程输入的变化，过程输出要在一定的延迟时间 t_d 之后才可以显现出来。很多发酵过程本身就是典型的具有纯时间延迟的系统。对于这类高阶的滞后系统，通常可以用一阶滞后加纯延迟滞后来近似，这类过程的传递函数可以写成：

$$\text{纯时间延迟过程：} G_P(s)=K_P e^{-t_d s} \tag{3-57a}$$

$$\text{纯时间延迟＋一阶滞后过程：} G_P(s)=e^{-t_d s}\frac{K_P}{\tau_P+1} \tag{3-57b}$$

带纯时间延迟的过程对于阶跃式输入 $u(s)=A/s$ 的响应如图 3-14 所示。

第四节　过程的稳定性分析

在本章第二节中提到，生物过程的状态方程式是高度非线性的。这时，如果需要使用基于线性系统的理论和方法，对过程进行稳定性分析，就必须对状态方程式在所期望的操作点的近旁进行线性化。式(3-28) 对状态方程式在理想操作点近旁的线性化方法做了总结归纳。

这里，首先介绍无反馈控制时过程的稳定性，而有反馈控制时的过程稳定性的问题将在后续章节中讨论。这时，式(3-28b) 所定义的 $n\times n$ 系数方阵 A 称做贾可比矩阵（Jacobi matrix）或 Jacobian，而行列式 $|A-\lambda I|=0$ 则被定义为特征方程式(characteristic equation)。该特征方程式的根 λ 称为特征值（eigenvalue)。这里，I 表示单位矩阵，符号 $|\quad|$ 表示行列式。

一、过程稳定的判别标准

特征方程式 $|A-\lambda I|=0$ 有关特征值 λ 的阶数 n 由原始的非线性状态方程式的个数所决定。比如说，如果只考虑两个状态变量（$x_1=X$，菌体浓度；$x_2=S$，基质浓度)，λ 的阶数为 2，也就是说特征方程式是一个一元二次方程，特征根有两个。如果有三个状态变量（$x_1=X$，菌体浓度；$x_2=S$，基质浓度；$x_3=P$，代谢产物浓度）需要考虑，则 λ 的阶数为 3，特征方程式是一个一元三次方程，特征根有三个。

过程在其特异点或平衡点近旁稳定的充分必要条件是：特征方程式的所有特征根的实数部分必须为非正值（$\leqslant 0$）。假定特征方程式遵从式(3-58) 的形式，可以按照以下的 Hurwitz 标准来进行稳定性判断。如果式(3-59) 的所有行列式能够得到满足，则特征方程式的所有特征根都具有非正的实数部分。也就是说，过程在所考虑的平衡点处是稳定的。因此，Hurwitz 标准是判断过程是否稳定的充分必要条件。

$$\lambda^n+B_1\lambda^{n-1}+\cdots+B_{n-1}\lambda+B_n=0\ (n>2) \tag{3-58}$$

Hurwitz 标准：

$$B_1>0$$
$$\begin{vmatrix} B_1 & B_3 \\ 1 & B_2 \end{vmatrix}>0$$
$$\begin{vmatrix} B_1 & B_3 & B_5 \\ 1 & B_2 & B_4 \\ 0 & B_1 & B_3 \end{vmatrix}>0 \tag{3-59}$$

前面在本章第二节第五小节的有关面包酵母最大生产强度的例子中得到了最优操作点 D^* 近旁的 Jacobian 系数矩阵 A ［式(3-34)］：

$$A=\begin{bmatrix} 0.000 & 0.655 \\ -0.644 & -1.632 \end{bmatrix}$$

这时，相应的特征方程式就可以写成：

$$|A-\lambda I|=\begin{vmatrix} -\lambda & 0.665 \\ -0.644 & -1.632-\lambda \end{vmatrix}=\lambda^2+1.632\lambda+0.428=0$$

特征方程式的两个特征根为：$\lambda_1=-0.328$，$\lambda_2=-1.304$，两个根的实数部分都是负值。因此，可以具此判定上述面包酵母连续培养过程在其最优操作点的近旁，是一个稳定的系统。

二、过程在平衡点（特异点）近旁的稳定特性分类

对于一个只有两个状态变量（$x_1=X$，菌体浓度；$x_2=S$，基质浓度）的过程，其在平衡点近旁的稳定特性可以通过讨论特征方程式的两个特征根的符号（表 3-5）而加以归纳，并以 x_1-x_2 平面相位图（图 3-15）的形式加以图形表现。

表 3-5 双状态变量的过程在平衡点近旁的稳定特性分类

特征方程式的特征值(λ_1,λ_2)	稳定性	平衡点的种类	特征方程式的特征值(λ_1,λ_2)	稳定性	平衡点的种类
① $\lambda_1\neq\lambda_2,\lambda_1<0,\lambda_2<0$	渐进稳定	稳定结节点	⑥ $\lambda_1=a+bi,\lambda_2=a-bi,a<0$	稳定	稳定涡状点
② $\lambda_1=\lambda_2<0$	渐进稳定	稳定结节点	⑦ $\lambda_1=a+bi,\lambda_2=a-bi,a>0$	不稳定	不稳定涡状点
③ $\lambda_1\neq\lambda_2,\lambda_1>0,\lambda_2>0$	不稳定	不稳定结节点	⑧ $\lambda_1=bi,\lambda_2=-bi$	稳定	涡心点
④ $\lambda_1=\lambda_2>0$	不稳定	不稳定结节点	⑨ $\lambda_1=0,\lambda_2<0$	稳定	—
⑤ $\lambda_1<0<\lambda_2$	不稳定	鞍状点	⑩ $\lambda_1=0,\lambda_2>0$	不稳定	—

而对应于表 3-5 和图 3-15 的过程稳定特性在时间域上的表现则如图 3-16 所示。根据以上对过程稳定特性在平衡点近旁进行分门别类的结果可知，上述面包酵母连续培养过程在其最优操作

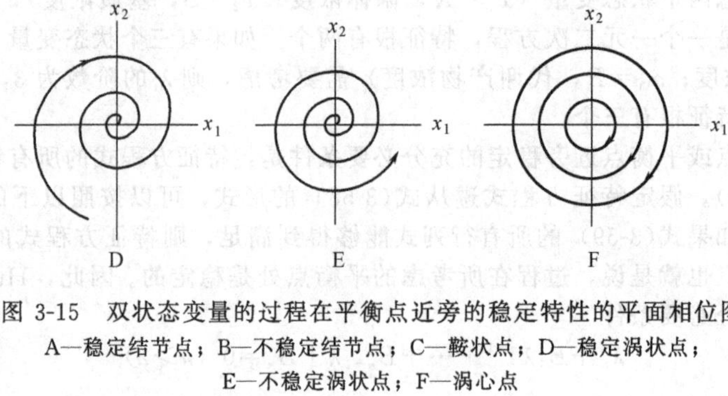

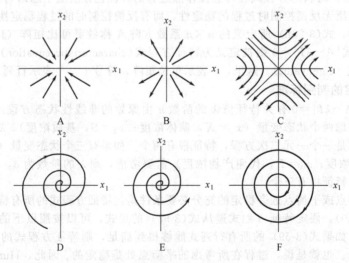

图 3-15 双状态变量的过程在平衡点近旁的稳定特性的平面相位图

A—稳定结节点；B—不稳定结节点；C—鞍状点；D—稳定涡状点；
E—不稳定涡状点；F—涡心点

点的近旁，是一个渐进稳定的系统，而且平衡点是稳定的结节点。

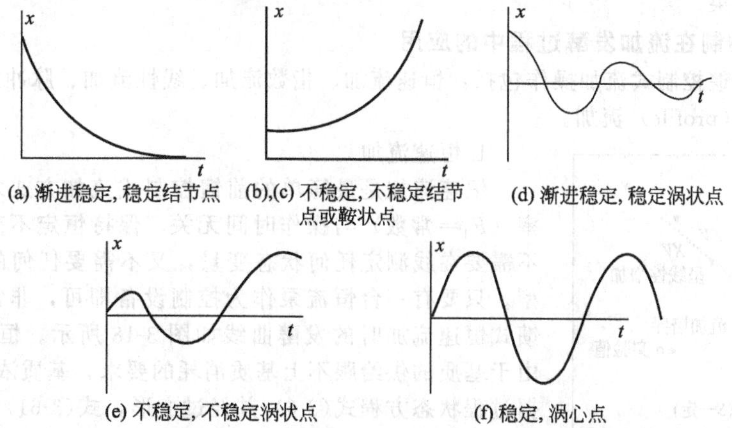

图 3-16 过程在平衡点近旁的稳定特性在时间域上的表现

第五节 发酵过程的前馈控制

一、过程前馈控制简介

前馈式控制的示意框图如图 3-17 所示。

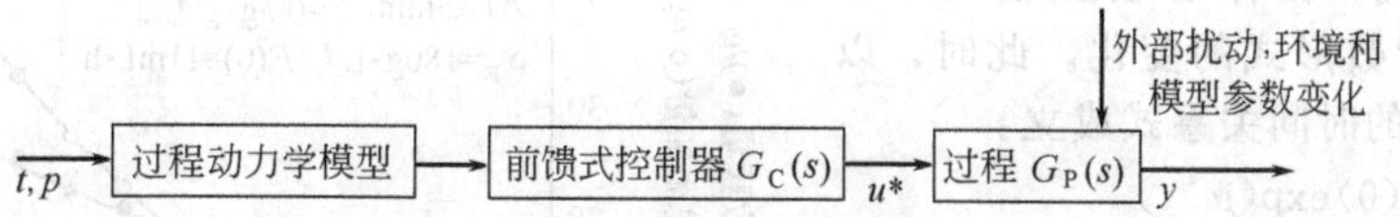

图 3-17 前馈式控制的示意

图 3-17 中，$G_P(s)$ 表示过程的传递函数；$G_C(s)$表示（前馈式）控制器的传递函数；y 表示被控状态变量（测量变量）；u^* 是过程的输入变量。t 和 p 分别代表发酵时间和生物过程的动力学模型参数。

前馈式控制的最大特点就是它不需要在线测定任何状态变量。前馈控制器的输出，也就是过程的输入 u^* 完全由过程的动力学模型所决定。因此，与反馈式控制和其他控制方式相比较，前馈式控制的操作和实施是最简单的，因为它根本就不需要任何在线测量和监测设备。

比如，如果希望生物反应器内的葡萄糖（基质）浓度能够被控制在某一恒定的水平上，可以利用过程的动力学模型和物质收支平衡方程［通常是过程的状态方程式(3-6)］对葡萄糖的流加速率 u^* 进行计算，如：

$$\frac{dS}{dt}=-\nu(S,P)X+\frac{u}{V}(S_F-S)=0$$

$$\Longrightarrow u^*(t)=\frac{\nu(S^*,P)XV}{S_F-S^*}=\frac{\mu(S^*,P)XV}{Y_{X/S}(S_F-S^*)} \tag{3-60}$$

这时，只要能够知道动力学模型参数——菌体的比增殖速度 μ、菌体得率 $Y_{X/S}$、葡萄糖的比消耗速度 ν、代谢产物比生成速度 ρ、操作（条件）参数——葡萄糖流加浓度 S_F 和葡萄糖浓度的控制水平 S^*，再利用已知的状态方程式［式(3-6)］积分求解不同时刻 t 下的菌体浓度 X、葡萄糖浓度 S、代谢产物浓度 P 和发酵液体积 V，就可以利用式(3-60) 计算前馈控制器的输出——流加速率 u^*。

前馈式控制的性能好坏完全取决于过程的动力学模型是否准确，动力学模型参数是否会因为过程的外部扰动或环境因子的变化而变化。动力学模型的准确度越高，前馈控制的性能就越好。一般情况下，得到能够准确描述生物过程特性的动力学数学模型是非常困难的。同时发酵过程又大都具有强烈的时变性，即动力学模型参数要随时间而变化。因此，单独使用前馈式控制很难取得满意的控制效果。

二、前馈控制在流加发酵过程中的应用

最常见的前馈控制式流加操作包括：恒速流加、指数流加、线性流加、脉冲式流加和基于最优化控制的模式(profile) 流加。

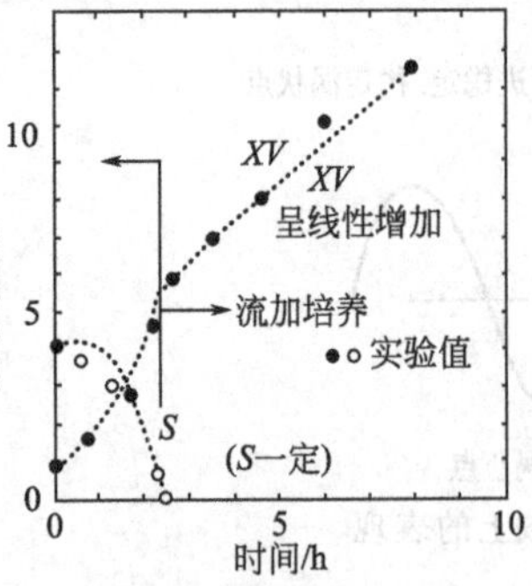

图 3-18 前馈式恒速流加时的发酵曲线

1. 恒速流加

恒速流加是最简单的前馈控制式流加方式之一，即流加速率（F_I=常数）与操作时间无关，保持恒定不变的操作。它既不需要在线测定任何状态变量，又不需要任何的过程动力学模型。只要有一台恒流泵作为控制设备即可，非常简单易行。前馈式恒速流加时的发酵曲线如图 3-18 所示。恒速流加条件下，由于基质的供给跟不上基质消耗的要求，基质浓度恒定为0。根据过程状态方程式(3-6) 并经过变形，式(3-61) 成立：

$$\frac{d(XV)}{dt}=Y_{X/S}F_I S_F=\text{常数} \tag{3-61}$$

在此条件下，菌体的总量（XV）随时间 t 呈直线变化。

2. 指数流加

指数流加是希望以指数生长的方式收获菌体的前馈控制流加方式，即流加速度 F_I 与操作时间呈指数形式的变化。在此条件下，如果过程的动力学模型（菌体比增殖速度模型）足够的准确，菌体总收获量（XV）应随时间 t 呈指数形式的变化。此时，以下流加速度 F_I 的时间关系式成立：

$$F_I(t)=F_I(0)\exp(\mu^* t)$$
$$\left[F_I(0)=\frac{\mu^* V(0)X(0)}{Y_{X/S}S_F}\right] \tag{3-62}$$

这里，μ^* 是所指定或者说希望达到的菌体比增殖速率的值。指数流加式前馈控制系统要达到满意的效果，则 μ^* 必须与发酵过程中的实际菌体比增殖速率 μ 相一致。如果 μ^* 过小，可能造成基质匮乏或浓度偏低，过程不能以最大的生长速率收获菌体。而如果 μ^* 过大，则有可能会导致基质过量或浓度过高，造成代谢副产物的生成和积蓄，引发代谢副产物对菌体生长的抑制，最终降低菌体的得率和生长速率。图 3-19 以面包酵母的流加培养为例，给出了在不同的菌体比增殖速率指定值下，指数流加式前馈控制系统的性能。

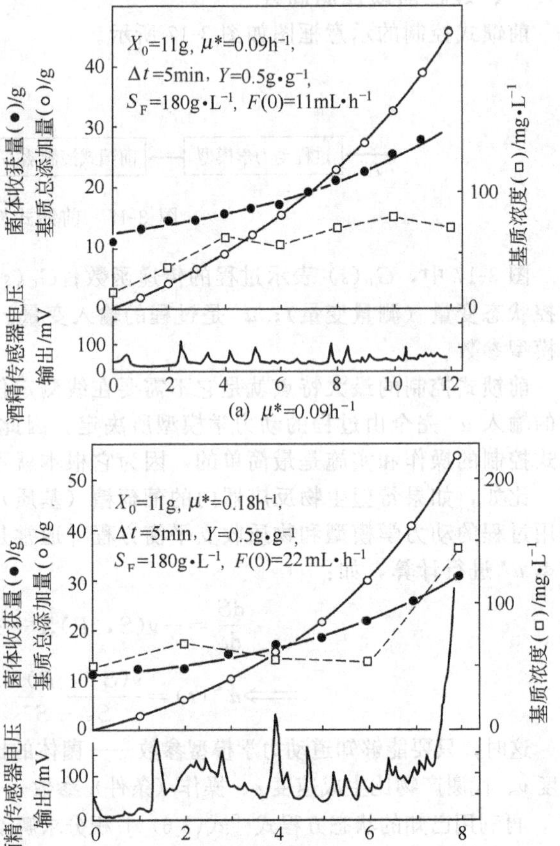

图 3-19 不同比增殖速率指定值 μ^* 下指数流加式前馈控制系统的性能

图 3-19 显示，如果将菌体的比增殖速率设低（$\mu^*=0.09h^{-1}$），代谢副产物乙醇虽然基本不生成（酒精传感器电压输出即代表乙醇的浓度），但由于菌体增殖速率偏低，发酵 12h 菌体收获量仅为 28g 左

右。如果将菌体的比增殖速率设高（$\mu^*=0.18h^{-1}$），代谢副产物乙醇会生成积蓄，特别是在发酵后期。但由于菌体增殖速率较高，发酵 8h 菌体收获量即可超过 30g。由此可见，前馈式控制系统的性能也是有限的。

3. 线性流加

即流加速率与操作时间呈线性增加（$F_I=at+b$）的流加方式。同样，它既不需要在线测定任何状态变量，又不需要任何过程动力学模型。前馈控制参数 a 和 b 依照操作者的经验而定。

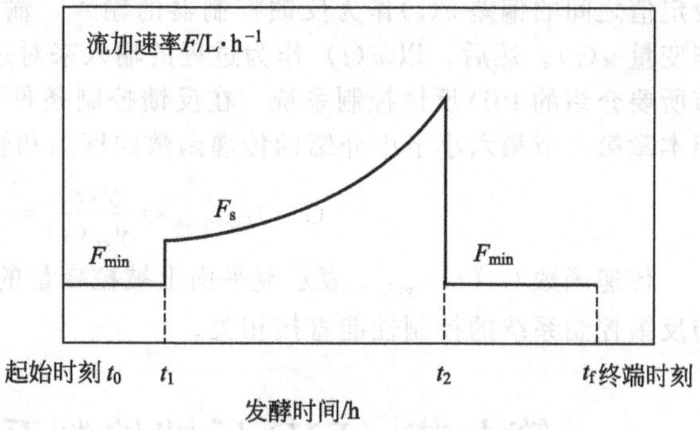

图 3-20 前馈型最优模式控制的实例

4. 脉冲式流加

即按照需要，比如说通过离线数据分析或凭借操作者的经验，判断基质是否已经消耗殆尽，在特定时刻一次性地流加基质的方式。其控制性能十分有限。

5. 基于最优化控制的前馈模式流加

它是以过程状态方程式为限制条件，利用最大原理、格林定理、遗传算法等方法，求解能使指定的目标函数最大的“最优控制轨道”，然后以该“最优控制轨道”进行流加的前馈式控制方法，也称做“最优模式(profile) 控制”。其细节将在第四章“发酵过程的最优化控制”中加以详细介绍。图 3-20 给出了前馈型最优模式控制的一个简单的实例。

这个例子是以发酵终点的菌体总收获量最大为目标，对于存在具有底物抑制效应的发酵过程实施最优化控制的结果。发酵过程起始时刻的基质浓度比较高，所以过程操作首先是一段间歇操作过程 $[F(t)=F_{min}=0]$。然后以 $F(t)=F_S(t)$（奇异控制，singular control）的方式流加基质，把基质浓度控制在其“最优浓度”处。最后，再将操作方式切换成间歇操作，以降低残留基质浓度，提高基质转化率，直到发酵终点。

第六节 发酵过程的反馈控制

反馈式控制的示意框图如图 3-21 所示。

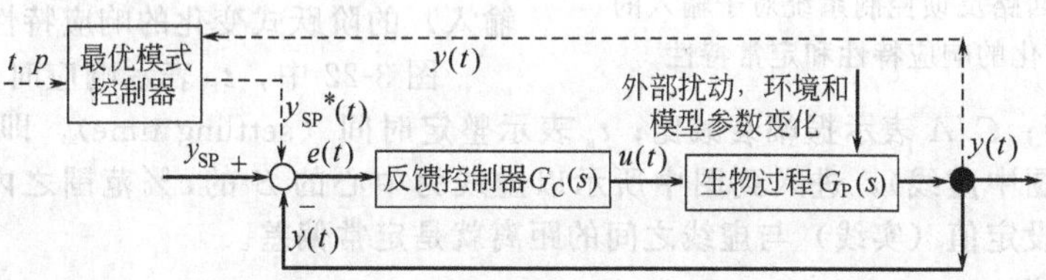

图 3-21 反馈式控制示意框图

这里，$y(t)$是过程的输出，它代表某个（或某几个）测量或者说被控状态变量；$u(t)$则是过程的输入，也就是反馈式控制器 $G_C(s)$的输出；y_{SP} 是被控状态变量的设定值（目标值）；$e(t)=y_{SP}-y(t)$则是被控变量与其设定值之间的偏差。$G_P(s)=y(s)/u(s)$表示过程的传递函数；$G_C(s)=u(s)/e(s)$是反馈控制器的传递函数。根据需要，被控状态变量的设定值 y_{SP} 有可能在整个发酵过程中一直保持不变，也有可能根据最优模式控制器的优化计算的结果，随时间不断地改变。这时，设定值是一个随时间变化的曲线（profile）$y_{SP}(t)$，如图中虚线所示。t 和 p 分别代表发酵时间和过程的动力学模型参数。

在反馈控制中，过程的输出 $y(t)$必须要被测量，并与被控变量的设定值 y_{SP} 进行比较，形成闭回路，因此反馈控制也称为闭环控制。与之相对应，前馈控制也称为开环控制。被控变量与其

设定值之间的偏差 $e(t)$ 作为反馈控制器的输入，输入到反馈控制器中，再由反馈控制器确定操作变量 $u(t)$。然后，以 $u(t)$ 作为过程的输入来对过程进行控制。最常见的反馈控制器就是第七节所要介绍的PID反馈控制系统。在反馈控制条件下，整个闭回路的传递函数 $G(s)_{\text{Close-Loop}}$ 可按照本章第三节第六小节中介绍的传递函数的框图和转换的方法，归纳如下：

$$G(s)_{\text{Close-Loop}}=\frac{y(s)}{y_{\text{SP}}(s)}=\frac{G_{\text{C}}(s)G_{\text{P}}(S)}{1+G_{\text{C}}(s)G_{\text{P}}(s)} \tag{3-63}$$

传递函数 $G_{\text{P}}(s)_{\text{Close-Loop}}$ 表示复平面上被控变量的设定值 $y_{\text{SP}}(s)$ 和输出 $y(s)$ 之间的关系，它与反馈控制系统的控制性能直接相关。

第七节　PID反馈控制系统的构成和性能特征

PID反馈控制器由3种基本动作所构成，即比例动作、积分动作和微分动作。其数学表达可以用式(3-64) 来表示：

$$G_{\text{C}}(s)=\frac{u(s)}{e(s)}=K_{\text{C}}\left(1+\frac{1}{\tau_{\text{I}}s}+\tau_{\text{D}}s\right) \tag{3-64a}$$

$$u(t)=K_{\text{C}}e(t)+\frac{K_{\text{C}}}{\tau_{\text{I}}}\int_0^t e(t)\mathrm{d}t+K_{\text{C}}\tau_{\text{D}}\frac{\mathrm{d}e(t)}{\mathrm{d}t} \tag{3-64b}$$

而整个闭回路控制系统的传递函数则由式(3-63) 所表示。这里，$u(t)$ 是过程的输入，也就是PID反馈式控制器的输出；$e(t)=y_{\text{SP}}-y(t)$ 是被控变量与其设定值之间的偏差；而 $G_{\text{C}}(s)=u(s)/e(s)$ 就是PID反馈控制器的传递函数。一个反馈控制系统的性能是否优越，主要由以下3个指标来衡量：①稳定性（stability)，反馈控制系统整体必须是一个稳定的系统；②响应特性(response characteristics)，当被控变量的设定值发生改变时，反馈控制系统必须要保证被控变量能够迅速和平稳地追踪设定值的变化；③定常特性（off-set characteristics)，当时间足够长时，被控变量必须能够不留误差地接近于其设定值。图3-22描述了一个典型的闭回路反馈控制系统对于被控变量设定值 y_{SP}（闭回路系统的输入）的阶跃式变化的响应特性和定常特性。

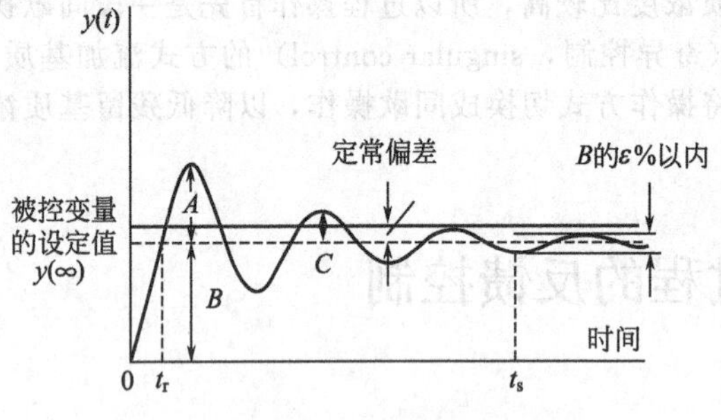

图 3-22　闭回路反馈控制系统对于输入的阶跃式变化的响应特性和定常特性

图3-22中，t_{r} 表示响应时间；A/B 表示过头量（overshoot)；C/A 表示振幅衰减比；t_{s} 表示整定时间（settling time)，即被控变量趋于稳定（最终趋近于图中虚线)，进入到图中所示以虚线为中心的 B 的 $\varepsilon\%$ 范围之内所需要的时间。图中被控变量的设定值（实线）与虚线之间的距离就是定常偏差。

一、比例动作

此时，反馈式控制器的传递函数为 $G_{\text{C}}(s)=K_{\text{C}}$，其在时间域上的表现形式为 $u(t)=K_{\text{C}}e(t)$。K_{C} 称为比例常数或者比例感度。假定过程是一个具有一阶滞后的系统，其传递函数为：

$$G_{\text{P}}(s)=\frac{K_{\text{P}}}{\tau_{\text{P}}s+1}$$

则此时反馈闭回路的传递函数为：

$$G(s)_{\text{Close-Loop}}=\frac{y(s)}{y_{\text{SP}}(s)}=\frac{G_{\text{C}}(s)G_{\text{P}}(s)}{1+G_{\text{C}}(s)G_{\text{P}}(s)}=\frac{K_{\text{C}}K_{\text{P}}}{\tau_{\text{P}}s+1+K_{\text{C}}K_{\text{P}}} \tag{3-65}$$

如果定义：$\tau'_{\text{P}}=\dfrac{\tau_{\text{P}}}{1+K_{\text{C}}K_{\text{P}}}$　$K'_{\text{P}}=\dfrac{K_{\text{C}}K_{\text{P}}}{1+K_{\text{C}}K_{\text{P}}}$

则式(3-65) 变成：

$$G(s)_{\text{Close-Loop}}=\frac{y(s)}{y_{SP}(s)}=\frac{G_C(s)G_P(s)}{1+G_C(s)G_P(s)}=\frac{K_P}{\tau'_P s+1} \tag{3-66}$$

如果被控变量的设定值 y_{SP} 有一个阶跃式的变化：$y_{SP}(s)=y_{SP}/s$，则被控变量的时间响应 $y(t)$ 可以表示成：

$$y(t)=\mathcal{L}^{-1}\left[\frac{K_P}{\tau_P s+1}\times\frac{y_{SP}}{s}\right]=y_{SP}K'_P(1-e^{-t/\tau'_P}) \tag{3-67}$$

从 τ'_P 的定义式和式(3-67) 可以看出，比例常数 K_C 的值越大，闭环过程的时间响应常数 τ'_P 就越小，$y(t)$ 的时间响应就越快。因此，加大比例常数，可以改善闭环反馈系统的响应速度。

另外，根据式(3-41) 的拉普拉斯变换终值定理，被控变量对于其设定值阶跃式变化时间响应的终值（定常特性），可以用下式来表示：

$$y(\infty)=y(t\to\infty)=\lim_{s\to 0}y(s)s=\lim_{s\to 0}G(s)_{\text{Close-Loop}}\frac{y_{SP}}{s}s$$

$$=\lim_{s\to 0}\left[\frac{G_C(s)G_P(s)}{1+G_C(s)G_P(s)}\times\frac{y_{SP}}{s}\times s\right]=\lim_{s\to 0}\frac{y_{SP}K_CK_P}{\tau_P s+1+K_CK_P}=\frac{y_{SP}K_CK_P}{1+K_CK_P} \tag{3-68}$$

很显然，加大比例常数 K_C 的值，亦有利消除闭环反馈系统的定常偏差，改善其定常特性。理论上当 $K_C\to\infty$ 时，$y(t=\infty)\to y_{SP}$，这时，被控变量可以不留误差地接近于其设定值。但是，在实际上不可能无限制地加大 K_C，否则，将有可能造成闭环反馈系统的不稳定。

二、积分动作

此时反馈式控制器的传递函数是 $G_C(s)=K_C/(\tau_I s)$，其在时间域上的表现形式为 $u(t)=\frac{K_C}{\tau_I}\int_0^t e(t)\mathrm{d}t$ 。这里，τ_I 称为积分常数。同样，如果假定过程是一个具有一阶滞后的系统，其传递函数为 $G_P(s)=\frac{K_P}{\tau_P s+1}$，则闭回路的传递函数可以写成：

$$G(s)_{\text{Close-Loop}}=\frac{y(s)}{y_{SP}(s)}=\frac{G_C(s)G_P(s)}{1+G_C(s)G_P(s)}=\frac{\frac{K_P}{\tau_P s+1}\times\frac{K_C}{\tau_I s}}{1+\frac{K_P}{\tau_P s+1}\times\frac{K_C}{\tau_I s}}=\frac{1}{\tau^2s^2+2\xi\tau s+1} \tag{3-69}$$

式中

$$\tau=\sqrt{\frac{\tau_I\tau_P}{K_PK_C}}, \quad \xi=\frac{1}{2}\sqrt{\frac{\tau_I}{\tau_PK_PK_C}}$$

从式(3-69) 可以看出，一个一阶滞后的过程，在加入积分反馈动作之后，就变成了一个二阶滞后的过程。在前面提到，一个二阶滞后系统可以由两个一阶滞后系统串联而得到，而随着串联子过程数量的不断增加，总过程的传递函数越来越趋近于高阶滞后系统，其对过程输入（闭环反馈系统时，过程输入即为被控变量的设定值）阶跃式变化的时间响应就越来越慢。因此，加入积分反馈动作之后，控制系统的响应速度变慢，响应特性会出现一定程度的恶化。

另外，同样根据式(3-41) 的拉普拉斯变换终值定理，此时被控变量对于其设定值阶跃式变化时间响应的终值（定常特性），可以用下式来表示：

$$y(\infty)=y(t\to\infty)=\lim_{s\to 0}y(s)s=\lim_{s\to 0}G(s)_{\text{Close-Loop}}\frac{y_{SP}}{s}s$$

$$=\lim_{s\to 0}\left[\frac{G_C(s)G_P(s)}{1+G_C(s)G_P(s)}\times\frac{y_{SP}}{s}\times s\right]=\lim_{s\to 0}\frac{y_{SP}}{\tau^2s^2+2\xi\tau s+1}=y_{SP} \tag{3-70}$$

很显然，在加入积分反馈动作之后，理论上 $y(t=\infty)\to y_{SP}$，即闭环反馈系统的定常偏差可以完全消除。因此，积分控制又称为 reset control，它常在消除反馈控制过程的定常偏差时使用。

三、微分动作

此时，反馈式控制器的传递函数是 $G_C(s)=(K_C\tau_D)s$，其在时间域上的表现形式为 $u(t)=$

$K_C\tau_D[de(t)/dt]$。这里，τ_D 称为微分常数。这时，反馈控制器的响应特性和定常特性也可以用相同的方法和理论进行分析。概括起来，加入微分动作可以改善反馈系统的响应特性。但是，由于控制动作在时间域上的表现形式中出现了被控变量误差的微分项 $de(t)/dt$，因此，微分动作不宜在测量噪声很大的系统中使用。

四、PID 反馈控制器的构成特征

反馈式控制器的三种基本动作，即比例动作、积分动作和微分动作，各有其特点和功效。比例动作可以提高和改善控制系统的响应特性，减少定常偏差，但比例动作过大，会导致控制系统的不稳定。积分动作可以消除定常偏差，但却造成响应特性的恶化。在此情况下，加入微分动作可以帮助改善引入积分动作后的系统响应性能。这样，为同时提高反馈控制系统的响应特性、定常特性和稳定性，将上述比例动作、积分动作和微分动作结合在一起使用，就构成了 PID 反馈式控制器。但是，由于生物过程的测量噪声很大，微分动作很少使用，一般仅仅使用比例（P）控制或者比例积分（PI）控制。

第八节　PID 反馈控制系统的解析和设计

一、反馈控制系统的稳定性分析

如果没有反馈控制，整个系统的传递函数为 $G_P(s)$，此时，等式[$G_P(s)$的分母]＝0 就是这个开回路系统的特征方程式，其根就是特征根。如果所有特征根的实数部分为非正值，则该系统为稳定系统；否则就是不稳定系统。如果特征根存在虚数部，该过程为一振动系统，其稳定性仍然要由实数部分是否全部为负值而定。表 3-6 给出了一些简单的过程传递函数以及相应的稳定性特征。

表 3-6　几种简单的过程传递函数及其稳定性特征

过程的传递函数	特征方程式	特征根	是否稳定	是否振动
$G_P(s)=1/(s-2)$	$s-2=0$	$s=2$	不稳定	不振动
$G_P(s)=(s-1)/(s^2+s+1)$	$s^2+s+1=0$	$s=-0.5(1\pm\sqrt{3}i)$	稳定	振动
$G_P(s)=5/(s^2+1)$	$s^2+1=0$	$s=\pm i$	稳定	振动

一个不稳定的系统在引入反馈控制后往往可以变成一个稳定的系统。根据反馈闭回路控制系统的传递函数［式(3-63)］，闭回路反馈控制系统的特征方程式为该传递函数的分母为 0，即 $1+G_P(s)G_C(s)=0$。比如，在不稳定过程 $G_P(s)=1/(s-2)$ 中引入一个比例反馈控制动作，$G_C(s)=K_C=3$，则此时闭环反馈控制系统的特征方程式为 $s+1=0$，反馈控制系统也就变成了一个稳定的系统。引入反馈控制能否使一个原来不稳定的过程稳定化，可以用以下的根轨迹法（root locus）和 Nyquist 的稳定定理来进行判断。

1. 根轨迹法

仅仅考虑反馈控制器的比例动作［$G_C(s)=K_C$］，将比例常数 K_C 的值从 0 增至∞时，观察闭环反馈控制系统的特征方程式 $1+G_P(s)G_C(s)=0$ 的特征根在复数平面的变化轨迹。图 3-23 反映了比例反馈控制与不同过程构成的闭环反馈控制系统的根轨迹变化情况（K_C：0→∞）。

图 3-23(a) 是过程传递函数 $G_P(s)=3/(s-2)$时的闭环反馈控制系统的根轨迹。当比例常数 K_C 的值从 0 逐渐增大到∞时，闭环反馈控制系统逐渐由不稳定变成稳定。图 3-23(b) 则是过程传递函数 $G_P(s)=1/[(s+1)(s-2)]$时的闭环反馈控制系统的根轨迹。当比例常数 K_C 的值从 0 逐渐增大到∞时，反馈系统的特征根停留在复数平面的右半面。因此，对于该过程而言，即使加入比例控制也不能将其稳定化。

2. Nyquist 稳定定理

同样，也仅仅考虑反馈控制器的比例动作［$G_C(s)=K_C$］，在复数平面 s 上，将 $s=i\omega$ 带入到

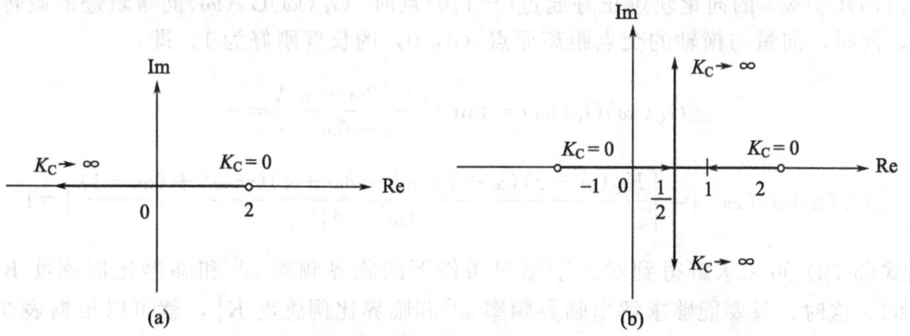

图 3-23 利用根轨迹法判断闭环反馈控制系统的根轨迹变化情况

$G_C(s)G_P(s)$中去，当 ω 从$-\infty$变到$+\infty$时，观察 $G_C(i\omega)G_P(i\omega)$在复数平面的向量变化轨迹。如果 $G_C(i\omega)G_P(i\omega)$的向量轨迹不包含点（$-1,0$），则相应的闭环反馈控制系统的所有特征根均为负根。也就是说，没有一个特征根存在于复数平面的右半面，系统为稳定系统。图 3-24 是 $G_P(s)=1/(s+1)^3$、$G_C(s)=K_C$ 时，复数平面上 $G_C(i\omega)G_P(i\omega)$的向量变化轨迹。可以看出，随着 K_C 值的不断增大，闭环反馈控制系统逐渐由稳定变成不稳定。其中，$K_C=10$ 时，$G_C(i\omega)G_P(i\omega)$的向量轨迹不包含（-1，0）点，闭环反馈控制系统是一个稳定系统；而当 $K_C=64$ 时，$G_C(i\omega)G_P(i\omega)$的向量轨迹正好通过（-1，0）点，闭环反馈控制系统处在稳定和不稳定的边界上，是一个临界系统；而当 K_C 继续增大，如 $K_C=128$ 时，$G_C(i\omega)G_P(i\omega)$的向量轨迹则包含（-1，0）点，闭环反馈控制系统为不稳定系统。注意此时 $G_C(i\omega)G_P(i\omega)$应该包括实数和虚数两个部分，即 $G_C(i\omega)G_P(i\omega)=a(\omega)+ib(\omega)$ $(i^2=-1)$。

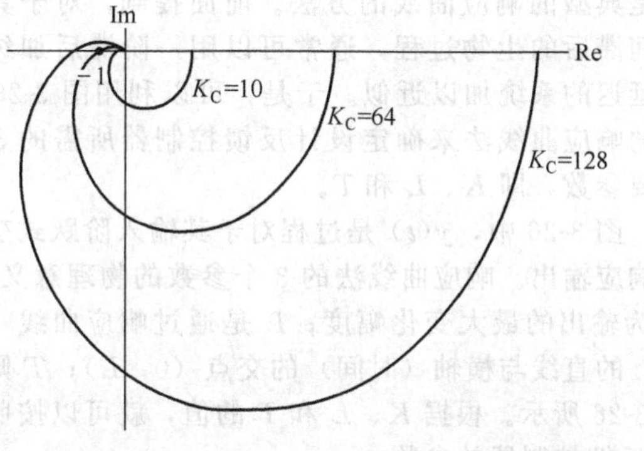

图 3-24 $G_P(s)=1/(s+1)^3$、$G_C(s)=K_C$ 时复数平面上 $G_C(i\omega)G_P(i\omega)$的向量变化

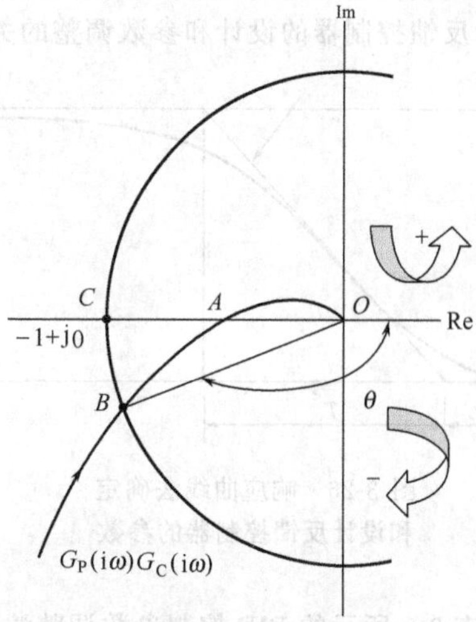

图 3-25 复数平面上 $G_C(i\omega)G_P(i\omega)$的向量变化轨迹

二、反馈控制系统的设计和参数调整

1. Ziegler-Nicolus 的频率设计法

如果将图 3-25 的例子展开成 $G_C(i\omega)G_P(i\omega)=a(\omega)+ib(\omega)$的表达形式，并具体求出 $a(\omega)$、$b(\omega)$与频率 ω 以及比例感度 K_C 之间的关系，可以得到：

$$a(\omega)=\frac{K_C(8-6\omega^2)}{(4+\omega^2)^3} \tag{3-71a}$$

$$b(\omega)=\frac{K_C(-12\omega+\omega^3)}{(4+\omega^2)^3} \tag{3-71b}$$

当 $G_C(i\omega)G_P(i\omega)$ 的向量轨迹正好通过(−1,0)点时，$G_C(i\omega)G_P(i\omega)$ 向量轨迹的旋转角 θ 刚好为−180°，同时，向量与横轴的交点距离原点（0，0）的长度刚好为 1。即：

$$\angle G_C(i\omega)G_C(i\omega)=\tan^{-1}\left(\frac{-12\omega+\omega^3}{8-6\omega^2}\right)=-\pi \tag{3-72a}$$

$$|G_C(i\omega)G_C(i\omega)|=\left|\frac{K_C(\omega-2)(\omega+2)(\omega^2+8\omega+4)(-\omega^2+8\omega-4)}{(\omega^2+4)^6}\right|=1 \tag{3-72b}$$

根据式(3-72) 可以求解得到对应于临界条件下的临界频率 ω^C 和临界比例感度 K_C^C 分别为 3.464 和 64。这时，只要能够求解出临界频率 ω^C 和临界比例感度 K_C^C，就可以根据表 3-7 的 Ziegler-Nicolus 的频率设计法，来调节 PID 闭回路反馈控制系统的控制参数 K_C、τ_I 和 τ_D。Ziegler-Nicolus 频率设计法主要应用于具有高频率特性（过程的输入变量频繁地变化）的反馈控制系统的设计。在实际的发酵过程控制过程中，由于过程模型的非线性特征强烈，很难实际求解临界频率 ω^C 和临界比例感度 K_C^C，因此，Ziegler-Nicolus 的频率设计法应用起来比较困难。

表 3-7 使用 Ziegler-Nicolus 法调节 PID 控制系统的控制参数

控制系统	K_C	τ_I	τ_D
比例控制 P	$0.5K_C^C$		
比例积分控制 PI	$0.45K_C^C$	$\pi/(0.6\omega^C)$	
比例积分微分控制 PID	$0.6K_C^C$	π/ω^C	$\pi/(4\omega^C)$

2. Coon-Cohen（CC）和 Chen-Hrones-Reswick（CHR）设计调节法

在设计反馈控制器时，最重要的就是要确定控制对象——即过程的动力学模型和参数。因此，在反馈控制器的设计和参数调整之前，观察和确定过程对于其输入阶跃式变化的响应曲线，是进行反馈控制器的设计和参数调整的关键。依据过程对于其输入阶跃式变化的响应过渡曲线进行控制器的设计和参数调整的方法也称为响应曲线法。Coon-Cohen 和 Chen-Hrones-Reswick 的设计法就是典型的响应曲线的方法。前面提到，对于具有时间滞后的生物过程，通常可以用一阶滞后加纯时间延迟的系统加以近似。于是，可以利用图 3-26 所示的响应曲线法来确定设计反馈控制器所需的 3 个重要参数，即 K、L 和 T。

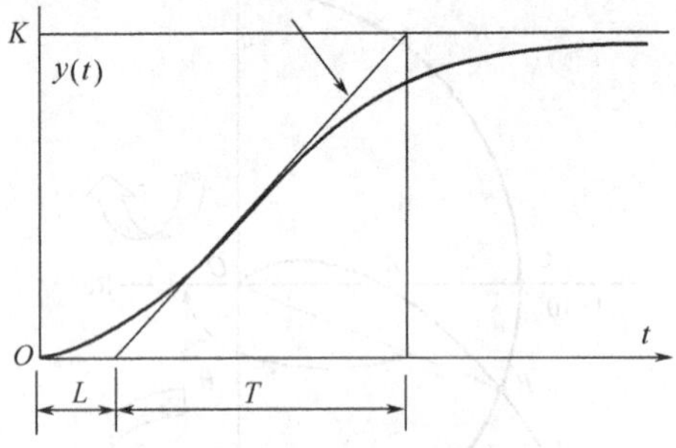

图 3-26 响应曲线法确定和设计反馈控制器的参数

图 3-26 中，$y(t)$ 是过程对于其输入阶跃式变化的响应输出。响应曲线法的 3 个参数的物理意义是：K 为输出的最大变化幅度；L 是通过响应曲线“拐点”的直线与横轴（时间）的交点（0，L）；T 则如图 3-26 所示。根据 K、L 和 T 的值，就可以按照表 3-8 和表 3-9 所示的 PID 控制参数调整法来确定反馈控制器的参数。

但是，在实际的发酵过程控制中，直接套用上述响应曲线法来设计反馈控制器存在着一定的问题和难度，必须要引进一些改进手段（如比例感度实时调整——gain scheduling，在线自我调节——on-line adaptive self-tuning)，否则难以期待很好的控制性能。原因在于三点：①利用响应曲线法并不能准确地确定过程的传递函数 $G_P(s)$；②发酵过程是时变性非常强的过程，发酵前期的响应曲线特征可能与中、后期的响应曲线特征完全不一样，因此，必须在发酵反应过程中实时不断地观察并确定响应曲线的变化，并根据响应曲线的变化实时调整反馈控制器的参数，这样才能保证控制器能实时适应过程动力学特性的变化并取得良好的控制效果；③由于过程的阶跃式输出响应是在低频率（过程的输入变量很少变化）下得到的时间曲线，其准确性在高频率下将会变得很差，为此，在实际的发酵过程中必须要经常停掉控制，在某段时间内专门考察低频率下过程输出的阶跃式时间响应，而这在实际操作过程中是非常不现实的。

表 3-8　Coon-Cohen PID 控制参数调整法

控制系统	K_C	τ_I	τ_D
P	$\frac{T}{KL}\left(1+\frac{L}{3T}\right)$	—	—
PI	$\frac{T}{KL}\left(\frac{9}{10}+\frac{L}{12T}\right)$	$L\left(\frac{30+3L/T}{9+20L/T}\right)$	—
PD	$\frac{T}{KL}\left(\frac{5}{4}+\frac{L}{6T}\right)$	—	$L\left(\frac{6-2L/T}{22+3L/T}\right)$
PID	$\frac{T}{KL}\left(\frac{4}{3}+\frac{L}{4T}\right)$	$L\left(\frac{32+6L/T}{13+8L/T}\right)$	$L\left(\frac{4}{11+2L/T}\right)$

表 3-9　Chen-Hrones-Reswick PID 控制参数调整法

控制系统	控制参数	使目标值发生变化时的响应时间为最小	
		没有过头量	最大 20%的过头量
P	K_C	$0.3T/KL$	$0.7T/KL$
PI	K_C	$0.35T/KL$	$0.6T/KL$
	τ_I	$1.2T$	T
PID	K_C	$0.6T/KL$	$0.95T/KL$
	τ_I	T	$1.35T$
	τ_D	$0.5L$	$0.47L$

三、开关反馈控制

开关（on-off）反馈控制器也叫两位控制器。这种控制方式根据被控变量与其设定值之间的关系，控制器的输出非开即关，即过程的操作变量不是处在最大就是处在最小。开关控制是最简单的反馈控制方式，它不需要任何有关过程的数学模型来确定和调整控制器的输出或控制器参数。一般情况下，控制器输出的最基本的确定方式为：

$$u(t)=\begin{cases} u_{\max} & \text{如果 } y(t)<y_{SP}^{Low} \\ u_{\max} \text{ 或 } u_{\min} & \text{如果 } y_{SP}^{Low}\leqslant y(t)\leqslant y_{SP}^{High} \\ u_{\min} & \text{如果 } y(t)>y_{SP}^{High} \end{cases} \tag{3-73}$$

当过程输出 $y(t)$小于其设定值的下位极限 y_{SP}^{Low} 时，控制器输出 $u(t)$（过程输入）取最大值 $u_{\max}$；而当 $y(t)$ 大于其设定值的下位极限 y_{SP}^{Low} 而小于其上位极限 y_{SP}^{High} 时，根据实际情况，控制器输出 $u(t)$ 或取最大（$u_{\max}$）或取最小（$u_{\min}$）；当 $y(t)$ 超过其设定值的上位极限 y_{SP}^{High} 时，控制器输出取最小值 $u_{\min}$，通常 $u_{\min}=0$。

开关控制虽然简单，但却在发酵过程的反馈控制中应用得很广泛，如 pH 控制、溶解氧与补料（添加底物）的联动控制等。开关控制简单易行，对控制元件和设备的要求也很低。但是其控制性能非常有限，控制结果是一个连续振荡的过程，仅限于在那些对控制精度要求不高的系统和过程中使用。

第九节　反馈控制系统在发酵过程控制中的实际应用

一、以溶解氧浓度变化为反馈指标的流加培养控制——DO-Stat 法

在好氧培养中，发酵液中的溶解氧浓度（DO）要控制适中。如果溶解氧浓度过低，就会造成细胞生育和生长速率的降低，并导致代谢流向的改变。一般情况下，随着细胞生长的进行，菌体浓度增大，呼吸和耗氧速率加快。这时，需要逐步加大搅拌速率或者空气的通气量，增大发酵罐的氧气体积传质系数，以保证将溶解氧浓度控制在临界最小浓度以上。在好氧条件下，微生物消耗氧气对碳源进行氧化从而获取能量，一部分碳源转化为二氧化碳向外排出。发酵罐内氧气的

物质平衡方程式为：

$$\frac{dDO}{dt}=K_La(DO^*-DO)-q_{O_2}X \tag{3-74}$$

式中，K_La 表示生物反应器的氧气体积传质系数；DO^* 是与气相中氧气平衡的液相饱和溶解氧浓度（常温常压下为 7.3mg/L）；X 是细胞的浓度；q_{O_2} 表示氧气的比消耗（摄取）速率，而 $q_{O_2}X$ 就是总的氧气消耗速率。从式(3-74) 可以看出，如果发酵罐的搅拌速度和空气通气量控制适当，供氧速度和耗氧速度达到平衡，溶解氧浓度就可以维持在某一恒定的水平上。

随着好氧培养的进行，好氧型微生物不断地摄取碳源和氧气，生产细胞的构成成分和能量，最终在某一时刻碳源将被完全耗尽。由于碳源耗尽，微生物细胞不再具有呼吸和耗氧的能力，$q_{O_2}X$ 等于 0，式(3-74) 的物质平衡方程式被打破，DO 在短时间内急剧上升（到其饱和浓度附近）。这时，如果以 DO 的急剧上升为指标，当 DO 上升超过某一规定的上限后，快速添加葡萄糖或其他碳源，微生物的呼吸和耗氧能力将得到迅速恢复，DO 将迅速下降直到原来的控制水平。经过一段时间后，碳源再次被耗尽引起 DO 再度急剧上升，重新添加碳源后 DO 再度迅速下降恢复到原来的控制水平。如此周而复始，DO 形成振动。这种以 DO 的急剧上升作为碳源流加依据的反馈控制方法被称为 DO-Stat 法。由于仅仅使用性能稳定可靠，且早已用于工业化生产的溶氧电极作为反馈控制的检测手段，DO-Stat 法在各类好氧培养或发酵中得到了广泛的应用。

DO-Stat 法简单易行，它可以将基质（碳源）浓度控制在接近于 0 的低水平，从而比较有效地抑制众多代谢副产物的生成。但是，一般来说，DO-Stat 法属于开关式的反馈控制。同时，不等到基质完全耗尽，检测控制系统不能做出何时添加基质的判断，不能稳定地将过程控制在细胞增殖速率最大的水平上。DO 急速上升之后，流加基质可以使 DO 回到原来的控制水平，但这又经常会造成基质添加的过量。因此，其控制性能比较有限，过程经常处在基质瞬时匮乏和瞬时过量的状态，并不十分有利于最大量地增殖细胞和完全抑制代谢副产物的生成。在实际的微生物培养和发酵过程中，利用 DO-Stat 法将基质浓度控制在接近于 0 的低水平，抑制代谢副产物的生成和积累，优化细胞或其他有用物质生产的例子很多。图 3-27 是利用 DO-Stat 反馈控制系统，自动流加由葡萄糖、玉米粉、脱脂大豆粉、酵母膏和无机盐类所构成的天然复合培养基，进行菌体的高浓度培养，生产硫代链霉素的应用实例。

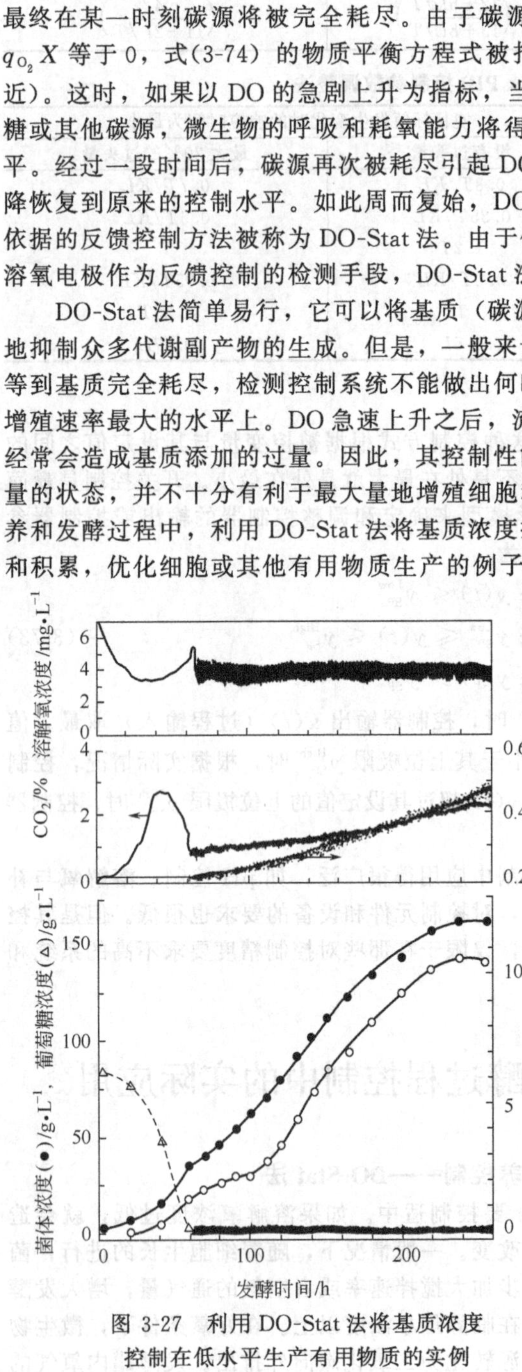

图 3-27　利用 DO-Stat 法将基质浓度控制在低水平生产有用物质的实例

酵母菌（*S. cerevisiae*）和大肠杆菌（*E. coli*）由于遗传操作便捷，安全性好，且操作方法都已经非常成熟，再加上它们本身也都具有增殖速率快、易于培养等特点，所以成了许多基因重组工程菌的优良宿主。通过遗传操作，将一些遗传因子引入到上述宿主内，构建以酵母菌和大肠杆菌为宿主的基因重组工程菌，在特定的条件下，可以进行许多有高附加值的外源蛋白的表达和生产。在酵母菌和大肠杆菌的好氧培养中，都存在着 Crabtree 效应，即便供氧充足，在碳源过量的条件下，厌氧的代谢副产物如乙醇和乙酸等都要生成和积累，从而影响整个菌体的得率和产量。更为严重的是，即便上述代谢副产物仅有少量的生成和积蓄，也会降低外源蛋白的活性，对其表达和生产产生非常不利的影响。因此，将碳源浓度控制在比较低的水平非常重要和关键，它既保证菌体快速和大量地生长繁育，提高外源蛋白的总表达量，同时还能抑制代谢副产物生成积蓄，从而提高外源蛋白表达的活性。利用DO-Stat反馈控制系统，并对控制器进行某些精心的设计，可以真正实现抑制代谢副产物生成，提高外源蛋白表达总活性的目的。图3-28是DO-Stat反馈控制系统在基因重组大肠杆菌流加培养，有效表达外源蛋白中的应用实例。

在（基因重组）大肠杆菌流加培养中，当葡萄糖浓度超过某一临界值时，代谢副产物乙酸便会生成和积蓄。研究者发现，当葡萄糖浓度低于该临界值时，给葡萄糖流加速率一个负的瞬时脉冲信号（降低流加速率），DO会有一个正的瞬时脉冲响应（DO上升）；而给流加速率一个正的瞬时脉冲信号（加大流加速率），DO却有一个负的瞬时脉冲响应（DO下降）。反之，当葡萄糖浓度超过该临界值时，无论给流加速率施加正脉冲信号也好，负脉冲信号也好，DO都没有任何响应。这样，在一定的基准葡萄糖流加速率下，通过不断地给过程施加正的和负的脉冲信号，观察溶解氧浓度的瞬时脉冲响应，对基准流加速率进行连续不断的修正，可以将葡萄糖浓度大致控制在该临界值附近、使生长速度最大又无代谢副产物的抑制。同时，再利用比例感度实时调整的方法调节一个PID反馈控制器，通过改变搅拌速率将DO控制在某一水平。这样的反馈控制策略对于优化上述基因重组大肠杆菌流加培养系统起到了很好的效果。

图3-28(a)是菌株*E. coli* UL635的培养结果，图3-28(b)是*E. coli* BL21的培养结果。两者都可以将葡萄糖浓度和乙酸浓度控制在很低的水平上（mg/L级）。而溶解氧浓度也被稳定地控制在30%。由于必须要对过程施加正的和负的流加速率脉冲信号，以寻求当前葡萄糖浓度与其临界值的偏离程度，因此，DO不可避免地也要出现“振动”现象。但是振动频率远小于“标准”的DO-Stat法。这时，对流加速率施加脉冲信号的间隔远大于PID控制器（以DO为反馈指标调节搅拌速率）的控制间隔，而且在施加“瞬间脉冲信号”时，PID控制器停止工作，保持搅拌速率不变。

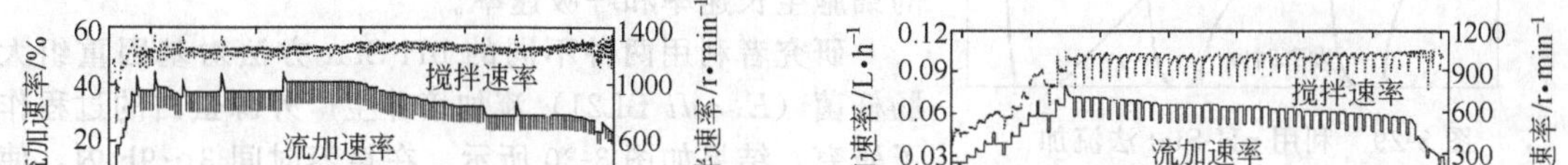

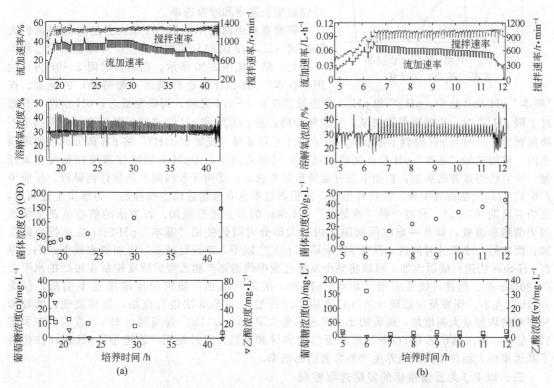

图3-28　DO-Stat反馈控制系统在基因重组大肠杆菌流加培养中的应用实例

二、以pH变化为反馈指标的流加培养控制——pH-Stat法

发酵液中pH的变化是把握过程生理状态变化的关键因素之一。随着发酵的进行，代谢产物

（一般来说，主要是有机酸、氨基酸等酸性物质）会不断地产生和积蓄，造成pH的不断下降。pH下降后，通常可以通过添加碱性溶液来控制pH，保持反应体系pH的稳定。还可以利用pH控制，流加氨水自动补给氮源。但是，当发酵罐中的碳源消耗殆尽后，细胞为维持生命和代谢能量，被迫要分解使用胞内的有机酸和其他物质，造成胞内氮源过量，并以铵根离子 NH_4^+ 的形式向发酵液中排出，从而造成pH急剧上升。这时，如果以pH的急剧上升作为反馈指标，添加碳源，细胞在有充足碳源的条件下，能量和代谢走向迅速发生改变，恢复到正常的发酵状态，pH迅速回落。经过一段时间后，碳源再次被耗尽，添加碳源后pH再度急剧上升，如此周而复始，pH形成振动。

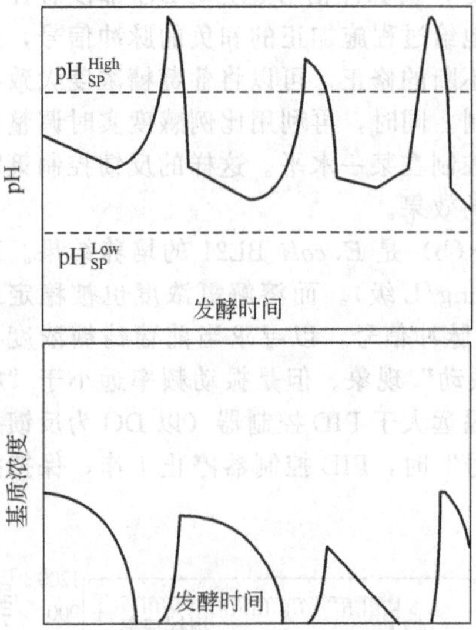

图 3-29　利用pH-Stat法流加基质（碳源）的示意

与DO-Stat法一样，这种以pH的急剧上升作为碳源流加依据的反馈控制方法称为pH-Stat法。同样，由于仅仅使用性能稳定可靠、早已工业化的pH电极作为反馈控制的检测手段，pH-Stat法在各种微生物培养或发酵过程中得到了广泛的应用。与DO-Stat法一样，pH-Stat法简单易行，它可以将碳源浓度控制在接近于0的低水平，从而比较有效地抑制众多代谢副产物的生成，也属于开关式的反馈控制，控制性能有限。图3-29是pH-Stat法工作原理的示意。而图3-30则是利用pH-Stat反馈控制系统优化基因重组大肠杆菌流加培养过程，进行外源蛋白有效表达的一个应用实例。和前面一样，这时，应该将葡萄糖浓度控制在发生Crabtree效应的临界值附近，既不生成和积蓄乙酸，同时又能够保持较高的细胞生长速率和呼吸速率。

研究者利用两种不同的pH-Stat方法对基因重组大肠杆菌（*E. coli* BL21）流加培养生产外源蛋白的过程作了研究，结果如图3-30所示。在培养时间3～9h内，使用“基本”pH-Stat法进行碳源（葡萄糖）的流加。在“基本”pH-Stat法中，pH_{SP}^{High} 和 pH_{SP}^{Low} 分别设置在6.9～7.1之间。当碳源匮乏，pH急剧上升超过上限 pH_{SP}^{High} 时，启动碳源添加泵，流加葡萄糖；在 pH_{SP}^{High} 和 pH_{SP}^{Low} 之间，既不流加葡萄糖也不添加碱液；只有当pH降到下限 pH_{SP}^{Low} 以下，才开启碱泵（流加NaOH），将pH调回到控制范围之内。使用这种“基本”pH-Stat法的缺点主要可能有两个：①pH长时间仅靠流加葡萄糖来控制，没有任何氮源的添加，长期下去可能导致氮源匮乏；②由于长时间不添加任何碱液，反应中产生的 CO_2 无法得到中和、吸收和排放，其积累过多也有可能造成生长抑制。为解决上述问题，在培养后期（＞9h），改用一种“改进型”pH-Stat的方法进行流加。该方法的核心就是交替流加葡萄糖和碱液：即在一定时间间隔之内，大部分时间仍使用“基本”pH-Stat法进行碳源流加；而在另一小部分时间内，只要pH下降到 pH_{SP}^{High} 以下，就开启碱泵，流加氨水或NaOH。通过pH-Stat法进行碳源流加，可以将整个发酵过程中代谢副产物乙酸的浓度控制在很低的水平上（＜20mmol）。但是，如果采用“基本”pH-Stat法进行流加，细胞的比增殖速率偏低，仅为 $0.11h^{-1}$ 左右。而在反应后期（＞9h）改用“改进型”pH-Stat法进行流加，结果发现，葡萄糖和碱液的添加量大幅增加，细胞的比增殖速率也由原来的 $0.11h^{-1}$ 提高到 $0.13h^{-1}$ 左右。在发酵11h左右，加入诱导剂IPTG开始外源蛋白的诱导和表达。通过使用“改进型”pH-Stat法提高了基因重组大肠杆菌流加培养生产外源蛋白的效率。

三、以RQ为反馈指标的发酵过程控制

在微生物发酵中，O_2 的摄取速率（OUR）和 CO_2 的生成速率（CER）能够反映整个发酵过程中细胞的代谢和生理活性，也是衡量发酵水平的重要指标。如果可以利用尾气分析装置在线测定发酵尾气中的 O_2 和 CO_2 分压，则可以根据下列的有关 O_2 和 CO_2 的物质平衡方程式，在线计算出OUR、CER以及呼吸商RQ：

$$OUR=\frac{F_{in}}{0.0224V}\left(c_{O_2,in}-\frac{c_{N_2,in}c_{O_2,out}}{1-c_{O_2,out}-c_{CO_2,out}}\right)f$$

$$CER=\frac{F_{in}}{0.0224V}\left(\frac{c_{N_2,in}c_{CO_2,out}}{1-c_{O_2,out}-c_{CO_2,out}}-c_{CO_2,in}\right)f \quad (3\text{-}75)$$

$$RQ=\frac{CER}{OUR}$$

式中，$f=\frac{273}{273+T}P$；F_{in} 表示进气流量，m^3/h；V 是发酵液体积，m^3；$c_{O_2,in}$、$c_{CO_2,in}$ 和 $c_{N_2,in}$ 分别表示进气中 O_2、CO_2 和惰性气体的体积分数，%；而 $c_{O_2,out}$ 和 $c_{CO_2,out}$ 则是排气（尾气）中 O_2 和 CO_2 的体积分数，%；f 是校正系数，其中 T 是进入发酵罐的气体温度，℃，P 为相应的压力，atm（1atm=101325Pa）。

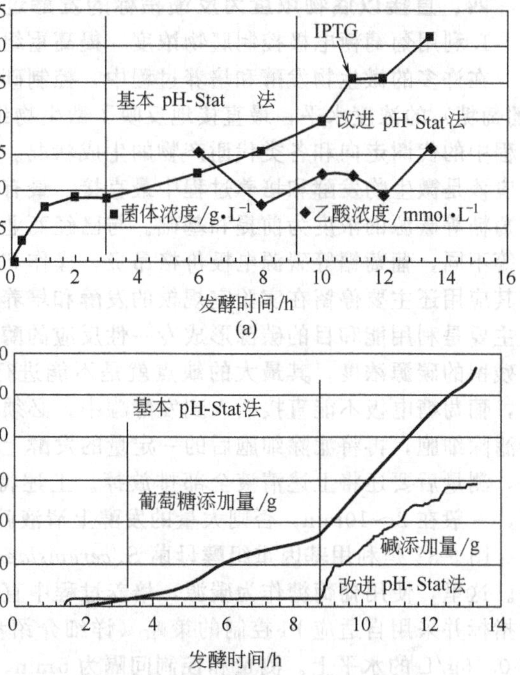

图 3-30 pH-Stat 法在基因重组大肠杆菌流加培养生产外源蛋白中的应用

在前面提到，呼吸商 RQ 是反映发酵过程中代谢状况及其走向的指示值。以使用葡萄糖为碳源生产酵母的过程为例，在充分供氧且不发生 Crabtree 效应时，葡萄糖全部经过糖酵解途径进入 TCA 循环，并与呼吸链和电子传递系统共同作用，大量生成 ATP，为有效合成酵母细胞提供能量。理论上，消耗 1mol 葡萄糖的同时，有 6mol O_2 被消耗，并生成 6mol 的 CO_2，因此，此时呼吸商 RQ 的值接近于1。而当在充分供氧但葡萄糖浓度过高的条件下，Crabtree 效应起作用，一部分葡萄糖被利用生成代谢副产物乙醇，并伴随有过量的 CO_2 生成，呼吸商 RQ 的值大于1。在此条件下，如果葡萄糖全部耗尽，酵母菌则要以生成的乙醇为底物继续生长，此时 RQ 将会降低到 0.7 左右。如果酵母菌在厌氧条件下培养发酵，大部分葡萄糖被转化成乙醇和 CO_2，呼吸商显著上升。

如果以大量生产酵母菌为目的，那么控制策略就应该是把培养条件控制在充分供氧且不发生 Crabtree 效应的环境下。这时，如果通过调节葡萄糖的流加速率，将呼吸商控制在接近于1的水平上，就可以实现将基质浓度控制在接近于0的低水平，有效抑制代谢副产物乙醇的生成，大量和快速地生长酵母细胞之目的。图 3-31 就是以 RQ（RQ 的目标值=1）为反馈指标，使用 PI 型反馈控制器调节葡萄糖的流加速率，在好氧条件下大量生产酵母菌的培养结果。

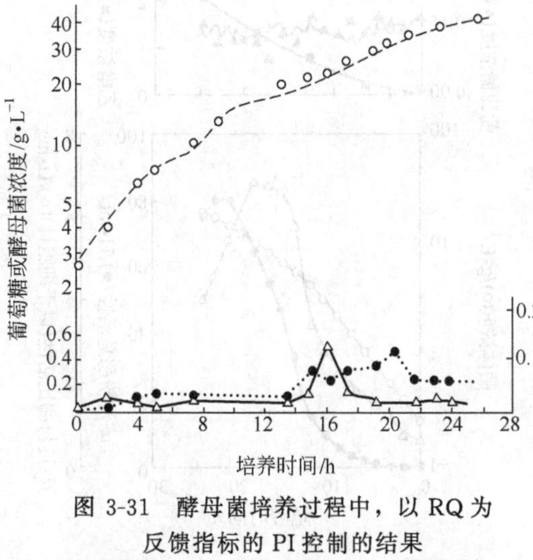

图 3-31 酵母菌培养过程中，以 RQ 为反馈指标的 PI 控制的结果

● 葡萄糖浓度；○ 酵母菌浓度；△ 乙醇浓度

从图 3-31 可以看出，通过将 RQ 控制在1左右，在整个培养过程中可以将葡萄糖浓度控制在很低的水平（<0.6g/L）。代谢副产物乙醇的浓度除了在 16h 时略微偏高外，乙醇在整个培养中没有任何严重的积累。以 RQ 为反馈指标的 PI 控制对于酵母菌流加培养过程起到了很好的优化作用。

四、直接以底物浓度为反馈指标的发酵过程控制

1. 利用葡萄糖电极控制底物浓度、提高重组菌高密度培养生产外源蛋白的性能

在许多的微生物发酵和培养过程中，控制碳源（葡萄糖）浓度是实现过程优化的关键。碳源（葡萄糖）的浓度水平，最直接地反映了微生物细胞的代谢和呼吸活性，决定和左右了发酵培养过程中的代谢走向和各类代谢产物的生成状况。因此，以葡萄糖等碳源的浓度作为反馈指标的控制应该是微生物发酵和培养过程中最直接、最有效的控制手段。但是，这必须要以能够在线测量葡萄糖等碳源的浓度为前提和基础。与已经商业化的溶解氧电极、pH 电极以及发酵尾气测量设备等不同，葡萄糖等碳源电极价格昂贵，操作和日常维护复杂，使用时受到多种条件的限制，现在其应用还主要停留在实验室规模的发酵和培养过程。在本书第二章中已述及，葡萄糖等碳源电极主要是利用能和目的碳源形成专一性反应的酶来与发酵液作用，发出电信号，从而测出发酵液中残留的碳源浓度。其最大的缺点就是不能进行灭菌，酶膜容易受到污染而失活。在实际应用中，葡萄糖电极不能直接插入到发酵罐中，必须利用循环泵不断地抽提出一部分发酵液，用过滤器滤除细胞，再将滤除细胞后的一定量的发酵上清液打入到葡萄糖测定腔室清洗数次后再进行测量，测量后要还将上述清液全部排放掉。上述特性决定了葡萄糖在线测量仪的测量间隔不能过短，一般在 2～10min，否则大量的发酵上清液就会损失掉。

图 3-32 是利用基因重组酵母菌 *S. cerevisiae* SUC2 有效生产外源蛋白 α-淀粉酶的流加培养结果。这里，使用葡萄糖作为碳源，培养过程中直接通过葡萄糖测定仪在线测定葡萄糖浓度，以其为指标并采用自适应 PI 控制的策略（详细介绍参见第六章）将葡萄糖浓度分别控制在 10.0g/L 和 0.15g/L 的水平上。测量和控制间隔为 5min。控制结果发现，当把葡萄糖浓度控制在 10.0g/L 时，尽管培养前期由于营养充足，细胞生长良好，增殖速率较快，但由于代谢副产物乙醇的大量生成和积累，严重阻碍了外源蛋白的表达以及培养后期（>15h）的菌体增长。最终时刻，乙醇的积累量达到 30g/L 左右。由于高浓度的葡萄糖和乙醇对外源蛋白表达的同时抑制，在整个培养过程中，遗传产物 α-淀粉酶的总活性和比活性一直停留在接近于 0 的低水平上。而当葡萄糖浓度控制在 0.15g/L 时，虽然培养前期细胞的增殖速率较慢，但由于葡萄糖浓度被控制在发生 Crabtree 效应的临界水平之下，乙醇基本上没有生成积累，最终时刻的乙醇浓度仅在 2.0g/L 左右。同时，低浓度的葡萄糖和乙醇又有效地促进了外源蛋白的表达，遗传产物 α-淀粉酶大量生产，其总活性（每毫升发酵液中的 α-淀粉酶活性单位数量）在培养 22h 达到 80U/mL 左右，而比活性（单位细胞质量下的 α-淀粉酶活性单位数量）在培养 18h 达到最高值 7U/mg（以单位质

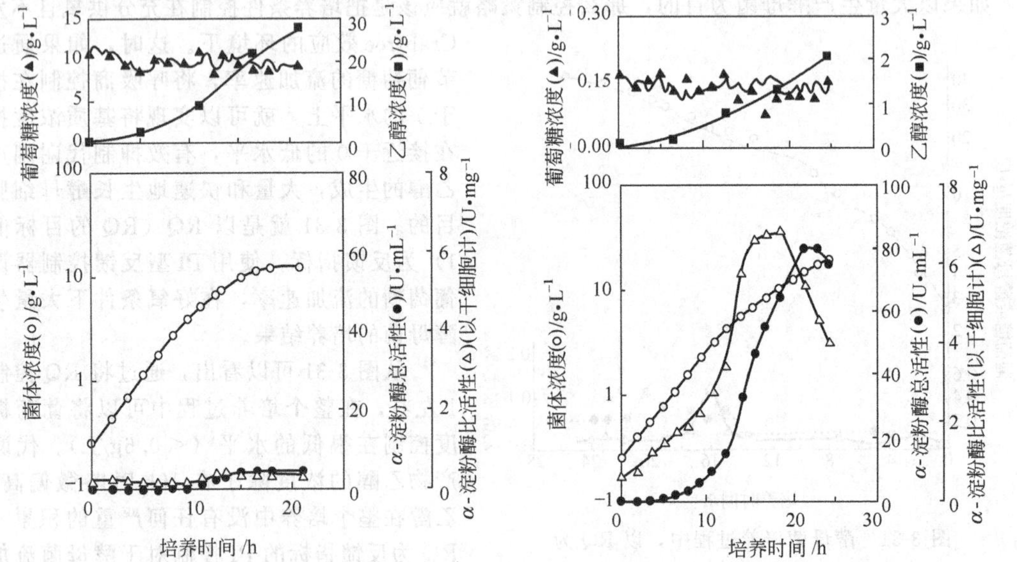

图 3-32　基因重组酵母菌培养生产 α-淀粉酶过程中以葡萄糖浓度为反馈指标的自适应 PI 控制的结果

量干细胞计）。尽管此时葡萄糖的控制水平很低，测量和控制间隔也较长，但是整个培养过程中没有出现任何碳源瞬时匮乏的现象（DO 没有出现任何突然上升的趋势和现象，数据未给出），从而保证了细胞以平滑、稳定、接近于最大值的比增殖速率进行生长和发育，有利于外源蛋白 α-淀粉酶的表达和生产。

2. 利用甲醇电极控制诱导剂浓度、提高重组菌高密度培养生产外源蛋白的性能

现在，利用基因重组毕赤酵母表达各种药物蛋白、生物酶等具有很高附加价值的生物制品，已经成了相关行业的一项热点研究。通常情况下，基因重组毕赤酵母和大肠杆菌都是表达、生产上述物质的重要载体。但在许多情况下，以重组大肠杆菌为载体生产表达目标蛋白时，产物生成于细胞的包涵体内，导致“死蛋白”形成和蛋白活性的丧失。与重组大肠杆菌表达体系相比，真核细胞表达体系——毕赤酵母表达体系含有强醇氧化酶（Alcohol Oxidase 1，AOX1）启动子。AOX 在甲醇的诱导作用下，可以将目标蛋白高效分泌表达于细胞体外并翻译修饰。另外，毕赤酵母表达体系还具有高密度细胞培养更易实现等突出优点，因而备受研究者的青睐。

毕赤酵母高密度流加培养生产外源蛋白过程一般可分成 2 个阶段：高密度流加培养和蛋白诱导阶段。其成功的关键，一是要取得大量、高密度的细胞，也就是表达载体，有关各种微生物高密度培养的流加控制方法和实验事例将在本书的第七章进行介绍。二是要对蛋白诱导阶段的诱导剂兼底物——甲醇的浓度进行适度控制。甲醇作为外源蛋白生产表达阶段唯一的碳源和能源，其浓度的控制范围对蛋白表达效率的影响很大。一般认为：甲醇浓度过低诱导强度不够；而浓度过高则会引起细胞中毒、损伤细胞的代谢和表达活性，也不利于目标蛋白的表达。

现在，商业化的甲醇电极已经问世，其应用也多有报道。甲醇电极工作的简要原理是：压缩空气（载气）经由膜透器流过时，发酵液中的甲醇透过不锈钢丝网增强的高分子甲醇透过膜，汇入到载气流中，并被载气带至检测传感器转换为电信号。检测电信号经电子线路放大，可以在模拟信号输出口输出 0～5V 的模拟信号。这时，比如说如果拥有带 A/D-D/A❶ 数据转换卡的计算机，就可以首先用 A/D 卡采集模拟信号，并将其转为数字信号传送给计算机；计算机再根据数字信号的大小（直接反映甲醇的浓度）向 D/A 卡发出指令，让其以不同方式或速度（比例调节、on-off 等）带动一个程序可调式蠕动泵进行甲醇流加，进而达到控制发酵过程甲醇浓度之目的。现在人们经常使用的甲醇电极有以下特点。优点：①可在线测量发酵液中的甲醇浓度；②膜透器选用了不锈钢丝网增强的高分子甲醇透过膜，电极可以接受高温蒸汽灭菌；③检测仪一般均配有恒温器，可以消除环境温度（及其变化）的影响。其主要缺点就是：①输出信号漂移较大，每隔 5h 左右，就要用气相色谱实测甲醇浓度并与在线测量的浓度值相比较，如果差异较大，需要人工修改预先设定的甲醇电极校正直线（甲醇浓度与输出电压的关系）的系数，使两浓度值相一致；②输出响应（加入甲醇后的电压变化）较慢，这也直接影响到了控制性能。

这里，以猪 α 干扰素（pIFN-α）的表达生产为对象，以上述的甲醇电极和控制系统为手段，简要地介绍诱导期甲醇浓度控制水平对利用重组毕赤酵母生产药物蛋白性能的影响。此时，重组毕赤酵母菌属于甲醇缓慢利用型，甲醇浓度（诱导强度）是影响目标蛋白表达的重要因素。甲醇浓度过高会抑制细胞生长，而甲醇不足会导致产物分泌减少。一般情况下，O_2 摄取速度（OUR）和溶解氧浓度（DO）是反映细胞代谢活性的重要状态参数，因此，在改变甲醇控制水平的同时，还对 OUR 和 DO 进行了跟踪监测。在培养期比增殖速度控制适中的前提下，诱导阶段维持甲醇浓度在 10g/L 左右［图 3-33(a)］可得到相对高而稳定的 OUR［约 250mmol/(L·h)］，DO 呈缓慢上升趋势，发酵 90h 分泌到发酵液中的 pIFN-α 抗病毒活性最高，达到 6.7×10^5IU/mL。甲醇控制浓度偏低［0～5g/L，图 3-33(b)］导致诱导强度不足，OUR 在 100mmol/(L·h) 左右的低水平徘徊，pIFN-α 活性低。即使在发酵 70h 后提高甲醇诱导浓度，OUR 逐渐提高到 150～200mmol/(L·h) 左右的水平，但 pIFN-α 活性表达的最佳时机可能已错过，pIFN-α 活性依旧无法提高，最高 pIFN-α 抗病毒活性也只能达到 10^4 IU/mL 的低水平数量级。在甲醇浓度过高［超过 15～20 g/L，图 3-33(c)］时，OUR 在经历了一个高峰期（40h）后逐渐下降，最后在 150mmol/(L·h) 左右的

---

❶ A/D：analog/digital（模/数）；D/A：digital/analog（数/模）。

水平上波动。在较短的发酵时间间隔内（10h），DO就呈显著的上升趋势（由于DO上升过快，每隔约10h调低搅拌转速1次，以免DO过高），这也间接说明细胞的代谢活性已受到较大的损坏。pIFN-α抗病毒活性没有提高，最高也只有7.3×10^5U/mL。甲醇浓度对pIFN-α活性影响大，将来可以考虑构建OUR或DO模式识别模型，利用以下的控制策略来寻找甲醇最优浓度控制水平：如果OUR和DO较稳定地平移，说明甲醇浓度处在较低或中度水平，应逐步缓慢提高甲醇浓度设定值，进一步提高诱导表达效率；如果OUR和DO出现较明显的连续下降或上升的趋势，则说明甲醇浓度已经达到或接近毒性水平，这时必须立即、大幅降低甲醇浓度设定值，同时添加少量含甘油或山梨醇的营养液以解除毒性效应，恢复细胞活性。

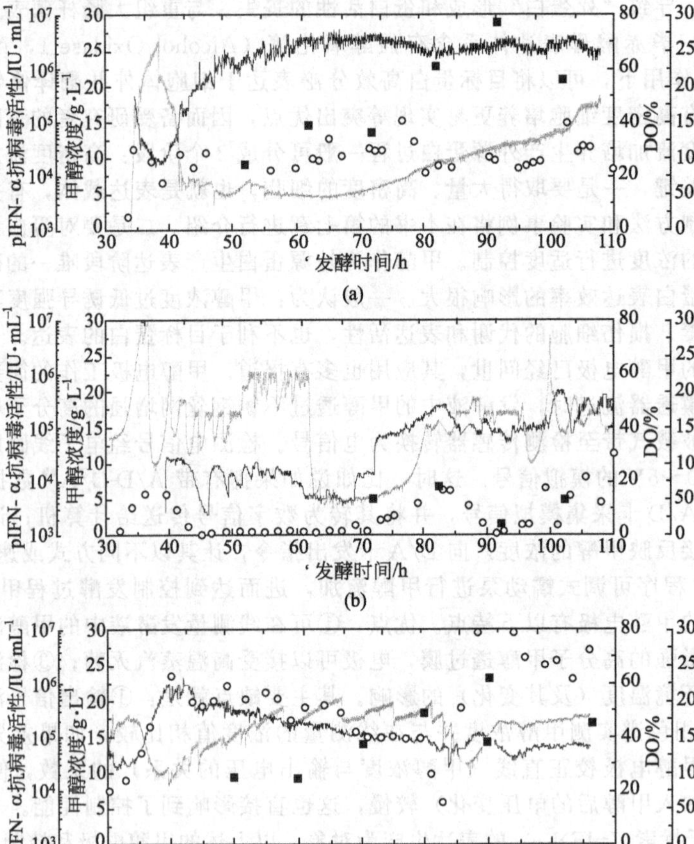

图3-33 基因重组毕赤酵母菌培养生产pIFN-α过程中，诱导期甲醇浓度控制水平对发酵性能的影响

(a) 控制水平适度（10g/L）；(b) 控制水平过低（0～5g/L）；(c) 控制水平过高（20g/L）；深实线为OUR，浅实线为DO；■为pIFN-α抗病毒活性；○为甲醇浓度

五、以代谢副产物浓度为反馈指标的流加培养控制

在好氧型的微生物发酵和培养过程中，无论如何严格操纵和控制环境条件，代谢副产物通常是一些厌氧发酵的产物，如酵母菌培养中的乙醇、大肠杆菌培养中的乙酸、谷氨酸发酵中的乳酸等，总会有不同程度的生成和积累，要想完全抑制它们的产生和积累也是不可能和不现实的。代谢副产物的产生和积蓄，往往是控制条件的不适所引起的。如在酵母菌和大肠杆菌的好氧培养条件下，葡萄糖浓度过高，Crabtree效应会导致乙醇或乙酸的积累；而在谷氨酸发酵中，供氧不足则会导致乳酸的大量生成。因此，以代谢副产物的浓度作为反馈控制器的反馈指标，对过程实施反馈控制，往往都具有明确意义而易于进行。比如，若发现在酵母菌或大肠杆菌的好氧培养中，

乙醇或乙酸大量积累和生成，就应该降低碳源的流加速率，以降低碳源的浓度水平；若谷氨酸发酵中乳酸浓度过量，就应该加大发酵罐的通风量或搅拌速率，提高发酵液的溶解氧浓度水平。近年来，生物传感器技术的飞速发展，以及高分子和半导体形式的气体传感器的问世和普及，为在线测量挥发性的代谢副产物，如乙醇、乙酸、甲醇等提供了条件和基础。这种高分子和半导体形式的气体传感器国内外有关厂家都有生产，性能比较可靠，价格也不算昂贵。其缺点主要是当挥发性的代谢副产物浓度过高时（如大于10g/L），其浓度超出可测量程，造成测量不准确。但是，不同于高浓度的乙醇或乙酸发酵过程，将这些挥发性代谢副产物控制在较低浓度范围内，又恰恰是酵母菌和大肠杆菌等好氧培养过程的优化目的和基本要求。

图 3-34 是利用半导体气体传感器在线测定酵母菌培养过程中的乙醇浓度，并以乙醇浓度作为反馈指标，对酵母菌培养过程进行反馈控制的结果。这里，乙醇浓度靠使用 PI 型反馈控制器调节葡萄糖的流加速率来控制，而溶解氧浓度的控制则通过调节通风量或搅拌速率来进行。酵母菌培养在两种不同的环境条件下进行，一种是充分供氧（高溶解氧）的情形［图 3-34(a)］，另一种则是供氧不足（低溶解氧）的情形［图 3-34(b)］。控制结果表明，在高溶解氧下培养菌体时，通过乙醇浓度的定值反馈控制，可以将 RQ 基本控制在 1.05 左右，即将过程控制在乙醇有少量生成和积蓄，绝大部分的葡萄糖走向细胞增殖和生长的环境条件下。从图 3-34(a) 中可以看出，CO_2 生成速率呈指数增长趋势，反映出此时菌体量也随时间呈指数增长。在此条件下，最终细胞干重可达 71g，细胞得率高达 0.49g/g 左右。而在供氧不足的条件下培养菌体时，乙醇浓度的定值反馈控制并不能有效地控制呼吸商，RQ 随时间逐步上升，最后稳定在 1.40 左右。这说明此时反馈控制系统已无法控制代谢副产物乙醇的生成和积蓄，葡萄糖的代谢走向由增殖生长细胞转向大量生成和积累乙醇。同时，从图 3-34(b) 中可以看出，CO_2 生成速率呈直线增长趋势，最后基本停滞。由于代谢副产物乙醇的生成积累，菌体得率低、生长速率慢。

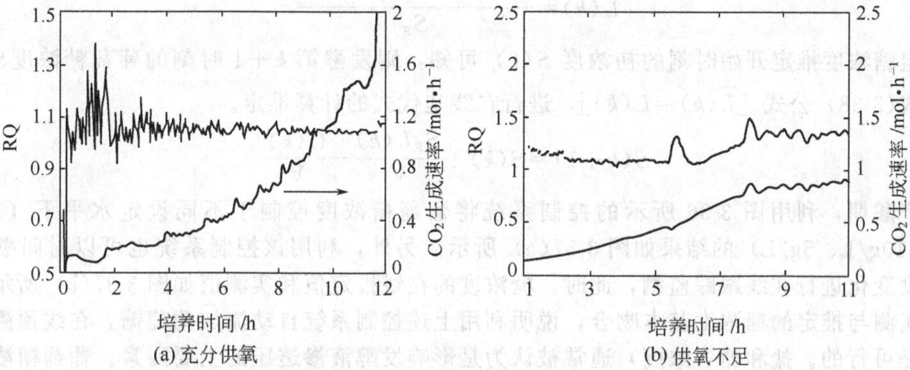

图 3-34　酵母菌流加培养中以代谢副产物乙醇浓度为反馈指标的控制结果

六、在线测量可测状态变量间接推定和控制谷氨酸发酵糖浓度、提高发酵性能

谷氨酸是世界上产量最大的氨基酸，也是调味品工业，特别是味精工业的主体。我国谷氨酸总产量已接近 160×10^4t，约占全球总量的 75%。在谷氨酸发酵过程中，一般都要流加葡萄糖，因此葡萄糖浓度成为生产中重要的生化指标。采用酶电极等较为高级、复杂的检测系统可以对发酵过程中的糖浓度进行直接在线测量，但这类系统检测设备昂贵、操作维护复杂，在实际工业生产中难以普遍应用。工业生产中一般均采取定时人工取样、离线测量糖浓度，并依据测定结果实施间歇式的补料（投料短时间内完成）。间歇式补料容易引起糖浓度的剧烈变化，造成罐内环境，如渗透压等的不稳定，从而对菌体代谢活性及最终发酵生产带来负面影响。谷氨酸发酵基本属于非生长偶联型发酵，在产酸期，添加氨水既为合成谷氨酸提供氮源，又可调节发酵液的 pH。理论上，合成 1mol 谷氨酸需要消耗 1mol 葡萄糖和 1mol 氨水，因此，糖耗与氨耗之间必然存在着相关性。无论是实验室还是工业规模，在线计量氨水耗量相对容易。只要其他环境条件（如溶解氧浓度等）控制得当，发酵液中将不会有太多的杂酸（乳酸等）生成，这时，糖耗与氨耗之间的

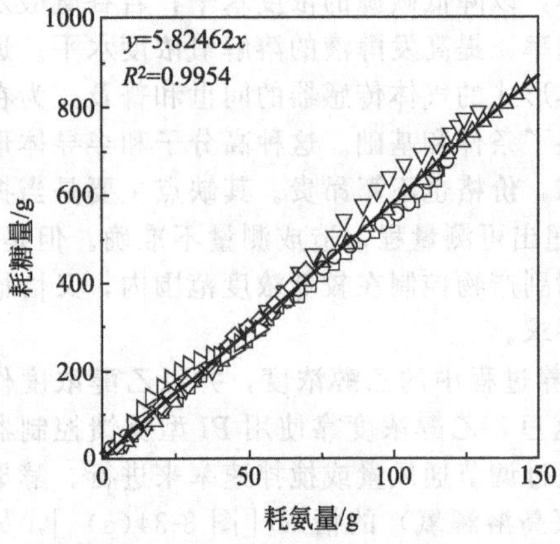

图 3-35 谷氨酸发酵产酸期，耗氨量与耗糖量的关系

发酵批次：□表示＃1；○表示＃2；△表示＃3；◇表示＃4

关系，以及实际的氨耗量就可以被用来推定糖耗，进而在线控制糖浓度。因此，糖耗与氨耗之间存在的、比较稳定的比例关系是实现葡萄糖浓度在线控制的基础。如图 3-35 所示，产酸期糖耗量与氨耗量之间存在明确的线性关系，即 $G(k)=5.82r_{NH_3}(k)$，其中 $r_{NH_3}(k)$ 为控制时刻 $k-1$ 到 k 间隔内的氨耗量。理论上，为合成谷氨酸，糖氨耗量比为 10.6（质量比）。但实际上，每合成 1mol 游离态的谷氨酸，还需要另外添加 1mol 的氨水，以调节 pH，形成谷氨酸盐。此时，糖氨耗量比就变成 5.3，这与实测糖氨耗量比系数（5.82）比较接近。

假定发酵过程中体积变化可以忽略，发酵第 k（控制）时刻到第 $k+1$ 时刻间的葡萄糖物料平衡式可表示为：

$$S(k+1)V=S(k)V+S_FL(k)-G(k) \quad (3\text{-}76)$$

式中，V 为发酵液体积，L；$S(k)$ 和 $S(k+1)$ 分别为第 k 时刻和第 $k+1$ 时刻的葡萄糖浓度，g/L；S_F 为葡萄糖流加液浓度，g/L；$L(k)$ 和 $G(k)$ 分别为第 k 时刻到第 $k+1$ 时刻内的葡萄糖实际流加量和消耗量。其中 $G(k)$ 可以通过图 3-36 所示的“基于在线氨耗计量的葡萄糖自动流加控制系统”在线计量氨耗，并根据预先得到的糖氨耗量比（5.82，图 3-35）求得。假定未来时刻，即发酵第 $k+1$ 时刻的葡萄糖浓度 $S(k+1)$ 要达到控制浓度 $\overline{S}$，即 $S(k+1)=\overline{S}$，带入式(3-76) 即可求出第 k 时刻到第 $k+1$ 时刻间隔内的理论糖补料量 $\overline{L}(k)$。

$$\overline{L}(k)=\frac{[\overline{S}-S(k)]V+G(k)}{S_F} \quad (3\text{-}77)$$

假定糖浓度推定开始时刻的初浓度 $S(0)$ 可知，则发酵第 $k+1$ 时刻的葡萄糖浓度 $S(k+1)$ 可按照式(3-38) 公式 $[\overline{L}(k)=L(k)]$，进行在线迭代式的计算推定。

$$S(k+1)=S(k)+\frac{S_FL(k)}{V}-\frac{G(k)}{V} \quad (3\text{-}78)$$

在产酸期，利用图 3-36 所示的控制系统将葡萄糖浓度控制于不同设定水平下（100g/L、20g/L、10g/L、5g/L）的结果如图 3-37(a) 所示。另外，利用该控制系统也可以对间歇补料时的糖浓度变化进行在线跟踪监测，此时，糖浓度的在线推定值和实测值如图 3-37(b) 所示。结果表明，实测与推定的糖浓度基本吻合，说明利用上述控制系统自动流加葡萄糖，在线预测和控制糖浓度是可行的。盐和糖（浓度）通常被认为是影响发酵液渗透压的主要因素。葡萄糖浓度过高

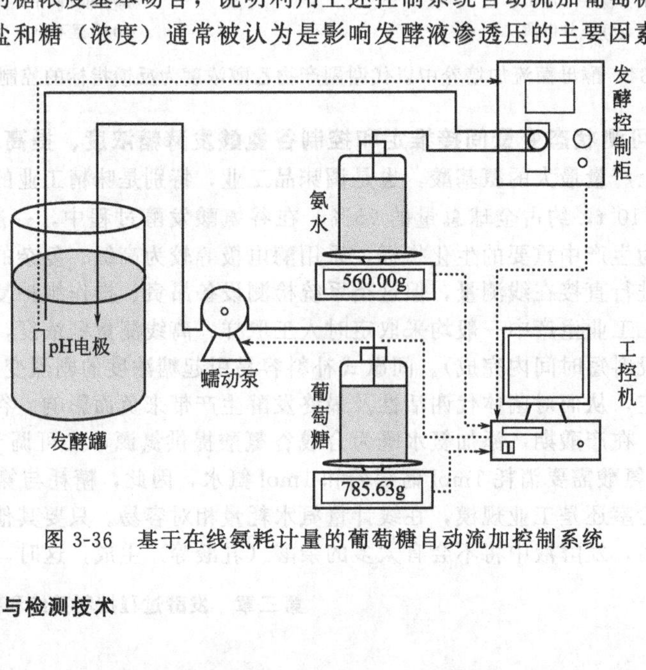

图 3-36 基于在线氨耗计量的葡萄糖自动流加控制系统

会导致高渗透压，进而对发酵性能产生负面影响。表 3-10 总结了间歇补料和将葡萄糖浓度定值控制在 100g/L、10g/L 和 5g/L 时的发酵性能。

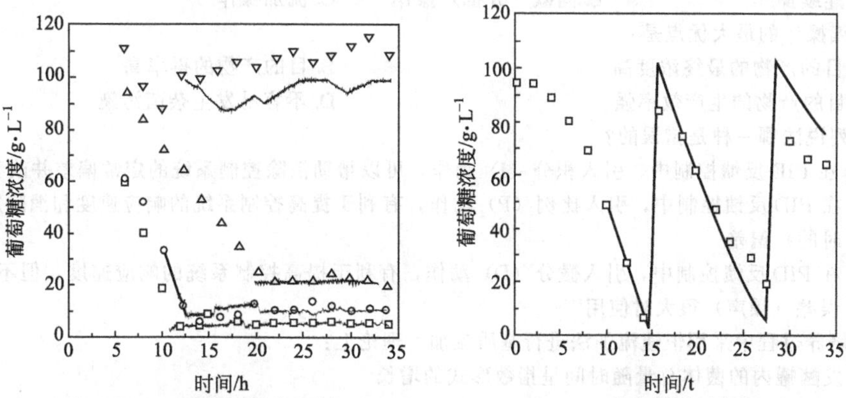

(a) 定值控制方式
符号为实测浓度，实线为预测浓度
□表示5g·L⁻¹；○表示10g·L⁻¹；
△表示20g·L⁻¹；▽表示100g·L⁻¹

(b) 间歇补料方式
□表示实测浓度；—表示预测浓度

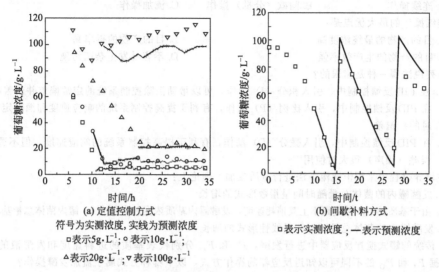

图 3-37　葡萄糖浓度的实测值和在线推定值比较

表 3-10　传统间歇补料和定值控制糖浓度于 100g·L⁻¹、10g·L⁻¹ 和 5g·L⁻¹ 时的发酵性能

控制模式	葡萄糖浓度水平 /g·L⁻¹	最终谷氨酸浓度 /g·L⁻¹	糖酸转化率/%	谷氨酸脱氢酶(GDH)活性/U·mg 粗蛋白⁻¹	
				12h	32h
连续流加，控制糖浓度于定值	5.0	78.0	50.0	0.42	0.16
	10.0	78.7	55.6	—	—
	100.0	37.6	34.1	0.18	0.13
间歇流加	10.0～80.0	68.0	41.7	0.23	0.16

实验结果表明，糖浓度控制在 5～10g/L 的较低水平时，最终谷氨酸浓度高，可以达到 80g/L 左右；而将糖浓度控制在 100g/L 的高水平时，最终谷氨酸浓度只能达到 40g/L 左右的低水平；间歇分批流加时的最终谷氨酸浓度也只有 68g/L，比低糖控制水平下的最终浓度低 15%。这种现象的出现，主要是因为高糖浓度下，渗透压高、葡萄糖利用酶系活性低、代谢途径中的关键酶受到抑制的缘故。谷氨酸脱氢酶是谷氨酸合成过程中的关键酶，它催化 α-酮戊二酸为谷氨酸，其活性的高低直接关系到谷氨酸生产的性能。表 3-10 同时列出了各批次发酵在 12h 和 32h 时的谷氨酸脱氢酶酶活，以及产酸期（10～12h 至 32～34h）内的糖酸转化率数据。可以看出，高葡萄糖浓度对谷氨酸脱氢酶活性有抑制作用，特别是在发酵产酸初期。同时，葡萄糖浓度过高或剧烈波动也将严重影响糖酸转化率。因此，在谷氨酸发酵的产酸期，应该尽量将糖浓度控制于较低水平。

发酵过程具有强烈的时变特征，各批次发酵的特征，包括糖氨耗量比也不尽完全相同。该控制系统在葡萄糖控制浓度很低（5g/L）时有时会发生错误，即虽然糖的在线推定浓度还在 5g/L 左右，但实际浓度已经降到了零（糖耗尽）。这时，溶解氧浓度和 pH 持续急剧地上升，氨水也不再添加，发酵无法继续进行下去。如果控制系统能够对 pH、溶解氧浓度的急剧上升等进行识别判断，并根据识别结果及时地调整（加大）糖氨耗量比系数，就可以恢复糖浓度的正确在线推定，并解决底物出现匮乏、发酵无法正常进行的问题，最终形成一个自适应的发酵控制系统。

【习题】

一、判断题

(1) 在面包酵母流加培养过程中，葡萄糖浓度过高会造成 Crabtree 效应的发生，部分糖被消耗用来生成代谢副产物——乙醇。此时培养过程的呼吸商 RQ 应该是：

A. RQ=0.7　　B. RQ>1　　C. RQ≈1

(2) 对于存在基质浓度抑制阻害的发酵体系，提高目的代谢产物的最终浓度和生产强度的最优操作方式应该是：

A. 连续操作　　B. 间歇（分批）操作　　C. 流加操作

(3) 连续操作的最大优点是：

A. 目的产物的最终浓度高　　B. 目的产物的得率高

C. 目的产物的生产效率强　　D. 不容易发生杂菌污染

(4) 下列说法哪一种是错误的？

A. 在 PID 反馈控制中，引入积分（I）动作，可以帮助消除控制系统的定常偏差并改善响应速度

B. 在 PID 反馈控制中，引入比例（P）动作，有利于提高控制系统的响应速度和消除定常（$t\to\infty$ 时的）偏差

C. 在 PID 反馈控制中，引入微分（D）动作，有利于提高控制系统的响应速度，但不适于在测量误差（噪声）很大时使用

(5) 在培养过程中采用恒速流加法进行基质流加，理论上：

A. 发酵罐内的菌体总量随时间呈指数形式的增长

B. 由于基质的添加速度跟不上其消耗速度，发酵罐内基质浓度基本上为 0，罐内菌体总量基本上不长

C. 发酵罐内的菌体总量随时间呈线性形式的增长

(6) 在传统的罐式搅拌反应器中进行发酵，F_I 和 F_O 分别代表基质的进料速度和发酵液的取出速度(L/h)。根据 F_I 和 F_O 的不同可以知道反应器的操作方式，以下哪种方式属于流加发酵操作？

A. $F_I=0$，$F_O\neq 0$　　B. $F_I=0$，$F_O=0$　　C. $F_I=F_O\neq 0$　　D. $F_I\neq 0$，$F_O=0$

(7) 下列说法哪一种是正确的？

A. 微分（D）动作一般不在发酵过程控制中使用，因为发酵过程的状态参数的测量噪声比较大

B. 引入比例（P）动作，有利于提高控制系统的响应速度，彻底消除定常（$t\to\infty$ 时的）偏差，但比例常数太大有可能引起控制系统的不稳定

C. 如果过程是一个（传递函数）一阶滞后系统，引入积分（I）动作后，总的反馈闭环控制系统就变成了二阶滞后系统。因此，如果在控制过程中改变被控变量的设定值，响应速度会变慢

(8) 在存在葡萄糖效应的发酵中，在线控制底物浓度于恒定水平，根据在线计量方法的不同，可有多种控制方法能起效果。以下哪些方法可以到达控制目的？

A. pH-Stat 法　　B. 溶解氧定值控制　　C. 代谢副产物（乙醇、醋酸等）定值控制

D. RQ 定值控制　　E. CO_2 生成速度定值控制

(9) 稳定涡状点过程的特征方程式的特征根应有如下特征：

A. 至少有一个根的实数部分为负数，并存在虚数部分

B. 所有根的实数部分为零，并存在虚数部分

C. 所有根的实数部分为负数，并存在虚数部分

(10) 在流加培养或发酵中需要流加底物，控制底物浓度。以下哪类流加方式属于前馈式流加方式？

A. 分时段适当添加底物　　B. 指数流加　　C. DO-Stat 法　　D. pH-Stat 法

(11) 下列哪一种变量可以作为反馈控制的反馈指标（设定值）？

A. 溶解氧浓度　　B. 基质的流加浓度 S_F　　C. pH　　D. 发酵液中的基质浓度 S

(12) 下列说法哪一种是正确的？

A. 只要加大 PID 反馈控制中的比例动作常数（K_C），就可以确保反馈控制系统的稳定性。

B. 加大 PID 反馈控制中的比例动作常数（K_C），必然会造成反馈控制系统稳定性变差，或者造成系统不稳定。

C. 加大 PID 反馈控制中的比例动作常数（K_C），可以改善控制系统的响应速度并有利于消除定常偏差。

(13) 在下面那些变量可以看成是通常发酵过程的状态变量？

A. 搅拌速度　　B. 细胞浓度　　C. 二氧化碳释放速度　　D. 底物流加浓度

(14) 下列说法哪一种是正确的？

A. 为提高发酵过程性能，过程控制中，在线测量的仪器越多、越先进越好

B. 为提高发酵过程性能、过程控制中，为节省开支和投资，降低操作成本，应尽量避开过程的在线测量

C. 投资一些简单实用、操作简单的在线测量设备是必不可少的

(15) 前馈控制能否取得实效的关键在于：

A. 在线（状态参数）计量的准确度要高

B. PID 控制参数要选取的适当

C. 过程动力学模型，包括模型参数一定要准确

(16) 发酵过程中，闭环反馈控制系统能否实现的最关键因素是：

A. 必须明确被控状态变量是谁，以及它的控制水平和控制精度

B. 必须知道发酵过程的传递函数，即过程输入与输出之间的关系

C. 必须明确被控状态变量是谁？能否在线测量？所选定的控制变量与该状态变量有无关系？

D. 控制操作必须简单

(17) 下列说法哪一（几）种是错误的？

A. 生物过程的输入和输出变量间的时间响应一般比较缓慢，而且经常存在响应滞后现象。

B. 生物过程的反应动力学的模型参数一般都很准确，而且随发酵的进行一般不会发生变化。

C. 一般来说，生物反应过程的状态方程式都是线性的。

(18) 发酵过程的状态方程式是：

A. 以各反应和生成物质的物料平衡为基础、以发酵时间为独立变量、以各浓度变量为因变量的常微分方程式

B. 以代谢网络模型为基础，有关各反应速度的线性代数方程式

C. 以神经模型为基础，有关发酵过程输入/输出关系的网络模型方程式

二、填空题

(1) 发酵过程的特点和优化控制的难点是：动力学数学模型的不确定性；__________；__________和对输入变量变化的时间响应的滞后性。

(2) 从代谢产物的生成速度与微生物细胞的增殖速度间的关系看问题，二级代谢产物，如抗生素、生物酶等的生产发酵属于__________型。

(3) 如果 $G_p(s)$ 和 $G_c(s)$ 分别代表过程的传递函数和反馈控制器的传递函数，在没有反馈控制动作的条件下，过程的特征方程式是______________；而在有反馈控制动作的条件下，整个闭环系统的特征方程式是______________。

(4) 使用基本培养基（不含酵母膏、蛋白胨等）时，菌体的得率（$Y_{X/S}$）要比使用复合培养基__________。其原因在于，碳源除了用做合成细胞所需要的能量之外，还要用做______________。

(5) 生物酶传感器难以直接应用于发酵过程的在线检测中。其主要原因是__________和______________。

(6) 生物反应过程中，状态方程式中的变量有状态变量和操作变量之分。请举例说出生物反应过程中典型的状态变量和操作变量各两个。状态变量：__________和__________。操作变量：__________和______________。

(7) 反馈控制系统出现持续和振幅不变的条件是闭回路特征方程式的所有特征根 λ 的实数部分__________。

(8) 以溶解氧浓度和 pH 的时间变化作为反馈控制指标，将基质浓度于控制低浓度水平的方法分别称为__________法和______________法。

(9) 假定发酵过程的传递函数（输出与输入之间的关系）$G_P(s)$ 可以用 $G_P(s)=K_P/(\tau_P s+1)$（s 为拉普拉斯变换符）表示，这时，发酵过程是一个__________系统。如果发酵过程由两个上述系统（参数 K_P、τ_P 不相同）并联而成，则按照传递函数框图转换的原理，总的过程传递函数将会变成一个______________系统。

(10) 理论上，在反馈闭环控制系统中引入积分动作可以使得控制系统的定常偏差__________。

(11) 如果细胞的比增殖速度可以用 Monod 的模型来表示，且饱和常数 K_s 很小，则常常可以把比增殖速度看成是有关底物浓度__________反应。

(12) 在反馈闭环控制系统中加大比例动作（P）可以改善控制系统的__________，减少__________，但也有可能会造成控制系统的____________。

(13) 发酵过程在线控制能够实现的前提是______________。

(14) 如果以利用酿酒酵母生产酒精为目的，则此时的呼吸商 RQ 的值应该__________1。

(15) 对于线性系统，拉普拉斯变换可以把解______________的问题转变成在复平面上解______________的问题。

三、计算题

1.乳酸间歇发酵中，细胞增殖遵从下式所给出的模型，乳酸生成积累与细胞增殖生长呈部分耦联关系，即：

$$\frac{\mathrm{d}x(t)}{\mathrm{d}t}=\mu x-ce^{t} \tag{1}$$

$$\frac{\mathrm{d}p(t)}{\mathrm{d}t}=\alpha\frac{\mathrm{d}x(t)}{\mathrm{d}t}+\beta x(t) \tag{2}$$

式中，x、p 分别是细胞和乳酸的浓度；μ、c、α 和 β 分别是模型参数（常数）。假定 $x(t=0)=1$；$p(t=0)=0$。

［问题］ 利用拉普拉斯变换的相关定理和公式推导出 $p(t)$ 随时间 t 变化的（解析）公式。

［答案］

对方程式(1) 和式(2) 两边分别取拉普拉斯变换，并结合初值定理得到：

$$sX(s)-x(0)=sX(s)-1=\mu X(s)-\frac{c}{s-1}\Rightarrow$$

$$X(s)=\frac{s-(c+1)}{(s-\mu)(s-1)} \tag{3}$$

$$sP(s)-p(0)=sP(s)=\alpha[sX(s)-1]+\beta X(s)\Rightarrow$$

$$P(s)=\alpha X(s)+\frac{\beta X(s)}{s}-\frac{\alpha}{s} \tag{4}$$

将式(3) 代入到式(4) 中得到：

$$\begin{aligned}P(s)&=\alpha\frac{s-(c+1)}{(s-\mu)(s-1)}+\beta\frac{s-(c+1)}{s(s-\mu)(s-1)}-\frac{\alpha}{s}\\&=\alpha\left[\frac{k_1}{s-\mu}+\frac{k_2}{s-1}\right]+\beta\left[\frac{k_3}{s}+\frac{k_4}{s-\mu}+\frac{k_5}{s-1}\right]-\frac{\alpha}{s}\\&=\frac{\alpha k_1+\beta k_4}{s-\mu}+\frac{\alpha k_2+\beta k_5}{s-1}+\frac{\beta k_3-\alpha}{s}\end{aligned} \tag{5}$$

对式(5) 两边取反拉普拉斯变换，可以得到 $p(t)$ 随时间变化的解析解为：

$$\begin{aligned}p(t)&=\zeta^{-1}[P(s)]=\zeta^{-1}\left(\frac{\alpha k_1+\beta k_4}{s-\mu}+\frac{\alpha k_2+\beta k_5}{s-1}+\frac{\beta k_3-\alpha}{s}\right)\\&=(\alpha k_1+\beta k_4)\mathrm{e}^{\mu t}+(\alpha k_2+\beta k_5)\mathrm{e}^{t}+(\beta k_3-\alpha)\end{aligned}$$

其中，k_1、k_2、k_3、k_4、k_5 分别满足下列等式：

$$k_1+k_2=1;k_1+\mu k_2=c+1;$$

$$k_3+k_4+k_5=0;-k_3(\mu+1)-k_4-k_5\mu=1;k_3\mu=-(c+1)。$$

2.考虑以下简单的生物反应过程的反馈控制系统。

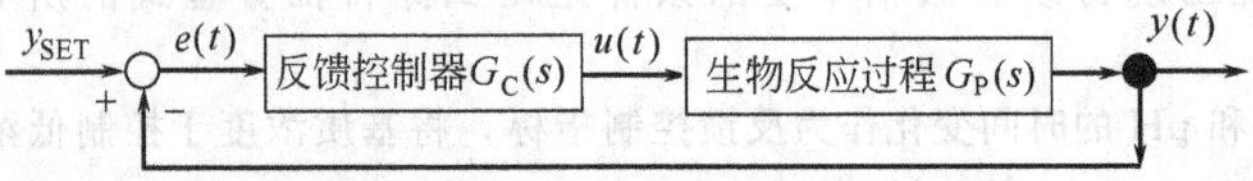

过程的状态方程式： $\frac{\mathrm{d}y}{\mathrm{d}t}=5y(t)+u(t)\quad y(t=0)=0$

使用以下 PI 反馈控制器对过程进行反馈控制。

该 PI 控制器在时间域上的表现形式为： $u(t)=9e(t)+2\int e(t)\mathrm{d}t$

这里： $e(t)=y_{\mathrm{SET}}-y(t)$

［问题］

(1) 利用拉普拉斯变换，求出过程的传递函数 $G_P(s)=y(s)/u(s)$。并判断在没有反馈控制的条件下，该生物反应过程是否稳定？

(2) 求出闭环反馈控制器的传递函数 $G_{\text{Close-Loop}}(s)$，并判断该闭环反馈控制系统是否稳定？

(3) 当设定值 y_{SET} 发生阶跃式变化时，被控变量 $y(t)$ 将以何种方式追踪和接近其新的设定值？

［答案］

(1) 对状态方程式两边取拉普拉斯变换：

$$sy(s)-y(t=0)=5y(s)+u(s)\Rightarrow(s-5)y(s)=u(s)\Rightarrow G_P(s)=\frac{y(s)}{u(s)}=\frac{1}{s-5}$$

过程传递函数的特征根为 5，实数部分大于 0，在没有反馈控制的条件下，该过程不稳定。

(2) 对 PI 控制器的两边取拉普拉斯变换：

$$u(s)=9e(s)+2\frac{e(s)}{s}\Rightarrow su(s)=(9s+2)e(s)\Rightarrow G_c(s)=\frac{u(s)}{e(s)}=\frac{9s+2}{s}$$

$$G_{\text{Close-Loop}}(s)=\frac{G_P(s)G_C(s)}{1+G_P(s)G_C(s)}=\frac{\frac{1}{s-5}\times\frac{9s+2}{s}}{1+\frac{1}{s-5}\times\frac{9s+2}{s}}=\frac{9s+2}{s^2-5s+9s+2}=\frac{9s+2}{s^2+4s+2}$$

该闭环反馈控制系统的两个特征根的实数部分都是负值，因此，闭环反馈控制系统稳定。

(3) 该闭环反馈控制系统的两个特征根均没有虚数部分，当设定值 y_{SET} 发生阶跃式变化时，被控变量 $y(t)$ 将以渐进稳定的方式追踪和接近其新的设定值。

3. 考虑使用以下闭环控制系统对生物反应过程的溶解氧浓度 DO[$y(t)$] 进行控制。

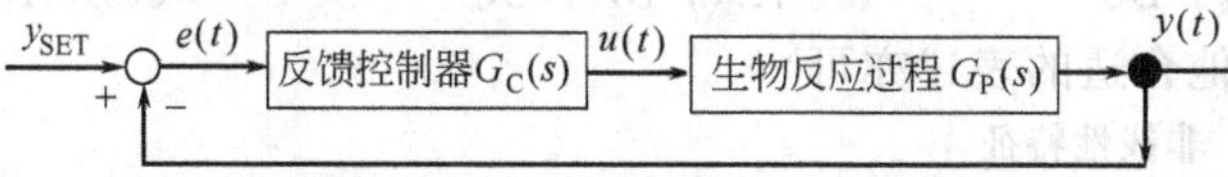

假定反馈控制器（G_C）仅仅由比例动作构成，而发酵过程中溶解氧物质平衡由以下模型所描述（假定通风量不变，DO 由搅拌转速 r 来进行控制）：

$$G_C(s)=\frac{u(s)}{e(s)}=K_C$$

$$\frac{\text{dDO}(t)}{\text{d}t}=-K_1e^{\mu t}+K_2\text{DO}(t)+Cr(t)$$

式中，参数 K_C、K_1、K_2、μ、C 均为正数。

[问题]

(1) 利用拉普拉斯变换，求出过程的传递函数。

(2) 求出闭回路反馈控制的传递函数。

(3) 为使闭环反馈系统稳定，控制参数 K_C 的取值条件是什么？

(4) 此时（闭环反馈系统稳定的条件下），定常偏差控制在±5%以内的 K_C 的取值条件是什么？

[答案]

(1) 利用拉普拉斯变换原理，过程的传递函数可以写成：

$$s\text{DO}(s)-\text{DO}(0)=-\frac{K_1}{s-\mu}+K_2\text{DO}(s)+Cr(s)$$

$$s(s-\mu)\text{DO}(s)-(s-\mu)\text{DO}(0)=-K_1+K_2(s-\mu)\text{DO}(s)+C(s-\mu)r(s)$$

$$[s^2-(\mu+K_2)s+\mu K_2]\text{DO}(s)=C(s-\mu)r(s)+[(s-\mu)\text{DO}(0)-K_1]$$

$$G_P(s)=\frac{\text{DO}(s)}{r(s)}=\frac{C(s-\mu)}{s^2-(\mu+K_2)s+\mu K_2}$$

(2) 闭回路反馈控制的传递函数为：

$$G(s)_{\text{Close-Loop}}=\frac{y(s)}{y_{\text{SP}}(s)}=\frac{G_C(s)G_P(s)}{1+G_C(s)G_P(s)}=\frac{\frac{C(s-\mu)}{s^2-(\mu+K_2)s+\mu K_2}K_C}{1+\frac{C(s-\mu)}{s^2-(\mu+K_2)s+\mu K_2}K_C}$$

$$=\frac{K_CC(s-\mu)}{s^2+(K_CC-\mu-K_2)s+\mu K_2-K_CC\mu}$$

(3) 为使闭环反馈系统的特征方程式的特征根的实数部分全部成为负数，则以下条件必须成立：

$$K_C>(\mu+K_2)/C$$

(4) 定常偏差控制在±5%以内的 K_C 的取值条件是：

$$y(\infty)=y(t\to\infty)=\lim_{s\to 0}y(s)s=\lim_{s\to 0}G(s)_{\text{Close-Loop}}\frac{y_{\text{SP}}}{s}s$$

$$=\lim_{s\to 0}\left(\frac{G_C(s)G_P(s)}{1+G_C(s)G_P(s)}\frac{y_{SP}}{s}s\right)=\lim_{s\to 0}\frac{-K_C C\mu}{\mu K_2-K_C C\mu}y_{SP}$$

$$\Rightarrow 0.95\leqslant\frac{C\mu K_C}{C\mu K_C-\mu K_2}\leqslant 1.05$$

$$\Rightarrow K_C>21K_2/C$$

【解答】

一、判断题

(1) A×，B√，C×
(2) A×，B×，C√
(3) A×，B×，C√，D×
(4) A√，B×，C×
(5) A×，B×，C√
(6) A×，B×，C×，D√
(7) A√，B×，C√
(8) A√，B×，C√，D√，E×
(9) A×，B√，C×
(10) A√，B√，C×，D×
(11) A√，B×，C√，D√
(12) A×，B×，C√
(13) A×，B√，C√，D×
(14) A×，B×，C√
(15) A×，B×，C√
(16) A×，B×，C√，D×
(17) A×，B√，C√
(18) A√，B×，C×

二、填空题（其他合适的表述亦可）

(1) 强烈的时变性，非线性特征
(2) 生长非耦联型
(3) G_P（s）的分母=0，$1+G_P(s)G_C(s)$的分母=0。
(4) 低，生成合成细胞的前体物质
(5) 无法进行高温灭菌，操作使用和维护困难
(6) 细胞浓度，耗氧速度，搅拌速度，底物流加浓度
(7) 等于0
(8) DO-Stat，pH-Stat
(9) 1阶滞后系统，2阶滞后系统
(10) 等于0
(11) 零级反应
(12) 响应特性，定常偏差，不稳定
(13) 至少有一个状态变量可以在线测量，且其与某一控制变量有关系
(14) 大于
(15) 微分方程（组），代数方程（组）

参考文献

[1] Akesson M，et al. Biotechnol Bioeng，2001，73：223.
[2] Bailey J，Ollis D. Biochemical Engineering Fundamental. New York：McGraw Hill Inc，1986.
[3] Blanch H W，Clark D S. Biochemical Engineering. New York：Marcel Dekker Inc，1996.
[4] Gregory M，et al. Biotechnol Bioeng，1992，39：293.
[5] Johnston W，et al. Bioprocess Biosyst Eng，2002，25：111.
[6] Nanba A，et al. J Biosci & Bioeng，1981，59：383.
[7] Shuler M L，Kargi F. Bioprocess Engineering—Basic Concept. 2nd ed. Upper Saddle River，NJ：Prentice Hall Inc，2002.
[8] Stephanopoulos G. Chemical Process Control—An Introduction to Theory and Practice. Upper Saddle River，NJ：Prentice Hall Inc，1984.
[9] 清水和幸. バイオプロセス解析法システム解析原理とその応用. 福冈：コロナ社，1997.
[10] 清水和幸. 生命システム解析のための数学. 福冈：コロナ社，1999.
[11] 松原正一. プロセス制御. 东京：養賢堂株式会社，1983.
[12] 山根恒夫. 生物反応工学. 第2版. 东京：产业図书株式会社，1991.
[13] 贾士儒. 生物反应工程原理. 第2版. 北京：科学出版社，2003.
[14] 王树青，元英进. 生化过程自动化技术. 北京：化学工业出版社，1999.
[15] 林孔华. Increased production of heterologous proteins from recombinant microorg anisms by engineering approach [D]. 名古屋（日本）：名古屋大学，1992.
[16] 金虎，高敏杰，徐俊等. 多变量在线测量条件下的猪α干扰素高效表达. 过程工程学报，2009，9（3）：563.
[17] 曹艳，丁健，段作营等. 在线推定和控制葡萄糖浓度改善谷氨酸发酵性能. 微生物学通报，2009，36（10）：1619-1624.

第四章　发酵过程的最优化控制

第一节　最优化控制的研究内容、表述、特点和方法

如果用一个通用和简单的数学表达式来描述的话，最优化控制（optimization control）可以归纳成：

$$\underset{u(t)}{\mathrm{Max}}\{J(x,u)\}\left[\text{限制条件}:\frac{\mathrm{d}x}{\mathrm{d}t}=f(x,u),x(0)=x_0\right] \tag{4-1a}$$

或者：

$$\underset{u(t)}{\mathrm{Max}}\{J(x,u)\}[\text{限制条件}:f(x,u)=0] \tag{4-1b}$$

而如果用文字来表述的话，最优化控制就是要在状态变量 x 和操作变量 u 满足限制条件的前提下，求解和计算出使目标函数 $J(x,u)$ 取得最大的操作变量 $u(t)$ 的时间轨道。如果限制条件可以用常微分方程（组）形式的状态方程式来表示［式(4-1a)］，则最优化控制就是在本章所要介绍的、基于非构造式动力学模型的离线型最优化控制。而如果限制条件是代数方程（组）的形式［式(4-1b)］，则最优化控制考虑的是稳态过程的优化问题，通常可以利用基于时间序列的输入输出数据和黑箱回归模型的方法来进行求解，即所谓的在线最优化控制（on-line optimization control）。有关在线最优化控制的方法将在本书的第六章单独介绍。

这里，$x=(X_1,X_2,\cdots,X_n)^{\mathrm{T}}$ 是过程状态变量的向量表现形式，x_0 为其初始值。$u(t)$是过程的操作变量或称为控制变量，一般情况下，$u(t)$是一个随时间变化而变化的标量。f 是有关状态变量和控制变量的非线性函数的向量。目标函数（objective function）$J(x,u)$也称做评价指标(performance index)，通常情况下，它是过程状态变量 x 和操作变量 u 的函数。目标函数要根据具体情况和要求来确定，通常条件下，它要么是目的产物的生产强度，要么是目的产物的最终浓度、活性或者总收获量，要么就是转化率。最优化问题的解 $u^*(t)$，通常不是一个值，而是一个随时间变化而变化的“最优”控制轨道，是诸如温度、pH、基质流加速率、发酵罐搅拌速率等过程操作变量的时变函数的集合。实施和求解最优化控制的最主要的计算方法有以下三种：①基于 Pontryagin 最大原理的方法；②基于格林定理（Green’s theorem）的方法；③基于遗传算法(genetic algorithms) 的方法。本章将对以上三种方法及其在发酵过程最优化控制中的应用实例作详细的介绍。

第二节　最大原理及其在发酵过程最优化控制中的应用

一、最大原理及其算法简介

最大原理（maximum principle）是由 Pontryagin 依据变分原理，向带有限制条件的过程扩张推导而得来的。本书主要对最大原理的问题设定、求解方法（算法）及其实际应用进行介绍。

1. 最大原理的问题设定

过程的目标函数 J 可以按照下列方式来设定：

$$J=\phi[x(\tau),\ \tau]+\int_0^{\tau} g(x,\ u,\ t)\mathrm{d}t \tag{4-2}$$

这里，目标函数 J 由两项所构成，一项是非积分项 $\phi[x(\tau),\tau]$，它仅由过程最终的状态 $x(\tau)$ 和终端时间 τ 所决定；另一项是从起始时刻 0 到终端时刻 τ 的积分项，函数 g 是有关状态变量 x、操作变量 u 和时间 t 的函数。这种形式的目标函数，对于实际的发酵过程中是有着实际意义的。比如，在流加培养中，如果指定过程的初始状态和培养时间，通过实施一个最优化流加策略，使得最终时刻的细胞总量 $X(\tau)V(\tau)$ 达到最大。这时，目标函数 J 完全由过程最终的状态所决定，而与过程的中间状态无关。

$$\underset{u(t)}{\mathrm{Max}} J=X(\tau)V(\tau)\left[\text{限制条件:}\frac{\mathrm{d}x}{\mathrm{d}t}=f(x,u,t),x(0)=x_0\right] \tag{4-3}$$

式中，$X(\tau)$ 和 $V(\tau)$ 分别表示两个状态变量，细胞浓度和发酵液体积在终端时刻的值。

2. 最大原理的求解方法

最大原理的求解方法是在目标函数和过程状态方程式的基础之上，通过引入下面所述的 Hamilton 函数 H 和伴随变量 λ（adjoint variable）来进行的。这里“T”表示向量的转置。

目标函数：$$J=\phi[x(\tau),\ \tau]+\int_0^{\tau} g(x,\ u,\ t)\mathrm{d}t$$

过程状态方程式：$$\frac{\mathrm{d}x}{\mathrm{d}t}=f(x,u,t),x=(x_1,x_2,\cdots,x_n)^{\mathrm{T}},f=(f_1,f_2,\cdots,f_n)^{\mathrm{T}} \tag{4-4}$$

Hamilton 函数：$$H(x,u,\lambda,t)=g(x,u,t)+\lambda^{\mathrm{T}}f(x,u,t) \tag{4-5}$$

最大原理的解法如下。

① 目标函数取得最大的充分必要条件是 Hamilton 函数对于操作变量 $u(t)$ 的一阶偏导数为 0。也就是说，J 和 H 应该同时取得最大值，即：

$$\underset{u}{\mathrm{Max}} J\Leftrightarrow\frac{\partial H}{\partial u}=0 \tag{4-6}$$

② 对于状态变量 x 和伴随变量 λ，以下等式成立：

$$\frac{\mathrm{d}x}{\mathrm{d}t}=f(x,u,t)=\left(\frac{\partial H}{\partial \lambda}\right)^{\mathrm{T}},x(0)=x_0 \tag{4-7a}$$

$$\frac{\mathrm{d}\lambda}{\mathrm{d}t}=-\left(\frac{\partial H}{\partial x}\right)^{\mathrm{T}},\lambda(\tau)=\left(\frac{\partial \phi}{\partial x}\right)\bigg|_{t=\tau} \tag{4-7b}$$

③ 在终端时刻没有指定的条件下，时间区间 $[0,\ \tau]$ 上的 Hamilton 函数应该不随时间的变化而变化，且恒等于 0，即：$H(x,u,\lambda,t)\equiv 0$。

④ 如果操作（控制）变量 $u(t)$ 存在着限制条件，如 $u_{\min}\leqslant u(t)\leqslant u_{\max}$，则最优操作变量的轨道 $u^*(t)$ 应该是：

$$u^*(t)=\begin{cases} u_{\min} & \dfrac{\partial H}{\partial u}<0 \\ u^0(t) & \dfrac{\partial H}{\partial u}=0 \\ u_{\max} & \dfrac{\partial H}{\partial u}>0 \end{cases} \tag{4-8}$$

一般情况下，首先根据最大原理的条件①，也就是式(4-6) 来求解式(4-8) 中的 $u^0(t)$；如果 $u^0(t)$ 不能满足操作变量的限制条件，则再按照最大原理的条件④［式(4-8)］，取 $u(t)$ 的边界值来最终求解最优操作变量轨道 $u^*(t)$。

⑤ 如果 Hamilton 函数是有关操作变量 $u(t)$ 的一次线性函数，而且在某一时间区间内，该线性系数恒等于 0 时，则此时不能再用最大原理的条件①和条件④来求解最优操作变量轨道 $u^*(t)$。这时，要利用$\partial H/\partial u$ 对时间 t 的导数来求解式(4-8) 中的 $u^0(t)$。如果一阶导数仍然为 0，继续求其二阶导数，直到$\mathrm{d}^n(\partial H/\partial u)/\mathrm{d}t^n\neq 0$，$u(t)$在数学表达式中出现，能够明确地求解出 $u^0(t)$为止。一般将这一阶段的最优化控制称做奇异控制（singular control）。

式(4-7a) 实际就是过程状态方程式(4-4)，而式(4-7b) 则是伴随变量 λ 随时间变化的微分方程式，称为伴随方程式(adjoint equation)。需要注意的是，对于状态变量 x，其初始条件是已知或者给定的；而对于伴随变量 λ 而言，其终端条件被给定，而初始条件未知。因此，不同于一般的常微分方程式(组) 的求解，最大原理的求解是一个解两点边界值的问题（two point boundary value problem)，求解起来有一定的难度。由于发酵过程的状态方程式一般都具有复杂和非线性的特征，利用最大原理求出最优化控制的解析解是不可能的。一般都是将过程离散化，利用计算机数值计算的方法来求近似解。为了了解和熟悉最大原理的具体应用，下面举一个简单的例子来探讨求解最大原理问题时的一些基本特征。

3. 最大原理的简单应用实例

考虑以下简单的例子。应用最大原理进行最优化解析计算，求解出能使得目标函数 J 取得最大的最优化控制轨道 $u^*(t)$。

最优化问题的设定和限制条件如下。

过程状态方程式：$\dfrac{dx}{dt}=x+u=f(x,u,t)$

初始条件：$x(0)=1$

目标函数：$J=\int_0^\tau g(x,\ u)dt=\int_0^1-(x^2+u^2)dt$

这时，状态变量 $x(t)$ 的初始值 $[x(0)=1]$ 以及终端时刻（$\tau=1$）被指定。根据上述最优化问题的设定和最大原理条件②，此时的 Hamilton 函数 H、伴随方程式和伴随变量 λ 的终端值分别是：

$$H(x,\lambda,u,t)=g(x,u)+\lambda f(x,u)=-(x^2+u^2)+\lambda(x+u) \tag{4-9}$$

$$\frac{d\lambda}{dt}=-\frac{\partial H}{\partial x}=2x-\lambda \tag{4-10}$$

$$\lambda(\tau)=\lambda(t=1)=\left(\frac{\partial\phi}{\partial x}\right)\bigg|_{t=\tau}=0 \tag{4-11}$$

而根据最大原理条件①，目标函数取得最大的充分必要条件是：

$$\frac{\partial H}{\partial u}=-2u+\lambda=0\Leftrightarrow u^0(t)=\frac{\lambda}{2} \tag{4-12}$$

将式(4-12) 代入到过程的状态方程式中，并在方程式的两边对时间 t 进行微分，再利用伴随方程式(4-10) 可以得到：

$$\frac{dx}{dt}=x+\frac{\lambda}{2} \tag{4-13a}$$

$$\frac{d^2x}{dt^2}=\frac{dx}{dt}+\frac{1}{2}\frac{d\lambda}{dt}=x+\frac{\lambda}{2}+\frac{1}{2}(2x-\lambda)=2x \tag{4-13b}$$

根据第三章第三节的拉普拉斯变换规则，对式(4-13b) 两边取拉普拉斯变换，再利用过程的初始条件 $x(0)=1$，经过转换变形后可以得到：

$$x(s)=\frac{x'(0)}{s^2-s-2}=\frac{x'(0)}{3}\left[\frac{1}{(s-2)}-\frac{1}{(s+1)}\right] \tag{4-14}$$

式中，$x'(0)$ 是一个未知常数，它表示状态变量 x 在初始条件下（$t=0$）对时间 t 的导数。

根据第三章第三节中基本函数的拉普拉斯变换公式，对式(4-14) 两边取反拉普拉斯变换，可以得到：

$$x(t)=\frac{x'(0)}{3}[\exp(2t)-\exp(-t)]+C \tag{4-15a}$$

利用过程的初始条件 $x(0)=1$，可以得到 $C=x(0)=1$，则式(4-15a) 可以改写成：

$$x(t)=\frac{x'(0)}{3}[\exp(2t)-\exp(-t)]+1 \tag{4-15b}$$

对式(4-15b) 的一阶时间微分可以得到：

$$\frac{dx}{dt}=\frac{x'(0)}{3}[2\exp(2t)+\exp(-t)] \tag{4-16}$$

将式(4-16) 和式(4-15b) 代入到式(4-13a) 中，可以得到伴随变量$\lambda(t)$ 的时间表达式：

$$\lambda(t)=2\left(\frac{\mathrm{d}x}{\mathrm{d}t}-x\right)=\frac{2x'(0)}{3}[\exp(2t)+2\exp(-t)]-2 \tag{4-17}$$

再将伴随变量λ 的终端条件$\lambda(1)=0$ 代入上式，可以解得：

$$x'(0)=\frac{3}{\exp(2)+2\exp(-1)}=\frac{3}{7.389+2\times 0.368}=0.369$$

最后，由式(4-12) 求得最优控制变量$u^0(t)$ 的时间函数为：

$$u^0(t)=\frac{\lambda(t)}{2}=0.123[\exp(2t)+2\exp(-t)]-1 \tag{4-18}$$

从这个简单的例子可以看出，由于求解最大原理涉及一个解两点边界值的问题，解析计算是有一定难度的。除非过程的状态方程式的表现形式比较简单，否则只能得到最优控制变量轨道的数值解。

二、利用最大原理确定流加培养过程的最优基质流加策略和方式

利用最大原理确定流加培养过程的最优基质流加策略，是最大原理在发酵过程最优化控制中的一个最主要的应用。在此情况下，流加培养过程的状态方程式可以由第三章第二节中的式(3-6) 简化成式(4-19a) 的形式［参见第三章的式(3-6) ］。另外，此时最优化控制的目标函数J 仅仅与过程的最终状态有关，即：$J=\phi[x(\tau)]$。根据最大原理，Hamilton 函数H 可以写成式(4-19b) 的形式：

$$\frac{\mathrm{d}x}{\mathrm{d}t}=f(x,F,t)=A(x)+B(x)F \tag{4-19a}$$

$$H(x,F,\lambda,t)=\lambda^{\mathrm{T}}f(x,F,t)=\lambda^{\mathrm{T}}[A(x)+B(x)F] \tag{4-19b}$$

$$\frac{\partial H}{\partial F}=\lambda^{\mathrm{T}}B(x) \tag{4-19c}$$

这时，Hamilton 函数H 是有关操作变量——基质流加速率F 的一次线性函数，$\partial H/\partial F$ 的符号也完全由伴随变量λ 和函数$B(x)$ 的乘积$\lambda^{\mathrm{T}}B(x)$ 所决定。根据最大原理的条件④，流加培养的最优流加速率$F(t)$ 要根据式(4-20) 来确定，即：

$$F(t)=\begin{cases}F_{\max} & \dfrac{\partial H}{\partial F}=\lambda^{\mathrm{T}}B(x)>0\\ F_{\mathrm{S}} & \dfrac{\partial H}{\partial F}=\lambda^{\mathrm{T}}B(x)=0\quad(0\leqslant F_{\mathrm{S}}\leqslant F_{\max})\\ 0 & \dfrac{\partial H}{\partial F}=\lambda^{\mathrm{T}}B(x)<0\end{cases} \tag{4-20}$$

考虑面包酵母流加培养过程的例子。这时，不考虑代谢副产物乙醇的生成积累。另外，假定菌体的比增殖速率μ 是基质浓度S 的函数，菌体的得率$Y=Y_{X/S}(t)$ 为常数。则第三章第二节中的过程状态方程式(3-6) 可以改写成：

$$\frac{\mathrm{d}X}{\mathrm{d}t}=\mu(S)X-\frac{F}{V}X \tag{4-21a}$$

$$\frac{\mathrm{d}S}{\mathrm{d}t}=-\frac{1}{Y}\mu(S)X+\frac{F}{V}(S_{\mathrm{F}}-S) \tag{4-21b}$$

$$\frac{\mathrm{d}V}{\mathrm{d}t}=F \tag{4-21c}$$

式中，F、S_{F} 和V 分别表示基质的流加速率、基质的流加浓度和发酵液体积。从式(4-21a) 和式(4-21b)，可以得到如下关系：

$$\frac{\mathrm{d}[X+YS]}{\mathrm{d}t}=\frac{F[YS_{\mathrm{F}}-(X+YS)]}{V} \tag{4-22}$$

那么，只要初始时刻的菌体浓度$X(0)$和基质浓度$S(0)$满足$X(0)+YS(0)=YS_{\mathrm{F}}$ 的关系，则在任何时刻t 都有$X(t)+YS(t)=YS_{\mathrm{F}}$，即$S(t)=S_{\mathrm{F}}-X(t)/Y$ 的关系成立。这样，式(4-21) 所描述的状态方程式可以简化并改写为：

$$\frac{dX}{dt}=\mu(X)X-\frac{F}{V}X \tag{4-23a}$$

$$\frac{dV}{dt}=F \tag{4-23b}$$

这里，可将原来的$\mu(S)$改写成$\mu(S_F-X/Y)$，并用$\mu(X)$来表示。通常，最优化控制的目标函数是通过改变基质的流加速率，在最终时刻（指定）最大量地收获面包酵母细胞。反过来，如果指定上述过程的初始条件、终端条件（最终细胞量）和操作变量的约束条件，则最终时刻细胞收获量最大的问题完全等同于以下的最短时间控制的问题，问题的设定可按如下改写。

发酵过程状态方程式：式(4-23)

初始条件：$X(0)=X_0$，$V(0)=V_0$，即指定初始时刻的细胞总量X_0V_0

终端条件：$X(t_f)=X_f$，$V(t_f)=V_f$，即指定最终时刻的细胞总量X_fV_f

操作变量约束条件：$0\leqslant F\leqslant F_{max}$

目标函数：$J(F)=-t_f=\int_0^{t_f}-dt\Longrightarrow \max$

在此条件下，Hamilton 函数H伴随方程式和伴随变量λ的终端值分别可以表示成：

$$H(x,u,\lambda,t)=g(x,u,t)+\lambda^T f(x,u,t)=-1+\lambda_1 f_1+\lambda_2 f_2$$

$$=-1+\lambda_1\left[\mu(X)X-\frac{F}{V}X\right]+\lambda_2 F=\left(-\lambda_1\frac{X}{V}+\lambda_2\right)F+\lambda_1\mu(X)X-1 \tag{4-24a}$$

$$\frac{d\lambda_1}{dt}=\frac{\partial H}{\partial X}=\lambda_1\left[\frac{F}{V}-\mu(X)-\mu'(X)X\right],\ \frac{d\lambda_2}{dt}=\frac{\partial H}{\partial V}=-\lambda_1\frac{FX}{V^2} \tag{4-24b}$$

$$\lambda_1(t_f)=0,\ \lambda_2(t_f)=0 \tag{4-24c}$$

很明显，Hamilton 函数H是有关基质流加速率F的一次线性函数，且该一次线性系数为$-\lambda_1 X/V+\lambda_2$。根据最大原理的条件④，最优流加速率$F(t)[0\leqslant F(t)\leqslant F_{max}]$应该是：

$$F(t)=\begin{cases}F_{max} & 当 -\lambda_1\dfrac{X}{V}+\lambda_2>0\\ F_S & 当 -\lambda_1\dfrac{X}{V}+\lambda_2=0（奇异控制\ 0\leqslant F_S\leqslant F_{max}）\\ 0 & 当 -\lambda_1\dfrac{X}{V}+\lambda_2<0\end{cases} \tag{4-25}$$

再根据最大原理的条件③，由于终端时刻t_f没有指定，在整个时间区间 Hamilton 函数应该恒等于 0；而依据奇异控制的条件，$\partial H/\partial F\equiv 0$，两者联立，就可以得到有关$\lambda_1$的表达式如下：

$$H(x,u,\lambda,t)=\left(-\lambda_1\frac{X}{V}+\lambda_2\right)F+\lambda_1\mu(X)X-1=0 \tag{4-26a}$$

$$\frac{\partial H}{\partial F}=-\lambda_1\frac{X}{V}+\lambda_2=0 \tag{4-26b}$$

$$\lambda_1=\frac{1}{\mu(X)X}>0 \tag{4-26c}$$

根据最大原理的条件⑤，求解$\partial H/\partial F$对时间t的一阶导数，并令$d(\partial H/\partial F)/dt=0$。再将状态方程式(4-23) 和伴随方程式(4-24b) 代入到$d(\partial H/\partial F)/dt$的表达式中可以得到：

$$\frac{d}{dt}\left(\frac{\partial H}{\partial F}\right)=\frac{d\lambda_2}{dt}-\frac{X}{V}\frac{d\lambda_1}{dt}-\frac{\lambda_1}{V}\frac{dX}{dt}+\frac{\lambda_1 X}{V^2}\frac{dV}{dt}$$

$$=-\lambda_1\frac{FX}{V^2}-\frac{X}{V}\lambda_1\left[\frac{F}{V}-\mu(X)-\mu'(X)X\right]-\frac{\lambda_1}{V}\left[\mu(X)X-\frac{F}{V}X\right]+\frac{\lambda_1 XF}{V^2}$$

$$=\frac{\lambda_1\mu'(X)X^2}{V}=0\Longrightarrow\mu'(X)=\frac{\partial\mu}{\partial X}=0 \tag{4-27}$$

由于比增殖速率μ是基质浓度S的函数，且在流加培养的任何时刻t都有$X+YS=YS_F$的关系存在，则式(4-27) 等同于：

$$\mu'(X)=\frac{\partial\mu}{\partial X}=\frac{\partial\mu}{\partial S}\frac{\partial S}{\partial X}=-\frac{1}{Y}\frac{\partial\mu}{\partial S}=0\Longrightarrow\frac{\partial\mu}{\partial S}=0 \tag{4-28}$$

如果假定细胞的比增殖速率 μ 遵从第三章第二节所述的 Monod 模型［式(3-13)］或者底物抑制模型［式(3-14)］，则：

Monod 模型：
$$\mu(S)=\frac{\mu_m S}{K_S+S}\Longrightarrow\frac{\partial\mu}{\partial S}=\frac{\mu_m K_S}{(K_S+S)^2}>0 \tag{4-29}$$

即当比增殖速率 μ 遵从 Monod 的动力学模型时，最优化控制不存在奇异控制区间。

基质阻害模型：
$$\mu(S)=\frac{\mu_m S}{K_S+S+S^2/K_I}\Longrightarrow\frac{\partial\mu}{\partial S}=\frac{\mu_m(K_S-S^2/K_I)}{(K_S+S+S^2/K_I)^2} \tag{4-30}$$

当 $S=S^*=\sqrt{K_S K_I}$ 时，即当 $X=X^*=Y(S_F-\sqrt{K_S K_I})$ 时，$\frac{\partial\mu}{\partial S}=0$。

而当比增殖速率 μ 遵从底物抑制的动力学模型时，最优化控制在基质浓度 $S=S^*(X=X^*)$ 处存在奇异控制区间。这时，将 $S=S^*$、$X=X^*$，以及 $dS/dt=0$ 等关系式和等式代入到过程状态方程式(4-21b)，可以得到奇异控制时的流加速率的表达式：

$$F_S(t)=\frac{\mu_m\sqrt{K_S K_I}}{2K_S+\sqrt{K_S K_I}}V(t)\quad[0\leqslant F_S(t)\leqslant F_{max}] \tag{4-31}$$

根据式(4-26c)，在整个控制区间，$\lambda_1>0$。而根据式(4-24b)，$d\lambda_2/dt<0$，再根据伴随变量的终端条件式(4-24c)，$\lambda_2(t_f)=0$，则可以判定 $\lambda_2>0$。因此，取决于状态变量和伴随变量的变化情况，Hamilton 函数 H 的一次线性系数 $-\lambda_1 X/V+\lambda_2$ 可以是正值也可以是负值，还可以是 0。

结合以上理论分析和讨论，图 4-1 给出了流加培养时 4 种最典型最简单的最优基质流加的模式和组合。一般来说，最优基质流加的模式和组合，要受到目标函数（目的产物是细胞本身还是代谢产物等）、基质和代谢产物是否对细胞的增殖有抑制作用、细胞增殖与代谢产物生成的联动方式(增殖耦联、增殖非耦联等)，以及培养的初始和终端条件等诸多因素的影响。最优流加方式必须要利用最大原理的数值解法，结合仔细的试行错误运算来求解确定。

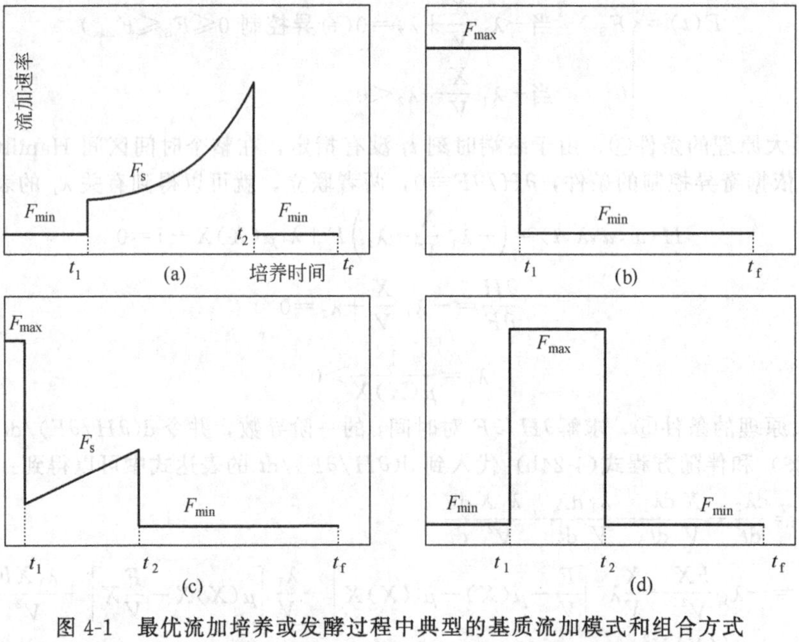

图 4-1　最优流加培养或发酵过程中典型的基质流加模式和组合方式

三、最大原理数值解法及其在发酵过程最优化控制中的应用简介

利用最大原理直接得到发酵过程的最优化控制轨道的解析解几乎不可能，一般只能利用计算机数值计算的方法对上述轨道进行数值求解。这里，以酒精间歇发酵的温度最优化控制为例，简

要介绍利用最大原理数值求解最优化控制轨道的基本方法。

图 4-2 描述了酿酒酵母 *Saccharomyces cereviae* HUT 7107 在 20℃、30℃和 40℃的间歇发酵条件下，菌体生长和酒精生成的特性曲线。从图中可以看出，发酵温度越高，发酵前期的菌体增殖速率和酒精生成速率越快，但是两者的最终浓度却很低。相反，降低发酵温度虽然减慢了菌体生长和酒精生成的初期速率，但却大大提高了两者的最终浓度。因此，恒温发酵并不是酒精高效率生产的最优途径。变温发酵，即在发酵初期，保持高温促进细胞的增殖生长，加快发酵的初速率，然后逐步降低温度以保持细胞的发酵活力，促进酒精的生成，可能会取得比恒温发酵更好的性能和效果。这时，发酵温度应该存在着一个最优"轨道"。利用最大原理求解上述最优温度轨道，并将其应用于实际，有望在发酵时间相同的条件下，提高酒精的最终浓度，达到过程最优化控制的目的。

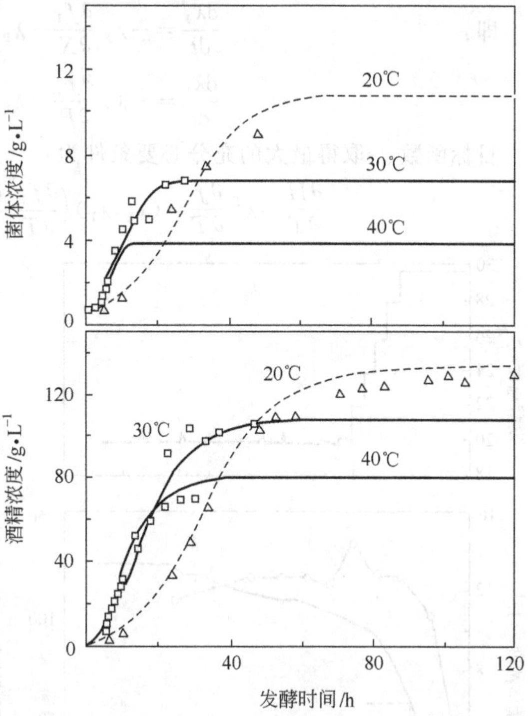

图 4-2 *Saccharomyces cereviae* HUT 7107 在不同温度下的生长和酒精生成曲线

酒精间歇发酵过程的状态方程式可以具体表示成：

$$\frac{dX}{dt}=f_1=\mu(T,\ P)X$$

$$=k_1(T)\exp\left[-k_2(T)\int_0^t P^n d\tau\right]X \tag{4-32a}$$

$$\frac{dP}{dt}=f_2=[\alpha\mu(T,\ P)+\beta(T,\ P)]X=\left\{\alpha k_1(T)\exp\left[-k_2(T)\int_0^t P^n d\tau\right]+\beta(T,\ P)\right\}X \tag{4-32b}$$

其中，
$$\beta(T,\ P)=k_3(T)\exp\left[-k_4(T)\int_0^t P^n d\tau\right]$$

$$k_i(T)=A_i\exp\left[-\frac{E_i}{R(273+T)}\right](i=1,4)$$

$$X(0)=X_0,\ P(0)=P_0$$

式(4-32) 中的 X、P、T 分别表示菌体和酒精的浓度，以及发酵温度。为使问题简单化，假定在间歇发酵过程中基质过量存在（过量投料），且其浓度不影响菌体的增殖速率和酒精的生成速率，因此状态方程式中没有包含有关基质浓度 S 的式子。另外，菌体的增殖速度和酒精的生成速率仅仅和发酵温度以及酒精浓度［从发酵开始到时刻 t 所遭受到的酒精抑制的累计，式(4-32) 中的积分项］有关，酒精生成速率则遵从部分生长偶联的模式。模型参数 $k_i(i=1,4)$仅是发酵温度 T 的函数，并均遵从阿累尼乌斯的方程形式(Arrhenius relationship)。

最优化控制的目标函数 J：就是在终端时刻 τ 指定的条件下，通过调节温度轨道，使得最终酒精浓度 $P(\tau)$最大（酒精生产强度也同时取得最大），即：$J=P(\tau)$。

根据最大原理，Hamilton 函数 H、伴随方程式和伴随变量 λ 的终端值分别可以表示成：

$$H=\lambda^T f(T,X,P)=(\lambda_X,\lambda_P)(f_1,f_2)^T=\lambda_X f_1+\lambda_P f_2 \tag{4-33}$$

$$\frac{d\lambda}{dt}=\begin{pmatrix}\frac{d\lambda_X}{dt}\\ \frac{d\lambda_P}{dt}\end{pmatrix}=-\left(\frac{\partial H}{\partial X}\right)^T=-\frac{\partial}{\partial x}(\lambda_X f_1+\lambda_P f_2)^T=-\begin{pmatrix}\lambda_X\frac{\partial f_1}{\partial X}+\lambda_P\frac{\partial f_2}{\partial X}\\ \lambda_X\frac{\partial f_1}{\partial P}+\lambda_P\frac{\partial f_2}{\partial P}\end{pmatrix} \tag{4-34}$$

即：

$$\frac{d\lambda_X}{dt}=-\lambda_X\frac{\partial f_1}{\partial X}-\lambda_P\frac{\partial f_2}{\partial X}\quad[\lambda_X(\tau)=0]$$

$$\frac{d\lambda_P}{dt}=-\lambda_X\frac{\partial f_1}{\partial P}-\lambda_P\frac{\partial f_2}{\partial P}\quad[\lambda_P(\tau)=1]$$

目标函数 J 取得最大的充分必要条件为：

$$\frac{\partial H}{\partial T}=\lambda^{T}\frac{\partial f}{\partial T}=(\lambda_X,\lambda_P)\left(\frac{\partial f_1}{\partial T},\frac{\partial f_2}{\partial T}\right)^{T}=\lambda_X\frac{\partial f_1}{\partial T}+\lambda_P\frac{\partial f_2}{\partial T}=0 \tag{4-35}$$

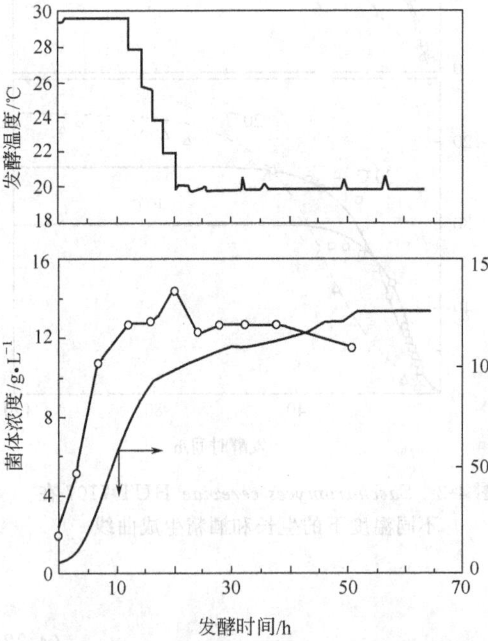

图 4-3　酒精间歇发酵温度最优化控制的实验结果

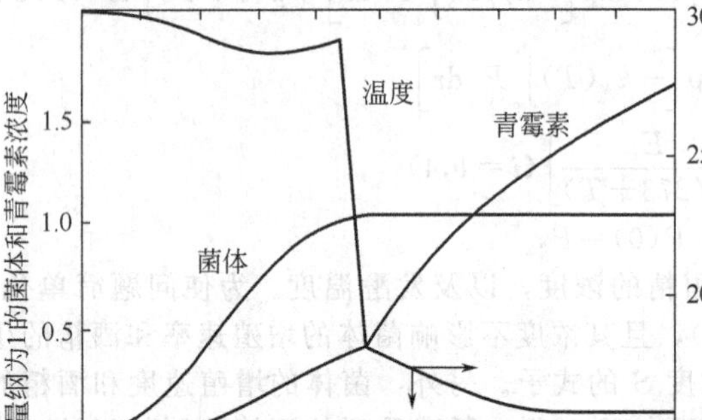

图 4-4　青霉素间歇发酵温度最优化控制的结果

为求解计算上述最优化温度控制轨道的数值解，必须对求解过程做一些必要的简化。首先要把用常微分方程组描述的连续过程离散化。这里，将整个发酵过程在时间域上分成 N 个子空间，并假定在每个子空间上，发酵温度为一定值，第 i 个子空间上的温度用符号 T_i 表示。如果可以数值求解出各子空间的 $\partial H_i/\partial T_i$ 值，则可以利用以下的"梯度法"，以逐次迭代的方式计算出各子空间的最优温度，进而得到整个发酵过程的最优温度轨道（曲线）。

$$T_i^{(n)}=T_i^{(n-1)}+\delta\left(\frac{\partial H_i}{\partial T_i}\right)^{(n-1)} \tag{4-36}$$

$$(i=1,2,\cdots,N)$$

式中，上标"n"表示迭代计算次数，即第 n 次的迭代；δ 表示梯度迭代搜索的步长，通常取一个很小的数值。很显然，要计算求解各子空间 i 的 $\partial H/\partial T_i$ 的值，就必须先假定子空间的初始温度 $T_i(i=1,2,\cdots,N)$ 和伴随变量的初始值 $\lambda_X^{(0)}$、$\lambda_P^{(0)}$，再利用状态方程式(4-32) 和式(4-34)、式(4-35)，求解出各个子空间的 $\lambda_X^{(i)}$、$\lambda_P^{(i)}$、$\partial f_1^{(i)}/\partial T$ 和 $\partial f_2^{(i)}/\partial T$ 的值。当所有时间子空间上的 $\partial H_i/\partial T_i$ 的值减小到某一预先规定的收敛值，且伴随变量的终值 $\lambda_X(\tau)$ 和 $\lambda_P(\tau)$ 满足式(4-34) 的终端条件，迭代计算终止、"最优温度轨道"算出；否则，将不断地改变初始温度轨道 T_i $(i=1,2,\cdots,N)$ 和伴随变量的初始值 $\lambda_X^{(0)}$、$\lambda_P^{(0)}$，重复上述迭代计算。限于篇幅，具体、详细的计算步骤在此忽略。

图 4-3 是使用上述数值计算得到的最优温度曲线，进行酒精间歇发酵最优化控制的实验结果。这里，操作变量温度 T 边界条件为 20℃$\leqslant T(t)\leqslant$30℃。实验结果表明，与温度定值控制相比，终端时刻（约 65h）相同时，温度最优化控制下的最终酒精浓度提高了约 6%～7%。

与上述酒精间歇发酵相类似，图 4-4 是青霉素间歇发酵中温度最优化控制的结果。这里，青霉素是发酵的次级代谢产物，其生成遵从典型的生长非耦联型的模式。菌体的比增殖速率和青霉素的比生成速率均为操作变量——温度 T 的函数。最优化控制的目标函数是让发酵结束时青霉素的浓度最大。最优化控制的结果将发酵过程分成两个阶段：①在高温（30℃）条件下大量增殖培养得到青霉素生产菌体；②菌体停止生长后，将温度切换到低温（16℃），大量生产青霉素。

第三节　格林定理及其在发酵过程最优化控制中的应用

一、格林定理

格林定理（Green theorem）可以将一个解线积分的问题转变成解面积分（二重积分）的问题，高等数学的教科书已经对格林定理进行了详细的介绍。假定 x_1 和 x_2 是两个独立的自变量，在 x_1-x_2 平面上，两个变量的初始值（初始状态）和终端值（终端状态）分别用 $I(x_{10},x_{20})$ 和 $F(x_{1f},x_{2f})$ 来表示。$U(x_1,x_2)$ 和 $V(x_1,x_2)$ 分别是由初始点 I 到终点 F，再由点 F 返回到点 I 所形成的逆时针闭曲线 Γ 上的、有关独立自变量 x_1 和 x_2 的函数。这时，如果逆时针闭曲线 Γ 所包围的面积（领域）用 Σ 来表示的话，则以下线积分和二重积分的关系成立，即：

$$\oint_{\Gamma}[U(x_1,\ x_2)\mathrm{d}x_1+V(x_1,\ x_2)\mathrm{d}x_2]=\int_{\Gamma_1}U\mathrm{d}x_1+V\mathrm{d}x_2+\int_{\Gamma_2}U\mathrm{d}x_1+V\mathrm{d}x_2$$
$$=\iint\limits_{\Sigma}\left(\frac{\partial V}{\partial x_1}-\frac{\partial U}{\partial x_2}\right)\mathrm{d}x_1\mathrm{d}x_2 \tag{4-37}$$

格林定理可以用来进行发酵过程最优化控制的分析和计算，即用来确定最优操作变量的时间轨道。与最大原理相比，格林定理的应用范围比较小，它只适合于求解只有两个状态变量时的最优化控制轨道。但是，它却具有简单、直观、易于在 x_1-x_2 的平面图上进行分析和解释的特点（图 4-5）。

二、利用格林定理求解流加培养（发酵）的最短时间轨道问题

在面包酵母的流加培养中，从最原始的状态方程式［式(3-5)］出发，有关细胞的物质平衡式可以写成：

$$\frac{\mathrm{d}(XV)}{\mathrm{d}t}=\mu(S)XV \tag{4-38a}$$

式中，X 是菌体浓度；V 是发酵液体积；$\mu(S)$是菌体的比增殖速率，假定是基质浓度 S 的函数。令 $x_1\equiv XV$，表示菌体的总量（g），代入式(4-38a) 变形后可以得到：

$$\tau=\int_0^{\tau}\mathrm{d}t=\int_{x_{10}}^{x_{1f}}\frac{\mathrm{d}x_1}{\mu(S)x_1} \tag{4-38b}$$

式中，τ 表示菌体总量由 $x_{10}=X(0)V(0)$ 增加到 $x_{1f}=X(f)V(f)$ 时所需要的流加培养时间。为提高发酵罐的使用效率，希望该时间越短越好。这样，如果指定菌体总量的初始条件 I 和终端条件 F，那么求解最短流加培养时间轨道的问题实际上就等同于在指定终端时刻的条件下，目的产物总量最大化的最优化控制问题。下面以图 4-6 为例来探讨和分析这个最短流加培养时间轨道的问题。在x_1-x_2 平面上，初始状态和终端状态分别用 $I(x_{10},x_{20})$ 和 $F(x_{1f},x_{2f})$ 来表示，状态变量 x_1 是菌体的总量，x_2 是基质浓度 $S(x_2=S)$。很显然，由于式(4-38b) 的从 I 点到 F 点的线积分不涉及对 $\mathrm{d}x_2$ 的积分，因此，式(4-37) 中的$U=1/[\mu(x_2)x_1]=1/[\mu(S)x_1]$；$V=0$。流加培养过程可以按照上凸途径 IQF 以时间 τ_1 从起始点 I 达到终点 F，也可以按照下凹途径 IPF 以时间 τ_2 从起始点 I 达到终点 F。根据格林定理和式(4-38b)：

$$\tau_2+(-\tau_1)=\oint_{IPFQI}\frac{\mathrm{d}x_1}{\mu(S)x_1}=\int_{IPF}\frac{\mathrm{d}x_1}{\mu(S)x_1}+\int_{FQI}\frac{\mathrm{d}x_1}{\mu(S)x_1}$$
$$=\iint\limits_{\Sigma}\left(\frac{\partial V}{\partial x_1}-\frac{\partial U}{\partial x_2}\right)\mathrm{d}x_1\mathrm{d}x_2=\iint\limits_{\Sigma}-\frac{\partial U}{\partial x_2}\mathrm{d}x_1\mathrm{d}x_2$$
$$=\iint\limits_{\Sigma}-\frac{\partial}{\partial S}\left(\frac{1}{\mu(S)x_1}\mathrm{d}x_1\mathrm{d}S\right) \tag{4-39}$$

$$\therefore\ \tau_2-\tau_1=\int_{IPF}\frac{\mathrm{d}x_1}{\mu(S)x_1}+\int_{FQI}\frac{\mathrm{d}x_1}{\mu(S)x_1}$$

$$=\iint_{\Sigma}\frac{1}{\mu^{2}(S)x_{1}}\frac{\partial\mu(S)}{\partial S}\mathrm{d}x_{1}\mathrm{d}S$$

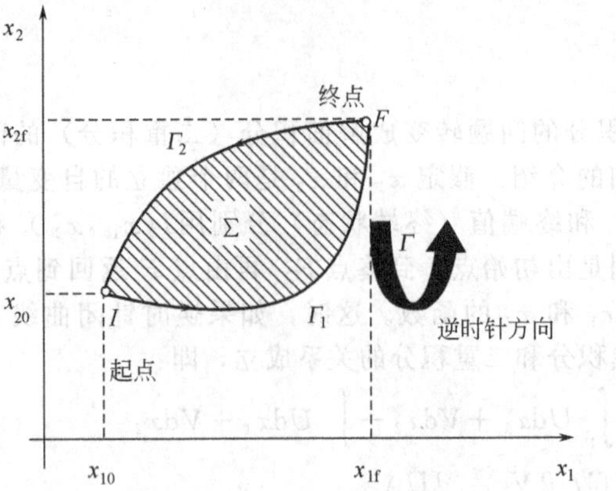

图 4-5 格林定理的简易图示

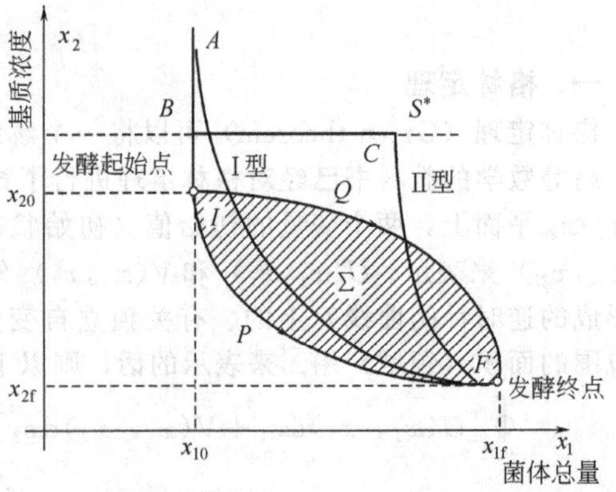

图 4-6 利用格林定理确定流加培养的最优流加方式

式(4-39) 中 $1/[\mu^2(S)x_1]>0$，则 τ_1 和 τ_2 的大小完全取决于$\partial\mu(S)/\partial S$ 的符号。若$\partial\mu(S)/\partial S>0$，则 $\tau_1<\tau_2$，也就是说流加培养过程以上凸途径由起始点向终点靠近为好；若$\partial\mu(S)/\partial S<0$，则 $\tau_1>\tau_2$，也就是说流加培养过程以下凹途径由起始点向终点靠近为好。

如果比增殖速率 $\mu(S)$ 遵从式(3-13) 的 Monod 模型——Ⅰ型，则：

$$\mu(S)=\frac{\mu_m S}{K_S+S},\ \frac{\partial\mu(S)}{\partial S}=\frac{\mu_m K_S}{(K_S+S)^2}>0 \quad \therefore \tau_1<\tau_2$$

如果比增殖速率 $\mu(S)$ 遵从式(3-14) 的底物抑制模型——Ⅱ型，则：

$$\mu(S)=\frac{\mu_m S}{K_S+S+S^2/K_I}$$

$$\text{则当 } S<S^*=\sqrt{K_S K_I}\text{ 时，}\frac{\partial\mu(S)}{\partial S}=\frac{\mu_m(K_S-S^2/K_I)}{(K_S+S+S^2/K_I)^2}>0\Longrightarrow\tau_1<\tau_2$$

因此，只要流加培养过程的初始基质浓度较低（$x_{20}=S_0<S^*$），无论比增殖速率 $\mu(S)$ 遵从何种模型，都有 $\tau_1<\tau_2$ 的关系存在，流加培养过程都将以上凸途径由起始点向终点靠近为好。具体的最优流加方式如下（图4-6）。

① Ⅰ型：沿 $I—A—F$ 轨道进行操作，即首先沿 IA 途径以最大流加速度进行投料，充分提高培养罐内的基质浓度，直到培养液体积达到其终端条件 $V(t_f)$；然后再沿 AF 途径进行间歇培养，直到细胞总量满足其终端条件 x_{1f} 的要求。基质流加方式实际上就是图 4-1(b) 所示的组合方式。

② Ⅱ型：沿 $I—B—C—F$ 轨道进行操作，即首先沿 IB 途径以最大流加速度进行投料，直到基质浓度达到 S^*（此时比增殖速度最大）；再沿 BC 途径以奇异控制的方式流加基质，并将基质浓度控制在 S^* 的水平上，直到培养液体积达到其终端条件 $V(t_f)$；最后沿 CF 途径进行间歇培养，直到细胞总量满足其终端条件 x_{1f} 的要求。基质流加方式实际上就是图 4-1(c) 所示的组合方式。

如果流加培养过程的初始基质浓度较高时（$x_{20}=S_0>S^*$），仍然可以利用格林定理来确定最优流加方式(因篇幅关系，具体的流加组合方式讨论在此省略)。很显然，使用格林定理确定流加培养过程的最优基质流加方式和轨道，可以得到与使用最大原理相同的结果。格林定理利用 x_1-x_2 平面图对优化轨道进行分析和解释，因此，与最大原理相比较，它更为直观和简单。但是，由于格林定理仅适用于二维的平面空间，它不能用来求解二维以上的，也就是说具有三个（或以上）状态变量的过程的最优化控制问题。

三、格林定理在乳酸菌过滤培养最优化控制中的应用

考虑以大量生产乳酸菌为目标的连续过滤培养过程。生长偶联型乳酸菌培养过程中，代谢产

物乳酸的不断生成积累，大大降低了乳酸菌的增殖速率。因此，可以使用一个膜过滤装置来不断地除去生成的乳酸，从而保证菌体生长不受乳酸抑制的影响，提高乳酸菌的生产强度。过滤除去乳酸后，还要不断地加入新鲜培养基来补偿发酵罐内培养液的损失，保持发酵体积的一定。在保证发酵罐内营养充足、基质浓度适当过量的条件下，乳酸菌的比增殖速率 μ 和乳酸的比生成速率 ρ 仅仅与乳酸的浓度有关。乳酸菌连续过滤培养过程的状态方程式可以简化成：

$$\frac{\mathrm{d}X}{\mathrm{d}t}=\mu(P)X \tag{4-40a}$$

$$\frac{\mathrm{d}P}{\mathrm{d}t}=-DP+\rho(P)X,\ D\equiv F/V \tag{4-40b}$$

式中，X、P、D、F 和 V 分别表示菌体浓度、乳酸浓度、稀释率、膜过滤器的过滤抽取速率和发酵液体积，稀释率 D 为乳酸菌过滤培养过程的操作变量。与前面的流加培养过程的最优化控制问题一样，乳酸连续培养的最优化控制也等同于求解最短时间控制轨道。此时，最优化控制的目标函数可以写成：

$$\min_{D(t)}\tau=\int_0^{\tau}\mathrm{d}t=\int_{X(0)}^{X(\tau)}\frac{\mathrm{d}X}{\mu(P)X}=\int_{X(0)}^{X(\tau)}g(X,\ P)\mathrm{d}X \tag{4-41}$$

$$g(X,P)=\frac{1}{\mu(P)X}$$

式(4-41) 中的从初始状态 I 到终端状态 F 的线积分不涉及对 $\mathrm{d}P$ 的积分，因此，$U(X,P)=g(X,P)=1/[\mu(P)X]$；$V(X,P)=0$。

乳酸过滤培养过程可以按照上凸途径 Γ_2 以时间 τ_2 从起始点 I 达到终点 F，也可以按照下凹途径 Γ_1 以时间 τ_1 从起始点 I 达到终点 F。根据格林定理和式(4-41)：

$$\begin{aligned}\tau_1+(-\tau_2)=\tau_1-\tau_2&=\oint_{\Gamma}\frac{\mathrm{d}X}{\mu(P)X}=\int_{\Gamma_1}\frac{\mathrm{d}X}{\mu(P)x_1}+\left(-\int_{\Gamma_2}\frac{\mathrm{d}X}{\mu(P)X}\right)\\&=\int_{\Gamma_1}\frac{\mathrm{d}X}{\mu(P)x_1}-\int_{\Gamma_2}\frac{\mathrm{d}X}{\mu(P)X}\\&=\iint_{\Sigma}\left(\frac{\partial V}{\partial X}-\frac{\partial U}{\partial P}\right)\mathrm{d}X\mathrm{d}P=\iint_{\Sigma}-\frac{\partial}{\partial P}\left(\frac{1}{\mu(P)X}\mathrm{d}X\mathrm{d}P\right)=\iint_{\Sigma}\frac{\mu'(P)}{\mu(P)^2X}\mathrm{d}X\mathrm{d}P\end{aligned} \tag{4-42}$$

即

$$\tau_1-\tau_2=\iint_{\Sigma}\frac{\mu'(P)}{\mu(P)^2X}\mathrm{d}X\mathrm{d}P$$

式中，$\mu'(P)$ 表示菌体比增殖速率对于乳酸浓度 P 的偏导数。$\mu'(P)<0$，表明乳酸属于增殖抑制型的代谢产物，乳酸浓度 P 越高，菌体比增殖速率 μ 就越小。从式(4-42) 可以知道，$\tau_1<\tau_2$，也就是说乳酸连续过滤培养过程应该以下凹途径由起始点向终点靠近。理论上，最优过滤抽提方式应该是沿 I—A—B—F 轨道进行操作（图 4-7）。即首先沿 IA 途径以最大稀释率进行过滤抽取，迅速将发酵罐内的乳酸浓度降到接近于 0 的低水平；然后再沿 AB 途径，通过控制稀释率 $D(t)$ 连续过滤抽取乳酸，并将乳酸浓度持续控制在接近于 0 的水平，最大限度地提高菌体的增殖速率，直到菌体浓度接近其终端浓度 $X(\tau)$；最后，停止过滤，在高菌体浓度下，乳酸浓度迅速上升到所指定的终端浓度 $P(\tau)$。

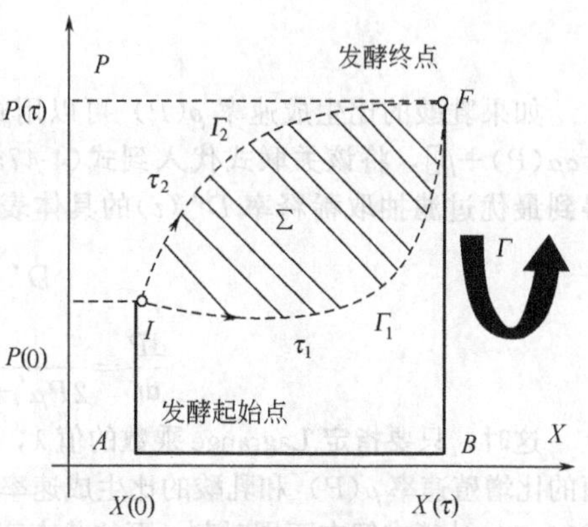

图 4-7　利用格林定理确定乳酸菌过滤培养的最优过滤抽提方式

这种操作方式实际上是不可行的。在此条件下（P 约为 0），稀释率趋近于无穷大［$D(t)\to\infty$］才能满足要求。此时，大量新鲜的培养基要被白白地消耗。于是，必须要对培养基的总使用量，也就是发酵液的过滤抽取总量加以一定的限制条件。这时，最优化的目标函数式(4-41) 可以改写为：

$$\min_{D(t)} \tau = \int_0^{\tau} dt = \int_{X(0)}^{X(\tau)} \frac{dX}{\mu(P)X} = \int_{X(0)}^{X(\tau)} g(X,\ P)dX \tag{4-43a}$$

限制条件：$$\int_0^{\tau} D(t)dt = C \tag{4-43b}$$

由于发酵罐中的装料体积不变，上述限制条件实际上就是要求培养基的总使用量或者说发酵液的过滤抽取总量不能超过某一定值（C）。将式(4-40b) 变形得到有关 $D(t)$ 的表达式，再将该表达式和式(4-40a) 代入到式(4-43b) 中可以得到：

$$\int_0^{\tau} D(t)dt = \int_0^{\tau} \frac{\rho(P)X - dP/dt}{P}dt = \int_0^{\tau} \frac{\rho(P)X}{P}dt - \int_0^{\tau} \frac{dP}{P} = C$$

$$\therefore \int_{X(0)}^{X(\tau)} \frac{\rho(P)X}{P} \frac{dX}{\mu(P)X} = \int_{X(0)}^{X(\tau)} \frac{\rho(P)}{P\mu(P)}dX = C + \int_0^{\tau} \frac{dP}{P} = C + \ln\left[\frac{P(\tau)}{P(0)}\right] = C^* \tag{4-44}$$

即，限制条件：$\int_{X(0)}^{X(\tau)} \eta(X,\ P)dX = \int_{X(0)}^{X(\tau)} \frac{\rho(P)}{P\mu(P)}dX = C^*$，其中 $\eta(X,P) = \frac{\rho(P)}{P\mu(P)}$

求解带有限制条件的最优化控制的问题，通常可以通过引入一个 Lagrange 乘数 λ 来解决。这时，将 $U^*(X,P)$ 定义为：

$$U^*(X,P) = g(X,P) + \lambda\eta(X,P) = \frac{1}{\mu(P)X} + \frac{\lambda\rho(P)}{\mu(P)P} \tag{4-45}$$

则按照格林定理和前边的讨论，式(4-46) 成立：

$$\begin{aligned}\tau_1 - \tau_2 &= \oint_{\Gamma} U^*(X,\ P)dX = \int_{\Gamma_1} U^*(X,\ P)dX - \int_{\Gamma_2} U^*(X,\ P)dX \\ &= \iint_{\Sigma}\left(\frac{\partial V}{\partial X} - \frac{\partial U^*}{\partial P}\right)dXdP = \iint_{\Sigma} -\frac{\partial U^*}{\partial P}dXdP = \iint_{\Sigma} \tilde{\omega}(X,\ P)dXdP\end{aligned} \tag{4-46}$$

其中 $\tilde{\omega}(X,P) = -\frac{\partial g(X,P)}{\partial P} - \lambda\frac{\partial \eta(X,P)}{\partial P}$

这时，对于指定的过程初始状态 $[X(0),P(0)]$、终端状态 $[X(\tau),P(\tau)]$、限制条件 C，以及特定的 Lagrange 乘数的值 λ，过程将以某一特定的轨道从初始点向终端点迁移。其中 $\tilde{\omega}(X,P)=0$ 所对应的轨道确保过程能够以最短时间由初始点向终端点靠近。同时，对于有限的时间空间而言，在该轨道上，$\tilde{\omega}(X,P)$不应该随培养时间的变化而变化，即 $d\tilde{\omega}(X,P)/dt=0$。所以，在操作变量，稀释率 $D(t)$ 带有限制条件时，连续过滤培养过程取得最短时间控制的充分必要条件为：

$$\tilde{\omega}(X,P) = -\frac{\partial g(X,P)}{\partial P} - \lambda\frac{\partial \eta(X,P)}{\partial P} = 0 \tag{4-47a}$$

$$\frac{d\tilde{\omega}(X,P)}{dt} = 0 \tag{4-47b}$$

如果乳酸的比生成速率 $\rho(P)$ 可以用式(3-25) 的形式与菌体比增殖速率$\mu(P)$ 相关联 $[\rho(P)=\alpha\mu(P)+\beta]$，将该关联式代入到式(4-47a) 和式(4-47b) 中，并与式(4-40a) 联立求解，就可以得到最优过滤抽取稀释率 $D^*(t)$的具体表现形式：

$$D^*(t) = \frac{\rho X - dP/dt}{P}$$

$$\frac{dP}{dt} = \frac{-\lambda X\mu(\mu\rho + \beta P\mu')}{2P\mu' + P^2\mu'' + \lambda X(2\mu'\rho + \beta P\mu'')} \tag{4-48}$$

这时，只要指定 Lagrange 乘数的值 λ，给定状态变量 X 和 P 的初始值 $X(0)$ 和 $P(0)$，知道乳酸菌的比增殖速率 $\mu(P)$ 和乳酸的比生成速率 $\rho(P)$ 的具体表现形式，就可以利用状态方程式(4-40) 和式(4-48) 计算求解在不同时刻 t 下的状态变量 $X(t)$和 $P(t)$，以及最优操作变量——稀释率 $D(t)$ 的变化轨道，进而实现过程的最优化控制。式(4-48) 中的 μ'和 μ''分别是比增殖速率 μ 对于乳酸浓度的一阶和二阶导数。

首先利用乳酸间歇发酵的实验结果，对状态方程式(4-40) 进行拟合，得到过程动力学模型以及模型参数如下：

$\mu(P)=\mu_m \exp(-aP+b)$；

$\rho(P)=\alpha\mu(P)+\beta$；

当 $P<22g/L$ 时，$a=0.0465$，$b=0.0028$；

当 $P\geq 22g/L$ 时，$a=0.202$，$b=3.110$；

$\alpha=4.23$，$\beta=0.08$。

根据上述模型和参数、状态方程式(4-40) 和最优操作变量 $D(t)$的公式［式(4-48)］，通过计算机模拟计算可以得到对应于不同 Lagrange 乘数值 λ 下的操作变量——稀释率 $D(t)$的时间轨道，以及菌体浓度和乳酸浓度随时间的变化曲线（图 4-8）。

如图 4-8 所示，Lagrange 乘数值 λ 是对总过滤抽取量的一种限制。λ 越大，在相同发酵时刻下，稀释率越小，乳酸浓度越高，菌体的浓度也就越低。图 4-9 是乳酸菌连续过滤培养过程中，定值控制和最优化控制性能的模拟计算结果。图 4-10 则是使用连续过滤操作，将乳酸浓度定值控制在 20g/L 的水平下，乳酸菌培养的实验结果。图 4-9 的模拟计算结果表明，最优化控制的性能明显优于乳酸定值控制的性能，特别是在培养基使用总量较大（对应于一个较小 λ）条件下的高密度细胞培养时，其效果更为明显。比如说，当培养基使用总量被限定在 60L 时，菌体生产强度在使用最优化控制策略时可以达到 $13OD_{570}/h$，而其在使用乳酸浓度定值控制策略时仅为 $8.5OD_{570}/h$。

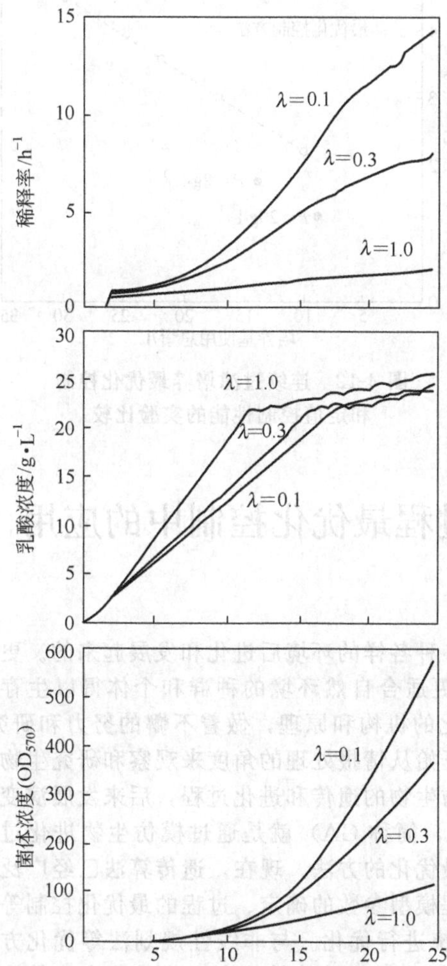

图 4-8　不同 λ 下的稀释率时间轨道，以及菌体浓度和乳酸浓度随时间的变化

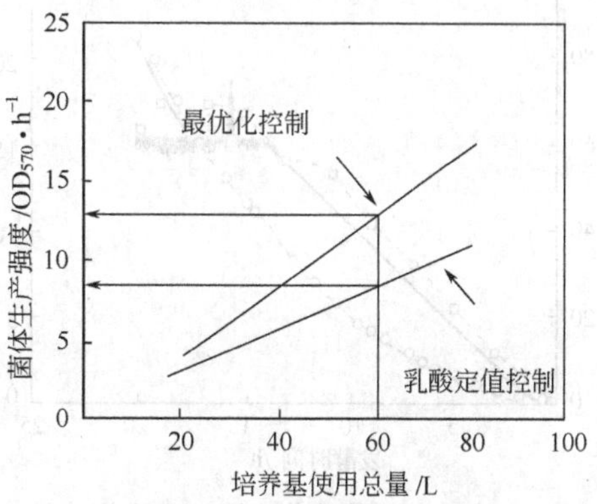

图 4-9　乳酸菌连续过滤培养过程中定值控制和最优化控制的性能比较

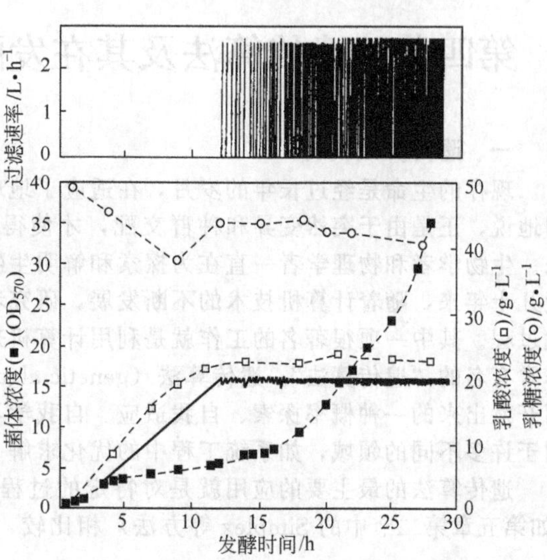

图 4-10　将乳酸浓度定值控制在 20g/L 时的乳酸菌连续过滤培养的实验结果

图 4-11 和图 4-12 分别是乳酸菌连续过滤培养的最优化控制实验结果，以及最优化控制与定值控制策略性能比较的实验结果。从图 4-11 中可以看出，采用最优化控制策略时，发酵液的过滤抽取在发酵开始约 3h 后就已经开始。培养 20h 后，菌体浓度达到 $85OD_{570}$❶，远远大于相同时间下定值控制的菌体浓度水平（$13OD_{570}$）。以菌体的平均生产强度对培养基使用总量作图，可以得到最优化控制和定值控制的性能比较的实验结果，见图 4-12。图中，○是在 4 种不同的培养基使用总量下、菌体生产强度最优化控制的实验结果；而●则是定值控制乳酸浓度时菌体生产强度的实验结果。对以上 6 次实验结果进行比较，从实验上验证了最优化控制在性能上明显优于乳酸定值控制这一结论。

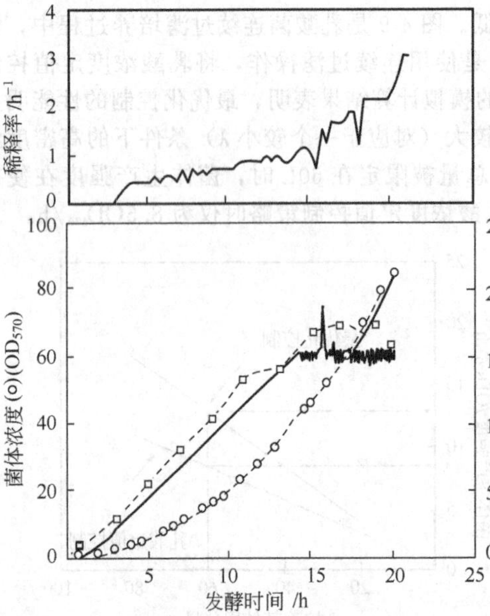

图 4-11 乳酸菌连续过滤培养最优化控制的实验结果

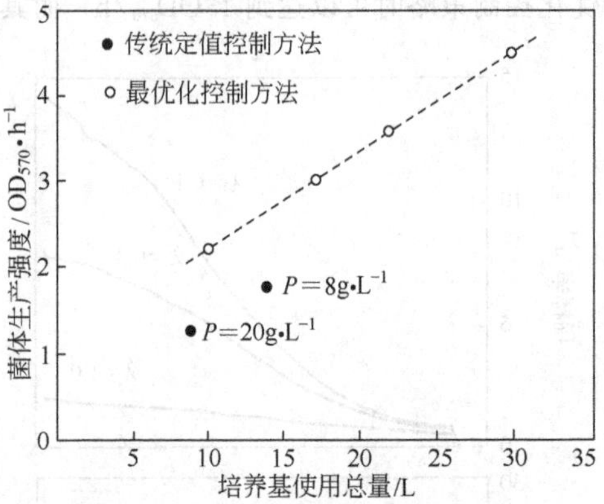

图 4-12 连续过滤培养最优化控制和定值控制性能的实验比较

第四节 遗传算法及其在发酵过程最优化控制中的应用

一、遗传算法简介

现存的生命是经过长年的岁月，在适应了地球上各种各样的环境后进化和发展起来的。更确切地说，正是由于突然变异和种群交配，才使得能够更适合自然环境的种群和个体得以生存下来。生物学者和物理学者一直在为探索和解明生物进化的机构和原理，做着不懈的努力和研究。近几十年来，随着计算机技术的不断发展，研究者们开始从情报处理的角度来观察和研究生物进化过程。其中一项很著名的工作就是利用计算机来模仿生物的遗传和进化过程，后来发展演变成非常有名的“遗传算法”。遗传算法（genetic algorithm，简称 GA）就是通过模仿生物进化过程而开发出来的一种概率探索、自我适应、自我学习和最优化的方法。现在，遗传算法已经广泛应用于许多不同的领域，如系统工程中的优化求解、过程模型参数的确定、过程的最优化控制等。

遗传算法的最主要的应用就是对特定的过程和系统进行优化。与非线性规划法等优化方法（如第五章第二节中的 Simplex 等方法）相比较，遗传算法具有计算精度高、收敛速度快等许多

❶ 其含义是：将发酵液适当稀释，使其光学密度在分光光度计的线性测量范围之内，然后在 570nm 波长下进行测定，最后将测定值乘以其稀释倍数所得的数值，即 85。——编者注

优点。使用遗传算法得到的优化解为全局最优解而且一般不受初始条件的影响和限制，这一特性特别适合于具有复杂和高度非线性化特征的生物过程。遗传算法在发酵过程中的应用主要包括过程的最优化控制——求解最优控制轨道（最优温度轨道、最优基质流加轨道等）、优化发酵培养基、确定生物反应模型的参数等。

二、遗传算法的算法概要及其在重组大肠杆菌培养的最优化控制中的应用

遗传算法的计算方法各式各样。这里，以单纯的遗传算法（simple genetic algorithm，SGA）为中心，对遗传算法进行介绍。

生物体的特征是由基本构成单位——基因（gene）所组成的染色体又称个体（chromosome）来加以显示的。而生物体本身又是由多个这样的染色体所形成的集团或种群（population）所构成的。每一个染色体由多个基因所构成，每一个基因所处在的位置被称为基因座（locus）。染色体的数量则称之为种群数（population size）。所形成的生物体要通过其在外界环境下生存的适应度（fitness）来进行评价、筛选和生存竞争。按照“优胜劣汰，适者生存”的原则，适应度较高的个体以较高的概率得以生存和传代，而适应度较低的个体则在种群选择的过程中被逐步淘汰掉。在竞争中存活下来的生物个体，要与其他的个体进行交配，繁殖自己的子孙。另外，染色体中的一部分基因还要经受突然变异（mutation）而发生变化。不断地重复上述操作保证了生物个体进化的不断进行，而操作循环的次数也称之为传代数（generation）。

下面以基因重组大肠杆菌培养生产有用蛋白酶的过程为例，介绍遗传算法的具体运算规则以及在生物过程最优化控制中的应用。使用基因重组工程菌进行外源蛋白的过量生产，会造成宿主菌体的衰亡死灭或者增殖速率的降低。另外，担任传递遗传情报任务的质粒体也会不断地脱落，这大大降低了遗传物质的表达或生产效率。为解决上述问题，常常需要将培养时间分成菌体增殖和遗传物质生产这样两个不同的阶段，来进行基因重组工程菌的培养和遗传物质的有效生产。这时，如果在宿主中引入λ噬菌体由来的 P_R 和 P_L 启动子，在温度感受性的调节蛋白 cI857 存在的条件下，就可以用温度来调节和控制基因复制和传递的活性。一般来说，提高诱导温度可以提高蛋白质的表达效率，但活菌的死亡速率也同时加大。诱导温度低则反之。因此，分两阶段在不同的温度下进行培养的策略是非常有效的：首先在低温（30～34℃，pH=7.0）条件下进行菌体培养，通过抑制遗传物质的表达、大量地增殖菌体，尽可能地提高菌体的浓度；当菌体达到一定的高浓度水平后，将培养温度上升到 40～42℃来提高蛋白质的表达效率，开始遗传物质的大量生产。

菌体浓度和遗传产物浓度的过程状态方程式和动力学模型如下所示：

$$\frac{dX_V^+}{dt}=-d(\mathrm{pH},T,t)X_V^+ \tag{4-49a}$$

$$\frac{dP}{dt}=\rho(\mathrm{pH},T,t)X_V^+ \tag{4-49b}$$

式中，X_V^+ 表示带质粒体的生菌浓度；P 表示遗传产物——β-半乳糖苷酶的浓度；d 和 ρ 分别表示菌体的比死灭速度和遗传产物的比生成速度，它们分别是培养温度和 pH 的函数（假定函数形式已知）。最优化控制的目的就是寻找和确定产物诱导期（发酵第二阶段）的最优温度和 pH 的时间轨道，使得发酵结束时（$t=\tau$）遗传产物的浓度最大，即：

$$J=\underset{\mathrm{pH},T}{\mathrm{Max}}[P(\tau)] \tag{4-50}$$

在状态方程式和动力学模型已知的条件下，当然可以利用最大原理或者格林定理的方法来求解最优化控制的温度和 pH 的时间轨道。这里，结合本节的特点和内容覆盖层面，利用遗传算法来求解上述最优化控制的问题。同时把它作为一个例子，在例子求解过程中介绍遗传算法的具体运算规则和步骤。

利用遗传算法求解上述最优化控制问题的具体步骤如下。

① 先在时间域上，将诱导开始到培养结束的时间空间分成 N 等份，并假定每一时间空间(间隔）上的温度和 pH 为定值。计算机随机地产生图 4-13 所示的完全由二进文字序列（或 0 或 1）构成的初代染色体种群 M 个。种群数量 M 的选择取决于过程对于计算精度、计算量以及收

敛速度的要求。每一个染色体就代表一条完整的温度和 pH 的时间轨道。而每一个时间空间上的温度和 pH 的数值就是构成该染色体的基本单位——基因。根据图 4-13，每一个染色体含有 $2N$ 个基因，其中温度的基因数为 N 个，pH 的基因数也是 N 个。本例中，各染色体中温度的基因序列长度为 8bits，pH 为 4bits。基因序列长度的选取原则主要也取决于所需要的各操作变量（温度和 pH）计算精度以及总计算量和收敛速度的要求。

② 染色体的各段基因序列的解码化。按照图 4-13 所示的方式，将各染色体中的各段基因序列由二进文字序列转变成十进制的数字序列。解码后的各染色体实际上就是操作变量（温度和 pH 时间轨道）的时间序列集合。这里，2^8 和 2^4 分别对应于温度和 pH 的基因序列长度，实际上它们代表温度和 pH 的分解精度。

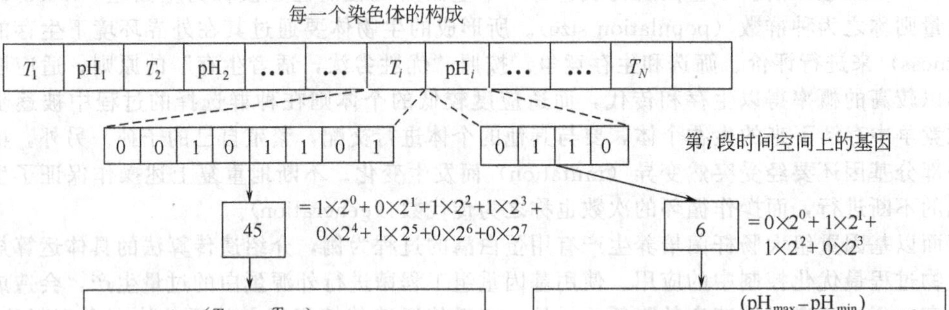

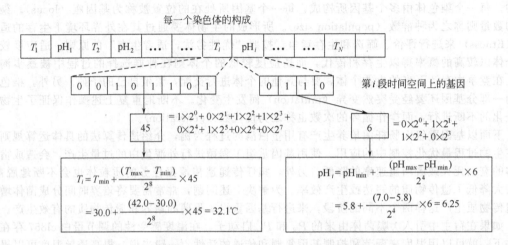

图 4-13 染色体的构成以及染色体中各基因序列的解码化

③ 求解各染色体的适合度。将解码后的各染色体（共 M 个），也就是 M 个不同的温度和 pH 的时间轨道，分别代入到状态方程式(4-49) 中积分求解（给定状态变量的初始条件），计算出指定的终端时刻下，对应于第 j 条染色体的遗传产物浓度 $P_j(\tau)$。如果把 $P^*(\tau)$ 设定为终端时刻下遗传产物浓度的期望值，则第 j 条染色体的适应度 f_j 可以用式(4-51) 来表示：

$$f_j=1-\frac{ABS[P^*(\tau)-P_j(\tau)]}{P^*(\tau)}\quad(0\leqslant f_j\leqslant1;\ j=1,2,\cdots,M)\tag{4-51}$$

由于最优化控制的目的就是要在终端时刻得到遗传产物的“最大”浓度，因此，一般情况下，要把 $P^*(\tau)$ 选成一个较大而且合理的数值，保证 $P^*(\tau)>P_j(\tau)$。

④ 染色体种群的选择——Roulett 圆盘选择法（roulett selection）。在求出所有 M 个染色体的适合度之后，用式(4-52) 的方法求出各染色体的适应度在所有染色体适应度的总和中所占有的比例，并将该比例定义成选择概率 S，然后利用人们最容易理解的 Roulett 圆盘选择法来确定进入下一代的染色体种群（图 4-14）。

$$S_j=\frac{f_j}{\sum_{i=1}^{M}f_i}\quad(j=1,2,\cdots,M)\tag{4-52}$$

在圆盘上标记上各染色体的选择概率 S 以及对应的圆弧面积，将圆盘按逆时针方向旋转。很显然，选择概率 S 越大，其对应的圆弧部分停留在停止位置上而被选择的概率

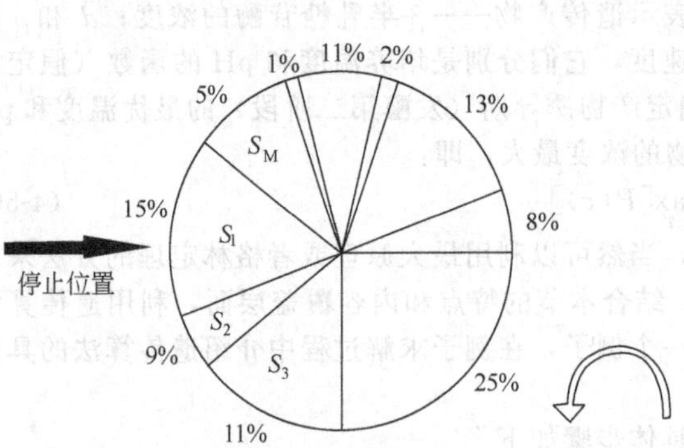

图 4-14 使用 Roulett 圆盘法选择进入下一代的染色体种群

也越大。将圆盘旋转 M 次，可以得到 M 个进入下一代的染色体种群。这样，适合度高的染色体进入下一代的可能性较大，适合度低的则较小，但也不是绝对没有可能。这种种群选择的方法充分体现了生物个体进化过程中的“优胜劣汰，适者生存”的原则。另外，在进行个体交叉和突然变异等“遗传操作”的时候，个体（染色体）非常容易受到破坏而消失。为防止适合度高的个体在“遗传操作”中被破坏，将种群中适合度最高的个体保留，让其不经过下一步的“遗传操作”而无条件进入到下一代的种群中去。这种方法称为 Elitist 保存选择法。一般情况下，在遗传算法中结合使用 Roulett 圆盘选择法和 Elitist 保存选择法来进行种群选择是比较常见的。除了以上两种种群选择方法之外，还有期待值法（expected value selection）、种子排序法（ranking selection）和分组淘汰法（tournament selection）等多种方法。由于篇幅关系就不在这里进行详细介绍了。

⑤ 交叉操作。从所选定的 M 个种群中任选两个个体（染色体）作为亲本交配个体，然后在其中一个亲本个体的基因序列中随机地选取一点或多点作为交叉操作的“交叉点（crossover point）”。按照图 4-15 所示的方式，在交叉点处亲本交配个体的基因序列进行交换，生成两个新的子代个体。再由计算机产生 [0，1] 范围内的随机数，当该随机数小于预先设定的交叉概率 P_C（probability of crossover）时，上述交叉操作进行；否则交叉操作将不进行。剩下的 $M-2$ 个个体（染色体）也按同样步骤进行交叉。取决于交叉概率的大小，原有的亲本个体，有的被交叉后产生的新的子代个体所取代，有的则保持不变。这样交叉操作即告完成。交叉方式主要有“一点交叉”（one point crossover 或 simple crossover）和“多点交叉”（multi-point crossover）两种方式，其细节如图 4-15 所示。

⑥ 突然变异操作。上述的“交叉”遗传操作，实际上是在上一代种群的范围内进行的操作，新的遗传个体的“遗传特性”都是从上一代亲本个体的基因序列中继承下来的。持续不断地在原有种群的基础上进行交叉操作，必然会导致“近亲繁殖”的恶果。从优化计算的角度上讲，交叉操作不可能会寻找求解到复杂函数和系统的全局优化解（global optimal solution），而很可能会使优化求解陷入到局部最优解（local optimal solution）之中。突然变异操作按照图 4-15 所示的方式，在染色体的某一基因序列上，用与其对立的基因序列与原有的基因序列进行置换，产生了完全不同于原有种群的新的个体，从而可以避免“近亲繁殖”的不良结果。正是由于突然变异操作的存在，保证了利用遗传算法的复杂函数或系统的优化计算可以寻找到全局的最优解。从 M 个种群中任选一个个体（染色体）作为亲本变异个体，然后在该亲本个体中随机地选取一段基因序列，用与其对立的基因序列对其进行置换。再由计算机产生 [0，1] 范围内的随机数，当该随机数大于预先设定的突然变异概率 P_M（probability of mutation）时，突然变异操作不进行；反之，则进行上述的突然变异操作。剩下的 $M-1$ 个个体也按同样步骤进行突然变异的遗传。由于突然变异可能会破坏由交叉操作所产生的优良个体，因此，一般情况下 P_M 应小于 P_C（$P_M<P_C$）。另外，如果 P_M 选择过大，优化计算实际上等同于“随机搜索”，这时，优化计算很难收敛。突然变异的方式主要有两种，即“变异（mutation）”和“逆位（inverse）”。“变异”就是用对立的基因序列对原有基因序列进行置换；而“逆位”则是将基因序列进行反转（图 4-15）。

交叉操作

单点交叉：

亲本个体 1：00110 | ***00101*** → 子代个体 1：00110 | ***11001***

亲本个体 2：01010 | ***11001*** → 子代个体 2：01010 | ***00101***

多点交叉：

亲本个体 1：001 | ***10001*** | 011 → 子代个体 1：001 | ***01110*** | 011

亲本个体 2：010 | ***01110*** | 000 → 子代个体 2：010 | ***10001*** | 000

突然变异操作

变异：

亲本个体：011 | ***00110*** | 001 → 子代个体：011 | ***11001*** | 001

逆位：

亲本个体：011 | ***11001*** | 001 → 子代个体：011 | ***10011*** | 001

图 4-15　遗传算法的交叉和突然变异操作

⑦ 重复步骤②～⑥，直到达到预先规定的最大传代数。

图 4-16 是利用遗传算法搜索遗传产物诱导生产期的重组大肠杆菌培养最优温度和 pH 的时间轨道，高效表达生产遗传产物 β-半乳糖苷酶的最优化控制的结果。最优化控制计算过程中所使

用的遗传算法的参数和方式方法如下：种群数 20；最大传代数 1000；交叉概率 P_C 为 1.0；交叉方法为两点交叉；突然变异概率 P_M 为 0.07；种群选择方式为 Roulett 圆盘选择法＋Elitist 保存选择法。在细胞增殖阶段，培养温度和 pH 分别保持在 30℃和 7.0 不变。培养进行到 8h 后诱导开始，温度从 30℃急剧上升到 37℃，然后再缓慢地由 37℃升至 42℃。pH 则从 7.0 下降到 5.8 之后，基本保持不变。这样，在尽量抑制生菌死灭的同时，逐步提高遗传产物的表达和生产速率。产物 β-半乳糖苷酶的总活性在培养结束时达到 15000 U/cm³，是所有培养实验中最高的，表明使用遗传算法对基因重组大肠杆菌培养过程进行最优化控制取得了良好的结果。

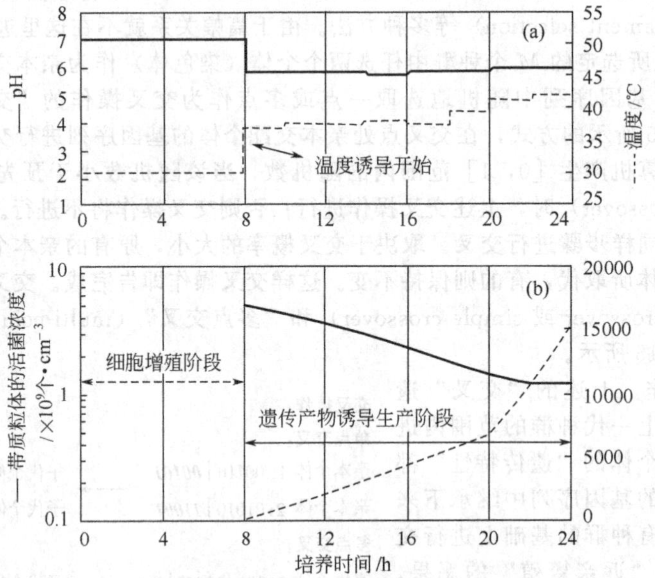

图 4-16　利用遗传算法优化控制重组大肠杆菌培养过程，有效生产遗传产物 β-半乳糖苷酶

在这里必须一提的是，本章所述的基于最大原理、格林定理和遗传算法的最优化控制的有效性，完全取决于生物过程反应动力学模型的准确性。而发酵过程的时变特征往往会导致在不同的发酵批次中，过程动力学模型参数发生改变。这时，以原始动力学模型为基础的最优化控制策略往往不能取得预期的控制性能和效果，这就是上述最优化方法的最大缺陷。为消除时变性特征对最优化控制造成的劣化和不利影响，有时必须要在最优化控制系统中引入能够识别过程的时变特性，并根据过程特性的变化在线调节最优化控制器输出的所谓“在线自适应”调整机构。这类配有“在线自适应”调整机构和功能的最优化控制也称为“在线自适应”最优化控制，其方法及其实际应用将在本书的第六章中加以介绍。

【习题】

一、判断题

(1) 如果遗传算法中突然变异概率参数选择的太大，则：

A. 优化解很快收敛于全局最优解

B. 优化解容易陷入到局部最优解

C. 过程优化属于随机探索，计算结果无法收敛

(2) 有基质抑制效应的流加培养中，存在着一段奇异控制区间。在奇异控制区间：

A. 操作变量——基质流加速度取最小值

B. 通过控制基质流加速度，把基质浓度控制在使细胞比增殖速度最大的水平上

C. Hamilton 函数对操作变量——基质流加速度的导数恒等于零

D. Hamilton 函数对操作变量——基质流加速度的导数恒大于零

(3) 使用最大原理和格林定理的最优化控制属于离线-前馈式的控制方法。在发酵过程中，这种最优化控制的方法能否真正起到优化效果的最重要的因素在于：

A. 要尽可能地在线测量某些重要的、反映过程特征和本质的状态变量

B. 反映发酵过程特征和本质的动力学数学模型一定要准确

C. 离散型操作变量的时间轨道的时间间隔必须足够地细分，分得越细越好

(4) 前馈控制能否取得实效的关键在于：

A. 在线（状态参数）计量的准确度要高

B. PID 控制参数要选取的适当

C. 过程动力学模型，包括模型参数一定要准确

D. 基于专家知识和经验的定性、语言式模型要及时得到准确地调整

二、填空题

(1) 利用最大原理求解最优化控制的时间轨道是一个求解两点边界值的问题。其中，__________条件为已知；同时______________条件也为已知。

(2) 遗传算法得到的优化解为全局最优解。而保证优化解为全局最优解的关键“遗传操作”应该是__________操作。

(3) 格林定理可以在二维的平面图上对最优化控制轨道进行直观的分析和解析。但是，它不能用于__________以上的发酵或培养过程的最优化控制。

(4) 遗传算法中突然变异概率参数要选择的合适，如果参数选得过大，则：优化计算属于__________，计算结果__________。

(5) 一个发酵过程的最优化控制系统，是按照__________的提出、描述__________的确定、__________的计算和对__________进行实际操作的顺序来实现的。

【解答】

一、判断题

(1) A×，B×，C√

(2) A×，B√，C√，D×

(3) A×，B√，C×

(4) A×，B×，C√，D×

二、填空题

(1) 状态方程的初始，伴随方程式的终端

(2) 突然变异

(3) 两个状态变量

(4) 随机搜索，不能收敛

(5) 目标函数，动力学模型和参数，最优化控制轨道，得到的控制轨道

参考文献

[1] Shimizu K，et al. Biotechol Prog，1994，10：258.

[2] Bailey J，Ollis D. Biochemical Engineering Fundamental. New York：McGraw Hill Inc，1986.

[3] 清水和幸.バイオプロセス解析法-システム解析原理とその応用.福冈：コロナ社，1997.

[4] 松原正一.プロセス制御.东京：養賢堂株式会社，1983.

[5] 陈坚，李寅.发酵过程优化原理与实践.北京：化学工业出版社，2002.

第五章　发酵过程的建模和状态预测

第一节　描述发酵过程的各类数学模型简介

建立发酵过程的数学模型是为发酵过程的优化和控制服务的，也是实现发酵过程的优化和控制的基础和前提条件。发酵过程的数学模型多种多样，目的和作用也各不相同。为此，这里首先在表 5-1 中概括总结了用于发酵过程的各类数学模型的类型、特征、用途和目的，以及建模的难易程度，然后再对各类模型进行介绍。

表 5-1　用于发酵过程的各类数学模型的类型、特征、用途和目的、建模的难易程度以及在过程控制和优化中使用的广泛程度

模型的类型	对发酵过程特征和本质的把握程度	主要用途和目的	用于过程优化和控制的可能性及难易程度	建模的难易程度	在过程控制和优化中使用的广泛性
非构造式动力学模型	较好。但不能适应环境、发酵条件、和批次出现的变化	主要用于发酵过程的定值控制和离线最优化	可以。过程最优化需要一定规模的数值计算	确定模型参数和模型的形式有一定的难度。需要离线状态变量的测定	常用
代谢网络模型	好	分析发酵各个不同阶段代谢流的分布走向，为利用基因改造或酶技术提高目的产物的产量产率提供依据。不可测状态变量的速度或浓度的预测	很难，鲜有报道	比较困难。需要对特定微生物所涉及的所有代谢途径进行分析、简化和合并。需要有离线或在线状态变量的测定	不常用
基于在线时间序列数据的自回归平均移动模型	在发酵过程特定的时间段内，将过程的动力学特性用离散形式的线性或非线性的输入输出对应关系进行表现。仅在特定的时间内有效	发酵过程的在线自适应控制和在线最优化。能够适应和处理环境因素、发酵条件以及发酵批次出现的变化	可以。但主要用于过程的定值控制和稳态过程的在线最优化控制。计算比较简单易行	比较简单。需要在线状态变量的测量。模型本身没有任何的实际物理意义	常用
人工神经网络模型	比较好。具有较好的处理复杂和高度非线性系统的能力和通用能力	主要用于发酵过程的状态预测和模式识别，从而间接地进行过程控制和最优化	可以。但必须与其他控制和最优化的手段并用	比较简单，需要对状态变量进行在线或离线的测量，需要一定的计算量	比较常用
正交或多项式回归模型	不是很好	利用响应面曲线的方法优化静态过程，如间歇发酵过程的初始条件等	可以进行静态过程的最优化，但优化性能十分有限	简单	比较常用，但难以用于动态过程的控制和最优化

一、非构造式动力学模型

非构造式动力学模型是最常见的描述发酵过程特征和本质、使用最广泛的数学模型。其基本形式如本书第三章第二节中的状态方程式(3-6) 和式(3-13) ～式(3-20) 的动力学模型方程所示。由于非构造式动力学模型可以反映发酵过程的动态特征，因此，它比较适用于发酵过程的动态优化，如求解流加发酵中的最优流加速率曲线和间歇发酵中的最优温度模式曲线等。建立非构造式动力学模型，实际上就是要确定模型的具体形式和模型参数。确定模型参数可以利用下面所要介绍的非线性规划法或遗传算法，通过比较状态变量的实际测量值和状态方程式的计算值，求解出两者的误差二乘值为最小的“最适”模型参数，这是一个解微分方程组和优化迭代计算的反复循环过程。如果所要确定的模型参数数量比较多，求解“最适”模型参数的优化过程将是一个复杂和比较困难的过程。由于非构造式动力学模型是根据离线状态变量的测量数据求解和得到的，一般情况下、它不能适应和把握环境因子、发酵或培养条件、发酵批次等出现的变化和漂移，使用该模型的最优化控制方式大多属于前馈式的离线控制方式。

二、代谢网络模型

代谢网络模型是依据特定的微生物在同化和代谢过程中所可能涉及到的所有反应和代谢途径，再根据着眼目的产物、发酵过程的环境特征，对全部反应和代谢途径进行简化、合并所得到的一系列（一般有 10～100 个左右）有关目的物质、包括反应底物和产物以及中间代谢物质（生成或消耗）速率的物质平衡代数方程式。代谢网络模型充分利用了生物化学的知识和模型，真正把握住了发酵过程反应的内在本质和特征，具有很大的通用性和伸缩性。代谢网络主要适用于分析发酵过程各个不同阶段代谢流的分配和走向，为利用基因改造技术或者生物酶技术提高目的产物的产量产率提供理论依据和方向上的指导。但是由于代谢网络模型过于复杂，有关直接利用代谢网络模型进行过程控制优化的研究报道还比较少。

三、基于在线时间序列数据的自回归平均移动模型

基于在线时间序列数据的自回归平均移动模型是将发酵过程在某一时段（某一采样时间窗口）内的输入和输出之间的动力学特性以离散的形式，并用一定形式的线性或者非线性的回归模型来加以近似，最后利用逐次回归最小二乘法不断地实时更新和确定上述回归模型的系数。详细内容请参见本书的第六章。求解基于在线时间序列数据的自回归平均移动模型的关键在于必须能够在线测量过程输入和输出的在线数据，并随着时间的推移不断地平行移动采样时间窗口，抛弃旧的数据，添加新的时间序列数据。由于基于在线时间序列数据的自回归平均移动模型反映的是当前采样时间窗口内的过程输入和输出之间的动力学特性，因此，它可以适应和处理环境因素、发酵条件以及发酵批次中所出现的变化和漂移，进而实现发酵过程的在线最优化控制。如果某一时段内的输入和输出间的动力学特性可以用线性的回归模型来加以近似，则可以直接套用基于线性系统的定值控制的理论和方法，自动调节反馈控制器的控制参数以确保“优良”的控制性能。由于基于在线时间序列数据的自回归平均移动模型反映的只是一段时间内的发酵过程的动态特征，而不是整个发酵过程的动态特征，因此，它不适用于整个发酵过程的动态优化，而主要用于过程的定值控制和稳态过程的在线最优化控制。

四、人工神经网络模型

人工神经网络模型是近年来涌现出来的模仿人脑情报处理方式的新型数理模型。它具有高度的对环境的适应能力、自我组织能力、自我调整能力、学习归纳能力，以及处理复杂和高度非线性系统的能力。只要过程的输入和输出之间存在着某种确定的对应关系，那么这种关系不管有多么复杂，都可以利用人工神经网络模型来加以关联，因此它可以称得上是一种万能的关联模型。建立人工神经网络模型就是通过对一系列所谓的学习训练输入输出数据进行学习，确定神经网络模型“最佳”的各层各神经元之间的结合系数。人工神经网络模型是 100％黑箱性质的模型，其最主要的用途就是用于发酵过程的状态预测和模式识别，并可以结合其他一些控制和最优化的方法手段，比如说模糊逻辑控制、遗传算法等，从而间接地进行过程的优化和控制。

五、正交或多项式回归模型

正交或多项式回归模型也是 100％黑箱性质的，相对简单和直接的模型。一般来说，它对发

酵过程特征和本质的把握程度不是很好。基于正交或多项式回归模型的响应面曲线的方法一般只能用于静态过程的优化，如优化间歇发酵过程的初始条件和培养基构成等。它不能以任何方式进行动态发酵过程的控制和优化。由于正交或多项式回归模型在有关数理统计、数据处理的教科书中多有介绍，故不在本书中另行阐述。

本章将对非构造式动力学模型及其建模方法、人工神经网络模型及其建模方法以及部分应用实例进行详细介绍。基于在线时间序列数据的自回归平均移动模型和代谢网络模型，及其它们在发酵过程控制优化中的应用将分别在本书的第六章“发酵过程的在线自适应控制”和第八章“利用代谢网络模型的过程控制和优化”中加以详细介绍。基于人工神经网络模型的发酵过程控制优化实例也将在本书第七章“人工智能控制”中进行介绍。

第二节　非构造式动力学数学模型的建模方法

一、利用非线性规划法确定非构造式动力学数学模型的模型参数

1. 非构造式动力学数学模型建模方法的定式化

非构造式动力学模型，是以发酵时间为独立变量，以过程状态变量为从属变量的常微分方程组的形式来表示的。建立非构造式的动力学模型，也就是要确定上述模型的模型参数。由于模型参数通常都有数个甚至十几个，模型参数的确定要通过实际比较状态变量的实测值和状态方程式的计算值，寻找出测量值和计算值之间的误差二乘值为最小的模型参数来加以实现。非构造式动力学数学模型建模方法，可以按照下列方式进行定式化：

目标函数：
$$\underset{P}{\mathrm{Min}}\{(y_i-y_i')(y_i-y_i')^{\mathrm{T}}\}\ (i=1,2,\cdots,N) \tag{5-1}$$

限制条件（状态方程式）：
$$\frac{\mathrm{d}x}{\mathrm{d}t}=f(x,u,p,t) \tag{5-2a}$$
$$x(0)=x_0 \tag{5-2b}$$
$$y=Cx \tag{5-2c}$$

式中，y 是可测状态变量，取决于实际情况，它可以是一个标量，也可以是一个向量（如果有多个状态变量可以测量）；T 则表示向量的转置；y_i 是所有 N 个实测数据中的第 i 个数据，而 y_i' 则是对应于第 i 个实测数据的状态方程式(5-2) 的计算值；x 是 $n\times1$ 阶的发酵过程状态变量的向量；C 则是 $n\times n$ 阶的对角方阵。状态变量有可能全部可测，这时，$C=I$（I 表示单位矩阵），也有可能部分可测。状态方程式(5-2) 中的 f 表示非线性的非构造式动力学模型；p 代表模型的参数；u 表示发酵过程的控制变量，如基质流加速度、温度、搅拌速率等；t 表示时间。

这里用一个简单而具体的例子来详细说明非构造式动力学模型的建模方法。假定可以得到一套完整的，包含菌体浓度 X 和底物浓度 S 的间歇发酵的实验数据，且细胞的比增殖速率 μ 遵从 Monod 模型，底物的消耗速率可以用菌体的得率 $Y_{X/S}$ 来与比增殖速率相关联，代谢产物的生成可以忽略。则状态方程式(5-2) 可以写成：

$$\frac{\mathrm{d}X}{\mathrm{d}t}=\frac{\mu_{\mathrm{m}}S}{K_{\mathrm{S}}+S}X \tag{5-3a}$$
$$\frac{\mathrm{d}S}{\mathrm{d}t}=-\frac{\mu_{\mathrm{m}}S}{Y_{\mathrm{X/S}}(K_{\mathrm{S}}+S)}X \tag{5-3b}$$

而式(5-1) 的目标函数则可以改写为：

$$\underset{\mu_{\mathrm{m}},K_{\mathrm{S}},Y_{\mathrm{X/S}}}{\mathrm{Min}}\{(y_i-y_i')(y_i-y_i')^{\mathrm{T}}\}=\underset{\mu_{\mathrm{m}},K_{\mathrm{S}},Y_{\mathrm{X/S}}}{\mathrm{Min}}\{(X_i-X_i')^2+(S_i-S_i')^2\}\ (i=1,2,\cdots,N) \tag{5-4a}$$

或
$$\underset{\mu_{\mathrm{m}},K_{\mathrm{S}},Y_{\mathrm{X/S}}}{\mathrm{Max}}-\{(y_i-y_i')(y_i-y_i')^{\mathrm{T}}\}=\underset{\mu_{\mathrm{m}},K_{\mathrm{S}},Y_{\mathrm{X/S}}}{\mathrm{Max}}-\{(X_i-X_i')^2+(S_i-S_i')^2\}\ i=(1,2,\cdots,N) \tag{5-4b}$$

上述的最小化问题有着以下的特点：①首先，模型参数为数个，因此最优化问题是一个多元优化的问题，需要利用一个合适的多元空间最优点探索的方法来加以求解。②测量值和计算值之间的误差二乘值之和是优化过程的目标函数，而模型参数则是优化变量。由于通常情况下无法计

算目标函数对于优化变量的导数，常用的梯度反复迭代法在此不适用。③在常用的多元优化的非线性规划法中，只有 Simplex 和 Powell 两种方法的优化计算不需要计算和使用目标函数对于优化变量的导数。所以，在以下的章节中主要对 Simplex 的最优化计算方法进行介绍。

2. 使用 Simplex 最优化计算方法求解模型参数

Simplex 法是在 1962 年由 Spendley、Hext、Himworth 等人提出，1965 年由 Nelder 和 Mead 加以改良而形成的。Simplex 称做单形体，而单形体是一种界点最少的欧几里得空间元素，如一维空间中的线段、二维空间中的三角形、三维空间中的四面体等。如果假定优化变量（模型参数）的个数为两个，Simplex 法则按照图 5-1 所示的方式，做成一系列三角形的单形体（Simplex），然后按照图中标号的顺序，依次求出各顶点坐标处的目标函数的值，逐次地探索目标函数的最大值。这里，二维空间的单形体为三角形、三维空间则为四面体、n 维空间则为 $n+1$ 面体，依此类推。

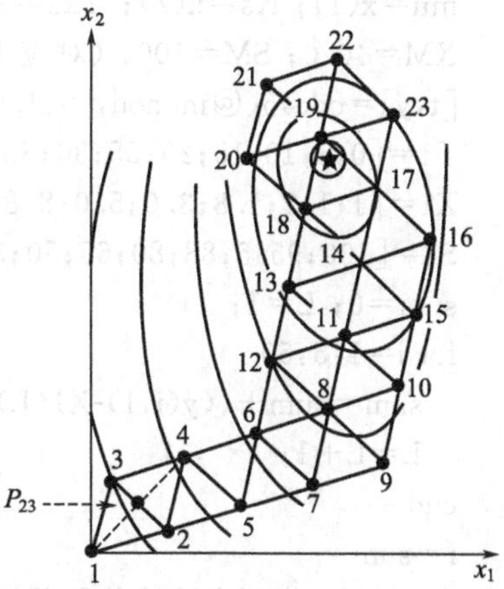

图 5-1　二维空间 Simplex 法搜索寻优的图示

首先计算最初的单形体的三个顶点 P_1、P_2 和 P_3 处的目标函数的数值 f_1、f_2 和 f_3，并假定 f_1 最小。这时，隔着点 P_2 和 P_3 的连接线，与点 P_1 正好完全相对处的点可能存在着最大值。于是，将点 P_2 和 P_3 的连接线的中心设定为 P_{23}，然后，在 P_1 和 P_{23} 的连接线上探索新的最大点 P_4。这时，P_1 与 P_{23} 间的向量长度为 $P_{23}-P_1$，按照完全对称原则所得到的 P_4 位置应该是：

$$P_4=P_{23}+(P_{23}-P_1) \tag{5-5}$$

而一般化的定位规则是要在向量长度（$P_{23}-P_1$）一项上再乘上一个调整参数 α，于是，式(5-5) 变成：

$$P_4=P_{23}+\alpha(P_{23}-P_1)=(1+\alpha)P_{23}-\alpha P_1 \quad (\alpha>1) \tag{5-6}$$

随后，计算 P_4 处的目标函数的数值，再与 P_2 和 P_3 处目标函数的数值相比较，重复同样的操作步骤。此时的单形体则变成了由 P_2、P_3 和 P_4 所构成的三角形。如果在重复计算中，判定出当前距离最大点还很远，则加大参数 α 的数值；反之则减小 α 的数值。如此不断地重复计算，直到最后得到的单形体的三个顶点处的目标函数值几乎相同，收敛于某一规定的数值之内。

Simplex 法由于不需要目标函数对于优化变量的导数，因此，它广泛应用于无法用明确的数学式子表现目标函数与优化变量之间关系的最优化计算中。由于 Simplex 法已经定型化，有许多标准的计算程序和软件工具箱可以被研究者直接调用。比如说，Matlab 软件中就有 Simplex 法的标准程序可供研究者直接使用。

3. 使用非线性规划法进行非构造式动力学模型建模的计算实例

假定有这样一套有关菌体浓度、底物浓度和培养时间的数据。

培养时间/h：0，5，10，15，20，25，30，35，40，45，50

菌体浓度/g·L^{-1}：1.0,1.2,1.8,3.0,5.0,8.8,15.0,28.0,35.8,37.0,38.0

底物浓度/g·L^{-1}：100.0,95.5,88.0,80.0,65.0,50.0,33.0,17.5,10.5,2.5,0.5

非构造式动力学模型可以用式(5-3) 来表示。此时，可以直接套用 Matlab 软件中的 Simplex 法的标准程序，求解计算非构造式动力学模型（5-3）中的三个模型参数：μ_m、K_S，和 $Y_{X/S}$，即建立 Monod 型的非构造式动力学模型。标准的 Matlab 程序可以写成如下形式。

① Simplex 法主执行程序：

```
[x,fval,exitflag,out] = fminsearch(@ASimplex1,[0.3,10.0,0.5])
mu=x(1); Ks=x(2); Yxs=x(3);
[t,y]=ode45(@monod,[0:1.0:50],[1;100],[],mu,Ks,Yxs);
T1=[0;5;10;15;20;25;30;35;40;45;50];
X1=[1;1.2;1.8;3.0;5.0;8.8;15.0;28.0;35.8;37.0;38];
```

```
S1=[100;95.5;88;80;65;50;33;17.5;10.5;2.5;0.5];
plot(T1,X1,'bs',t,y(:,1),'-',T1,S1,'ro',t,y(:,2),'--')
```

② Simplex 法中的目标函数计算的子程序：

```
function f = ASimplex1(x)
mu=x(1); Ks=x(2); Yxs=x(3);
XM=40.0; SM=100; (对应于数据中的最大菌体和底物浓度)
[t,y]=ode45(@monod,[0:1.0:50],[1;100],[],mu,Ks,Yxs);
T1=[0;5;10;15;20;25;30;35;40;45;50];
X1=[1;1.2;1.8;3.0;5.0;8.8;15.0;28.0;35.8;37.0;38];
S1=[100;95.5;88;80;65;50;33;17.5;10.5;2.5;0.5];
sum=0; L=1;
for i=1:5:50
  sum=sum+((y(i,1)-X1(L))/XM)^2+((y(i,2)-S1(L))/SM)^2;
  L=L+1;
end
f=sum
```

③ Monod 模型表达式的子程序：

```
function dy=monod(t,y,mu,Ks,Yxs)
X=y(1); S=y(2);
if S<0
    S=0; rx=0; rs=0;
else
    mu=mu*S/(Ks+S); v=mu*S/(Ks+S)/Yxs; rx=X*mu; rs=-X*v;
end
dy=[rx;rs];
```

这里，ASimplex1 是 Simplex 法的标准计算软件程序包；ode45 是 4 阶 Runge-Kutta 型常微分方程组的计算程序包；monod 则是常微分方程组的具体形式，即 Monod 型的非构造式动力学模型。三个模型参数 μ_m、K_S 和 $Y_{X/S}$ 的初值在主执行程序的第 1 行被赋值（0.3，10.0，0.5）。优化计算和数据拟合的结果如图 5-2 所示。

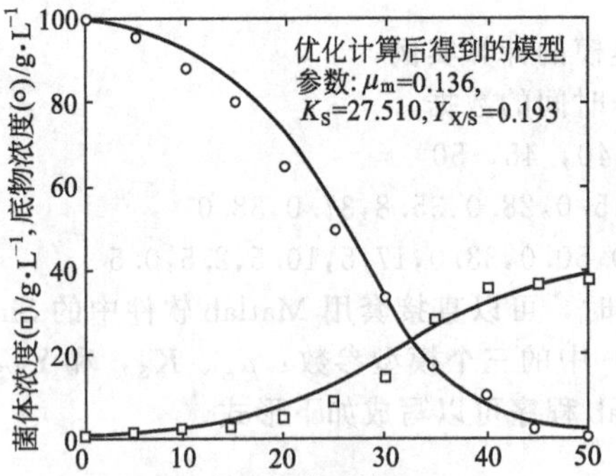

图 5-2 使用 Simplex 法建立 Monod 型的非构造式动力学模型的数据拟合结果

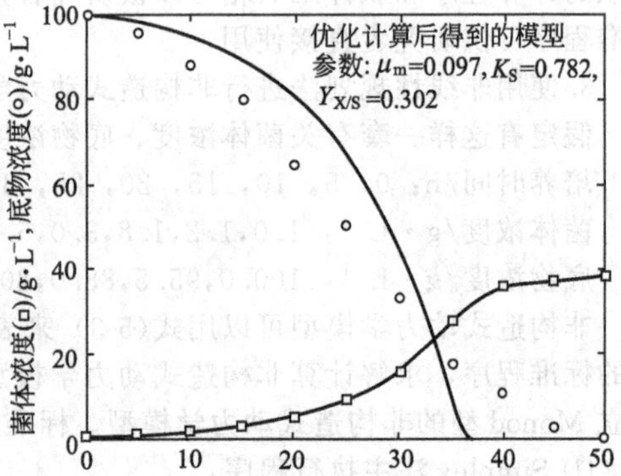

图 5-3 使用 Simplex 法建立 Monod 型的非构造式动力学模型的数据拟合结果（模型参数的初值与图 5-2 不同）

使用非线性规划法建立非构造式动力学模型的一个最大缺点就在于，优化计算的解很可能不是全局最优解，而是局部最优解。模型参数初值的不同，可能会得到完全不同的模型参数最终优化值。这一点可以通过比较图 5-2 和图 5-3，以及观察表 5-2 的结果而得到确认。其原因在于，多元的优化变量（模型参数）必然会导致对应的目标函数出现多个极值。直观上讲，如果模型参数的初值距离某个极值（局部最优解）较近，则优化计算就将使得模型参数的优化值向该极值靠近并最终收敛于此。上述计算例还仅仅只有 3 个优化变量，如果需要确定的模型参数更多，则上述问题就将更加严重。

表 5-2　不同的模型参数初值下优化计算的实际结果

优化计算编号	模型参数的初始值			模型参数的优化终值			计算值与实测值的二乘平方和的值 J^* ①
	μ_m	K_S	$Y_{X/S}$	μ_m	K_S	$Y_{X/S}$	
1(图 5-2)	0.3	10.0	0.5	0.136	27.510	0.193	0.0533
2(图 5-3)	0.3	1.0	0.5	0.097	0.782	0.302	0.1212

① 这里，$J^* = \sum_{i=1}^{N}\left\{\left(\dfrac{X_i - X'_i}{X_M}\right)^2 + \left(\dfrac{S_i - S'_i}{S_M}\right)^2\right\}$。 (5-7)

式中，X_M 和 S_M 分别表示菌体和底物的最大浓度，$X_M=40$，$S_M=100$。

解决以上问题的途径有两个。一是对模型参数要有足够的预知经验，也就是说在进行优化计算之前就能够预知和判断模型参数的大致范围，从而为得到真实可靠的最优模型参数提供"最适"的初始条件。二是选用遗传算法来进行建模和模型参数的优化。因为如果在遗传算法中采用合适的突然变异操作，从理论上讲，它可以保证多元优化变量系统的优化计算可以寻找到全局最优解，而且优化计算不受初始条件（模型参数初值）的影响和限制（参见本书第四章第四节）。

二、利用遗传算法确定过程模型参数

使用非线性规划法建立非构造式动力学模型时，选用不同的模型参数初值，可能会得到完全不同的模型参数最终优化值。在这里，考虑用 Aiba 等人提出的酒精发酵动力学模型，对实验得到的高浓度酒精间歇发酵的数据进行拟合。菌体浓度、葡萄糖浓度和酒精浓度离线可测，动力学模型的具体形式如下式所示。

$$\frac{dX}{dt}=\mu X \qquad [X(0)=X_0] \tag{5-8a}$$

$$\frac{dS}{dt}=-\left(\frac{\mu}{Y_{X/S}}+\frac{\rho}{Y_{P/S}}\right)X \qquad [S(0)=S_0] \tag{5-8b}$$

$$\frac{dP}{dt}=\rho X \qquad [P(0)=P_0] \tag{5-8c}$$

$$\mu=\frac{\mu_m S}{(K_S+S+S^2/K_{SI})}\times\frac{K_P}{(K_P+P+P^2/K_{PI})} \tag{5-8d}$$

$$\rho=\frac{\rho_0 S}{(K'_S+S+S^2/K'_{SI})}\times\frac{K'_P}{(K'_P+P+P^2/K'_{PI})} \tag{5-8e}$$

目标函数：　$J=(X-X')^2+(S-S')^2+(P-P')^2 \longrightarrow \text{Min}$

式中，X、S、P 分别是菌体、葡萄糖和酒精浓度的实测值；μ、ρ 分别是菌体的比增殖速率和酒精的比生成速率。模型参数一共有 12 个，即 $Y_{X/S}$、$Y_{P/S}$、μ_m、K_S、K_P、K_{SI}、K_{PI}、ρ_0、K'_S、K'_P、K'_{SI}、K'_{PI}。由于篇幅所限，在此，对上述 12 个模型的物理意义、名称，以及单位的介绍予以省略。由于一共有 12 个模型参数需要通过优化计算得到确定，如果使用 Simplex 法来对实验数据进行拟合难度很大。故考虑使用遗传算法来拟合模型和实验数据，求解上述 12 个模型参数。

此时，遗传算法具体的计算步骤如下：

① 规定上述模型参数 $Y_{X/S}$、$Y_{P/S}$、μ_m、K_S、K_P、K_{SI}、K_{PI}、ρ_0、K'_S、K'_P、K'_{SI}、K'_{PI} 的最大值，并将各参数在各自的最大数值空间内分成 N 等份，并假定各数值空间上的值为定值。由计算机随机产生图 4-13 所示的由二进文字序列构成的初代染色体种群 M 个。每一个染色体就代表一套完整模型参数向量 $Y_{X/S}$、$Y_{P/S}$、μ_m、K_S、K_P、K_{SI}、K_{PI}、ρ_0、K'_S、K'_P、K'_{SI}、K'_{PI}。每个染色体共含有 $12N$ 个基因。

② M 个染色体中的各段基因序列按照图 4-13 的方式由二进文字序列转变成十进制的数字序列。解码后的各染色体分别代表一套完整的模型参数向量 $Y_{X/S}$、$Y_{P/S}$、μ_m、K_S、K_P、K_{SI}、K_{PI}、ρ_0、K'_S、K'_P、K'_{SI}、K'_{PI}的十进制数值。

③ 将解码后的各染色体，也就是 M 个不同的模型参数向量 $Y_{X/S}$、$Y_{P/S}$、μ_m、K_S、K_P、K_{SI}、K_{PI}、ρ_0、K'_S、K'_P、K'_{SI}、K'_{PI}的十进制数值，分别代入到状态方程式(5-8)中，计算各发酵时刻的计算值 X'、S'、P'。然后按照式(5-8) 对目标函数 J 的规定，计算出各染色体所对应的 J。最后按照式(4-51) 所规定的方式求解每一条染色体的适合度。

④ 用式(4-52) 的方法求出各染色体的适合度在所有染色体适合度的总和中所占有的比例，并将该比例定义成选择概率 S。利用 Roulett 圆盘选择法＋Elitist 保存选择法的结合方法确定进入下一代的染色体种群。

⑤ 选择合适的交叉操作方法，包括交叉方式和交叉概率。

⑥ 选择合适的突然变异操作方法，包括突然变异方式和突然变异概率。

⑦ 重复步骤②～⑥，直到达到预先规定的最大传代数。

按照以上遗传算法的求解方法，求出 12 个模型参数的数值如下（单位略）：$Y_{X/S}=0.1605$、$Y_{P/S}=0.4986$、$\mu_m=0.1129$、$K_S=1.0128\times10^2$、$K_P=2.8769\times10^1$、$K_{SI}=1.0651\times10^6$、$K_{PI}=5.968\times10^3$、$\rho_0=0.9982$、$K'_S=6.6054\times10^2$、$K'_P=9.1890$、$K'_{SI}=2.9654\times10^6$、$K'_{PI}=1.6658\times10^1$。从图 5-4 上可以看到，计算值和实测值拟合的非常好。改变菌体、葡萄糖和酒精的初始浓度，得到一组未用于建模的新的实验数据，动力学模型式(5-8) 的预测性能和精度亦非常好。

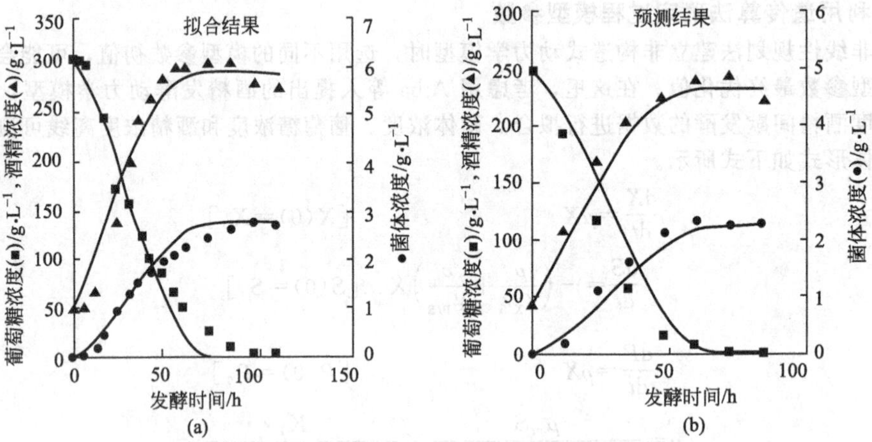

图 5-4　利用遗传算法确定复杂发酵过程非构造式模型参数的结果

第三节　利用人工神经网络建模和预测发酵过程的状态

人脑和神经生理学的研究发现，人类的大脑中存在着大约100 亿个神经元或者说神经细胞。差不多每个神经细胞都有着详细的分工，它们以非线性或者非周期性的方式接收信号，然后再将信号传递给其他的神经元。而每一个神经元当中，又存在着数百个乃至数十万个被称为突触(synapse) 的物质，突触的共同作用决定和控制了神经元的活动规律。

近年来，伴随着脑科学和计算机硬件技术的发展和进步，有关人工神经网络的理论和应用方面的研究备受人们的瞩目和关心，其应用范围也扩展到电子、机械、情报处理、化工乃至生物工程等各个领域。人工神经网络可以弥补以微分方程式等数学模型为基础的传统方法方式，以及依赖于记号和逻辑处理的传统人工智能研究中所存在的缺陷，具有处理高度复杂系统的能力，特别是具有优良的学习能力和通用能力，而且计算方法明了简单，因此受到各行各业的研究人员和工程技术人员的广泛接受和认可。人工神经网络（artificial neural network，ANN）的最主要的特征就是具有对环境的适应能力（self-adaptability）、自我组织能力（self-organization）、自我调整能力（self-adjustability）以及学习归纳能力（learning ability）。

一、神经细胞和人工神经网络模型

如图 5-5 所示，神经细胞由细胞体（soma）、枝状突起（dendrite）和轴索（axon）3 个部分组成。细胞体和枝状突起通过轴索与其他神经细胞结合，形成突触（synapse）。突触是信号的输出部分，轴索是传达信号的回路。神经细胞内多钾离子，而体液内多钠离子，因此，神经细胞的内部与其外部的体液间存在电位差，称为膜电位。当从其他神经细胞传递来的膜电位总和超过某一阈值，回路打开，神经细胞摄入钠离子，在短时内膜电位形成正电位，神经细胞处于膜励起的兴奋状态，如图 5-6 所示。励起电位通过轴索传到突触，在此分泌产生神经传递物质，再将信号传递给其他神经细胞。在向其他神经细胞传递的神经传递物质中，既有兴奋型的物质，也有抑制型的物质。

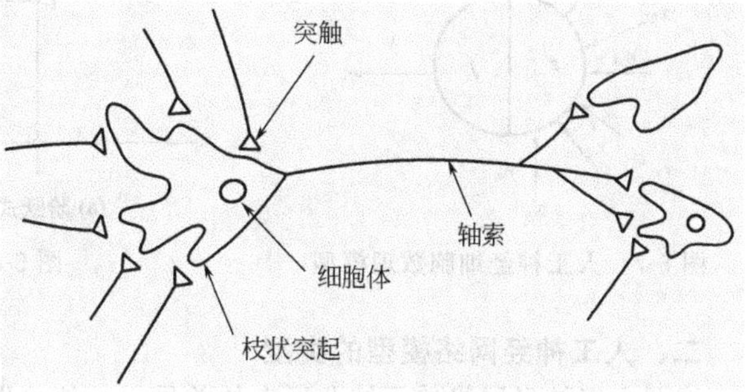

图 5-5　神经细胞的构造

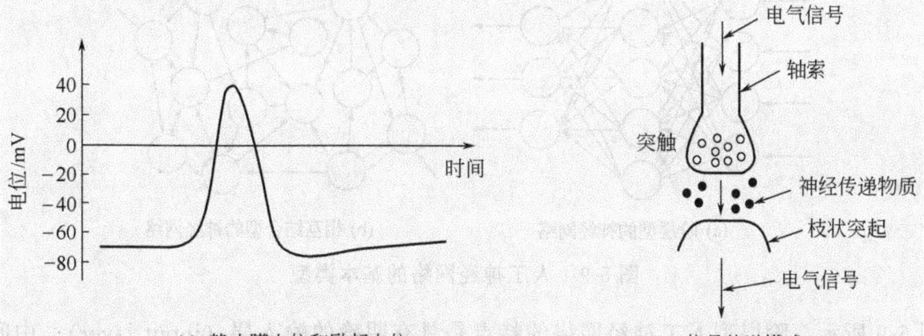

(a) 静止膜电位和励起电位　　(b) 信号传递模式

图 5-6　通过突触进行信号传递的过程

按照以上被神经生理学家发现和证实的神经细胞的工作模式，1943 年 McCulloch 和 Pitts 提出了图 5-7 所示的人工神经细胞的数理模型。即神经单元可以看成是一个多输入单输出的情报处理单元（元素），膜电位的变化量 y（单元输出）可以看成是所有输入元素的加权之和 z 的函数［式(5-9)］。

$$z=\sum_{k=1}^{n} w_k x_k\text{；}\ y=f(z) \tag{5-9}$$

式(5-9) 中的函数 f 通常可以用如图 5-8(a) 所示的形式来表示。一种是所谓阶跃式（step function）的模型，即：

$$y=f(z)=1(z-\theta)=\begin{cases}1 & (z\geqslant\theta)\\ 0 & (z<\theta)\end{cases}\ (\theta=0) \tag{5-10}$$

式中，θ 就是所谓的“阈值”。当所有输入元素的加权之和 z 超过阈值 θ 时，单元输出 y 取 1；否则取 0。另一种函数的表达形式则称之为 Sigmoid 函数，它也是最常见的人工神经细胞数理模型的表达形式。Sigmoid 函数可以用式(5-11) 来加以表示，即：

$$f(z)=\frac{1}{1+\exp[-(z-\theta)]} \tag{5-11}$$

图 5-8(b) 就是 Sigmoid 函数的图形表现。当阈值 $\theta=0$ 时，Sigmoid 函数如图中的实线所示。而当阈值 $\theta\neq 0$ 时，Sigmoid 函数则如图中的虚线沿横轴 z 方向平移阈值 θ 的长度。

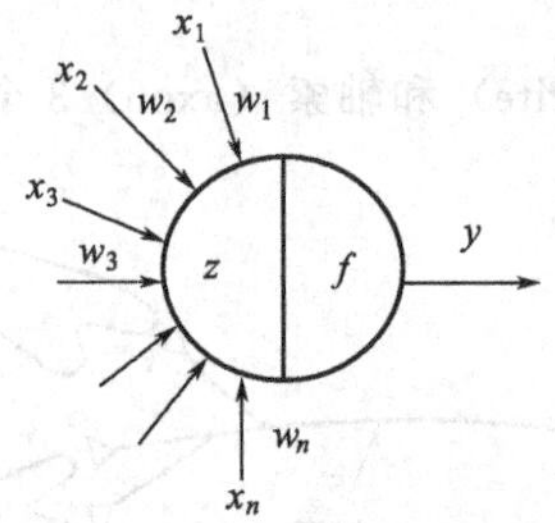

图 5-7　人工神经细胞数理模型

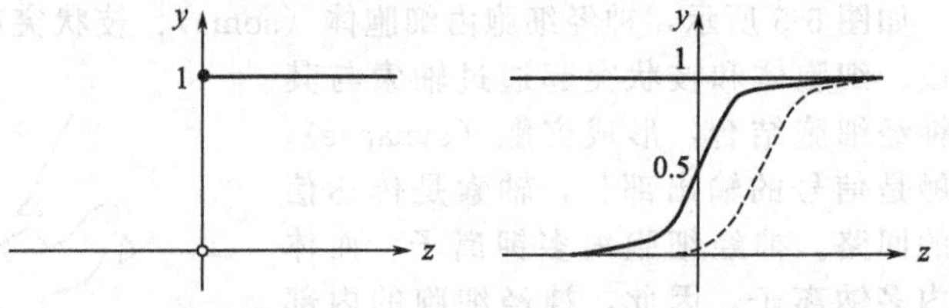

(a) 阶跃式模型　　(b) Sigmoid 模型

图 5-8　人工神经细胞的输出函数形式

二、人工神经网络模型的类型

按照人工神经网络单元结合形态的差异，一般可以根据图 5-9 的方式大致将其分成两类：阶层型的神经网络（multi-layered neural network model）和相互结合型的神经网络（fully connected neural network model）。

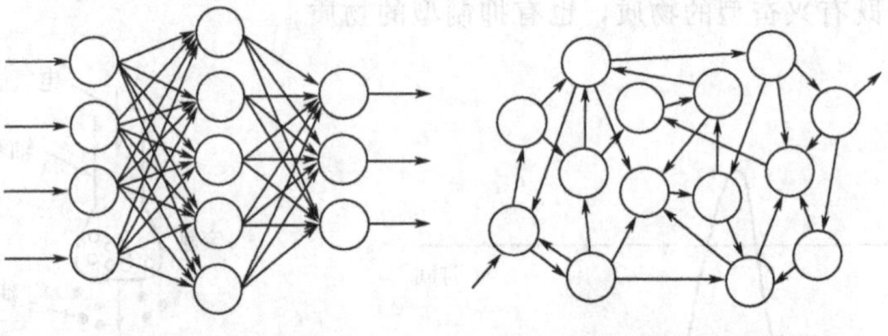

(a) 阶层型的神经网络　　(b) 相互结合型的神经网络

图 5-9　人工神经网络的基本类型

如图 5-9 所示，阶层型人工神经网络的特点是具有明确的输入层（input layer）、中间层或者称为隐藏层（middle layer 或 hidden layer）和输出层（output layer），且所有神经单元都是按照一定的顺序和方向结合在一起的；相互结合型人工神经网络则没有明确的阶层，而且各神经单元除了顺序连接外还带有反馈结合。

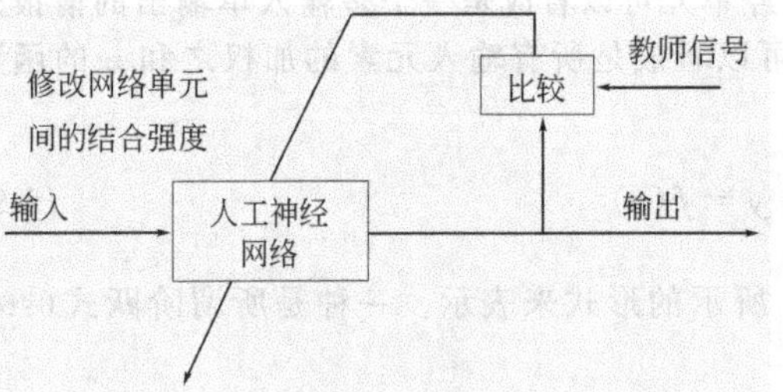

图 5-10　人工神经网络的训练和学习

所谓建立人工神经网络模型（ANN 模型）就是按照图 5-10 的方式，向网络层数和各层神经元数已经确定的人工神经网络提供一系列被称为“教师信号”的输入输出数据，通过比较人工神经网络和教师信号的输出，并采用适当的学习训练方法，逐步渐进地修改人工神经网络各层各神经单元间的结合系数或者说结合强度，使得人工神经网络的输出值与教师信号逐步趋向一致（误差最小）。20 世纪 80 年代以来，研究者们开发出了各种各样的学习训练方法，用来构建 ANN 模型，即确定人工神经网络各层各神经单元间的结合系数。其中比较知名的方法有：①误差逆向传播法（error back propagation method）；②霍普菲尔德网络法（Hopfield network method）；③波茨曼机器法（Potsman machine method）；④竞争学习法；⑤自我联想记忆法。在人工神经网络中最重要和运用最广泛的是阶层型神经网络，而在各类学习训练方法中最重要、同时应用也最广泛的则是误差逆向传播法。因此，本书仅对阶层型的人工神经网络和误差逆向传播的学习算法进行介绍。

三、人工神经网络的误差反向传播学习算法简介

1. 人工神经网络误差反向传播学习算法

考虑图 5-11 所示的标准的 3 层阶层型人工神经网络。假定输入层的神经单元数为 N_A，第 k 个单元的输出为 a_k；中间层只有一层、神经单元数为 N_B，第 k 个单元的输出为 b_k；输出层的神经单元数为 N_C，第 k 个单元的输出为 c_k。人工神经网络的学习过程就是通过逐步修改人工神经网络各层各神经单元间的结合系数（w_{ki}，v_{km}，…）使得人工神经网络输出层各神经单元的输出值 c_k 和教师信号 d_k 逐步趋向一致（$k=1,2,\cdots,N_C$），使得式(5-12) 所示的目标函数即网络输出层中所有神经单元的输出值与相应的教师信号的总误差值达到最小。最常用的方法就是利用梯度法进行反复迭代计算，逐步渐进地求解出“最优”的结合系数。

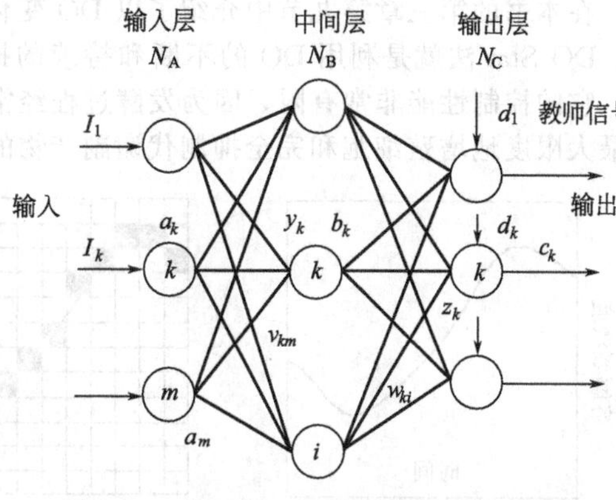

图 5-11　典型的 3 层阶层型人工神经网络误差反向传播学习算法

$$E_1=\underset{w_{ki},v_{km}}{\mathrm{Min}}\left\{E=\frac{1}{2}\sum_{k=1}^{N_C}(c_k-d_k)^2\right\} \tag{5-12}$$

标准形式的误差逆向传播迭代计算方法如下：

$$w_{ki}(n+1)=w_{ki}(n)-\eta\delta_k^{(3)}b_i+\alpha\Delta w_{ki}(n) \tag{5-13a}$$

$$v_{km}(n+1)=v_{km}(n)-\eta\delta_k^{(2)}a_{\mathrm{m}}+\alpha\Delta v_{km}(n) \tag{5-13b}$$

这里，

$$\Delta w_{ki}(n)=w_{ki}(n)-w_{ki}(n-1)$$

$$\Delta v_{km}(n)=v_{km}(n)-v_{km}(n-1)$$

式中，$\delta_{\mathrm{k}}^{(2)}$ 和 $\delta_{\mathrm{k}}^{(3)}$ 分别可以看成是式(5-12) 中的目标函数 E_1 对第 2 层第 k 单元之间结合系数的导数，和 E_1 对第 3 层第 k 单元之间结合系数的导数。限于篇幅，这里对 $\delta_{\mathrm{k}}^{(2)}$ 和 $\delta_{\mathrm{k}}^{(3)}$ 的具体计算公式予以省略。n 表示反复迭代的次数，η 则被称之为学习系数（learning rate)，其值在 0 到 1 之间，即 $0<\eta<1$。而 Δw_{ki} 和 Δv_{km} 分别就是所谓的惯性项，参数 α 则称为惯性系数，其值也在 0 和 1 之间，即 $0<\alpha<1$。按照式(5-13) 的计算方式，各层各神经单元的结合系数的修正是从输出层逐步向中间层和输入层反向展开的。因此，人们把这种输出层的评价误差反向传播的计算方法，称为误差逆向传播法。

2. 人工神经网络误差反向传播学习算法的计算步骤

在过去，建立 ANN 模型都是按照上述学习算法的计算步骤，自我编制计算机程序来进行的。近年来，随着计算机软件技术，特别是科学计算软件的发展和进步，诸如 Matlab 等含有人工神经网络模型软件工具箱的标准科学计算软件开始问世，并广泛地被研究者们所使用。在使用 Matlab 的 ANN 模型软件包时，只要向工具箱输入已知的教师信号系列数据，指定神经网络的层数和各层的神经元的个数，规定中间层和输出层的输出函数的形式，以及指定学习系数和惯性系数即可，从而可以省去烦琐的计算机编程过程。

具体的“标准”计算步骤如下：

① 假定一共有 M 套输入输出数据可以作为学习和训练用的教师信号，即 M 套过程输入和输出（教师信号）的数据对。在所有的输入输出数据中挑选其最大值，然后对数据对在 [0,1] 或者 [−1,1] 区间进行正规化（normalization)。

② 在 [0,1] 区间随机地产生各层各神经单元间的初始结合系数（$\cdots,w_{ki},\cdots,v_{km},\cdots,$），并将所有初始惯性项 [$\cdots,\Delta w_{ki}(0),\cdots,v_{km}(0),\cdots,$]的值规定为 0。

③ 启动 Matlab 的 ANN 模型软件包。指定神经网络的层数和各层的神经元的个数，规定中间层和输出层的输出函数的形式，指定学习系数和惯性系数。

④ 将 M 套过程输入和输出（教师信号）的数据对分别输入到人工神经网络的输入和输

出层。

⑤ 运转软件，直到总的二乘误差收敛到某一规定的数值以下为止。

四、利用人工神经网络在线识别发酵过程的生理状态和浓度变化模式

在本书的第三章第九节中介绍了以DO变化为反馈指标的流加培养控制的方法——DO-Stat法。DO-Stat法就是利用DO的不断和持续的振动，将基质浓度控制在接近于0的低水平。但是，它的控制性能非常有限，因为发酵过程经常处在基质瞬时匮乏和瞬时过量的状态，并不有利于最大限度地增殖细胞和完全抑制代谢副产物的生成。因此，如果能够有效地识别和判断发酵过程所处的状态和溶解氧浓度的变化模式，对于预测基质的浓度水平，进而对发酵过程实施有效的优化和控制是十分重要的。

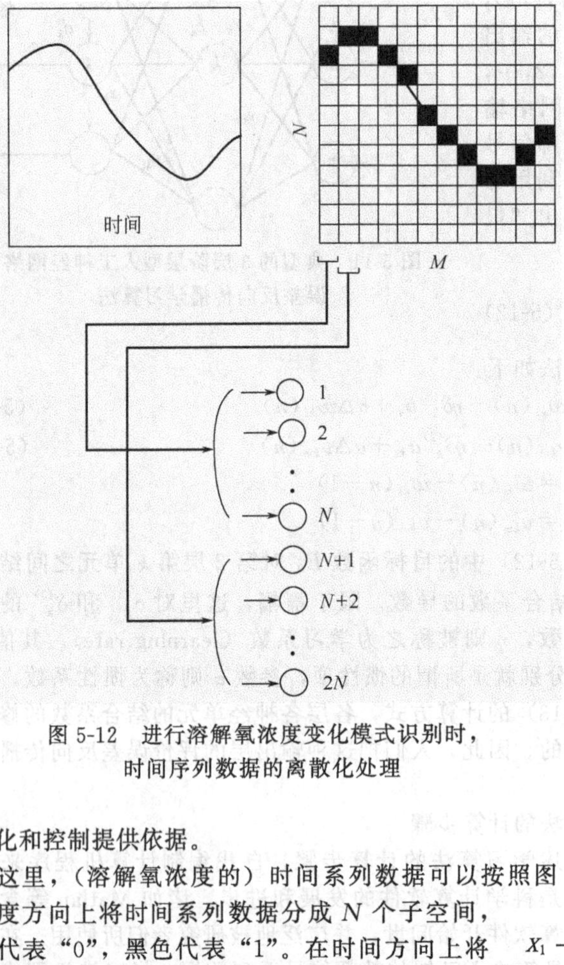

图 5-12　进行溶解氧浓度变化模式识别时，时间序列数据的离散化处理

一般来说，溶解氧浓度出现振动现象，表明基质浓度处在很低的水平。实际上，DO-Stat法的控制模式造成了基质的流加速率时高时低，处在不稳定的振动状态。而溶解氧浓度持续的不变化或者说处在非振动状态，则表明基质浓度过高，应该适度地降低基质的流加速率。然而，判断和识别溶解氧浓度的振动和非振动，是难以用传统的数学模型来进行的。比如说，不同的振动可能具有不同的振幅、频率和振动形式，但它们都可以被看作是“振动”。人的肉眼和思维可以对这点进行判定，但是传统的数学模型或者统计学的方法却无法做到这一点。由于人工神经网络具有高度的学习归纳能力和对高度复杂、非线性系统的处理能力，人们试图利用ANN模型来对溶解氧浓度振动和非振动的特性进行识别，进而推断基质的浓度水平，为后续的发酵过程优化和控制提供依据。

这里，（溶解氧浓度的）时间系列数据可以按照图5-12所示的规则，顺序地进行分割处理。在浓度方向上将时间系列数据分成 N 个子空间，白色代表“0”，黑色代表“1”。在时间方向上将上述数据再分成 M 个子空间，一共有 $N\times M$ 个输入数据。然后，按照图5-13的方式依次将上述时间系列数据输入到一个标准的3层人工神经网络的输入层。人工神经网络的输入层一共有 $N\times M$ 个神经单元，中间层的单元数通过试行误差法确定，而输出层有两个输出单元 $O_1^{(3)}$ 和 $O_2^{(3)}$，分别代表“振动”和“非振动”。如果在某个时间观测窗口内，溶解氧浓度的变化被认为是“振动”，则 $\{O_1^{(3)},O_2^{(3)}\}=\{1,0\}$；而如果溶解氧浓度为“非振动”，则 $\{O_1^{(3)},O_2^{(3)}\}=\{0,1\}$。这里，输入层和中间层的黑色圆圈代表“偏差”单元，即所谓的“阈值”单元。

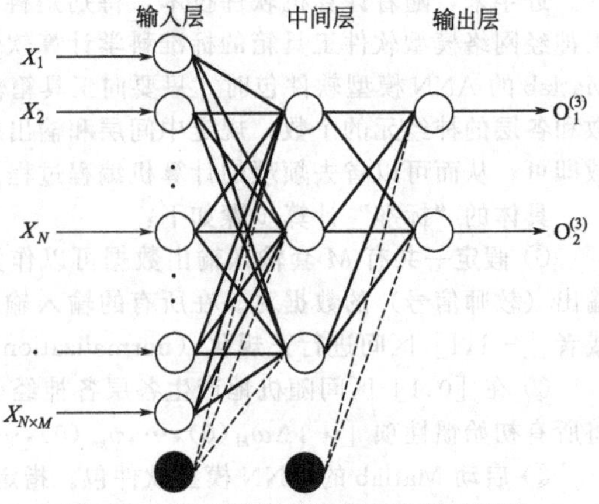

图 5-13　用于溶解氧浓度变化模式识别的人工神经网络模型

这里，使用两套完整的 *E. coli* B 流加培养的实验数据来对上述人工神经网络进行学习和训练，然后再利用所得到的 ANN 模型来对 *E. coli* B 流加培养实验中溶解氧浓度的变化模式进行在线识别。这时，溶解氧浓度的采样时间为 1min，浓度的分割区间 $N=13$，时间序列数据的观测平移窗口的长度 M 为 10（10min）。神经网络的输入层一共有 131 个神经单元，中间层的单元数为 10，输出层的单元数为 2，即 $O_1^{(3)}$ 和 $O_2^{(3)}$。两套流加培养实验的结果如图 5-14 所示。

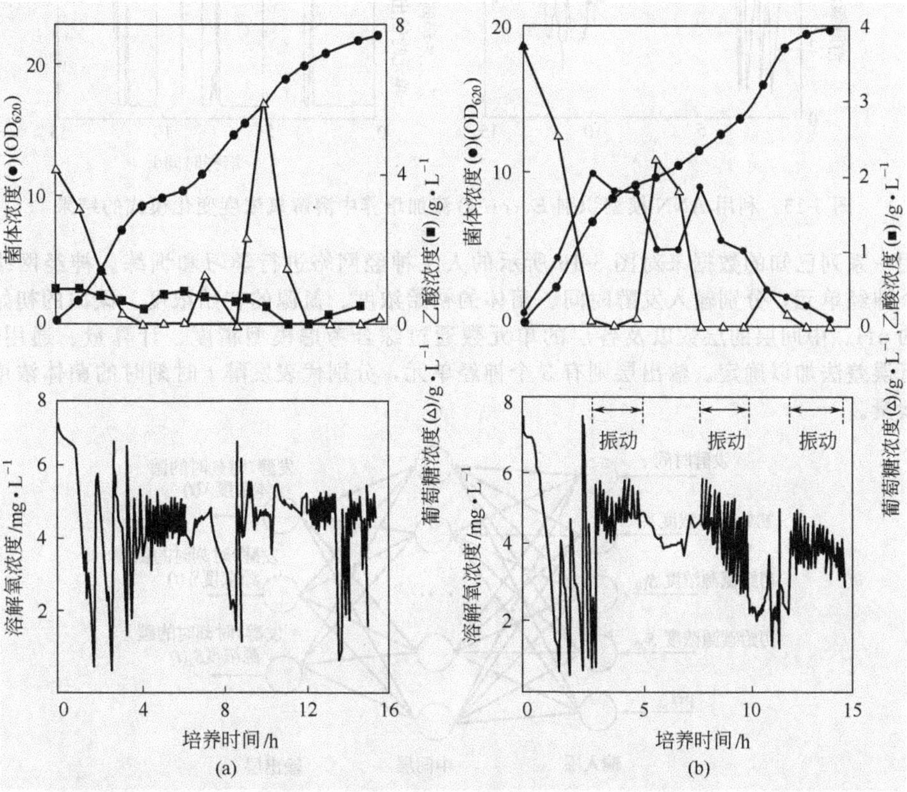

图 5-14　用于人工神经网络学习的两套大肠杆菌 *E. coli* B 流加培养的实验数据

从图 5-14 中可以看出，在溶解氧浓度出现振动的期间，葡萄糖的浓度基本上都处在很低的水平。而溶解氧浓度处在非振动状态的期间，葡萄糖往往都是过量的。使用上述两套数据对图 5-13 所示的人工神经网络进行学习和训练，得到了 ANN 识别模型，其对一套 *E. coli* B 流加培养溶解氧浓度的变化模式的在线识别结果如图 5-15 所示。按照事先的约定，如果溶解氧浓度为“振动”，神经网络输出层第 1 个单元的输出值 $O_1^{(3)}=1$；反之则为 0。从图 5-15 可以看出，ANN 模型的在线识别和判定效果还是比较满意的。

五、基于人工神经网络的发酵过程状态变量预测模型

第三章中的过程状态方程式(3-6) 是预测发酵过程状态变量随时间变化（时间变化曲线）的基础。状态方程式通常是一个非线性的常微分方程组，其中有许多动力学模型参数需要利用实测数据来加以确定，这都将涉及本章第二节所提到的使用非线性规划法或遗传算法确定过程模型参数的问题。而作为一种替代方法，ANN 模型也可以对发酵过程状态变量的时间变化进行直接的预测。

以下是利用 ANN 模型对发酵过程进行状态预测的例子。利用酵母菌以及 *Candida utilis* 等进行废水处理、脱氮（主要是 NH_4^+）、脱碳（主要是丁酸）、生产单细胞蛋白（SCP）时，人们希望知道在给定的初始条件下当发酵进行到某一时刻过程的残氮量、残碳量以及菌体的生成量。这个状态预测的问题除了可以通过建立非构造式的动力学模型（状态方程式）的方法来加以解决之外，还可以利用 ANN 模型的方法来进行。

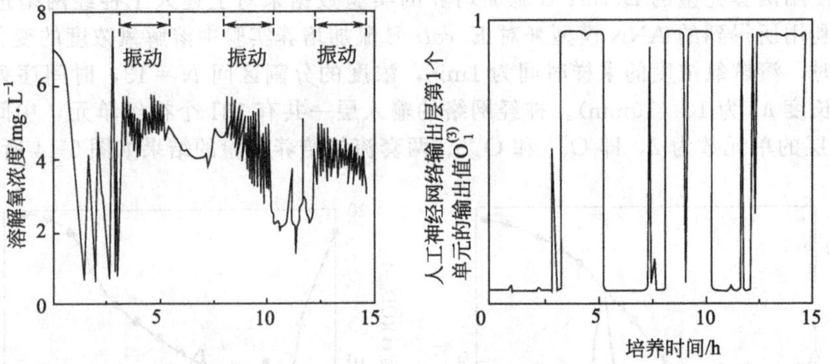

图 5-15　利用 ANN 模型识别 *E. coli* B 流加培养中溶解氧浓度变化模式的结果

使用一系列已知的数据来对图 5-16 所示的人工神经网络进行学习和训练。神经网络的输入层有 5 个神经单元，分别输入发酵时间、菌体的初始浓度、氮源的初始浓度、碳源的初始浓度以及发酵的 pH。中间层的层数以及各层的单元数通过综合考虑模型精度、计算量、通用性能等，通过试行误差法加以确定。输出层则有 3 个神经单元，分别代表发酵 t 时刻时的菌体浓度、残氮量和残碳量。

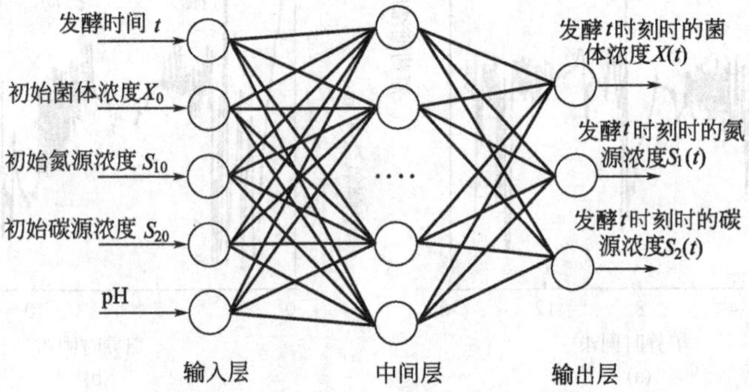

图 5-16　利用人工神经网络模型对发酵过程状态变量的变化进行预测

一共有两套类型的数据，此时所对应 ANN 模型也应该有两套。一套类型的数据是初始菌体浓度、残氮量和残碳量相同，不同操作条件 pH 下的生物量、残氮量和残碳量的时间变化曲线。将 pH 6.5、7.5、8.0 和 8.4 时的数据作为学习和训练数据提供给图 5-16 所示的人工神经网络，然后，利用所得到 ANN 模型计算其他未知 pH 条件下（pH＝8.2）的生物量、残氮量和残碳量（□）的时间变化曲线。图 5-17 验证了该 ANN 模型的有效性，从图 5-17 中可以看出，无论是生物量、残氮量还是残碳量，ANN 模型的计算值都与实测值相一致，取得了很好的预测效果。另一套类型的数据则是初始菌体浓度、残碳量和 pH 相同，不同初始残氮量（NH_4^+ 浓度）下的生物量、残氮量和残碳量的时间变化曲线。这时，将初始 NH_4^+ 浓度为 0.08g/L、0.22g/L、0.56g/L 和 0.80g/L 时的数据作为学习和训练数据提供给第二个人工神经网络，然后，利用所得到的 ANN 模型计算其他初始 NH_4^+ 条件下（NH_4^+ 浓度＝0.37g/L）的生物量、残氮量和残碳量（▲）的时间变化曲线，以验证该 ANN 模型的有效性。同样，无论是生物量、残氮量还是残碳量，该 ANN 模型的计算值都与实测值基本一致，预测效果基本良好。

这种基于人工神经网络的过程状态预测的模型和方法，完全撇开了传统的发酵反应动力学模型的形式，在某些条件下（比如说反应机理不明确，动力学模型的具体形式不明了），比传统的非构造式动力学模型的预测性能更加准确。但是，由于 ANN 模型毕竟是一种黑箱性质的模型，有着物理意义不明确等缺点，因此，用于神经网络学习和训练的数据一定要足够得多，数据范围一定要尽可能地全面铺开。使用神经网络进行“外推”的预测方法往往起不到很好的

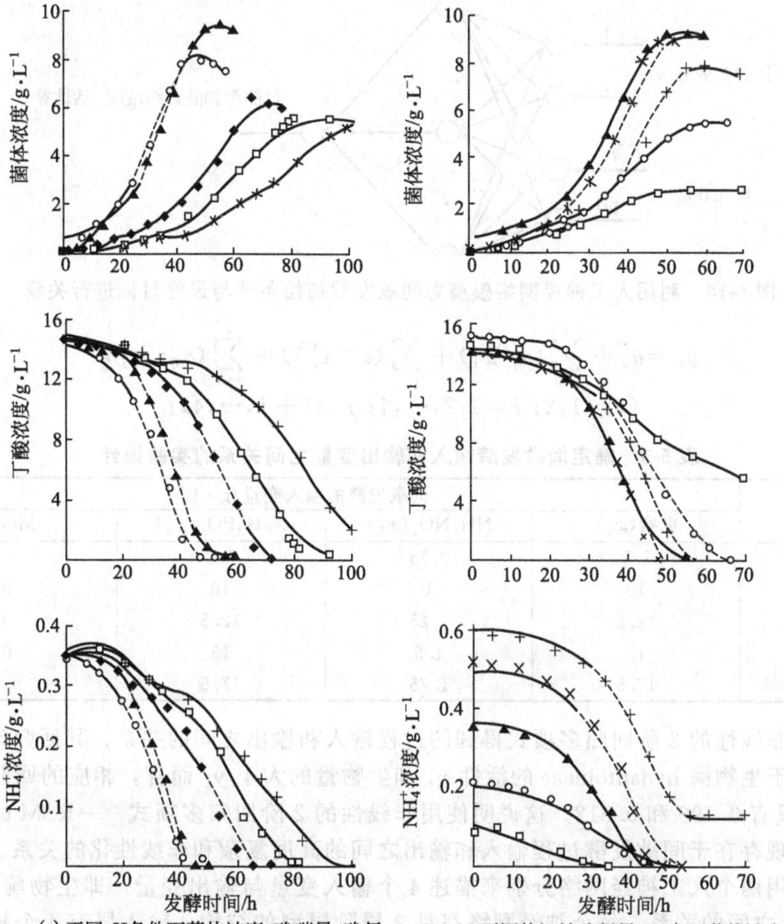

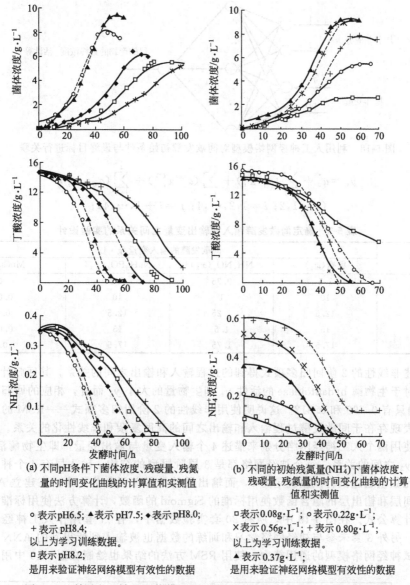

(a) 不同pH条件下菌体浓度、残碳量、残氮量的时间变化曲线的计算值和实测值

○表示pH6.5；▲表示pH7.5；◆表示pH8.0；+表示pH8.4；
以上为学习训练数据。
□表示pH8.2；
是用来验证神经网络模型有效性的数据

(b) 不同的初始残氮量(NH_4^+)下菌体浓度、残碳量、残氮量的时间变化曲线的计算值和实测值

□表示$0.08g\cdot L^{-1}$；○表示$0.22g\cdot L^{-1}$；
×表示$0.56g\cdot L^{-1}$；+表示$0.80g\cdot L^{-1}$；
以上为学习训练数据。
▲表示$0.37g\cdot L^{-1}$；
是用来验证神经网络模型有效性的数据

图 5-17　利用人工神经网络模型预测发酵过程状态变量的时间变化趋势

预测效果。

六、基于人工神经网络的非线性回归模型

如图 5-18 所示，人工神经网络在发酵过程建模中的另一个重要应用就是对间歇发酵过程中的输入变量（诸如培养基成分、初糖浓度、初始温度和 pH 等）与过程输出变量（诸如最终的代谢产物活性或浓度、生物量等）之间的关系进行回归和关联。

利用微生物 *Agrobacterium radiobacter* 间歇发酵生产生物酶 hydantoinase 的过程中，在最终发酵时间确定的条件下，有两个指标被认为是该发酵过程的目标函数或者说是输出变量：一个是生物酶 hydantoinase 的活性 y_1；另一个则是生物量的大小 y_2。而培养基中 4 种物质的浓度被认为是影响目标函数大小的主要因素，它们是：糖蜜（x_1）、NH_4NO_3（x_2）、NaH_2PO_4（x_3）和 $MnCl_2$（x_4）。研究者按照表 5-3 的实验设计，得到 20 套实验数据，再利用如下的非线性二阶多项式的回归曲线（通常称为响应面曲线方法，response surface methodology，RSM）来确定过程输入和输出之间的关系：

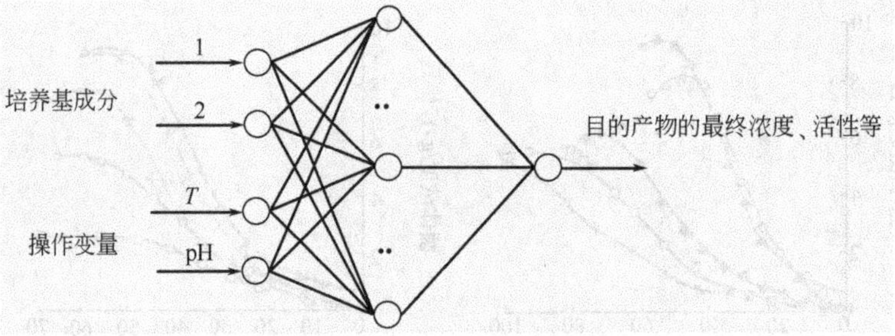

图 5-18　利用人工神经网络模型对间歇发酵初始条件与最终目标进行关联

$$y_k = a_0 + \sum_{i=1}^{4}(a_i^{(1)} x_i) + \sum_{i=1}^{4}(a_i^{(2)} x_i^{(2)}) + \sum_{i=1}^{4}(a_{ij} x_i x_j)$$
$$(k=1,2;\ i=1,2,\cdots,4;\ j=i+1,\cdots,4); \tag{5-14}$$

表 5-3　确定间歇发酵输入和输出变量之间关系的实验设计

浓度水平	间歇发酵的输入变量/g·L^{-1}			
	糖蜜(x_1)	NH_4NO_3(x_2)	NaH_2PO_4(x_3)	$MnCl_2$(x_4)
−2	7.5	0.75	7.5	0
−1	10	1	10	0.025
0	12.5	1.25	12.5	0.05
1	15	1.5	15	0.075
2	17.5	1.75	17.5	0.1

使用上述非线性的 2 阶回归多项式得到的过程输入和输出之间的关系，其回归计算的精确度不是很高。对于生物酶 hydantoinase 的活性 y_1 和生物量的大小 y_2 而言，相应的回归方程的关联系数 R^2 分别只有 0.799 和 0.812。这说明使用非线性的 2 阶回归多项式——RSM 的方法难以准确地描述和表现存在于间歇发酵过程输入和输出之间的高度复杂和非线性化的关系。

为此，使用两个人工神经网络分别来描述 4 个输入变量与输出变量，即生物酶活性 y_1 或者生物量大小 y_2 之间的关系。每个神经网络都是 3 层阶层型的结构。输入层有 4 个神经元，中间层的神经单元数量通过试行误差确定为 6，而输出层的神经单元数为 1 个。在建立 ANN 模型的过程中，中间层和输出层的隐含函数使用标准的 Sigmoid 的函数，计算方法使用标准形式的误差逆向传播的计算公式。在图 5-19 中，所有 20 套实验数据中，有 17 套用作人工神经网络的学习和训练数据，另外 3 套未参与神经网络学习和训练的数据也被输入到所得到的 ANN 模型中，用以验证和测试神经网络模型的通用能力。使用 RSM 方法的结果也绘制在图 5-19 中用以比较。

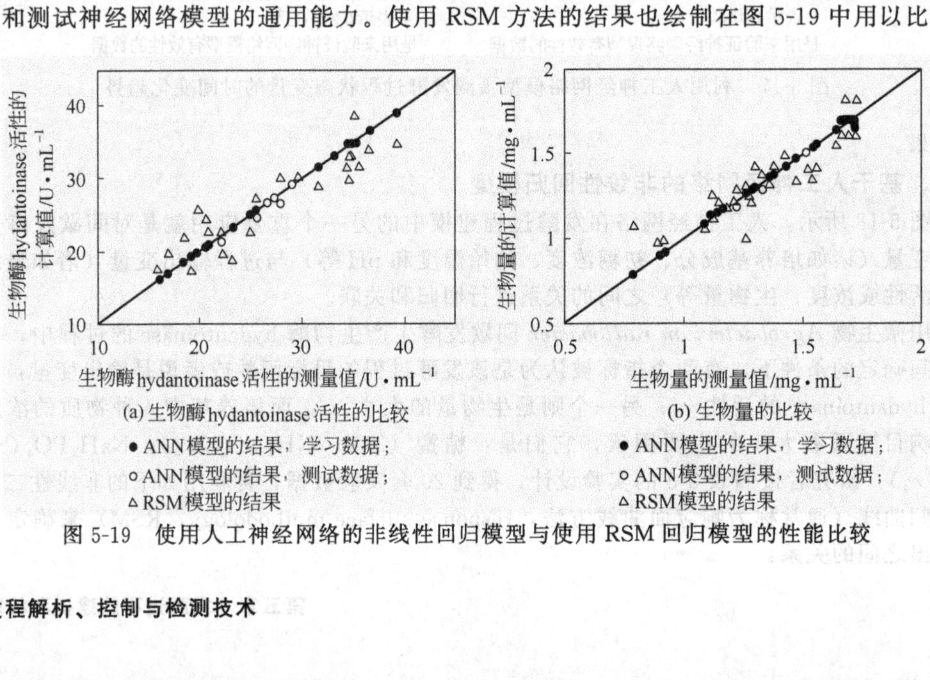

图 5-19　使用人工神经网络的非线性回归模型与使用 RSM 回归模型的性能比较

图 5-19 中的对角线表示各测量值和计算值之间没有误差，即计算值或者说预测值100%的准确。图中，不论是学习和训练数据，还是验证和测试数据，ANN 模型的计算值与实际测量值都交汇在对角线的附近；而 RSM 模型的计算值与实测值的交汇点则大都偏离了对角线。这说明 ANN 模型在回归精度和通用能力上都比 RSM 回归方法优越。

七、结合使用人工神经网络模型和遗传算法的过程静态优化

发酵过程建模的目的就是为了对发酵过程实施优化和控制。与 RSM 方法相比较，ANN 模型具有回归精度高和通用能力强的特点，因此，如果能够与一些合适的最优化的方法配合起来使用，可能会取得比 RSM 法好的优化计算精度和结果。由 RSM 法回归求得的非线性 2 阶回归多项式，目标函数（过程输出）是有关操作变量（过程输入）的明确函数［参见式(5-14)］，因此，可以通过求解目标函数对过程输入(x_1,x_2,x_3,x_4)的偏导数，并令所有偏导数等于 0，求解联立方程，来寻找对应于最大目标函数的最优过程输入$(x_1^*,x_2^*,x_3^*,x_4^*)$。但是，使用 ANN 非线性回归模型却不能得到目标函数对于过程输入(x_1,x_2,x_3,x_4)的偏导数，因此只能依靠本章第二节所述的非线性规划法，或者遗传算法等不需要计算函数梯度的方法来进行过程的优化求解。而与传统的非线性规划法相比较，遗传算法又具有计算和收敛速度快、最优解为全局最优解、最优解不依赖于初始优化条件的设定等诸多优点，因此，ANN 模型与遗传算法结合并用的方法，被广泛应用于许多发酵过程的静态优化过程中。

结合上一小节所得到的 ANN 非线性回归模型，利用本书第四章所介绍的遗传算法，可以求出对应于最大生物酶 hydantoinase 活性 y_1 或者最大生物量 y_2 的过程输入糖蜜（x_1）、NH_4NO_3（x_2）、NaH_2PO_4（x_3）和 $MnCl_2$（x_4）的最优浓度值。具体的计算步骤如下：

① 在浓度域上，将糖蜜（x_1）、NH_4NO_3（x_2）、NaH_2PO_4（x_3）和 $MnCl_2$（x_4）的浓度空间分成 N 等份，并假定每一浓度空间上的浓度值为定值。再由计算机随机地产生图 4-13 所示的由二进文字序列构成的初代染色体种群 M 个，每个染色体共含有 $4N$ 个基因。

② M 个染色体中的各段基因序列按照图 4-13 的方式由二进文字序列转变成十进制的数字序列。

③ 将解码后的各染色体，也就是 M 个不同的糖蜜（x_1）、NH_4NO_3(x_2)、NaH_2PO_4(x_3) 和 $MnCl_2$(x_4) 的十进制浓度值，分别代入到已经建立好的 ANN 模型的输入层，分别计算最终发酵时刻的生物酶活性 y_1 和生物量大小 y_2。并按照式(4-51) 所规定的方式求解每一条染色体的适合度。

④ 在求出所有 M 个染色体的适合度之后，用式(4-52) 的方法求出各染色体的适应度在所有染色体适应度的总和中所占有的比例，并将该比例定义成选择概率 S。利用 Roulett 圆盘选择法＋Elitist 保存选择法确定进入下一代的染色体种群。

⑤ 选择合适的交叉操作方法，包括交叉方式和交叉概率。

⑥ 选择合适的突然变异操作方法，包括突然变异方式和突然变异概率。

⑦ 重复步骤②～⑥，直到达到预先规定的最大传代数。

通过上述计算，最终选择一个“最佳染色体”，从而得到一套完整、最优的糖蜜（x_1）、NH_4NO_3(x_2)、NaH_2PO_4(x_3) 和 $MnCl_2$(x_4) 的浓度值。表 5-4 是结合使用 ANN 模型和遗传算法，以及使用 RSM 回归模型求解最大生物酶活性 y_1 或者最大生物量 y_2 的实验结果及其静态优化性能的比较。

表 5-4 ANN 模型与二阶多项式的 RSM 模型优化性能的比较

回归模型形式	过程的最优目标值	间歇发酵的最优输入变量/$g \cdot L^{-1}$			
		糖蜜浓度(x_1)	NH_4NO_3(x_2)	NaH_2PO_4(x_3)	$MnCl_2$(x_4)
二阶多项式的 RSM 模型	$y_1=35.39\ U \cdot mL^{-1}$	12.36	1.04	12.14	0.07
ANN 模型	$y_1=39.29U \cdot mL^{-1}$	11.95	0.75	15.99	0.08
二阶多项式的 RSM 模型	$y_2=1.69mg \cdot mL^{-1}$	12.75	1.30	14.23	0.04
ANN 模型	$y_2=1.92mg \cdot mL^{-1}$	14.76	1.53	12.25	0.02

与二阶多项式的RSM模型相比较，使用预测性能更加准确的ANN模型结合使用遗传算法的方法的优化性能更加优越。在使用后者进行优化的条件下，最大生物酶hydantoinase活性 y_1 达到39.29U/mL，最大生物量 y_2 则达到1.92mg/mL，分别比使用二阶多项式的RSM模型的优化方法高出11%和14%。

【习题】

一、判断题

(1) 人工神经网络技术为生物过程的建模提供了一种全新的模式和方法。对于生物（发酵）过程的建模而言，人工神经网络最重要的优点在于：

A. 可以无限逼近任意的非线性的函数或状态方程式

B. 处理高度非线性系统的能力和高度的学习归纳能力

C. 建模相对简单

D. 归纳处理大量输入输出数据的能力

(2) 建立人工神经网络模型指的是：

A. 利用大量和已知的输入和输出的学习和训练数据，确立人工神经网络各层的层数和各层神经单元的数量

B. 在人工神经网络的层数和各层神经单元数量已经确定的条件下，利用大量和已知的输入和输出的学习和训练数据确定神经网络各层各神经单元间的结合系数（结合系数的强度）。

C. 计算人工神经网络输出层各神经单元的输出值

D. 向人工神经网络输入层中的各神经单元输入数值

(3) 在人工神经网络的构造确定下来以后，人工神经网络能够取得良好的预测和通用性能的条件是：

A. 对于一定量的学习训练用数据，学习训练的误差值越小越好、学习精度越高越好

B. 用于学习训练的数据不宜过多，学习精度不宜过高，以免造成预测能力下降、计算预测时间过长

C. 所使用的学习训练数据越多越好、数据的代表性和覆盖层面越广越好，学习精度适中

二、填空题

(1) 人工神经网络模型必须具备良好的通用能力和容错能力。人工神经网络的学习精度高，模型的预测能力______。

(2) 所谓软测量技术或者说在线状态预测技术主要是指利用______来计算推断______。

(3) 人工神经网络模型是______。它仅仅对过程输入与输出关系______进行总结归纳，而从不追究过程的______。

(4) 人工神经网络中间层（隐含层）和输出层各神经单元中的最常见的输出函数的表现形式为______型函数。

【解答】

一、判断题

(1) A×，B√，C×，D×

(2) A×，B√，C×，D×

(3) A×，B×，C√

二、填空题（其他合适的表述亦可）

(1) 并不一定好

(2) 可以在线计量的状态变量，其他不能在线计量、重要的状态变量

(3) 标准的黑箱模型的表观特性，本质或实质内含

(4) Sigmoid

参考文献

[1] Aiba S, et al. J Biosci & Bioeng, 1968, 10: 845.

[2] Nagata Y, et al. Biotechnol Lett, 2003, 25: 1837.
[3] Shi Z, et al. J Biosci & Bioeng, 1992, 74: 39.
[4] Shi Z, et al. Kagaku Kohgaku Runbunshu, 1993, 19: 692.
[5] Shimizu H, et al. Metabolic Engineering, 1999, 1: 299.
[6] Steyer J P, et al. Bioprocess Biosyst Eng, 2000, 23: 727.
[7] Tada K, et al. J Biosci & Bioeng, 2000, 91: 344.
[8] Takiguchi N, et al. Biotechnol Bioeng, 1997, 55: 170.
[9] 清水和幸.バイオプロセス解析法-システム解析原理とその応用. 福冈:コロナ社,1997.
[10] 清水和幸.生命システム解析のための數學. 福冈:コロナ社,1999.
[11] 王树青,元英进.生化过程自动化技术.北京:化学工业出版社,1999.
[12] 吕欣.高浓酒精清洁生产关键技术研究 (D).无锡:江南大学生物工程学院,2004.

第六章 发酵过程的在线自适应控制

作者在绪论中提到，发酵过程具有复杂、高度非线性和强时变性的动力学特征。传统的控制和最优化理论难以直接用于上述生物和发酵过程，其原因在于：①传统过程控制理论一般都是建立在线性系统（线性动力学模型）基础上的，它不能或者难以处理具有高度非线性特征的系统；②基于最大原理、格林定理和遗传算法的最优化控制策略的有效性，完全取决于发酵过程动力学模型的准确程度。具有强时变性特征的发酵过程动力学模型常常会随时间、发酵批次以及环境的变化而发生改变，这样，上述最优化控制的性能就会有一定程度的恶化。

为了解决上述问题，人们引入了在线自适应控制和最优化（on-line adaptive control & optimization）的概念和理论，旨在能够有效地处理具有高度非线性和时变性特征的过程控制和最优化的问题。本章将详细地讲述和总结归纳在线自适应控制和最优化的基本概念、理论和方法、特点及其在发酵过程中的应用。

首先，在线自适应控制系统是将过程在某一时段（某一时间窗口）内的输入和输出之间的动力学特性用一定的线性关系（线性模型）来加以近似，然后利用逐次回归最小二乘法不断地实时更新和确定线性模型的系数。这样，就可以利用基于线性系统的过程控制理论实时在线地调节反馈控制器的参数，进而确定和求解“在线自适应控制器”的输出（控制变量）。在多数情况下，这种假定是对的。但是，对于某些极端和特殊的场合，上述假定也不见得完全合理。比如对于酵母菌或大肠杆菌流加培养而言，即便“时间窗口”很短，Crabtree效应的临界点处的输入输出动力学特性也难以用线性模型来近似。因为这时输入变量的变化可能会导致过程输出在短时间内发生剧烈的变化。

其次，如果能够在线测量或计算过程优化的目标函数（输出变量）和相应的状态变量或者控制变量（输入变量），那么人们依旧能够以一定的模型方式，利用逐次回归最小二乘法来实时在线回归和确定过程的输入和输出之间的关系。最后再根据所得到的实时回归模型的参数，利用梯度法和其他合适的迭代公式［比如说，第四章的式(4-36)］，渐进和在线地寻找出对应于最大目标函数（过程输出）的状态变量或者操作变量（过程输入）的值。根据具体和实际情况，回归模型可以是线性模型，也可以是非线性的多项式模型。这里需要说明的是，只有在稳态的连续操作条件下，发酵过程的目标函数才可以连续测定或计算，比如说CSTR操作条件下菌体或目的代谢产物的生产强度 DX 和 DP 等（D 是操作变量——稀释率，X 和 P 分别是菌体浓度和目的代谢产物的浓度）。因此，上述在线最优化控制的方法一般仅适用于CSTR一类的连续操作。而对于间歇或流加发酵一类的过程，最优化控制的目标函数一般都和最终状态有关，比如说产物的最终浓度（P_{tf}）或最终总收获量（$P_{tf}V_{tf}$）等。此时，由于过程的目标函数无法在线测量或计算，在线最优化控制的方法就无法使用。由于间歇或流加发酵属于动态过程，其最优化控制就必然要涉及原有的非构造式动力学模型的动态求解的问题，因此，此时的在线最优化控制只能靠实时在线跟踪和更新非构造动力学模型的参数来进行。结合使用最大原理和遗传算法是这类过程的在线最优化控制所常用的方法和手段。这里，遗传算法用来实时在线跟踪和更新非构造式动力学模型的参数，以应对过程的时变性特征，而最大原理则依据更新后的动力学模型参数求解和更新最优化控制轨道。

使用逐次回归最小二乘法所得到的在线回归模型属于100％黑箱性质的模型。在线回归求解到的模型参数只能用于调节自适应控制器的参数，或者用来计算和搜寻最优操作变量或状态变量，而模型和模型参数本身没有任何实际的物理意义。模型的100%的黑箱性质同时也造就了在线自适应控制和（用于连续稳态过程）最优化控制系统自身的黑箱本质。因此，在线自适应控制和最优化控制系统存在着调节机构不明确，难于进行理论探讨等种种局限。

第一节　基于在线时间序列输入输出数据的自回归移动平均模型及其解析

一、自回归移动平均模型

假定 y 为过程的输出，u 为过程输入，k 为现在采样时刻，过程在某一时段（时间窗口）内的输入和输出间的动力学特性可以用下列线性模型近似表示：

$$y(k)+a_1y(k-1)+\cdots+a_ny(k-n)=b_1u(k-1)+\cdots+b_mu(k-m)+e(k) \tag{6-1}$$

式(6-1) 的线性模型称为 (n,m) 次的自回归移动模型 ARMA（autoregressive moving average model）。这里，a_1，a_2，…，a_n，b_1，b_2，…，b_m 是 ARMA 模型的模型系数，e 表示模型的偏差值。作为特例，$m=1$ 时的 ARMA 模型被称为 n 次的自回归模型 AR（autoregressive）；而 $n=0$ 时的 ARMA 模型则被称为 m 次的移动平均模型 MA（moving average）。即：

AR 模型　$$y(k)+a_1y(k-1)+\cdots+a_ny(k-n)=u(k-1)+e(k) \tag{6-2a}$$

MA 模型　$$y(k)=b_1u(k-1)+\cdots+b_mu(k-m)+e(k) \tag{6-2b}$$

这里，引入"反向操作因子（backward shift operator）"的概念，则式(6-1) 和式(6-2) 的 ARMA、AR 和 MA 模型分别可以改写成式(6-3) 和式(6-4) 的形式。其中反向操作符号 z^{-1} 的意义为：$z^{-1}y(k)=y(k-1),\cdots,z^{-n}y(k)=y(k-n)$，$z^{-1}u(k)=u(k-1),\cdots,z^{-m}u(k)=u(k-m)$。而 z 则是"正向"操作符号：$zy(k)=y(k+1)$，$z^2y(k)=y(k+2)$。

ARMA　$$A(z^{-1})y(k)=B(z^{-1})u(k)+e(k) \tag{6-3a}$$

$$A(z^{-1})=1+a_1z^{-1}+\cdots+a_nz^{-n} \tag{6-3b}$$

$$B(z^{-1})=b_1z^{-1}+\cdots+b_mz^{-m} \tag{6-3c}$$

AR 模型　$$A(z^{-1})y(k)=u(k)+e(k),\ A(z^{-1})=1+a_1z^{-1}+\cdots+a_nz^{-n} \tag{6-4a}$$

MA 模型　$$y(k)=B(z^{-1})u(k)+e(k),\ B(z^{-1})=b_1z^{-1}+\cdots+b_mz^{-m} \tag{6-4b}$$

如果以向量的形式来表现式(6-1) 的 ARMA 模型，则式(6-1) 可以改写成：

$$y(k)=\psi^{\mathrm{T}}(k)\theta+e(k) \tag{6-5a}$$

$$\psi^{\mathrm{T}}(k)=-y(k-1),\cdots,-y(k-n),u(k-1),\cdots,u(k-m) \tag{6-5b}$$

$$\theta^{\mathrm{T}}=(a_1,\cdots,a_n,b_1,\cdots,b_m) \tag{6-5c}$$

式中，θ 就是模型参数的向量，而上标"T"则表示向量的转置。图 6-1 是时间窗口内的时间序列输入输出数据的示意图，假定此时时间窗口的长度 $L=10$。

自回归移动模型（ARMA）的模型参数向量 θ 对时间窗口长度 L 内的所有 L 套数据都必须有效，而不是仅对一套数据有效。因此，通过对现时刻 k 到时间窗口起始时刻 $k-L$ 的 L 套数据进行联立，可以将 AMAR 模型式(6-5) 扩展成如下形式：

$$y=\psi^{\mathrm{T}}\theta+e \tag{6-6}$$

其中
$$y=\begin{bmatrix} y(k) \\ y(k-1) \\ \cdots \\ y(k-L) \end{bmatrix};\ \mathrm{e}=\begin{bmatrix} e(k) \\ e(k-1) \\ \cdots \\ e(k-L) \end{bmatrix};$$

$$\psi^{\mathrm{T}}=\begin{bmatrix} \psi^{\mathrm{T}}(k) \\ \psi^{\mathrm{T}}(k-1) \\ \cdots \\ \psi^{\mathrm{T}}(k-L) \end{bmatrix}=\begin{bmatrix} -y(k-1) & \cdots & -y(k-n) & u(k-1) & \cdots & u(k-m) \\ -y(k-2) & \cdots & -y(k-n-1) & u(k-2) & \cdots & u(k-m-1) \\ \cdots & & & & & \\ -y(k-L) & \cdots & -y(k-n-L) & u(k-L) & \cdots & u(k-m-L) \end{bmatrix}$$

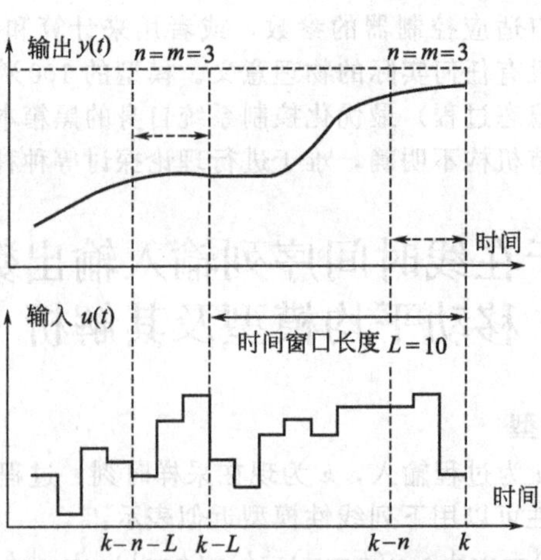

图 6-1　时间窗口（$L=10$）内的时间序列输入输出数据［假定式(6-1) 中的 $n=m=3$］

二、利用逐次最小二乘回归法计算确定自回归移动平均模型的模型参数

式(6-6) 中的自回归移动模型 ARMA 的模型参数向量 θ 可以通过逐次最小二乘法求出。首先考虑现在时刻 k 下单个输出变量 $y(k)$ 的 ARAM 模型式(6-5)，以及模型参数向量 θ 的求解方法。

令 $J=e(k)^2=\{y(k)-\psi^{\mathrm{T}}(k)\theta\}^2\to \mathrm{Min}$，则最优模型参数向量 θ^* 的值应该在 $\partial J/\partial\theta=0$ 的条件下取得，即：

$$\frac{\partial J}{\partial\theta}=-2\psi(k)[y(k)-\psi^{\mathrm{T}}(k)\theta]=0\Rightarrow-\psi(k)y(k)+\psi(k)\psi^{\mathrm{T}}(k)\theta=0$$

$$\therefore\qquad \theta^*=[\psi(k)\psi^{\mathrm{T}}(k)]^{-1}\psi(k)y(k) \tag{6-7}$$

式中，“-1”表示逆矩阵。如果考虑的是整个时间窗口 L 内的所有输出变量和模型参数向量 θ，并令该时间窗口起始时刻 $k-L$ 的序号为1，而现在时刻 k 的序号为 L，再将时间窗口内不同时刻的有关 θ^* 的等式［式(6-7)］相迭加，就可以得到有关 θ^* 的新的迭代等式：

$$\theta^*(L)=\left\{\sum_{i=1}^{L}[\psi(i)\psi^{\mathrm{T}}(i)]\right\}^{-1}\sum_{i=1}^{L}[\psi(i)y(i)] \tag{6-8a}$$

为了统一采样时刻与时间窗口数据序号之间的关系，仍使用 k 来表示当前时刻，同时用符号 k 来替代时间窗口的长度 L。这样，式(6-8a) 就变成：

$$\theta^*(k)=\left\{\sum_{i=1}^{k}[\psi(i)\psi^{\mathrm{T}}(i)]\right\}^{-1}\sum_{i=1}^{k}[\psi(i)y(i)] \tag{6-8b}$$

如果再令
$$P(k)\equiv\left\{\sum_{i=1}^{k}[\psi(i)\psi^{\mathrm{T}}(i)]\right\}^{-1}$$

则有：
$$P(k)^{-1}=\sum_{i=1}^{k-1}[\psi(i)\psi^{\mathrm{T}}(i)]+\psi(k)\psi^{\mathrm{T}}(k)=P(k-1)^{-1}+\psi(k)\psi^{\mathrm{T}}(k) \tag{6-9}$$

将式(6-9) 代入到式(6-8b) 中可以得到：

$$\begin{aligned}\theta^*(k)&=P(k)\sum_{i=1}^{k}[\psi(i)y(i)]=P(k)\left\{\sum_{i=1}^{k-1}[\psi(i)y(i)]+\psi(k)y(k)\right\}\\&=P(k)[P(k-1)^{-1}\theta^*(k-1)+\psi(k)y(k)]\end{aligned} \tag{6-10}$$

利用式(6-9) 中的 $P(k-1)^{-1}=P(k)^{-1}-\psi(k)\psi^{\mathrm{T}}(k)$ 的关系，并将它代入到式(6-10) 中，就可以得到：

$$\begin{aligned}\theta^*(k)&=\theta^*(k-1)-P(k)\psi(k)\psi^{\mathrm{T}}(k)\theta^*(k-1)+P(k)\psi(k)y(k)\\&=\theta^*(k-1)-P(k)\psi(k)[y(k)-\psi^{\mathrm{T}}(k)\theta^*(k-1)]\end{aligned} \tag{6-11}$$

如果对式(6-9)～式(6-11) 加以归纳总结，就可以得到有关 ARMA 模型参数向量 θ 的逐次迭代计算公式：

$$\theta^*(k)=\theta^*(k-1)-P(k)\psi(k)[y(k)-\psi^T(k)\theta^*(k-1)] \tag{6-12a}$$

$$P(k)^{-1}=P(k-1)^{-1}+\psi(k)\psi^T(k) \tag{6-12b}$$

随着矩阵维数的增加，式(6-12b) 中逆矩阵 $P(k)^{-1}$ 的计算将变得非常烦琐和困难，因此，一般都希望能找到一个逐次迭代型的计算方法来替代逆矩阵的直接计算。式(6-12b) 中的逆矩阵 $P(k)^{-1}$ 可以变形为：

$$P(k)=[P(k-1)^{-1}+\psi(k)\psi^T(k)]^{-1} \tag{6-13}$$

这时，如果利用线性代数中很有名的逆矩阵辅助定理［式(6-14)］，就可以用逐次迭代型的计算方法［式(6-15)］来替代式(6-13)，从而免去了逆矩阵的直接计算求解：

$$(A+BC)^{-1}=A^{-1}-A^{-1}B(I+CA^{-1}B)^{-1}CA^{-1} \quad \text{（其中 } I \text{ 为单位方阵）} \tag{6-14}$$

$$P(k)=P(k-1)-\frac{P(k-1)\psi(k)\psi^T(k)P(k-1)}{1+\psi^T(k)P(k-1)\psi(k)} \tag{6-15}$$

在式[6-12(b)］的两边，左乘 $P(k)$，右乘 $P(k-1)$，再经过变形可以得到：

$$P(k)=P(k-1)-P(k)\psi(k)\psi^T(k)P(k-1) \tag{6-16}$$

在式(6-16) 的两边右乘 $\psi(k)$，整理后可以得到有关 $P(k)\psi(k)$ 的式子，再将 $P(k)\psi(k)$ 的式子代入到式(6-12a) 就可以得到：

$$\theta^*(k)=\theta^*(k-1)-\frac{P(k-1)\psi(k)}{1+\psi^T(k)P(k-1)\psi(k)}[y(k)-\psi^T(k)\theta^*(k-1)] \tag{6-17}$$

这样，逐次回归最小二乘法的解，也就是 ARMA 模型的参数向量 θ 就可以利用式(6-17) 和式(6-15)，以逐次迭代计算的方式得到。同时，计算中不涉及任何逆矩阵的运算问题。这里，将逐次迭代计算求解 ARMA 模型参数向量 θ 的方法重新归纳如下：

$$\theta^*(k)=\theta^*(k-1)-\frac{P(k-1)\psi(k)}{1+\psi^T(k)P(k-1)\psi(k)}[y(k)-\psi^T(k)\theta^*(k-1)] \tag{6-18a}$$

$$P(k)=P(k-1)-\frac{P(k-1)\psi(k)\psi^T(k)P(k-1)}{1+\psi^T(k)P(k-1)\psi(k)} \tag{6-18b}$$

启动式(6-18) 的逐次迭代计算时分别需要 P 和 θ 的初值。θ 可以选任意的值，通常情况下，选 $\theta^T=(0,\cdots,0)$。P 是一个 $(n+m)\times(n+m)$ 的方阵，其维数取决于自回归移动模型 ARMA 的次数 (n,m)。一般取 $P(0)=P_0I$，其中 P_0 是一个很大的正数 $(P_0=10^3\sim10^5)$，而 I 则是与 P 有着相同维数的单位方阵。

前面在第一节中提到了“输入输出数据时间窗口”的概念。式(6-6) 中“时间窗口”的长度 L 过长则显然是不合理的，因为发酵过程的输入输出特性不可能在很长的一段时间内仅用一个线性模型来近似。所以，在不断更新数据的同时，必须要把旧的、历史的数据不断地抛弃掉。为此，在式(6-8b) 中引入了一个新的方阵 W，即：

$$\theta^*(k)=\left\{\sum_{i=1}^{k}[\psi(i)W\psi^T(i)]\right\}^{-1}\sum_{i=1}^{k}[\psi(i)Wy(i)] \tag{6-19}$$

其中

$$W=\begin{bmatrix}1&0&0&0&\cdots&0\\0&\lambda&0&0&\cdots&0\\0&0&\lambda^2&0&\cdots&0\\ \cdots&\cdots&\cdots&\cdots&\cdots&\cdots\\0&0&0&\cdots&&\lambda^k\end{bmatrix}$$

如式(6-19) 所示，W 是一个 $k\times k$ 的对角方阵（$k=L=$时间窗口长度），λ $(0<\lambda\leqslant1)$ 是一个被称为“忘却因子（forgetting factor）”的参数。如果 $0<\lambda<1$，且时间窗口的长度 k 很大，则 λ^k 趋近于 0。因此，矩阵 W 在这里起到一个加权系数分配的作用，即在给予新采集到的输入输出数据较大权重的同时，而对旧的、历史的数据则要加以抛弃。引入“忘却因子”参数，对于以逐次渐进迭代的方式求解 ARMA 模型参数向量 θ 的过程来说是非常合理的。遵从与前面完全相似的推导方式和步骤，可以得到存在加权系数分配矩阵 W 条件下的 ARMA 模型参数向量 θ 的

逐次迭代计算公式：

$$\theta^*(k)=\theta^*(k-1)-\frac{\lambda(k)P(k-1)\psi(k)}{1+\lambda(k)\psi^{\mathrm{T}}(k)P(k-1)\psi(k)}[y(k)-\psi^{\mathrm{T}}(k)\theta^*(k-1)] \tag{6-20a}$$

$$P(k)=P(k-1)-\frac{\lambda(k)P(k-1)\psi(k)\psi^{\mathrm{T}}(k)P(k-1)}{1+\lambda(k)\psi^{\mathrm{T}}(k)P(k-1)\psi(k)} \tag{6-20b}$$

这里，忘却因子 $\lambda(k)$ 一般按照 $\lambda(k)=(1-\alpha)\lambda(k-1)+\alpha(\alpha=0.01\sim0.001)$ 的方式进行更新。如果 $W=I$（单位矩阵），即 $\lambda(k)\equiv1$，则式(6-19) 和式(6-8b) 完全相同，式(6-20) 也完全等同于标准条件下的 ARMA 模型参数向量 θ 的逐次迭代计算公式(6-18)。

第二节　基于自回归移动平均模型的在线自适应控制

一旦用上述的逐次迭代计算的方法确定出自回归移动模型 ARMA 的模型参数，就可以根据不同的调节方法来确定在线自适应控制器的控制参数，从而构建起有效的在线自适应反馈控制系统。反馈控制器调节方法主要有两个，一个是“极配置”(pole placement) 型的方法，另一个则是基于“最优控制”(optimal control) 的调节方法。以下对两种调节方法分别加以介绍。

一、“极配置”型的在线自适应控制系统

考虑一个与图 3-21 所示的连续时间反馈控制系统相类似的离散式反馈控制系统。$G_{\mathrm{P}}(k)$ 表示过程的传递函数，$G_{\mathrm{C}}(k)$ 表示反馈控制器的传递函数，$G_{\text{Close-Loop}}(k)$ 表示整个闭回路反馈系统的传递函数，k 表示当前的采样时刻。为简单起见，使用一个（1，1）次的自回归移动模型 ARMA 来描述某一发酵时段内的过程输入和输出间的动力学关系，即：

$$y(k)+a_1y(k-1)=b_1u(k-1) \tag{6-21a}$$

$$G_{\mathrm{P}}(k)=\frac{y(k)}{u(k)}=\frac{b_1z^{-1}}{1+a_1z^{-1}} \tag{6-21b}$$

式中的 AMAR 模型参数 a_1 和 b_1，可以利用时间序列的输入输出数据和前述的逐次迭代计算公式(6-20) 加以确定。

与此同时，考虑使用一个 PI 型的控制器作为反馈控制系统。由于本书对离散控制系统不做介绍，这里仅根据离散控制系统中 z 变换理论的基本性质和公式，得到离散控制系统中 PI 控制器的传递函数如下：

$$G_{\mathrm{C}}(k)=\frac{u(k)}{e(k)}=K_{\mathrm{P}}\left(1+\frac{z}{T_I(z-1)}\right)=\frac{K_{\mathrm{P}}(1+\frac{1}{T_I})-K_{\mathrm{P}}z^{-1}}{1-z^{-1}}=\frac{C_0+C_1z^{-1}}{1-z^{-1}} \tag{6-22}$$

于是，闭回路反馈系统的传递函数 $G_{\text{Close-Loop}}(k)$ 可以用下式来表示：

$$\begin{aligned}G_{\text{Close-Loop}}(k)&=\frac{G_{\mathrm{C}}(k)G_{\mathrm{P}}(k)}{1+G_{\mathrm{C}}(k)G_{\mathrm{P}}(k)}=\frac{\dfrac{b_1z^{-1}}{1+a_1z^{-1}}\times\dfrac{C_0+C_1z^{-1}}{1-z^{-1}}}{1+\dfrac{b_1z^{-1}}{1+a_1z^{-1}}\times\dfrac{C_0+C_1z^{-1}}{1-z^{-1}}}\\&=\frac{b_1C_0z+b_1C_1}{z^2+(a_1+b_1C_0-1)z+(b_1C_1-a_1)}\\&=\frac{b_1C_0z+b_1C_1}{(z-p_1)(z-p_2)}=\frac{b_1C_0z+b_1C_1}{z^2-(p_1+p_2)z+p_1p_2}\end{aligned} \tag{6-23}$$

根据离散控制系统中的 z 变换理论，闭环系统渐进稳定的充分必要条件是闭环传递函数 $G_{\text{Close-Loop}}(k)$ 的两个特征根 p_1 和 p_2，也称为两个“极”［对应于特征方程式 $z^2-(p_1+p_2)z+p_1p_2=0$］都处在复数平面以原点为中心的单位圆以内。这时，如果指定 p_1 和 p_2 是特征方程式的两个“极 (pole)”的值，且规定 $|p_1|<1.0$，$|p_2|<1.0$，那么，就可以根据逐次在线回归得到的 AMAR 模型参数 a_1 和 b_1，再利用下式求解出能够保证在线自适应系统渐进稳定的 PI 反

馈控制器的控制参数 C_0 和 C_1。

$$C_1=\frac{(p_1p_2+a_1)}{b_1};\ C_0=\frac{1-(p_1+p_2)-a_1}{b_1} \tag{6-24}$$

虽然以上是使用最简单的（1，1）次的自回归移动模型 ARMA 和自适应 PI 反馈控制器时的情况，但是，这种方法却是通用的，可以简单地扩展到使用多次自回归移动模型 ARMA 和自适应 PID 反馈控制器的场合。

二、"最优控制"型的在线自适应控制系统

考虑以下最一般化的，由状态空间方程式所描述的离散型线性系统：

$$x(k+1)=A(z^{-1})x(k)+B(z^{-1})u(k) \tag{6-25a}$$

$$y(k)=Cx(k) \tag{6-25b}$$

式中，x、u 和 y 分别是（$N\times 1$）阶的状态变量、输入（控制）变量和输出（测量）变量的向量；而 $A(z^{-1})$、$B(z^{-1})$和 C 分别是（$N\times N$）阶的系数矩阵。为简单起见，假定 $C=I$（单位方阵），$A(z^{-1})$和 B（z^{-1}）分别是（$N\times N$）阶的对角方阵和（$N\times N$）阶的方阵，其中对角方阵 $A(z^{-1})$和方阵 $B(z^{-1})$中的各个元素分别是：

$$A_{ii}(z^{-1})=a_{ii}^{(0)}+a_{ii}^{(1)}z^{-1}+\cdots+a_{ii}^{(n)}z^{-(n-1)}\quad (i=1,2,\cdots,N) \tag{6-26a}$$

$$A_{ij}(z^{-1})=0\quad i\neq j,j=1,2,\cdots,N \tag{6-26b}$$

$$B_{ij}(z^{-1})=b_{ij}^{(0)}+b_{ij}^{(1)}z^{-1}+\cdots+b_{ij}^{(m)}z^{-(m-1)}\quad (i=1,2,\cdots,N;j=1,2,\cdots,N) \tag{6-26c}$$

因为 C 是单位方阵，则 $y(k)\equiv x(k)$，输出（测量）向量中的第 i 个元素 $y_i(k+1)$可以表示成：

$$y_i(k+1)=A_{ii}(z^{-1})y_i(k)+B_{ij}(z^{-1})u_j(k)=\psi^{\mathrm{T}}(k)\theta(k)\quad (j=1,2,\cdots,N) \tag{6-27}$$

这里，输入输出时间序列数据 $\psi^{\mathrm{T}}(k)$和（n，m）级的 ARMA 模型参数 θ（k）分别可以表示为：

$$\psi^{\mathrm{T}}(k)=[-y_i(k),\cdots,-y_i(k-n+1),u_1(k),\cdots,u_1(k-m+1),\cdots,u_N(k),\cdots,u_N(k-m+1)]$$

$$\theta^{\mathrm{T}}(k)=(a_{ii}^{(0)},\cdots,a_{ii}^{(n)},b_{i1}^{(0)},\cdots,b_{i1}^{(m)},\cdots,b_{iN}^{(0)},\cdots,b_{iN}^{(m)}) \tag{6-28}$$

其中自回归移动模型的参数 θ 可以根据输入输出的时间序列数据，和逐次最小二乘法的迭代计算公式(6-20）而计算得到。也就是说，用上述方法可以确定系数矩阵 $A(z^{-1})$和 $B(z^{-1})$中的所有元素。这时假定：

$$e(k)\equiv y^*(k)-y(k)\equiv x^*(k)-x(k) \tag{6-29}$$

式中，上标"*"表示输出变量（状态变量）的设定值或者说目标值。由式(6-25a）和式(6-29）两式可以得到：

$$e(k+1)=A(z^{-1})e(k)+v(k) \tag{6-30}$$

式(6-30）中的 $e(k)$和 $v(k)$分别是新定义的过程输出变量和输入（控制）变量：

$$v(k)=x^*(k+1)-A(z^{-1})x^*(k)-B(z^{-1})u(k) \tag{6-31}$$

这时，可以在以下的目标函数得到满足的条件下，求解出过程的输入变量，也就是控制变量 $v(k)$。

$$\underset{v(k)}{\mathrm{Min}}J=\frac{1}{2}[e^{\mathrm{T}}(k+1)Qe(k+1)+v^{\mathrm{T}}(k)Rv(k)] \tag{6-32}$$

以上问题是一个标准的"最优控制"的问题。一般来说，所谓"最优控制"就是通过合理地调节输入变量，在输入变量的变化量尽可能小的条件下，使得输出变量能尽可能快地接近其设定值。实际上，这里的 $e(k)$和 $v(k)$就分别代表输出变量与其设定值的偏差［式(6-29)］和输入变量的变化量［式(6-31)］。必须强调的是"最优控制"和"最优化控制"是两个完全不同的概念。"最优控制"一般属于定值控制的范畴，它是要按照某一目标函数的规定来调节输入变量，使得过程的输出变量能够迅速地追踪其目标值，同时尽可能地抑制输入变量的波动。而"最优化控制"则是通过不断地调节过程的输入（控制）变量，使得过程的某一性能指标，比如说最终浓度、目的产物生产强度等达到最大。从控制模式上看，"最优控制"属于闭环反馈控制，而"最优化控制"一般则是前馈式的控制。

式(6-32）中的 Q 和 R 是两个（$N\times N$）阶的加权系数矩阵（对角方阵），分别表示代表"最优控制"时输出变量和输入变量的相对重要性。式(6-32）的问题实际上就是要求解使得目标函

数 J 达到最小的控制变量 $v(k)$，且 $v(k)$还必须满足限制条件式(6-30)。这种带有限制条件的最小化问题可以通过引入一个 Lagrange 运算子来加以求解：

$$J^{*}=\frac{1}{2}\left[e^{T}(k+1)Qe(k+1)+v^{T}(k)Rv(k)\right]+\lambda^{T}\left[e(k+1)-A(z^{-1})e(k)-v(k)\right] \tag{6-33}$$

式中，λ 是一个 $(N\times1)$ 阶的 Lagrange 运算子向量，而 J^{*} 取得最小的充分必要条件就是：

$$\frac{\partial J^{*}}{\partial v(k)}=v^{T}(k)R-\lambda^{T}=0 \tag{6-34a}$$

$$\frac{\partial J^{*}}{\partial e(k+1)}=e^{T}(k+1)Q+\lambda^{T}=0 \tag{6-34b}$$

从式(6-34) 中消去 λ^{T}，再代入到式(6-30) 中可以得到：

$$v(k)=-(Q+R)^{-1}A(z^{-1})e(k) \tag{6-35}$$

将式(6-35) 代入到式(6-31) 中就可以得到有关输入（控制）变量 $u(k)$的具体表达式：

$$u(k)=[B(z^{-1})]^{-1}\{x^{*}(k+1)-A(z^{-1})x^{*}(k)+(Q+R)^{-1}A(z^{-1})[x^{*}(k)-x(k)]\} \tag{6-36}$$

而将式(6-36) 代入到式(6-25a) 式中就可以得到该反馈控制系统的闭环传递函数，即：

$$x(k+1)=x^{*}(k+1)-[I-(Q+R)^{-1}]A(z^{-1})[x^{*}(k)-x(k)] \tag{6-37a}$$

或者

$$e(k+1)=[I-(Q+R)^{-1}]A(z^{-1})e(k) \tag{6-37b}$$

这时，闭环控制系统的特征方程式可以用式(6-38) 来表示，其中的“det”代表行列式。

$$\det\{zI-[I-(Q+R)^{-1}]A(z^{-1})\}=0 \tag{6-38}$$

根据离散系统的控制理论，闭环控制系统渐进稳定的充分必要条件就是闭环系统的特征方程式的所有特征根都处在复数平面以原点为中心的单位圆以内。这时，如果规定 Γ 为满足式(6-39) 的 $(N\times N)$ 阶对角方阵，且在规定方阵 Q 之具体形式的前提下，用式(6-40) 的方式来调节方阵 R，就可以得到能够保证闭环控制系统渐进稳定的在线自适应控制变量 $u(k)$：

$$\Gamma=[I+(Q+R)^{-1}]A(z^{-1}) \tag{6-39}$$

且 Γ 的每个元素 γ_{ij} 应该满足：

$$|\gamma_{ii}|<1;\ \gamma_{ij}=0(i\neq j)(i=1,2,\cdots,N,j=1,2,\cdots,N)$$

$$R=-Q+\{I-\Gamma A(z^{-1})\}^{-1} \tag{6-40}$$

式中，上标“-1”表示逆矩阵；z^{-1} 表示反向操作因子。由于矩阵 $A(z^{-1})$、Q 和 R 都是对角方阵，则式(6-40) 中的 $\gamma_{ij}=0$ $(i\neq j)$ 之条件自然满足。

三、酵母菌流加培养过程的比增殖速率在线自适应最优控制

细胞的比增殖速率 μ 是反映发酵过程细胞生理活性状态的一个重要状态变量。一般来说，比增殖速率 μ 越大、生物量也就是细胞的收获量就越多，但同时代谢副产物的生成积累也可能增大。在利用重组基因工程菌进行外源蛋白表达生产时，比增殖速率过大对外源蛋白的表达不利，同时大量产生和积累的代谢副产物更是会对外源蛋白的表达产生严重的抑制作用。所以在实际应用中，将比增殖速率控制和调节在人们所期望的水平上非常重要。

一般情况下，在线计测菌体的比增殖速率，需要使用激光浊度计等仪器来在线测量菌体的浓度，而这些仪器设备由于价格昂贵，操作复杂，所以使用的并不广泛。更常见的方法是，使用尾气测量仪等简单和常用的设备，测定发酵尾气中 O_2 和 CO_2 的分压，然后利用诸如式(3-23) 一类的关联式，将菌体浓度与 O_2 的摄取速率 OUR 相关联，并在线计算和推定菌体的比增殖速率 μ。在酵母菌流加培养过程中，菌体浓度与 OUR 的关联式可以写成：

$$\mathrm{OUR}=m_{X/O}X+\frac{1}{Y_{X/O}}\frac{dX}{dt} \tag{6-41}$$

式(6-41) 和第三章的式(3-23) 是完全一致的。这里，$m_{X/O}$ 和 $Y_{X/O}$ 分别是基于 O_2 消费的细胞维持代谢常数和细胞得率。O_2 的摄取速度可以利用式(3-75) 的计算公式得到。对式(6-41) 进行时间积分可以得到：

$$X(t)=\exp(-m_{X/O}Y_{X/O}t)\left\{X(0)+\int_0^t Y_{X/O}\exp(m_{X/O}Y_{X/O}\tau)\,\mathrm{OUR}(\tau)\mathrm{d}\tau\right\} \tag{6-42}$$

模型参数 $m_{X/O}$ 和 $Y_{X/O}$ 可以利用已知的离线数据按式(6-43) 进行时间积分，再用图解法计算出式(6-43) 的截距和斜率而得到：

$$\frac{\int_0^t \mathrm{OUR}(t)\mathrm{d}t}{\int_0^t X(t)\mathrm{d}t}=m_{X/O}+\frac{1}{Y_{X/O}}\frac{X-X(0)}{\int_0^t X(t)\mathrm{d}t} \tag{6-43}$$

根据流加培养中菌体比增殖速度 μ 的定义式(6-44)，并将式(6-41) 代入到式(6-44) 中，就可以得到有关比增殖速度 μ 的完整的计算和推定公式(6-45)：

$$\mu(t)\equiv\frac{\mathrm{d}(XV)}{XV\mathrm{d}t}=\frac{1}{V}\frac{\mathrm{d}V}{\mathrm{d}t}+\frac{1}{X}\frac{\mathrm{d}X}{\mathrm{d}t}=\frac{F}{V}+\frac{1}{X}\frac{\mathrm{d}X}{\mathrm{d}t} \tag{6-44}$$

$$\mu(t)=\frac{F}{V}-m_{X/O}Y_{X/O}+\frac{Y_{X/O}\mathrm{OUR}(t)}{X(t)}$$

$$\frac{\mathrm{d}V}{\mathrm{d}t}=F;V(0)=V_0 \tag{6-45}$$

由于 t 时刻下的 $\mathrm{OUR}(t)$ 和 $X(t)$ 分别可以利用式(3-75) 和式(6-42) 来进行计算，这样，菌体比增殖速度 μ 的在线计算推定就可以按照式(6-45) 的方式进行。式中，F 和 V 分别表示基质的流加速度和发酵液的体积。

根据以上条件，考虑使用一个在线自适应控制系统，通过调节控制基质流加速度 F，将菌体的比增殖速度稳定控制在任意水平上。假定在酵母菌流加培养的某一时段，过程的输入（基质流加速度 F）和输出（比增殖速度 μ）的时间序列数据可以用下列（1，1）级的 ARMA 模型近似表示，即：

$$\mu(k+1)=A(k)\mu(k)+B(k)F(k) \tag{6-46a}$$

或者

$$\mu(k)=A(k-1)\mu(k-1)+B(k-1)F(k-1),\ \mu(k)=\psi^{\mathrm{T}}(k)\theta \tag{6-46b}$$

$$\psi^{\mathrm{T}}(k)=[\mu(k-1),F(k-1)]\quad \theta^{\mathrm{T}}=[A(k-1),B(k-1)]$$

ARMA 模型的模型参数 θ 可以利用前述的逐次最小二乘法的迭代计算公式(6-20) 来求解计算。这里，利用前一节所述的“最优控制”型在线自适应控制系统的理论，来求解这个比增殖速度在线自适应控制的问题。由于 ARMA 模型是一个（1，1）级的模型，同时，过程又是一个最简单的单输入单输出的系统（SISO），ARMA 的模型参数 $A(k)$ 和 $B(k)$ 就都是标量。因此，式(6-32) 的“最优控制”目标函数中的两个加权系数矩阵 Q 和 R 也就变成了常数。此时，如果取 $Q=1$，“最优控制”型在线自适应控制的输出变量 $F(k)$ 就可以表示成：

$$F(k)=\frac{1}{B(k)}\left\{\mu^*(k+1)-A(k)\mu^*(k)+\frac{A(k)[\mu^*(k)-\mu(k)]}{1+R}\right\} \tag{6-47}$$

此时，反馈控制系统的闭环传递函数以及闭环控制系统的特征方程式分别为：

$$e(k+1)=\left(1-\frac{1}{1+R}\right)A(k)e(k)=\frac{R}{1+R}A(k)e(k) \tag{6-48}$$

$$e(k+1)=\mu(k+1)-\mu^*(k+1);\ e(k)=\mu^*(k)-\mu(k)$$

$$z-\frac{R}{1+R}A(k)=0 \tag{6-49}$$

为保证闭环控制系统渐进稳定，必须通过不断地调节加权系数 R 来保证特征方程式的特征根一直处在复数平面以原点为中心的单位圆以内（指定 γ），即：

$$\frac{R}{1+R}A(k)=\gamma\Longrightarrow R=\frac{\gamma}{A(k)-\gamma}\quad (|\gamma|<1) \tag{6-50}$$

最后，将式(6-46b) 代入到式(6-47) 中，可以得到 k 时刻的“最优控制”型在线自适应控制的输出变量，即基质流加速度 $F(k)$：

$$F(k)=\frac{1}{B(k)}\left\{\mu^*(k+1)-A(k)\mu^*(k)+\frac{A(k)}{1+R}\right.$$

$$\left.[\mu^*(k)-A(k-1)\mu(k-1)-B(k-1)F(k-1)]\right\} \tag{6-51}$$

这里，式(6-47)～式(6-51) 中的 μ^* 表示比增殖速度的目标值。$A(k)$和 $B(k)$分别是当前时刻 k 下回归计算得到的 ARMA 模型参数，而 $A(k-1)$和 $B(k-1)$则是前一个时刻 $k-1$ 下的 ARMA 模型参数。

图 6-2 是使用上述“最优控制”型在线自适应控制策略对酵母菌流加培养系统的菌体比增殖速率进行在线自适应控制的结果。这时，比增殖速率的目标值被设定在 $\mu^*=0.20\mathrm{h}^{-1}$ 的水平上。

实验结果发现，除了在流加培养的初期（<2h），菌体比增殖速率出现了一个较大的过头量外，其余时间比增殖速率都能比较准确地被控制在其设定值 $\mu^*=0.20$ 的附近。流加速率随时间缓慢增长，没有出现振动和不稳定的现象。由于比增殖速率被控制在一个较低的水平上，代谢副产物乙醇的生成积累得到了控制，其浓度在培养过程中呈下降的趋势。

图 6-3 则是利用上述“最优控制”型在线自适应控制策略，将菌体比增殖速率分别控制在 $0.21\mathrm{h}^{-1}$、$0.22\mathrm{h}^{-1}$ 和 $0.24\mathrm{h}^{-1}$ 时的结果。与图 6-2 的结果相同，3 种场合菌体的比增殖速率都能够比较准确地被控制在其设定值的附近。但是，不同的比增殖速率控制水平下的乙醇生成模式明显的不同。$\mu^*=0.21\mathrm{h}^{-1}$ 时，乙醇的生成积累没有发生，整个流加培养期间乙醇的浓度几乎没有任何变化；$\mu^*=0.22\mathrm{h}^{-1}$ 时，乙醇在培养后期出现生成积累；而当 $\mu^*=0.24\mathrm{h}^{-1}$ 时，从流加培养的初期开始就出现了乙醇的生成和积累，且乙醇浓度随时间呈线性增加的趋势。以上结果充分显示了酵母菌流加培养过程中，利用在线自适应控制策略对菌体的比增殖速率实施控制的有效性和实用性。

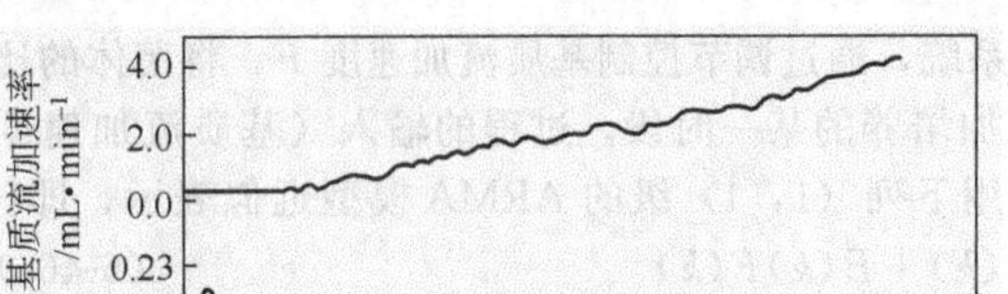

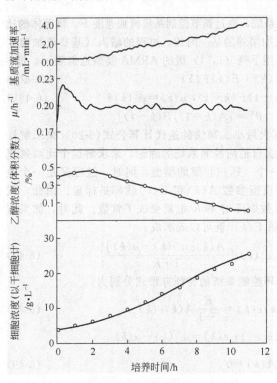

图 6-2 酵母菌流加培养系统中，菌体比增殖速率在线自适应控制的结果

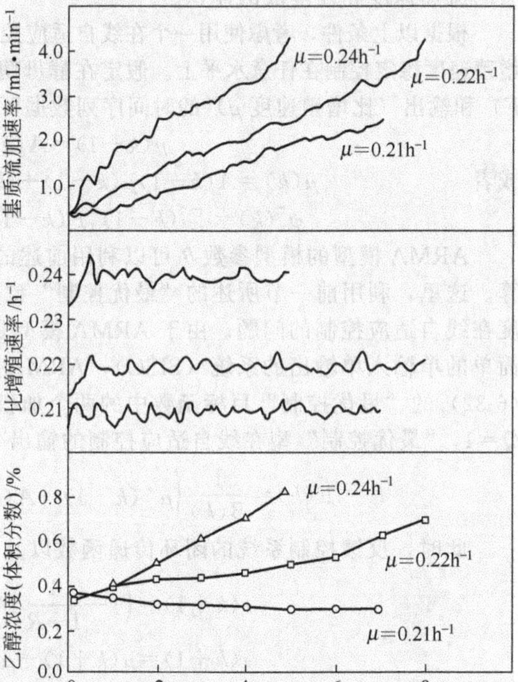

图 6-3 利用“最优控制”型在线自适应控制策略将菌体比增殖速率分别控制在 $0.21\mathrm{h}^{-1}$、$0.22\mathrm{h}^{-1}$ 和 $0.24\mathrm{h}^{-1}$ 时的结果

四、乳酸连续过滤发酵过程的在线自适应控制

考虑图 6-4 所示的乳酸连续过滤发酵过程。在增殖偶联型的乳酸发酵过程中，代谢产物乳酸

的不断生产和积蓄，造成其对菌体生长产生抑制，因而大大降低了目的产物乳酸的生产强度。这里，通过利用一个膜过滤装置不断地除去生成积蓄的乳酸，将发酵罐内的乳酸浓度控制在一定水平，有效地消除乳酸对菌体生长的抑制作用，进而将乳酸连续生产保持在较高生产强度上。由于是连续式的过滤发酵，因此应该连续不断地从发酵罐内直接抽取出一部分菌体，使比增殖速率与菌体的稀释率相适应，从而保证菌体的稳定生长和整个系统的稳定。

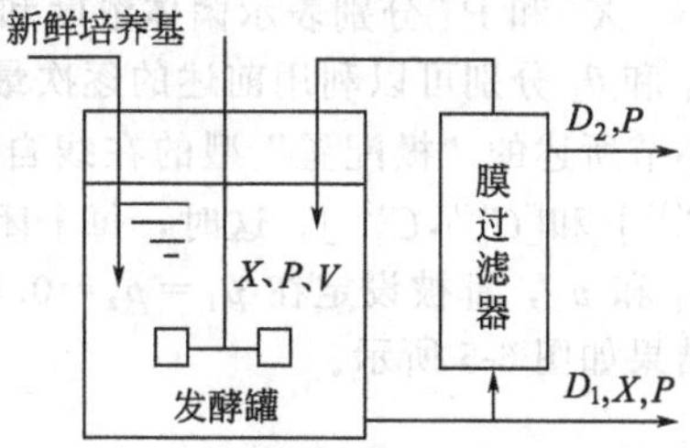

图 6-4　乳酸连续过滤发酵系统

图中，X、P 和 V 分别表示菌体浓度、乳酸浓度和发酵液体积。稀释率 $D_1(\equiv F_1/V)$ 和 $D_2(\equiv F_2/V)$ 分别表示基于菌体抽取速率（F_1）和膜过滤器抽取速率（F_2）的稀释率。在乳酸连续过滤发酵中，发酵液体积 V 保持不变，菌体和代谢产物乳酸的浓度也被控制在恒定的水平上。这时，假定菌体浓度可以用激光式浊度计在线测量，乳酸浓度则可以通过在线计量为保持 pH 恒定而添加的碱液（NaOH）量进行在线推定计算（假定乳酸是唯一的酸性代谢产物），即：

$$\frac{dP}{dt}=\frac{c_{NaOH}F_B M_W}{V}-(D_1+D_2)P \quad [P(t=0)=0] \tag{6-52}$$

式中，c_{NaOH}、F_B 和 M_W 分别表示 NaOH 水溶液的质量浓度、单位时间内碱液的添加量（碱液的添加速率），以及乳酸的分子质量。菌体浓度 X 的定值控制靠调节稀释率 D_1 来进行，而乳酸浓度 P 的定值控制则靠调节稀释率 D_2 来完成。因此，乳酸连续发酵过程控制是一个标准的、2×2 阶的双输入双输出的多变量控制系统。两种方法可以用来实现乳酸连续发酵的在线自适应定值控制，即“极配置”型的方法和“最优控制”型的方法。这里首先利用计算机模拟的方法对两种不同的控制策略进行性能比较。根据乳酸发酵的实验结果，得到乳酸连续过滤发酵过程的状态方程式和动力学模型如下：

$$\frac{dX}{dt}=\mu(X,P)X-D_1X=\mu_m\exp(-aP+b)\left(1-\frac{X}{X_m}\right)-D_1X \tag{6-53a}$$

$$\begin{aligned}\frac{dP}{dt}&=\rho(X,P)X-(D_1+D_2)P\\&=\left[\alpha\mu_m\exp(-aP+b)\left(1-\frac{X}{X_m}\right)+\beta\right]X-(D_1+D_2)P\end{aligned} \tag{6-53b}$$

$P<22\text{g/L}$ 时，$a=0.0465$，$b=0.0028$；

$P\geqslant 22\text{g/L}$ 时，$a=0.202$，$b=3.110$

$\alpha=4.23$ 时，$\beta=0.08$，$X_m=80$

首先，使用两个单独的在线自适应反馈控制器分别进行菌体浓度 X 和乳酸浓度 P 的定值控制。这时，使用两个单独的（1，1）级的 ARMA 模型来分别近似菌体浓度的偏差值 $e_1(k)=X^*(k)-X(k)$ 与稀释率 $D_1(k)$，以及乳酸浓度的偏差值 $e_2(k)=P^*(k)-P(k)$ 与稀释率 $D_2(k)$ 之间的输入输出关系，即：

$$e_1(k)+a_{11}e_1(k-1)=b_{11}D_1(k-1) \tag{6-54a}$$

$$e_1(k)=\psi_1^T(k)\theta_1 \tag{6-54b}$$

$$\psi_1^T(k)=[-e_1(k-1),D_1(k-1)] \tag{6-54c}$$

$$\theta_1^T=(a_{11},b_{11}) \tag{6-54d}$$

$$e_2(k)+a_{21}e_1(k-1)=b_{21}D_2(k-1) \tag{6-54e}$$

$$e_2(k)=\psi_2^T(k)\theta_2 \tag{6-54f}$$

$$\psi_2^T(k)=[-e_2(k-1),D_2(k-1)] \tag{6-54g}$$

$$\theta_2^T=(a_{21},b_{21}) \tag{6-54h}$$

X^* 和 P^* 分别表示菌体浓度和乳酸浓度的设定值（目标值）。两个 ARMA 模型的模型参数 θ_1 和 θ_2 分别可以利用前述的逐次最小二乘法的迭代计算公式(6-20) 来求解计算。使用本节第 1 小节所述的"极配置"型的在线自适应控制方法来调节两个 PI 反馈控制器的控制参数 $[C_0^{(1)}, C_1^{(1)}]$ 和$[C_0^{(2)}, C_1^{(2)}]$。这时，每个闭环系统传递函数的特征方程式的两个"极"(即特征根）的值 p_1 和 p_2，都被设定在 $p_1=p_2=0.5$ 处，以保证闭环自适应控制系统的渐进稳定。计算机的模拟结果如图 6-5 所示。

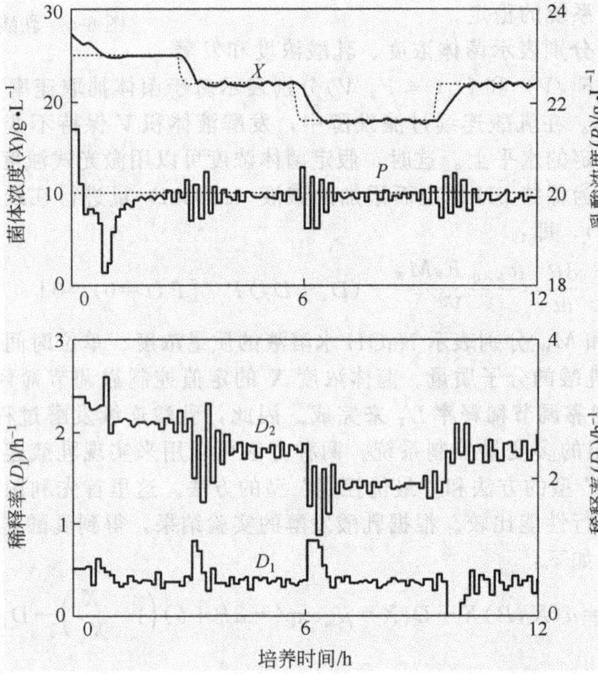

图 6-5　使用两个单独的 PI 反馈控制器进行菌体和乳酸浓度在线自适应定值控制的计算机模拟结果

这时，假定过程的在线测量和控制间隔为 0.06h。乳酸浓度一直被控制在 20g/L 的水平上，而菌体浓度的目标值则经历了一系列的变化，以观察在此条件下两个反馈控制器的控制性能。特别是当通过改变稀释率 D_1 使菌体浓度追踪其新的目标值时，乳酸的浓度控制是否会受到来自 D_1 的干涉和影响。

图 6-5 显示使用两个单独的 PI 反馈控制器各自对菌体和乳酸浓度实施在线自适应定值控制，其效果还是可以的，但是，当菌体浓度的目标值发生变化时，稀释率 D_1 的改变必然会对乳酸浓度的控制产生干涉作用，从而导致乳酸浓度的振荡，降低了整个控制系统的性能。为消除上述输入变量和输出变量间的"干涉"现象，于是采用本节第 2 小节所述的"最优控制"型在线自适应控制的方法，将两个单独的反馈控制系统合并成一个整体来考虑。最后，再采用式(6-38) 和式(6-39) 的完全"解偶化"(decoupling) 调节方法来同时调节控制变量稀释率 D_1 和 D_2，以消除输入变量和输出变量间的"干涉"现象，实现"解偶化"的效果。如图 6-6 所示，与使用两个单独的在线自适应 PI 反馈控制器相比较，"最优控制"型在线自适应控制的性能更加优越，特别是菌体浓度的目标值发生变化时所出现互相干涉的现象得到了充分的抑制。

这时，按照式(6-55) 的状态空间的表达方式，和一个 (3，3) 级的 ARMA 模型的形式，直接对过程输入变量和输出变量的时间序列数据进行逐次回归，并利用逐次最小二乘法的迭代计算公式(6-20) 计算得到该 ARMA 模型的所有参数 $a_{11}^{(0)}, \cdots, a_{22}^{(2)}, b_{11}^{(0)}, \cdots, b_{22}^{(2)}$。

与此同时，将式(6-38) 中的系数矩阵 Q 取值为 I (单位矩阵)，再将式(6-39) 中的对角矩阵 Γ 的两个对角元素 γ_{11} 和 γ_{22} 取值为 0.5 ($\gamma_{11}=\gamma_{22}=0.5$)，最后，就可以利用式(6-36) 求解计算

出过程的两个输入变量稀释率 $D_1(k)$ 和 $D_2(k)$。这个在线自适应控制系统显示出渐进稳定和完全"解偶"的控制性能和效果。

$$\begin{bmatrix} X(k+1) \\ P(k+1) \end{bmatrix} = A(z^{-1}) \begin{bmatrix} X(k) \\ P(k) \end{bmatrix} + B(z^{-1}) \begin{bmatrix} D_1(k) \\ D_2(k) \end{bmatrix}$$

$$= \begin{bmatrix} a_{11}^{(0)} + a_{11}^{(1)} z^{-1} + a_{11}^{(2)} z^{-2} & 0 \\ 0 & a_{11}^{(0)} + a_{11}^{(1)} z^{-1} + a_{11}^{(2)} z^{-2} \end{bmatrix} \begin{bmatrix} X(k) \\ P(k) \end{bmatrix} +$$

$$\begin{bmatrix} b_{11}^{(0)} + b_{11}^{(1)} z^{-1} + b_{11}^{(2)} z^{-2} & b_{12}^{(0)} + b_{12}^{(1)} z^{-1} + b_{12}^{(2)} z^{-2} \\ b_{21}^{(0)} + b_{21}^{(1)} z^{-1} + b_{21}^{(2)} z^{-2} & b_{22}^{(0)} + b_{22}^{(1)} z^{-1} + b_{22}^{(2)} z^{-2} \end{bmatrix} \begin{bmatrix} D_1(k) \\ D_2(k) \end{bmatrix} \tag{6-55a}$$

$$y(k) = \begin{bmatrix} y_1(k) \\ y_2(k) \end{bmatrix} = \begin{bmatrix} 1 & 0 \\ 0 & 1 \end{bmatrix} \begin{bmatrix} X(k) \\ P(k) \end{bmatrix} \tag{6-55b}$$

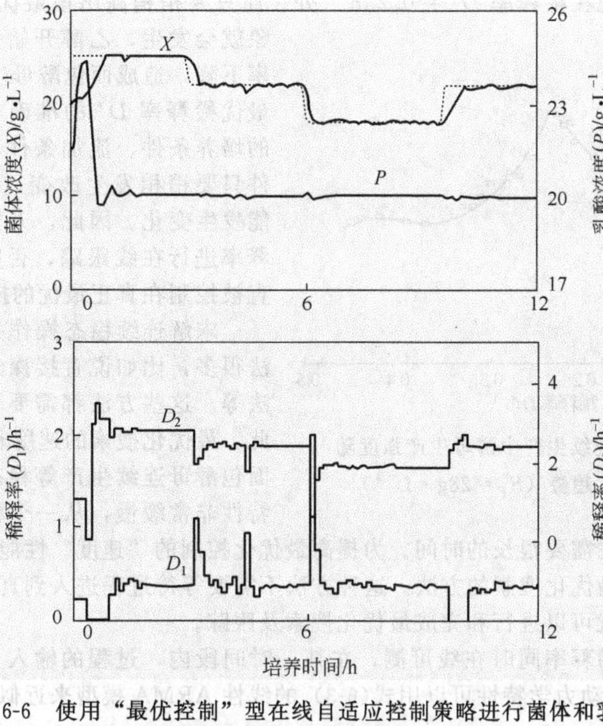

图 6-6　使用"最优控制"型在线自适应控制策略进行菌体和乳酸浓度定值控制的计算机模拟结果

第三节　基于自回归移动平均模型的在线最优化控制

一、面包酵母连续生产的在线最优化控制

面包酵母的生产是连续式操作（CSTR）在工业生产中的最主要的实际应用之一。以最大的生产强度来生产面包酵母，是人们在实际生产过程中所追求的主要目标。在连续操作的条件下，面包酵母的生产强度与稀释率 D 以及基质流加浓度 S_F 密切相关。一般来说，存在着一个可以使得面包酵母生产强度最大的最优稀释率 D^*。如果菌体的比增殖速率遵从 Monod 的模型，且发酵过程没有代谢副产物的产生，则最优稀释率 D^* 应该出现在式(3-32a) 所规定的值上，即：

$$D^{*}=\mu_{m}\left(1-\sqrt{\frac{K_{S}}{K_{S}+S_{F}}}\right)$$

而最优稀释率 D^{*} 下所对应的菌体浓度和菌体的生产强度分别如式(3-32b,3-32c) 所示。这里，μ_{m}、K_{S} 和 S_{F} 分别代表Monod模型中的最大比增殖速率、饱和常数，以及基质的流加浓度。

但是，使用式(3-32a) 的计算公式来确定面包酵母连续生产的最优稀释率D^{*}并不完全合理。其原因在于：①面包酵母连续生产由于存在着Crabtree效应，代谢副产物乙醇会生成积累，这并不符合式(3-32a) 成立的前提条件；②即便能够得到一个更好的数学模型，但由于连续发酵的持续时间很长，外部环境条件会在发酵过程中发生一定的变化，因此模型参数也一定会随之而发生改变。这时，最大的面包酵母生产强度和最优稀释率 D^{*} 也要随模型参数的改变而发生变化，而不可能总停留在某一固定的数值上。因此，建立一个能够在线跟踪培养和环境条件变化的在线自适应最优化控制的方法非常重要。

图 6-7 是面包酵母连续生产中生产强度随稀释率变化的一个典型的图例。本图中最大的面包酵母生产强度大约出现在稀释率 $D^{*}=0.23\text{h}^{-1}$ 处。而只要稍稍高出该最优稀释率，Crabtree现象就会发生，乙醇开始生成积累，菌体的得率下降，造成面包酵母生产强度的急剧下降。最优稀释率 D^{*} 的准确“位置”取决于具体的培养条件、流加条件和环境因子。上述条件只要稍稍发生改变，最优稀释率 D^{*} 就可能发生变化。因此，人们必须能够对最优稀释率进行在线跟踪，否则，过程就不可能一直被控制在真正最优的操作条件或环境下。

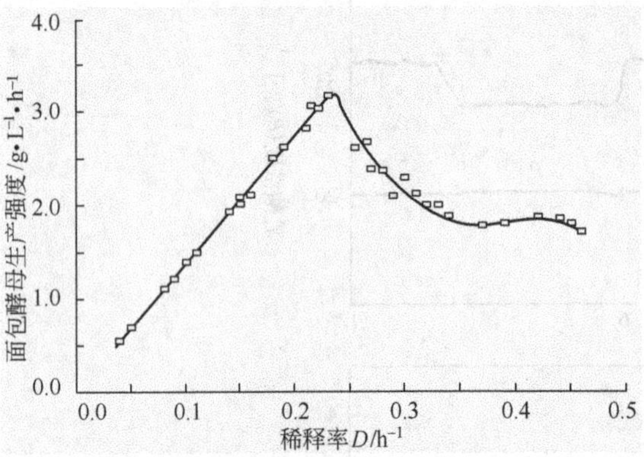

图 6-7　面包酵母连续生产中酵母生产强度随稀释率 D 的变化趋势（$S_{F}=28\text{g}\cdot\text{L}^{-1}$）

求解连续稳态操作条件下的最优解的方法很多，比如说直接探索法和稳态模型求解法等。这些方法都需要真正的稳态数据，因此，最优化搜索的速度非常慢。原因就在于，面包酵母连续生产等稳态操作过程的动力学特性非常缓慢，从一个稳态操作点进入到另外一个稳态操作点往往需要很长的时间。为提高最优化控制的“速度”性能，人们更加看重使用动态数据的“动态”最优化搜索的方法。这种方法不需要等待过程进入到真正的稳态，而只需利用过渡态的动态数据就可以进行和完成最优化搜索及跟踪。

假定菌体浓度和稀释率同时在线可测，在某一时间段内，过程的输入（稀释率 D）和输出（菌体浓度 X）之间的动力学特性可以用式(6-3) 的线性 ARMA 模型来近似表述，即：

$$X(k)+a_{1}X(k-1)+\cdots+a_{n}X(k-n)=b_{1}D(k-1)+\cdots+b_{m}D(k-m) \tag{6-56a}$$

$$A(z^{-1})X(k)=B(z^{-1})D(k) \tag{6-56b}$$

$$A(z^{-1})=1+a_{1}z^{-1}+\cdots+a_{n}z^{-n} \tag{6-56c}$$

$$B(z^{-1})=b_{1}z^{-1}+\cdots+b_{m}z^{-m} \tag{6-56d}$$

上述 ARMA 模型的所有参数 a_{1}，…，a_{n}，b_{1}，…，b_{m} 可以利用输入和输出的时间序列数据和逐次最小二乘法的迭代计算公式(6-20) 计算得到。

而过程最优化控制的目标函数可以写成：

$$J=\underset{D}{\text{Max}}(DX) \tag{6-57}$$

这里，目标函数 J 也就是面包酵母的生产强度，可以用 DX，即菌体浓度 X 和稀释率 D 的乘积来表示。如果能够求解出目标函数对控制（操作）变量的梯度$\partial J/\partial D$，就可以利用式(6-59) 的迭代公式来更新和搜索最优稀释率 D^{*}：

$$\frac{\partial J}{\partial D}=\frac{\partial(DX)}{\partial D}=X+D\frac{\mathrm{d}X}{\mathrm{d}D} \tag{6-58}$$

$$D(j)=D(j-1)+\delta\frac{\partial J(j-1)}{\partial D(j-1)}=D(j-1)+\delta\left[X(j-1)+D(j-1)\frac{\mathrm{d}X}{\mathrm{d}D}\bigg|_{j-1}\right] \tag{6-59}$$

式中，j 表示迭代计算的次数，也就是更新和探索稀释率 D 的次数或者时刻；δ 为搜索步长；$\mathrm{d}X/\mathrm{d}D$ 则表示过程的稳态增益（steady state gain），也就是在稳态下，对应于输入变量变化量的输出变量的变化量。利用在线回归得到的过程输入和输出的动力学模型，过程的稳态增益可以按照式(6-60) 的方式进行求解：

$$\frac{\mathrm{d}X}{\mathrm{d}D}=\frac{B_{\mathrm{S}}(z^{-1})}{A_{\mathrm{S}}(z^{-1})}=\frac{b_1+b_2+\cdots+b_m}{1+a_1+a_2+\cdots+a_n} \tag{6-60}$$

式中，下标“S”表示稳态。在稳态下，$X(k)=X(k-1)=\cdots=X(k-n)$，$D(k-1)=D(k-2)=\cdots=D(k-m)$，$z^{-1}=1$。这样，利用在线回归得到的过程输入输出的动力学模型参数，可以得到过程的稳态增益 $\mathrm{d}X/\mathrm{d}D$，再利用式(6-59) 的梯度迭代公式就可以不断地在线更新和搜索对应于最大面包酵母生产强度的最优稀释率 D^*，从而实现过程的在线最优化控制。

图 6-8 和图 6-9 是上述面包酵母连续生产在线最优化控制的计算机模拟结果。模拟计算中使用参数如下：稀释率 D 的更新和探索间隔 j 为 2h；输出变量（菌体浓度）X 的测量间隔为 0.2h；ARMA 自回归移动线性模型［式(6-56)］的级数为 $n=10$，$m=10$；搜索步长 δ 为 0.001。为了正常启动 ARMA 模型的回归计算，使得模型参数$(a_1,\cdots,a_n,b_1,\cdots,b_m)$能得到良好的初值，首先必须在连续培养开始后刻意地对稀释率施加一系列的“试验”信号，也就是说要让稀释率在一段时间内随机地“振动”。然后，ARMA 模型的在线回归以及稀释率 D 的更新和探索，即在线最优化控制才可以开始。

如图 6-8 所示，在连续培养开始后 30h 内，刻意地对稀释率施加了 15 套随机的“试验”信号，然后启动开始 ARMA 在线回归和在线最优化控制。从稀释率 D 的起始点开始，在线最优化控制共耗费约 75h（包括施加“试验”信号的时间）就可以寻找稀释率的最优值（$D^*\approx 0.30\mathrm{h}^{-1}$）。连续培养开始后约 200h，流加条件发生改变，基质的流加浓度 S_F 从 10g/L 变为 20g/L，最优稀释率的值发生了变化。在线最优化控制策略能够迅速感知到条件的变化，并能够在约 30h 内迅速寻找到新的最优稀释率，将过程控制在新的最优操作点上。由于初始施加的 15 套随机“试验”信号已经为 ARMA 模型参数提供了良好的初值，所以，当操作环境发生变化，需要重新进行最优化控制（re-optimization）时，不再需要对稀释率施加新的“试验”信号，新的一轮 ARMA 模型在线回归以及稀释率 D 的更新和探索可以直接进行。

由于在实际培养过程中，菌体浓度的测量值一般都含有很大的测量噪声，于是，在菌体浓度计算值的基础上施加了具有较大正规分布的白色噪声（协方差 $\sigma^2=1\times10^{-4}$），以观察在线最优化控制策略在拟真实的面包酵母连续生产中的性能和效果，其结果如图 6-9 所示。由于菌体浓度中包含了较大的测量噪声，必须降低搜索步长（$\delta=0.0005$），因此最优化的速度放慢，但是仍然能够在连续生产开始约 150h（包括施加“试验”信号的时间）后寻找到稀释率的最优值。由于连续发酵是一个动力学响应非常缓慢的过程，当稀释率发生改变后，通常需要 20h 才能够进入到新的稳态。因此，基于稳态数据的静态直接探索法往往需要非常长的时间（>250h），才能从起始点开始寻找到稀释率的最优值。与静态直接探索法相比较，在线最优化控制由于使用了基于动态数据的 ARMA 模型来预测计算过程的稳态增益 $\mathrm{d}X/\mathrm{d}D$，大大加快了最优化的速度，缩短了最优化的时间。同时，它还能有效地适应和感知操作和环境条件的变化，对最优稀释率进行跟踪，真正起到了在线自适应的优化效果。

二、乳酸连续过滤发酵的在线最优化控制

考虑图 6-4 所示的乳酸连续过滤发酵生产的过程。在使用 D-乳酸生产菌 *S. inulinus* ATCC 15538 所进行的乳酸连续过滤发酵中，将乳酸浓度和菌体浓度控制在某一恒定的水平，以期实现乳酸的连续和稳定的生产。

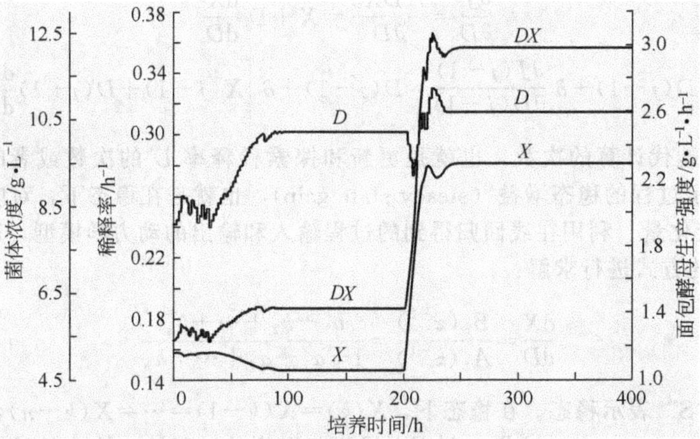

图 6-8　面包酵母连续生产在线最优化控制的计算机模拟结果

（基质流加浓度 S_F 在 200h 时从 $10g \cdot L^{-1}$ 变为 $20g \cdot L^{-1}$）

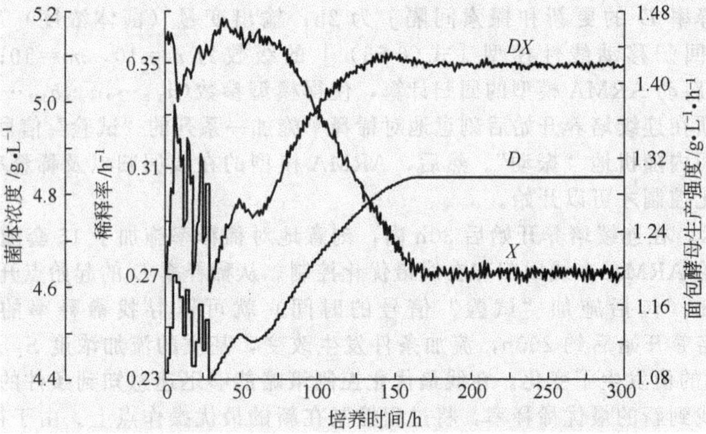

图 6-9　面包酵母连续生产在线最优化控制的计算机模拟结果

［输出变量（菌体浓度）中含有严重的测量噪声干扰］

然而，定值控制菌体浓度和乳酸浓度的乳酸连续过滤发酵策略并不如想象中的那么理想和有效。首先是乳酸的生产强度 Q_P 比较低，乳酸的生产并没有被控制在一个较高的生产强度的水平上。在增殖偶联型的乳酸发酵过程中，乳酸浓度被认为是影响菌体的增殖和生长，决定乳酸生产强度的最主要因素。为此，降低乳酸的控制浓度有利于提高乳酸生产强度，乳酸浓度也不能太低，否则会给下游产品的精制过程带来极大的负担。因此，将乳酸浓度控制在 20～30g/L 左右的水平，综合考虑产品浓度和生产效率之间的关系，是一个比较切合实际的控制方案。如果乳酸浓度控制一定，那么在基质供给充足的条件下，菌体的浓度就是决定乳酸生产水平的唯一要素，从理论上讲应该存在一个使得乳酸生产强度最大的菌体浓度水平。定值控制菌体和乳酸浓度时，菌体的浓度水平并没有得到优化控制，因而乳酸的生产强度 Q_P 停留在较低的水平上。其次，对菌体浓度和乳酸浓度实施定值控制，并不能保证乳酸的连续和稳定的生产。如图 6-10 所示，乳酸生产强度 Q_P 在发酵开始 35h 达到最大值 8g/(L·h)，并保持了约 10h 后，便开始下降。比生产强度 V_P 和菌体的比增殖速率 μ 也显示出同样的趋势。因此，需要制定和执行一个有效的在线最优化控制策略以保证：①能够实时在线地将乳酸生产强度 Q_P 控制在最高可能的水平上；②能够在线跟踪和应对环境条件以及菌体活性等的变化，在较长的发酵期间内，保持乳酸生产速率的稳定。

图 6-11 就是上述在线最优化控制策略的简要框图。这里，在线最优化控制是一个含有在线自适应反馈控制系统的分级递阶型（hierarchical control）的控制系统。在过程输入（稀释率 D_1 和稀释率 D_2）和输出数据（乳酸浓度 P 和菌体浓度 X）在线可测，以及乳酸浓度控制水平确定的条件下，上位控制按式(6-61) 的方式不断地更新和搜索能够使目标函数乳酸生产强度$[Q_P=(D_1+D_2)P]$最大的菌体浓度水平 X^*，并将其作为下位反馈定值控制的设定值。

$$J(k)=Q_P=[D_1(k)+D_2(k)]P(k)$$
$$=a_0+a_1X(k)+\cdots+a_nX^n(k) \tag{6-61a}$$

$$X^*(j+1)=X^*(j)+\delta\frac{\mathrm{d}J(j)}{\mathrm{d}X(j)}$$
$$=X^*(j)+\delta[a_1+2a_2X(j)+na_nX^{n-1}(j)] \tag{6-61b}$$

这里，目标函数 J 可以用菌体浓度 X 的 n 阶多项式的形式表示，多项式系数 $a_0, a_1, \cdots, a_n$ 则利用输入输出时间序列数据以及逐次最小二乘法的迭代计算公式(6-20) 来加以确定；j 是菌体浓度水平 X^* 的更新时刻或间隔；k 则表示当前的采样时刻；δ 则是最优化控制的搜索步长。

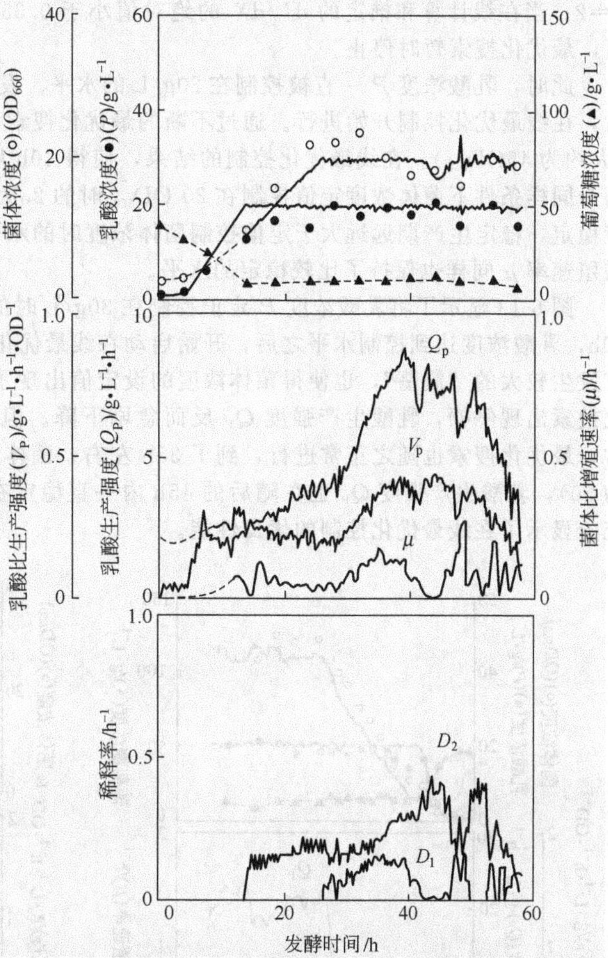

图 6-10 乳酸连续过滤发酵，定值控制菌体浓度和乳酸浓度（OD 为 20；P 为 20g·L^{-1}）的结果

下位控制则是根据上述设定值的更新和变化，通过有效地调节反馈控制器，使得被控变量（菌体浓度 X 和乳酸浓度 P）迅速和稳定地接近其设定值。这里，线性自回归移动平均模型参数的确定，以及在线自适应反馈控制的调整，完全按照本章第二节所述的“最优控制”型在线自适应控制系统的方法来进行。

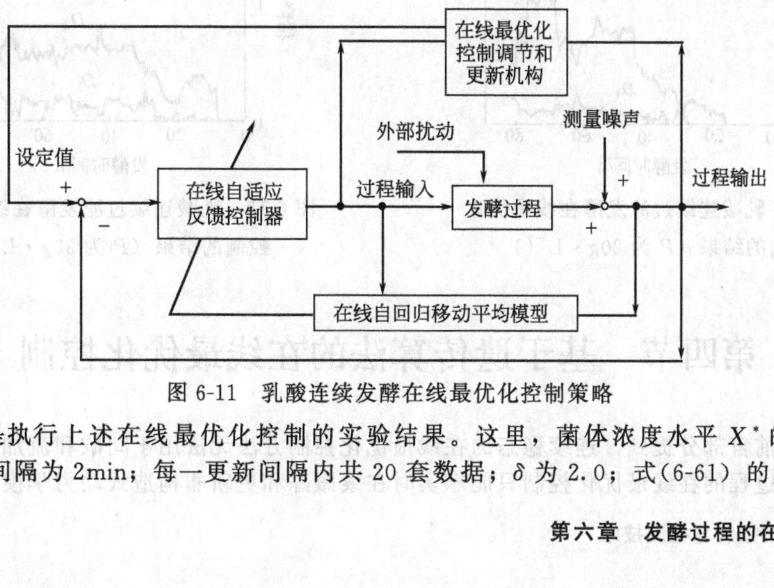

图 6-11 乳酸连续发酵在线最优化控制策略

图 6-12 是执行上述在线最优化控制的实验结果。这里，菌体浓度水平 X^* 的更新间隔为 40min；采样间隔为 2min；每一更新间隔内共 20 套数据；δ 为 2.0；式(6-61) 的多项式的阶数

$n=2$；当在线计算和推定的 dJ/dX 的绝对值小于 0.05 时，即认为已经达到了菌体浓度的最优值，最优化搜索暂时停止。

此时，乳酸浓度 P 一直被控制在 20g/L 的水平。发酵进行到 20h，乳酸浓度达到控制水平之后，在线最优化控制开始进行。通过不断的最优化搜索，菌体浓度在大约 40h 达到其"最优"值（大约为 45OD_{660}）。在线最优化控制的结果，使得 40h 后的乳酸生产强度 Q_P 达到 20g/(L·h)，约为同样条件下菌体浓度定值控制在 20 OD_{660} 时的 2.5 倍。而且在随后的 40h 之内 Q_P 基本上保持稳定，稳定生产期远远大于定值控制菌体浓度时的水平（约 10h），比生产强度 V_P 和菌体的比增殖速率 μ 同样也保持了比较稳定的水平。

图 6-13 显示了将乳酸浓度 P 定值控制在 30g/L 时的在线最优化控制的结果。发酵进行到约 10h，乳酸浓度达到控制水平之后，开始启动在线最优化控制。最优化控制的初期，dJ/dX 的推定发生较大的"震荡"，也使得菌体浓度的设定值出现了不停的振动，因此，在一段时间内最优化搜索出现停顿，乳酸生产强度 Q_P 反而急剧下降。但是，发酵 20h 后，dJ/dX 的推定恢复正常，最优化搜索也随之正常进行，到了 35h 左右，菌体浓度最终到达其"最优"值（OD_{660} 大约为 50），乳酸生产强度 Q_P 也在随后的 45h 内一直稳定在约 25g/(L·h) 的高水平上。以上结果充分显示了在线最优化控制的优良性能。

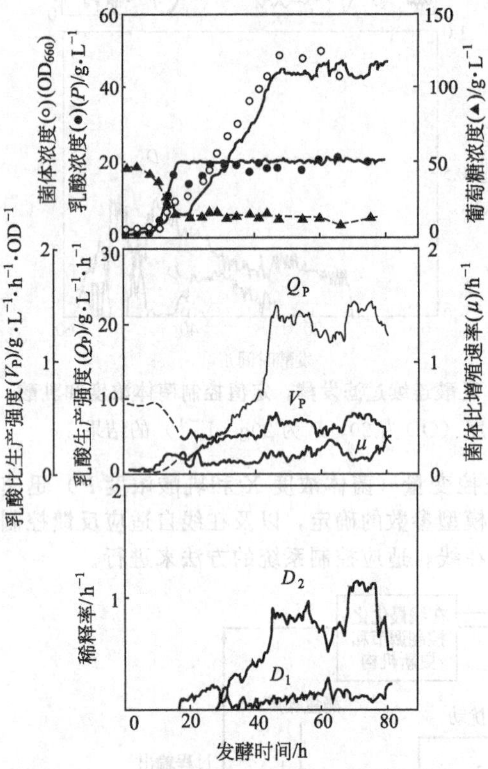

图 6-12　乳酸连续过滤发酵在线最优化控制的结果（P 为 $20g \cdot L^{-1}$）

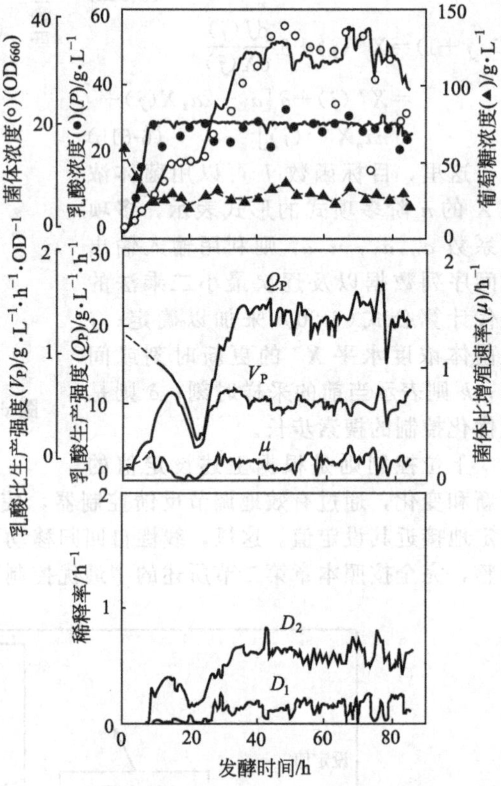

图 6-13　乳酸连续过滤发酵在线最优化控制的结果（P 为 $30g \cdot L^{-1}$）

第四节　基于遗传算法的在线最优化控制

在本章的前言部分提到，连续稳态的在线最优化控制方法无法用于间歇和流加发酵过程。间歇或流加发酵过程的在线最优化控制只能靠实时在线跟踪和更新非构造式动力学模型的参数来进行，而结合使用最大原理和遗传算法是这类过程在线最优化控制中所常用的方法手段。遗传算法用来实时在线跟踪和更新非构造式动力学模型的参数，而最大原理则是依据更新后的动力学模型参数实时修改最优化控制轨道。

一、利用遗传算法实时在线跟踪和更新非构造式动力学模型的参数

考虑以下较为通用和具有代表性的流加发酵过程的非构造式动力学模型：

$$\frac{dX}{dt}=\mu(S)X-\frac{F}{V}X, X(0)=X_0 \tag{6-62a}$$

$$\frac{dS}{dt}=-\left[\frac{\mu(S)}{Y_{XS}}+\rho(S)Y_{PS}+\gamma(S)\right]X+(S_F-S)\frac{F}{V}, S(0)=S_0 \tag{6-62b}$$

$$\frac{dP}{dt}=\rho(S)X-K_dP-\frac{F}{V}P, P(0)=P_0 \tag{6-62c}$$

$$\frac{dV}{dt}=F, V(0)=V_0 \tag{6-62d}$$

$$\mu(S)=\frac{\mu_m S}{K_S+S}, \rho(S)=\frac{\rho_m S}{K_P+S+S^2/K_i}, \gamma(S)=\frac{m_s S}{K_m+S} \tag{6-62e}$$

$$p=\{\mu_m, \rho_m, m_s, K_S, K_P, K_m, K_i, K_d, Y_{XS}, Y_{PS}\}; \ x=\{X, S, P\} \tag{6-62f}$$

式中，X、S、P、V、F 和 S_F 分别代表菌体浓度、基质浓度、代谢产物浓度、发酵液体积、基质的流加速度和流加浓度；$\mu(S)$、$\rho(S)$和 $\gamma(S)$分别表示菌体的比增殖速率、代谢产物的比生成速率，以及用于维持代谢的基质比消耗速率；p 代表非构造式动力学模型参数的向量集合，由 10 个不同的参数元素所组成；x 则代表可测状态变量的向量集合，在此假定菌体浓度、基质浓度和代谢产物浓度可以在线测量。根据第五章第二节的规定，求解最优模型参数的问题可以按照下列方式进行定式化：

$$J=\underset{p}{\text{Min}}\left[(x-\bar{x})(x-\bar{x})^T\right] \tag{6-63}$$

式(6-63) 中的上标“—”表示由状态方程式(6-62) 和状态变量初始值 $x(0)$计算得到的状态变量的“计算值”，而“T”则表示向量的转置。模型参数的具体求解方法参见第五章第二节中“利用遗传算法确定过程模型参数”部分，这里不再重复。

和本章第一节的自回归移动平均模型一样，可以通过设置一个类似于图 6-1 移动时间窗口来进行数据的采集和优化计算，即只使用移动时间窗口内的在线数据，并将该时间窗口的第 1 组在线测量数据（最初的数据）作为状态方程式的初值，按照式(6-63) 的方式与模型的计算值进行比较，计算得到对应于该时间窗口的最优动力学模型参数 $p(k)$，同时将 $p(k)$ 作为下一个时间窗口的模型参数的初值。这样，随着时间的变化，时间窗口不断地向前移动，旧的测量数据被遗弃，新的测量数据则被不断地添加进来，动力学模型参数 p 也不断地被更新计算，直到发酵终点。

上述利用移动时间窗口进行数据处理和模型参数优化计算的方法有如下特点：①每一时间窗口之内的测量数据比较少（5～10 套），遗传算法的最大传代数也较小（5～10 代），计算量不是很大，能够跟上控制和测量所需的速度要求。②由于当前时间窗口下的动力学模型参数 $p(k)$，可以用作下一个时间窗口的模型参数预测的初值，因此可以认为随着发酵的进行，遗传算法的操作也在持续、不间断地进行着。从整体上讲，总的遗传传代数＝总采样次数×各时间窗口内的传代数，符合遗传算法对于计算收敛和最大传代数的要求。③每套数据的在线测量间隔不宜太短，一般控制在 0.2～1.0h 左右，否则难于体现非构造式动力学模型的基本特征。

图 6-14 是利用遗传算法在线确定和跟踪式(6-62) 所描述的非构造式动力学模型参数的计算机模拟结果。10 个动力学模型参数中的 4 个，即 μ_m、$Y_{X/S}$、K_S 和 m_S 被作为计算实例显示在图 6-14 中。这里，每一时间窗口内的最大传代数为 5，测量数据为 5 套；在线测量间隔为 0.2h；假

定模型参数在总传代数 750 时（相当于第 150 个测量时刻，30h）发生改变。表 6-1 则概括总结了利用遗传算法在线确定和跟踪模型参数的数值结果。图 6-14 和表 6-1 的结果表明：①遗传算法需要约 200 次总的传代（40 个测量间隔，8h），这样可以准确地确定非构造式动力学模型的参数；②需要约 30 次传代（6 个测量间隔，1.2h）就可以感知模型参数的变化，约 150 次传代（30 个测量间隔，6h）可以完全追踪和重新确定新的模型参数；③上述方法可以用来在线跟踪确定发酵过程的非构造式动力学模型参数，为动态发酵过程的在线最优化控制提供有利的支持。

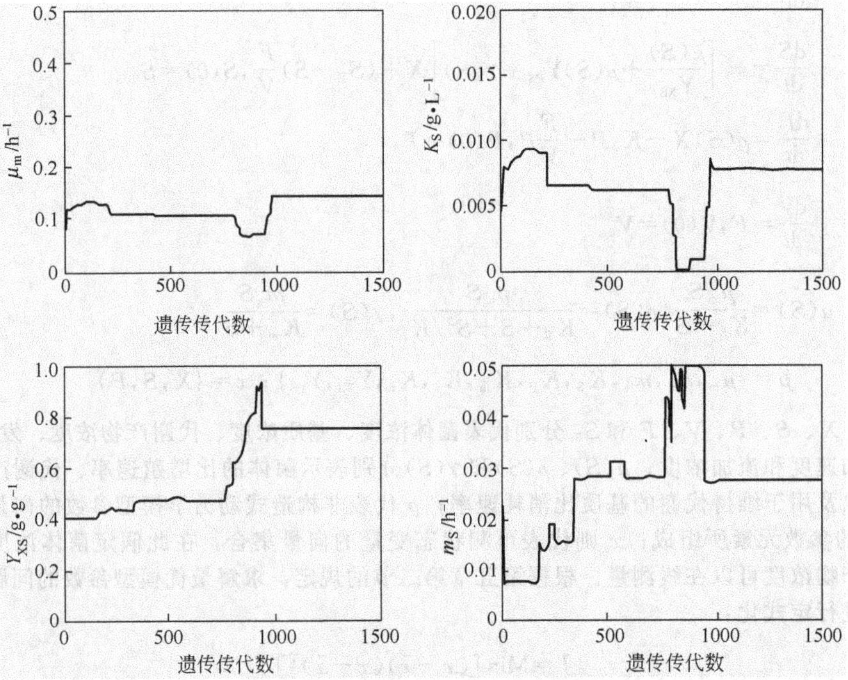

图 6-14 利用遗传算法在线确定跟踪非构造式动力学模型参数的计算机模拟结果

表 6-1 利用遗传算法在线确定和跟踪模型参数的数值结果

动力学模型参数	模型参数(变化前)		模型参数(变化后)	
	实际值	遗传算法收敛后的预测值	实际值	遗传算法收敛后的预测值
μ_m/h^{-1}	0.1100	0.1100	0.1400	0.1388
$K_S/g \cdot L^{-1}$	0.0060	0.0060	0.0075	0.0074
$Y_{XS}/g \cdot g^{-1}$	0.4700	0.4660	0.7700	0.7592
m_S/h^{-1}	0.0290	0.0278	0.2900	0.0271

二、结合使用最大原理和遗传算法的在线最优化控制

考虑以下大量生产克隆有降血钙素（calcitonin）生产基因的基因重组酵母工程菌 *S. cerevisiae* 2805 的流加培养过程的最优化控制。过程的状态方程式、目标函数及限制条件分别用式(6-64)、式(6-65) 和式(6-66) 表示：

$$\frac{dX}{dt}=\mu(S,E)X-\frac{F}{V}X \tag{6-64a}$$

$$\frac{dS}{dt}=-\sigma(S)X+\frac{F}{V}(S_F-S) \tag{6-64b}$$

$$\frac{dE}{dt}=[\pi(S)-\eta(E)]X-\frac{F}{V}E \tag{6-64c}$$

$$\frac{dV}{dt}=F \tag{6-64d}$$

$$J=\underset{F(t)}{\mathrm{Max}}[X(t_f)V(t_f)] \tag{6-65}$$

$$V_0 \leqslant V(t) \leqslant V_{max}=V(t_f) \tag{6-66a}$$

$$0=F_{min} \leqslant F(t) \leqslant F_{max} \tag{6-66b}$$

式中，X、S、E、V、F 和 S_F 分别代表菌体浓度、基质浓度、乙醇浓度、发酵液体积、葡萄糖的流加速率和流加浓度；$\mu(S,E)$、$\sigma(S)$、$\pi(S)$和 $\eta(E)$分别表示菌体的比增殖速率、葡萄糖的比消耗速率、乙醇的比生成速率和乙醇的比消耗速率。其中，σ 和 π 是葡萄糖浓度的函数，η 是乙醇浓度的函数，μ 则同时是葡萄糖和乙醇浓度的函数。μ、σ、π 和 η 的具体表达形式以及非构造式动力学模型的模型参数在这里不再做详细介绍。最优化控制的目的就是通过调节葡萄糖的流加速度，使得培养终了时的菌体收获量 $X(t_f)V(t_f)$最大。这是一个标准的数值计算求解最大原理的问题，具体的数值解法可以参见第四章第二节第三小节的有关内容，在此不再做详细介绍。

实验结果发现，如果最优的葡萄糖流加速率时间轨道由最大原理根据离线的动力学模型一次性算出，那么可测量状态变量与它们的模型预测值相差甚大，最优化控制根本达不到预期的优化目的。实验中，菌体浓度、葡萄糖浓度和乙醇浓度可以在线测量，测量间隔为 1h。最优化控制预期乙醇在经历了一定程度的前期生成积累后，到培养后期完全被消耗殆尽，其浓度最终将降低到 0 的水平，而菌体浓度则可以达到 100g/L 左右的高水平，但是这与实际的测量值完全不符。实际的测量显示，菌体只能达到 20g/L 的水平，而乙醇却在整个培养期间不停地积累和生成，到培养结束时达到 20g/L 的高水平。最优化控制性能恶化和模型预测失败的原因在于培养过程中动力学模型参数发生了较大变化。为解决上述问题，当菌体浓度、葡萄糖浓度或者乙醇浓度的实测值和计算值之间的偏差达到了一定程度，就开始利用前 1 小节所述的方法对动力学模型参数进行一次更新和修改。如图 6-15(b) 所示，实验中在箭头所标记的时刻，利用遗传算法一共对动力学模型参数进行了 6 次更新和修改，每一次更新后，都利用最大原理并根据新的动力学模型重新对最优葡萄糖流加速率的时间轨道进行计算。模型参数更新和修改的结果，使得状态变量的实

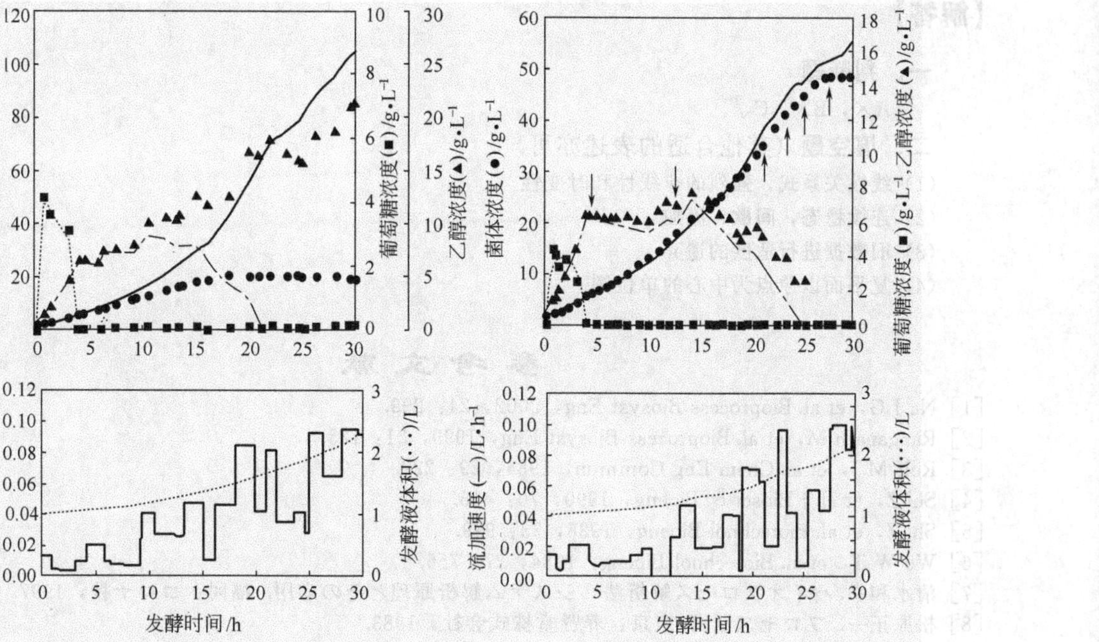

图 6-15　遗传重组酵母工程菌 *S. cerevisiae* 2805 流加培养过程中前馈式最优化控制和在线自适应最优化控制的性能比较

际测量值与其模型的计算值基本取得吻合，最优化控制得以顺利地实施，最终菌体浓度达到50g/L的较高水平，乙醇没有任何积累。最优化性能指标达到102.23g，约为没有进行模型参数更新的前馈式最优化控制时的2.5倍。在线自适应最优化控制取得了明显的效果。

这里，由于模型参数的更新和修改属于间断式，而不是像前1小节那样的连续型，且测量间隔（也就是控制间隔）也相对较长（1h），因此，时间移动窗口的长度和最大传代数（一般在100～1000左右）可以适当地加长。实验中使用32M内存、P133 CPU的计算机，遗传算法更新和修改模型参数所需时间为5min，最大原理重新计算最优控制轨道所需时间为20min，两者均小于测量和控制间隔，可以确保在线自适应最优化控制的顺利实施。

【习题】

一、判断题

最优化控制和最优控制是

A. 完全一样的概念

B. 分不同场合，有时等同、有时不等同

C. 不一样的概念

二、填空题

（1）在线自适应控制就是在某一时间段内将过程的输入（操作变量）和输出（测量变量）用________来加以近似，然后再利用逐次回归最小二乘法计算自回归移动平均模型的系数。使用它的最主要目的就是要解决和处理生物过程的________特征和难题。

（2）一般情况下，基于自回归移动平均模型在线最优化控制系统只能用于优化________发酵（培养）过程，而不能用于优化________和________发酵（培养）过程。

（3）在利用在线时间序列的输入输出数据的自回归移动平均模型（ARMA）进行在线控制系统的时刻，引入"忘却因子"的理由是要对时间窗口中的________。

（4）离散反馈闭环控制系统是否渐进稳定的充分必要条件是：闭环传递函数所有特征根都处在________内。

【解答】

一、判断题

A×，B×，C√。

二、填空题（其他合适的表述亦可）

（1）线性关系式，强烈的非线性和时变性

（2）连续稳态，间歇、流加

（3）旧数据进行适度的遗弃

（4）复平面以原点为中心的单位圆

参考文献

[1] Na J G，et al. Bioprocess Biosyst Eng，2002，24：299.
[2] Ranganath M，et al. Bioprocess Biosyst Eng，1999，21：123.
[3] Rolf M J，et al. Chem Eng Commun，1984，29：229.
[4] Shi Z，et al. J Biosci & Bioeng，1990，70：415.
[5] Shi Z，et al. Biotechnol Bioeng，1988，33：999.
[6] Wu W T，et al. Biotechnol Bioeng，1984，27：756.
[7] 清水和幸. バイオプロセス解析法　システム解析原理とその応用. 福冈：コロナ社，1997.
[8] 松原正一. プロセス制御. 东京：养贤堂株式会社，1983.

第七章 人工智能控制

在本书的绪论中作者提到，相当数量的发酵过程难以用数学模型来准确地定量或描述。在现实中就有相当数量的发酵过程，不管是工业规模还是实验室规模，其操作、控制乃至优化就是完全依靠操作人员的经验和知识来进行的。然而，这种完全依靠人类经验的操作、控制、管理和优化的方式方法的性能，必然要受到操作人员的经验、能力、专业知识和专业素质等的影响和制约。

20 世纪 80 年代以来，随着计算机技术的飞速发展，以模糊推理控制技术、人工神经网络技术以及专家系统为代表的人工智能控制技术开始在各行各业得到广泛的应用。首先是模糊推理和控制技术。由于它能够使用感觉或经验的 IF-THEN 不确定型语言和规则来表述发酵过程的诸多特征，并可用来确定实际的控制策略，因此，近年来越来越受到人们，特别是实际生产企业的关心和重视，并已经出现不少成功的应用实例。在另一方面，人工神经网络技术由于不需要传统的反映透明机制的生物模型，加上其优秀的处理复杂和非线性系统的能力，特别是卓越的自我学习能力，因此已经被广泛应用于发酵过程的建模、状态预测、模式识别以及故障诊断等各个领域。近年来，将人工神经网络技术的卓越的自我学习能力和模式识别能力融入到模糊逻辑控制中所形成的模糊神经网络控制技术，也越来越受到人们的关注和青睐。

本章将对模糊逻辑控制器和基于人工神经网络的控制器的构成、特点、设计和调整方法，以及在发酵过程中的具体应用实例作系统和详细的介绍。

第一节 模糊逻辑控制器

一、模糊逻辑控制器的特点和简介

模糊推理是利用表现不确定因素的概率的方法和人类的意志决定的方法，来进行推理和事物判断的一种方法，1965 年由控制论学者 Zadeh 等人首先提出。建立在模糊推理基础之上的模糊逻辑控制器能够使用感觉或经验的 IF-THEN 不确定型语言来表述过程的诸多特征，可以将那些特别难以用数学公式表达的人类（熟练工人、专家等）知识和经验充分和有效地融入到控制策略当中，是一种以言语规则为中心的、定性控制的方法。因此，模糊逻辑控制可能特别适合那些带有复杂、非线性和时变性特征的，特别是没有严格定量的数学模型可循的发酵过程。模糊逻辑控制方式的另一个重要特点就是，与传统的定值控制的方法相比，它更具有柔软性（flexibility）。比如说，在流加培养或发酵中，基质的流加速率通常是过程唯一的控制变量，而反馈控制器的调节则是以测量单一的状态变量并以其作为反馈指标为基础的。这也就是所谓的单输入单输出（SISO）的控制系统。如果在发酵过程中可以同时在线测定多个状态变量，比如说，溶解氧浓度、基质浓度和代谢产物浓度都可以同时在线测定，则过程就变成了一个单输入多输出（SIMO）的控制系统。这时，尽管有多个能够反映过程特征情报的状态变量可以被同时测定，但真正被利用来调节反馈控制器，确定过程输入——基质流加速率的反馈变量只能是一个。其他能够反映过程状态和生理情报的测量变量却不能得到有效的利用而被白白浪费掉了。这实际上是传统的 SISO 过程控制系统的一个极大的缺点。模糊逻辑控制则就不同，它可以使用一系列 IF-THEN 型的模糊定性规则，将所有能够反映过程状态和生理情报的测量变量都融入到反馈控制器的调节机构当中，更加综合、全面地确定过程的输入。因此，模糊逻辑控制器更具有柔软性，更适合于单输入多输出发酵过程的控制系统。

简单地说，构建一个模糊逻辑控制器主要有4个步骤：①首先，要建立一系列IF-THEN型的模糊定性规则；②其次，要建立一定规模的模糊成员函数，包括条件部（IF之后的条件）的前置模糊成员函数（predicate membership functions）和结论部（THEN之后的结论）的后置模糊成员函数（conclusion membership functions）；③要利用一定的解模糊规则方法来执行和实施模糊推论，求解和确定控制器的输出；④最后，依据模糊逻辑反馈控制器的实际性能来对模糊规则和模糊成员函数进行不断的调整和修正，直到取得满意的控制性能和结果为止。

二、模糊语言数值表现法和模糊成员函数

1. 确定性集合和模糊集合

命题是由语言变量、判断词和集合变量组成的具有主谓宾结构的可以判断真假或真假程度的陈述句。简单地说，能够表达判断、意义明确的语句，称为命题。当其中的集合变量为确定性集合（crisp set）时，命题为清晰命题，比如“整数属于实数”、“他是学生”等，其中“实数”和“学生”都是明确的确定性集合。而当集合变量为模糊集合（fuzzy set）时，命题就是模糊命题，例如“他很年轻”、“温度很高”等，其中“年轻”和“很高”都是模糊概念，属于模糊集合。通常情况下，对于一个清晰命题的提问可以用“是”或者“不是”来明确地回答。例如“他是学生吗”、“整数是虚数吗”等都可以无条件地用“是”或者“不是”来加以回答。而针对模糊命题的提问就不能以无条件的方式，用“是”或“不是”来简单地回答。比如说，同样是40岁，对于国家领导人来说，“很年轻”这一结论无疑是正确的，而对于从事体育运动的运动员而言，结论则正好相反。那么40岁对于一名普通的教师或者公司经理，又应该是一个什么概念或结论呢？结论应该是模糊或者不定的，因为从常理来说，人们难以判定在这种条件下40岁属于“年轻”还是“不年轻”。

2. 确定性集合和模糊集合的数值表现

确定性集合和模糊集合的数值可以用图7-1所示的“特性函数”的形式来加以表现。这里，以常见的物理量——温度作为一个例子。命题可以是清晰命题，也可以是模糊命题。“温度刚好是40℃”、“温度在35～45℃之间”就属于清晰命题。这时，如果取温度为横坐标，命题的“真值”为纵坐标，所得到的图形曲线就称之为上述集合的“特性函数”。在这里，所谓“真值”也叫做归属度（grade），是衡量命题真伪的一个尺度，其取值范围在［0,1］之间。对于命题“温度刚好是40℃”而言，“特性函数”就是温度40℃这一个点。温度40℃时，其归属度为1；在其他温度下，归属度全部为0。这种特殊的“特性函数”也叫做“singleton”。而对于命题“温度在35～45℃之间”，其“特性函数”则表示35～45℃这一确定的温度区间。温度在该区间之内，命题的“真值”即归属度为1；而在此区间之外，归属度全部为0。这样，命题的归属度要么为1，要么为0，非常明了，命题的集合变量——温度是确定性集合。

在日常生活当中，人们也常常使用诸如“速度太快了”、“天气太热了”、“温度在40℃左右”等定义不明确的语言。上述语言表现就是典型的模糊命题。由于无法使用前述的确定性集合的形式来定义模糊命题的集合变量和“特性函数”，图7-1(c)所示的“模糊语言成员函数”便被利用来描述模糊变量的“特性函数”。

从图7-1(c)可见，模糊语言成员函数是一个连续和平滑的模糊函数的集合。针对“温度大约在40℃左右”这一模糊命题，温度刚好在40℃时的归属度为1；当温度低于30℃和高于50℃时，归属度则为0；而当温度介于30～50℃之间时，归属度在（0,1）的范围内变化。比如说当温度在35℃或45℃时，人们很难用明确的语言来判定上述温度是否符合或满足“温度大约在40℃左右”这一模糊命题。但是，如果使用模糊语言成员函数和归属度（0.5）的概念来表现和描述上述问题的话，问题的判定就变得容易得多。当然，从严格意义上讲，归属度是由个人的常识和观念所给定的，模糊成员函数的形状当然也是因人而异，对于同一模糊命题可能会有多种不同的模糊成员函数的表现形式。但是，通过引入模糊成员函数和归属度的概念，人们可以简单地定义诸如“温度大约在40℃左右”一类的模糊命题。

模糊集合的整体可以用标记（“高温”、“中温”、“低温”等）和与其对应的模糊成员函数来加以定义，这一点和专家系统（expert system）有所不同。在专家系统中，人们仅仅使用特定的标记进行记号和信息处理，而不涉及模糊成员函数。因此，专家系统可以看成是模糊推理和控制的一个特例，故在本章中不做专门的介绍。图 7-1 中归属度 0.5 所对应的两点称为偏曲点（crossover point），两个偏曲点之间的长度称为带宽（bandwidth）。另外，模糊成员函数的归属度不等于 0 的部分在横轴上的总长叫做基座（support）。

3. 模糊成员函数的表现形式

最典型的模糊成员函数的表现形式如图 7-2 所示。这里，以温度为例，将温度分成“低”、“较低”、“中等”、“较高”和“高”5 个典型的标记区间，每一个标记区间都用一个与之对应的模糊成员函数来定义。在 5 个模糊成员函数中，可以它们各自的形状对它们进行分类：温度“低”的模糊成员函数称为 Z 形函数；温度“较低”、“中等”、“较高”的函数叫做 π 形函数；温度“高”的函数则为 S 形函数。这样，温度模糊集合的整体就可以用上述 5 个标记和与之对应的模糊成员函数来定义。模糊成员函数一般用 $\mu_A(T)$ 来表示，其中 A 表示“较低”和“中等”等标记区间，T 则表示模糊集合的元素，在这里就是温度。图 7-2(b) 是温度“不高”的模糊成员函数。很显然，温度“高”和温度“不高”的模糊成员函数 $\mu_H(T)$ 和 $\mu_{NH}(T)$ 互为模糊逻辑补集（fuzzy logic complement），即：

$$\mu_H(T)=1-\mu_{NH}(T) \tag{7-1}$$

另外，从常识上来讲，温度“不高”并不就一定表示温度“低”，这点从图 7-2 中也可以看出。

图 7-2 中的 Z 形和 S 形函数可以用式(7-2) 来进行定量的数学表达，不同的模型参数条件下的函数形状如图 7-3 所示。

$$\mu(x)=\frac{1}{1+\exp[-n(x-a)]} \tag{7-2}$$

式中，x 是模糊集合的元素。模糊成员函数 $\mu(x)$ 中有两个参数 a 和 n。a 是对应于函数偏曲点的参数，在本例中 $a=5$。而 n 则是左右模糊成员函数的形状、类型和模糊指标的最重要的参数。当 $n>0$ 时，$\mu(x)$ 是 S 型的模糊成员函数[$\mu_S(x)$]；而当 $n<0$ 时，$\mu(x)$ 则是 Z 形的模糊成员函数[$\mu_Z(x)$]。很明显，S 形和 Z 形的模糊成员函数互为模糊逻辑补集，也就是说：

$$\mu_S(x)=1-\mu_Z(x) \tag{7-3}$$

n 还是控制模糊成员函数的模糊指标的参数。如果把成员函数的模糊度（fuzzy index）定义为 F，而确定度（crisp index）定义成 C，则有：

$$F=\frac{1}{|n|+1} \tag{7-4a}$$

$$C=1-\frac{1}{\sqrt{|n|+1}} \tag{7-4b}$$

从上式和图 7-3 中可以看出，$n=0$ 时，$F=1$，$C=0$，$\mu(x)\equiv 0.5$，也就是说成员函数具有 100% 的模糊度；而当 $|n|\to\infty$ 时，$F=0$，$C=1$，$\mu(x)\equiv 0 (x\leqslant a)$ 或 $\mu(x)\equiv 1 (x\geqslant a)$，成员函数具有 100% 的确定度。因此，随着 $|n|$ 的增加，成员函数的模糊度减少而确定度增加。

图 7-2 中的 π 形函数和与其互为模糊逻辑补集的 U 形函数则可用式（7-5）来进行数学表达，不同的模型参数下的函数形状则如图 7-4 所示。

$$\mu(x)=\frac{1}{1+\left[\frac{2(x-a)}{w}\right]^n} \tag{7-5}$$

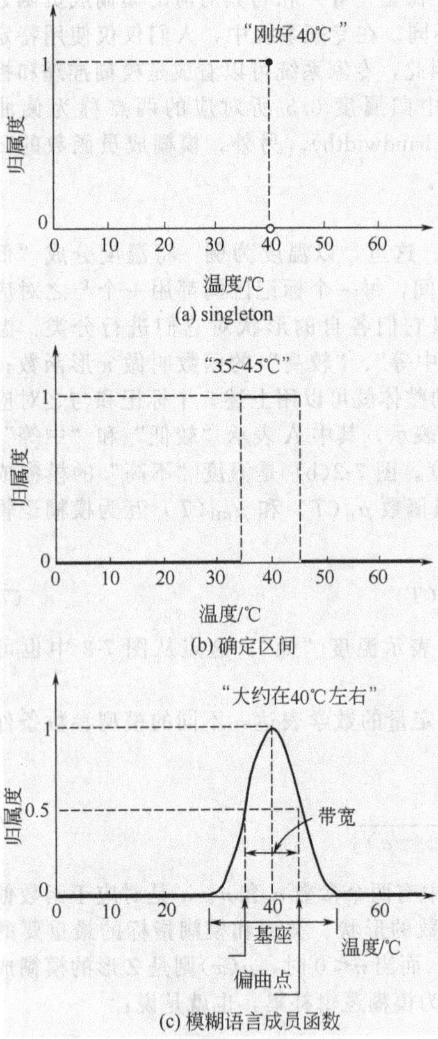

图 7-1 确定性集合和模糊集合的数值表现和特性函数

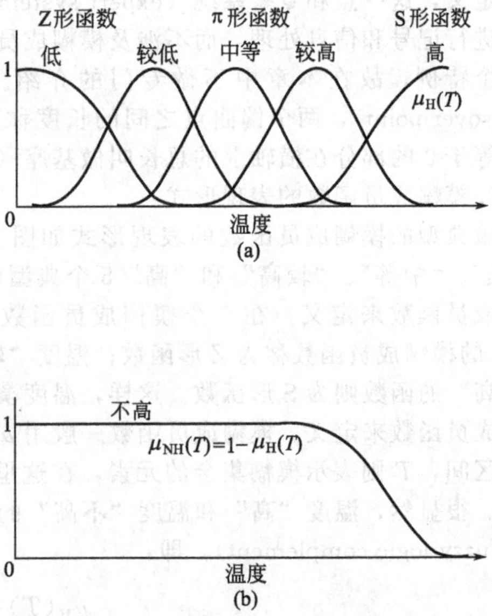

图 7-2 典型的模糊成员函数的表现形式

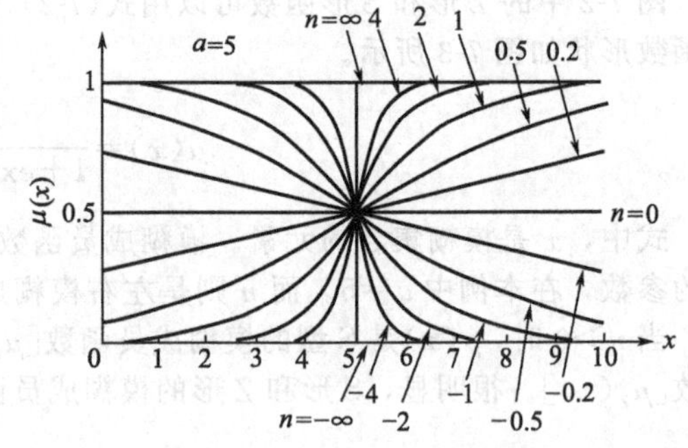

图 7-3 Z形和S形模糊成员函数的表现形式

这里，如图 7-4 所示，a 和 w 分别代表模糊区间的中心和带宽。与S形和Z形函数相类似，当 $n>0$ 时，$\mu(x)$ 是 π 形函数[$\mu_\pi(x)$]；而当 $n<0$ 时，$\mu(x)$ 则是U形函数[$\mu_U(x)$]。π 形和U形的模糊成员函数互为模糊逻辑补集，即：

$$\mu_\pi(x)=1-\mu_U(x) \tag{7-6}$$

在 π 形和U形函数函数中，参数 n 依然是控制模糊成员函数的模糊指标的参数。随着 $|n|$ 的增加，成员函数的模糊度减少而确定度增加。$n=0$ 时，$\mu(x)\equiv0.5$，具有100%的模糊度；而当 $|n|\to\infty$ 时，成员函数则趋向一个确定性的集合。

模糊成员函数除了可以用上述的S形函数、Z形函数、π 形函数和U形函数来描述之外，还可以利用线性的三角形和梯形函数，以及在统计学上常用的高斯型（Gaussian）函数来进行描述和表达（图 7-5）。

使用线性的三角形或梯形的模糊成员函数是因为它们在实际数值计算中的简单性；而使用高斯函数则是因为它在概率研究和表现概率分布函数中最为常用。三角形或梯形模糊成员函数，以及高斯型模糊成员函数的数学表达式如下。

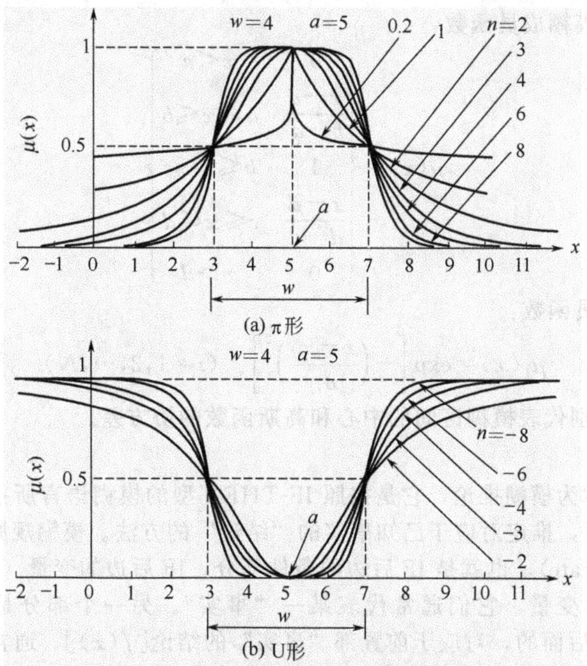

图 7-4 π形和U形模糊成员函数的表现形式

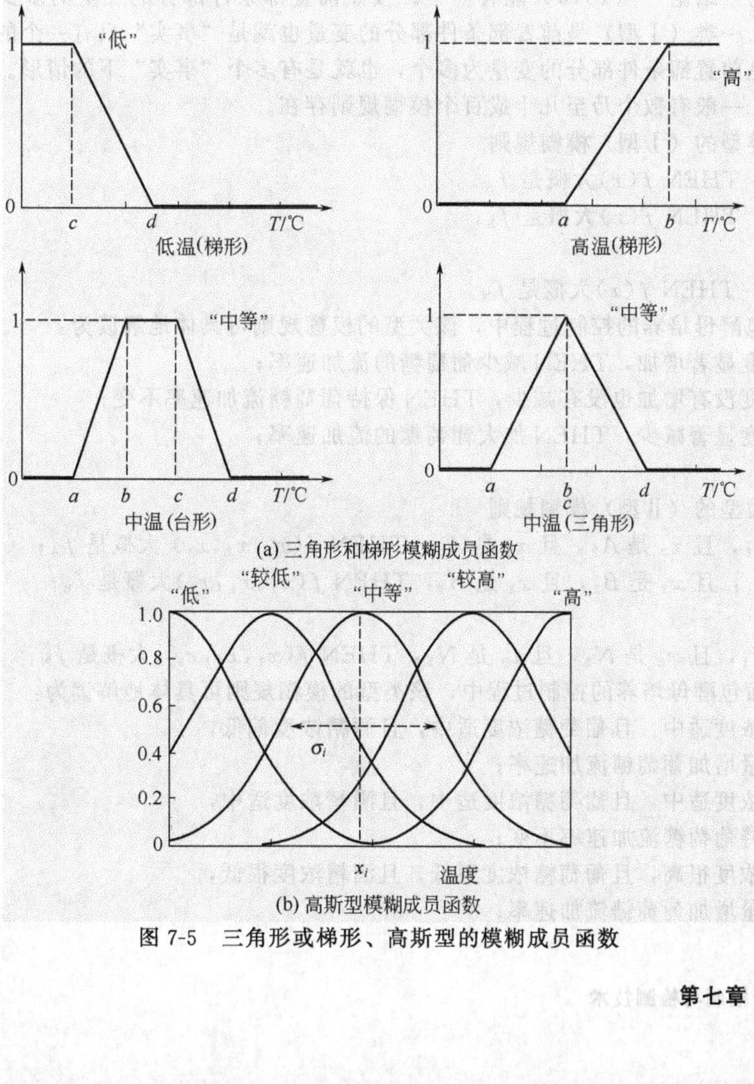

图 7-5 三角形或梯形、高斯型的模糊成员函数

① 三角形或梯形模糊成员函数：

$$\mu(x)=\begin{cases}0 & x<a\\ \dfrac{x-a}{b-a} & a\leqslant x\leqslant b\\ 1 & b\leqslant x\leqslant c\\ \dfrac{x-d}{d-c} & c\leqslant x\leqslant d\\ 0 & x>d\end{cases} \tag{7-7}$$

② 高斯型模糊成员函数：

$$\mu_i(x)=\exp\left[-\left(\frac{x-x_i}{\sigma_i}\right)^2\right]\quad(i=1,2,\cdots,N) \tag{7-8}$$

式中，x_i 和 σ_i 分别代表模糊区间的中心和高斯函数的协方差。

三、模糊规则

模糊规则通常也称为模糊推论，它是按照IF-THEN型的模糊语言所描述和规定的法则，在已知“事实”的条件下，推定对应于已知事实的“结论”的方法。模糊规则由两个部分组成，一个是“前置部”(predicate)，也就是IF后边的条件部分。IF后边的变量（x）一般都是反映过程状态的实际物理或化学变量，它们通常代表某一“事实”。另一个部分是“后置部”（conclusion)，也就是THEN后面的，对应于前置部“事实”的结论[$f(x)$]。通常情况下，在同一个模糊规则内，前置部条件部分的变量 x 也就是“事实”可能只有一个，也可能有多个；但是，后置部推论部分的“结论” $f(x)$ 却只能有一个。按照前置部条件部分的变量的多少，把模糊规则大致分成两类：一类（Ⅰ型）是前置部条件部分的变量也就是“事实”只有一个的情形；而另一类（Ⅱ型）则是前置部条件部分的变量为多个，也就是有多个“事实”下的情形。对应于一个模糊逻辑控制器，一般有数个乃至几十成百个模糊规则存在。

1.第1种类型的（Ⅰ型）模糊规则

IF x 是 A，THEN $f(x)$ 大概是 f_A；

IF x 是 B，THEN $f(x)$ 大概是 f_B；

… …

IF x 是 N，THEN $f(x)$ 大概是 f_N。

比如在面包酵母培养的控制过程中，该类型的模糊规则可具体地解读为：

IF 酒精浓度显著增加，THEN 减少葡萄糖的流加速率；

IF 酒精浓度没有增加也没有减少，THEN 保持葡萄糖流加速率不变；

IF 酒精浓度显著减少，THEN 加大葡萄糖的流加速率；

… …

2.第2种类型的（Ⅱ型）模糊规则

IF x_1 是 A_1，且 x_2 是 A_2，且 x_3 是 A_3，THEN $f(x_1,x_2,x_3)$ 大概是 f_A；

IF x_1 是 B_1，且 x_2 是 B_2，且 x_3 是 B_3，THEN $f(x_1,x_2,x_3)$ 大概是 f_B；

… …

IF x_1 是 N_1，且 x_2 是 N_2，且 x_3 是 N_3，THEN $f(x_1,x_2,x_3)$ 大概是 f_N；

同样，在面包酵母培养的控制过程中，该类型的模糊规则可具体地解读为：

IF 溶解氧浓度适中，且葡萄糖浓度适中，且酒精浓度偏低，

THEN 少量增加葡萄糖流加速率；

IF 溶解氧浓度适中，且葡萄糖浓度适中，且酒精浓度适中，

THEN 保持葡萄糖流加速率不变；

IF 溶解氧浓度很高，且葡萄糖浓度很低，且酒精浓度很低，

THEN 大量增加葡萄糖流加速率；

… …

之所以要将两类不同的模糊规则区分开来，是因为后续的解模糊规则的方法，即如何执行和实施模糊推论，因模糊规则类型的不同而异。

四、模糊规则的执行和实施——解模糊规则的方法

参照图 7-6，首先考虑执行和实施Ⅰ型的模糊规则，也就是解Ⅰ型模糊规则的方法（defizzification）。根据图 7-6，共有 3 个模糊规则，每个规则部分别有一个与之相对应的前置模糊函数和后置模糊函数。前置部分的变量 x 代表某一"事实"，它可以是某个具体的物理、化学或生物量。比如说它可以是某个传感器的信号值 $x=3.3$。首先找出各规则中对应于 $x=3.3$ 的前置部成员函数的归属度，本例中，对应于 $x=3.3$ 的各前置部成员函数的归属度分别为 0.0、0.9 和 0.2。然后，找出对应于各前置部函数的后置部成员函数 $f(x)$，其归属度等于与之相对应的前置部函数的归属度的值。最后，将所有后置部成员函数叠加起来，并削除各归属度值以上的部分，就得到图 7-6 中最右侧图的阴影部分。所谓执行和实施模糊规则——解模糊规则就是要得到一个确定的有关结论 $f(x)$ 的数值。具体和常用的计算求解方法有两种。一种是"重心法"，也就是利用数学的方法计算阴影部分的面积，求解出面积的中心。面积中心点在横轴 $f(x)$ 上的值，就是人们需要知道的结论 $f(x)$ 的数值。

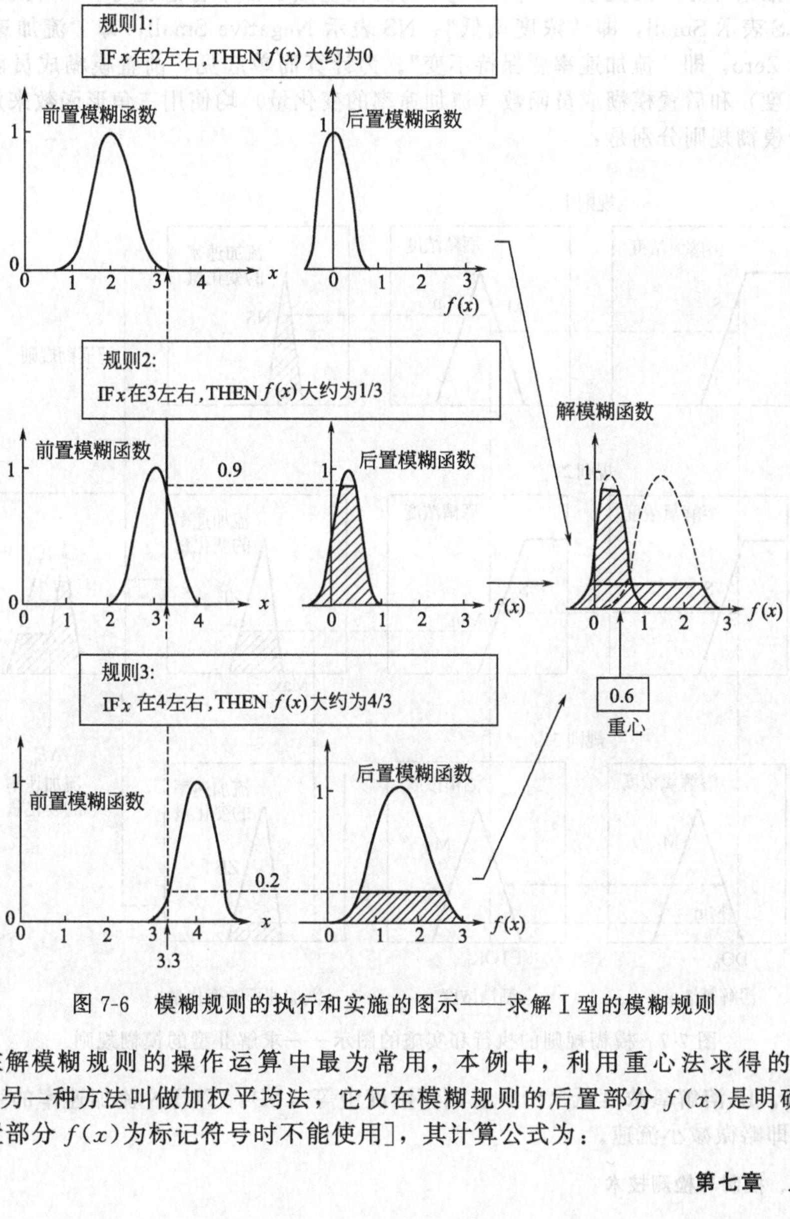

图 7-6 模糊规则的执行和实施的图示——求解Ⅰ型的模糊规则

重心法在解模糊规则的操作运算中最为常用，本例中，利用重心法求得的模糊结论为 $f(x)=0.6$。另一种方法叫做加权平均法，它仅在模糊规则的后置部分 $f(x)$ 是明确数值的条件下使用［后置部分 $f(x)$ 为标记符号时不能使用］，其计算公式为：

$$f(x)=\frac{\sum_{j=1}^{N} f_j\mu(f_j)}{\sum_{j=1}^{N}\mu(f_j)} \tag{7-9}$$

式中，N 代表模糊规则的个数；f_j 是第 j 个后置函数的结论值；而 $\mu(f_j)$ 则是相应的第 j 个后置函数的归属度值。对于本例，利用加权平均法算出的模糊推论值为 $f(x)=0.515$，与重心法略有不同。

$$f(x)=\frac{0\times0+\frac{1}{3}\times0.9+\frac{4}{3}\times0.2}{0+0.9+0.2}=0.515$$

如果模糊规则为Ⅱ型，即前置部条件部分有多个变量时，解模糊规则的方法与Ⅰ型的稍有不同。以图 7-7 所示的面包酵母流加培养的模糊推理过程为例，介绍这种情况下的解模糊规则的方法。假定溶解氧浓度和酒精浓度可以在线测量，并希望以这两个状态变量为反馈指标，来确定操作变量——基质的流加速率。这里，对前置部（条件部分）的变量，即溶解氧浓度和酒精浓度，以及后置部（推论部分）的变量——流加速率的变化量做了如下标志记号：M 表示 Medium，即“浓度适中”；S 表示 Small，即“浓度偏低”；NS 表示 Negative Small，即“流加速率要略微减小”；ZE 表示 Zero，即“流加速率要保持不变”。为计算简单起见，前置模糊成员函数（溶解氧浓度和酒精浓度）和后置模糊成员函数（流加速率的变化量）均使用三角形函数来加以描述。图中涉及的 3 个模糊规则分别是：

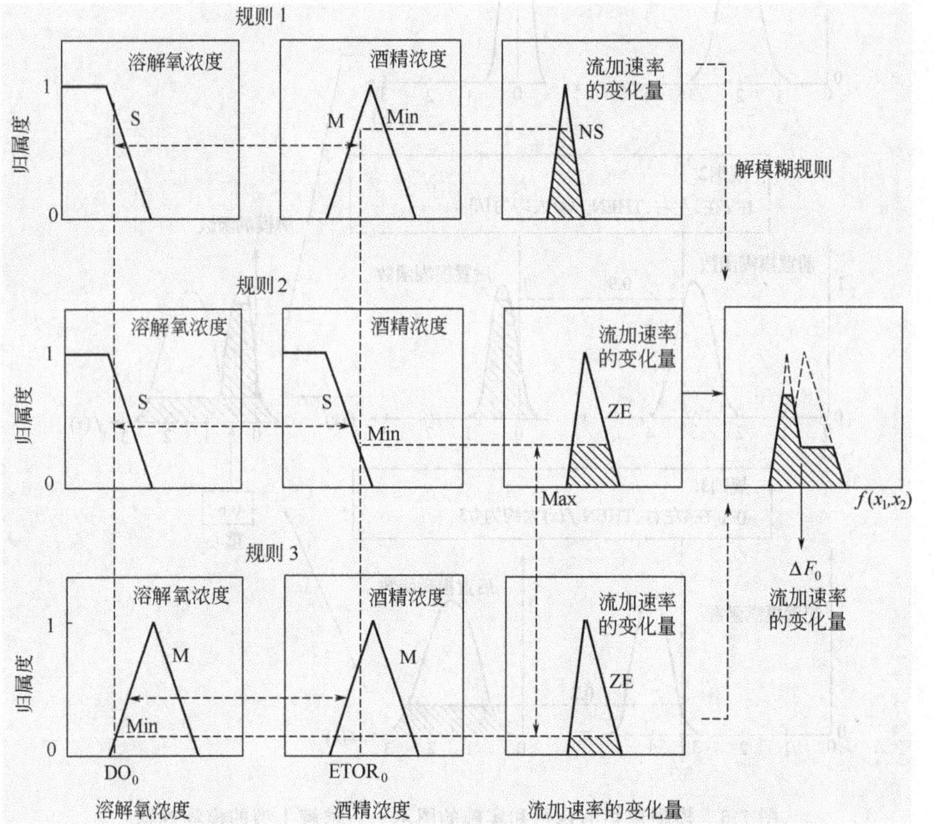

图 7-7　模糊规则的执行和实施的图示——求解Ⅱ型的模糊规则

① 规则 1：IF 溶解氧浓度低（S），且酒精浓度中等（M），THEN 流加速率的变化量为小的负值（NS），即略微减小流速。

② 规则 2：IF 溶解氧浓度低（S），且酒精浓度低（S），THEN 流加速率的变化量为零（ZE），即保持流加速率不变。

③ 规则 3：IF 溶解氧浓度适中（M），且酒精浓度中等（M），THEN 流加速率的变化量为零（ZE），即保持流加速率不变。

这时，解模糊规则的方法可以归纳概括如下。

① 找出各规则中对应于 DO_0（溶解氧浓度的测量值，x_1）和 $ETOR_0$（酒精浓度的测量值，x_2）的各前置部成员函数的归属度（grade）。

② 在同一规则之内，选择各前置部函数中最小（本例为“较小”，因为前置部的变量只有两个）的一个归属度来决定该规则内的后置函数的归属度，即：

$$\mu[f(x_1,x_2)]=\mathrm{Min}[\mu(x_1),\mu(x_2)] \tag{7-10}$$

③ 找出对应于各模糊规则的后置部成员函数 $f(x)$，其归属度按照式(7-10) 的方法来进行计算。

④ 如果不同的模糊规则出现了相同的推论［相同的 $f(x)$］，也就是说，同样一个（比如说第 j 个）后置函数可以出现多个（比如说有 k 个）不同的归属度，这时需要选择其中最大（本例为“较大”）的一个作为该后置函数的归属度，即：

$$\mu_j[f(x_1,x_2)]=\mathrm{Max}\{\mu_j^{(1)}[f(x_1,x_2)],\mu_j^{(2)}[f(x_1,x_2)],\cdots,\mu_j^{(k)}[f(x_1,x_2)]\} \tag{7-11}$$

⑤ 将所有后置部成员函数迭加起来，并削除各归属度值以上的部分，得到图 7-7 中最右侧图的阴影部分。

⑥ 利用“重心法”计算阴影部分的面积，求解出面积的中心。面积中心点在横轴 $f(x_1,x_2)$ 上的值，就是需要求解的“流加速率的变化量”的数值。

这种解模糊规则的方法由于涉及归属度的最大和最小的运算和操作，因此也被称为 Max-Min 法则。

五、模糊逻辑控制系统的构成、设计和调整

模糊控制不需要控制对象或者说过程的严格定量的数学模型，它是以宏观定性的方式来描述过程的动力学特征进而实现过程控制的方法。控制是围绕基于人类的经验和知识的言语型模糊控制规则（production rules）来进行的。

在模糊逻辑控制系统中，IF-THEN 型的模糊控制规则一般是按照图 7-8 所示的表的方式规定和给出的。

		溶解氧浓度DO		
条件或“事实”		S	M	B
酒精浓度 ETOR	S	ZE	PS	PB
	M	NS	ZE	PM
	B	NB	NS	PS

结论或推论，ΔF

B—big; M—medium; S—small; PB—positive big; PM—positive medium;
PS—positive small; ZE—zero; NS—negative small; NB—negative big.

图 7-8　模糊逻辑控制规则

这里，假定在面包酵母的流加培养中，溶解氧和酒精的浓度可以在线测量，并以标志记号的方式把它们划分为 3 个不同的模糊子集，即“浓度低 S（small）”、“浓度中等 M（medium）”和“浓度高 B（big）”。它们分别代表逻辑控制规则的“条件或事实”。而处在溶解氧浓度和酒精浓度的各模糊子集交汇处的标记符号（NB、NS、ZE、PS、PM、PB）则代表逻辑控制规则的“结论或者推论”，也就是模糊逻辑控制器输出——“基质流加速率变化量”的 6 个不同的模糊子集，即“大量减少（NB）”、“少量减少（NS）”、“保持不变（ZE）”、“少量增加（PS）”、“中量增加（PM）”和“大量增加（PB）”。根据需要，结论或推论有时也可以不用标记符号，而

以具体数字的方式直接给出。如 NB＝－3，NS＝－1，ZE＝0，PS＝＋1，PM＝＋2，PB＝＋3 等，这样，在执行实施解模糊规则时，就可以使用式(7-9) 的加权平均法直接计算模糊逻辑控制器输出的数值。图 7-8 实际给出了 9 个模糊规则，它们分别如下。

规则 1：IF DO 为 S，且 ETOR 为 S，THEN 模糊控制器的输出 ΔF 为 ZE；

规则 2：IF DO 为 S，且 ETOR 为 M，THEN 模糊控制器的输出 ΔF 为 NS；

规则 3：IF DO 为 S，且 ETOR 为 B，THEN 模糊控制器的输出 ΔF 为 NB；

规则 4：IF DO 为 M，且 ETOR 为 S，THEN 模糊控制器的输出 ΔF 为 PS；

规则 5：IF DO 为 M，且 ETOR 为 M，THEN 模糊控制器的输出 ΔF 为 ZE；

规则 6：IF DO 为 M，且 ETOR 为 B，THEN 模糊控制器的输出 ΔF 为 NS；

规则 7：IF DO 为 B，且 ETOR 为 S，THEN 模糊控制器的输出 ΔF 为 PB；

规则 8：IF DO 为 B，且 ETOR 为 M，THEN 模糊控制器的输出 ΔF 为 PM；

规则 9：IF DO 为 B，且 ETOR 为 B，THEN 模糊控制器的输出 ΔF 为 PS。

随着可在线测量的状态变量和它们的模糊子集个数的增加，模糊逻辑控制规则的个数将呈指数性的增加。比如，如果可测变量的个数为 4 个，每个可测变量的模糊子集个数为 3，则将有 $3^4=81$ 个模糊控制规则出现。较多的模糊控制规则有利于提高模糊控制的精度，但同时也加大了建立、修改和调整模糊规则和相应的模糊成员函数的负担。因此，模糊控制规则的数量规模一定要适度，需要在控制精度与建立和调整模糊规则的工作量之间取得平衡。

建立了模糊控制规则之后，下一步任务就是确立模糊成员函数，包括确立前置模糊成员函数和后置模糊成员函数。图 7-9 就是对应于图 7-8 模糊逻辑控制规则表的模糊成员函数。

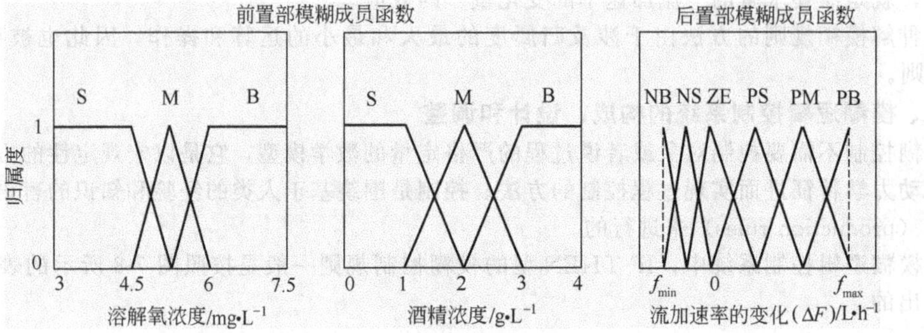

图 7-9　对应于图 7-8 模糊逻辑控制规则表的模糊成员函数

对应于 IF-THEN 模糊控制规则条件部分的溶解氧浓度和酒精浓度的 3 个不同的模糊子集，以及结论部分的流加速率变化量的 6 个不同的模糊子集，均被写成三角形函数形式的模糊成员函数，且都具有明确的单位和数值。基质流加速率的变化量 ΔF 设有上下限，因为从物理意义上讲，总流加速率不能为负值，也不能超过流加泵的最大流速。

在确定了一系列的模糊控制规则和对应的模糊成员函数之后，就要利用本节第四小节所述的解模糊规则的方法来计算和确定对应于当前溶解氧和酒精的浓度下的反馈控制器的输出——基质流加速率变化量 ΔF。最后，将控制器的输出作用于面包酵母流加培养过程。观察控制器的实际控制效果，如果结果不满意，则需要：①对模糊控制规则进行修改，包括增加新的模糊规则，剔除某些不合理的、旧的规则，或者对既存的规则进行修改；②修改（前置或后置）模糊成员函数，包括改变模糊成员函数模型的参数、形状、中心点和边界位置等，直到最后取得比较满意的控制结果为止。

模糊控制的难点实际上就在于最后的一步，即模糊控制规则和模糊成员函数的调整和修改。调整和修改过程往往都是要依靠专家或者熟练操作工人的经验和知识，反复不断地利用试行误差法来进行的，是一个非常费时费力的过程。在实际的工业操作中，模糊控制器的规模一般都比较大，模糊规则都有几十条乃至上百条之多，到工厂能够正常有效地运转为止，模糊控制器的调整和修改往往需要几个星期乃至数月的时间。

近来，随着人工神经网络技术的不断发展和应用范围的扩大，利用人工神经网络技术的卓越自我学习能力和模式识别能力来自动调整和修改模糊控制器的控制参数，大大缩短和减少了模糊控制器的调整和修改所需要的时间和人力，极大地提高了模糊逻辑控制器的实用能力，有关内容将在本章的第三节中加以介绍。

另外，模糊逻辑控制在本质上依然存在着一些缺点，诸如无法在理论上讨论其稳定性和响应特性；无法在理论上确保控制精度和性能等。但它们并不妨碍模糊控制在发酵过程中的推广和应用。图 7-10 总结和概括了模糊控制系统的设计、构成和调整的方法和步骤。

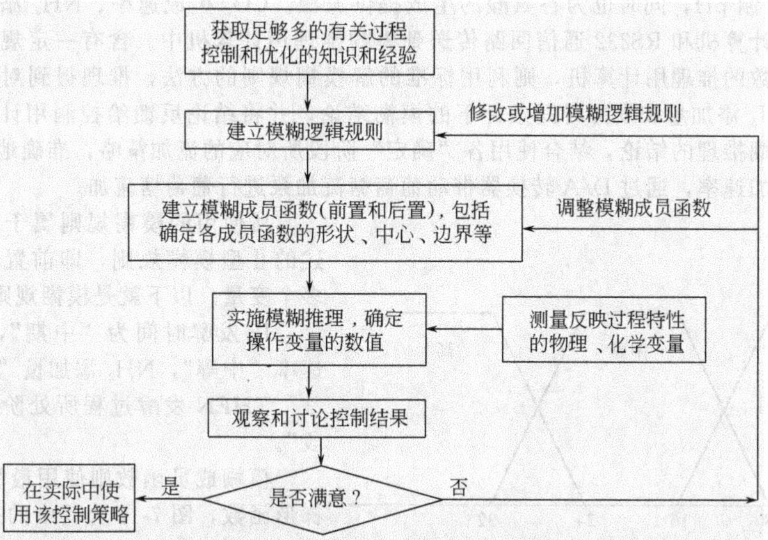

图 7-10　模糊控制系统设计、构成和调整的方法步骤总括

第二节　模糊逻辑控制系统在发酵过程中的实际应用

一、谷氨酸流加发酵过程的模糊控制

谷氨酸是蛋白质的主要构成成分，其最重要的用途是生产味精。谷氨酸发酵大都是以流加操作的方式进行的，谷氨酸的生成一般要经历诱导期、菌体指数生长期、过渡期和产酸期等 4 个阶段。为保证各阶段的平滑过度，避免发酵活性产生大的波动，需要将葡萄糖浓度控制在恒定水平。在本书第三章第九节第四小节中曾提到了能够在线测定葡萄糖等底物浓度的“在线生物量浓度测定仪”，但是由于价格等因素，这种仪器设备在实际工业化生产中的应用还不是十分普遍。包括谷氨酸发酵在内的大多数工业化生产无法在线测定葡萄糖浓度。在谷氨酸流加发酵过程的控制中，可以利用某些可测变量，

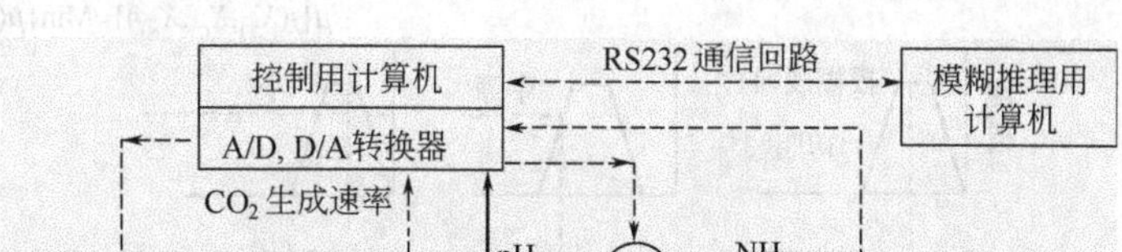

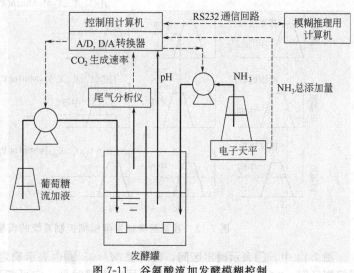

图 7-11　谷氨酸流加发酵模糊控制

以及一定的经验知识和规则，推断过程的生理状态和所处的阶段，进而确定葡萄糖的流加速率，保持葡萄糖浓度在整个发酵过程中恒定不变。谷氨酸流加发酵的模糊控制系统如图 7-11 所示。

谷氨酸发酵的计量化学反应式如下：

$$C_6H_6O_6\text{(葡萄糖)} + NH_3 \longrightarrow C_5H_9NO_4\text{(谷氨酸)} + CO_2$$

研究发现，发酵过程所处的阶段与 CO_2 的生成速率、NH_3（生成谷氨酸所需的氮源）的总添加量以及发酵时间之间存在着某种定性和经验的关系。CO_2 生成速率可以通过在线尾气测量仪测定发酵尾气中 CO_2 的分压来测量。随着谷氨酸的生成，发酵液的 pH 不断下降，需要不断地添加 NH_3 来控制 pH，同时也为谷氨酸的生成提供氮源。CO_2 生成速率、NH_3 添加量和发酵时间通过控制用计算机和 RS232 通信回路传送到模糊推理用计算机中。含有一定规模的模糊规则和模糊成员函数的推理用计算机，则利用标准的解模糊规则的方法，推理得到对应于当前 CO_2 生成速率、NH_3 添加量和发酵时间条件下的模糊结论，并将结论反馈给控制用计算机。控制计算机再根据模糊推理的结论，结合使用各“确定”阶段所对应的流加策略，准确地计算出当前时刻的葡萄糖流加速率，通过 D/A 转换器带动葡萄糖流加泵进行葡萄糖流加。

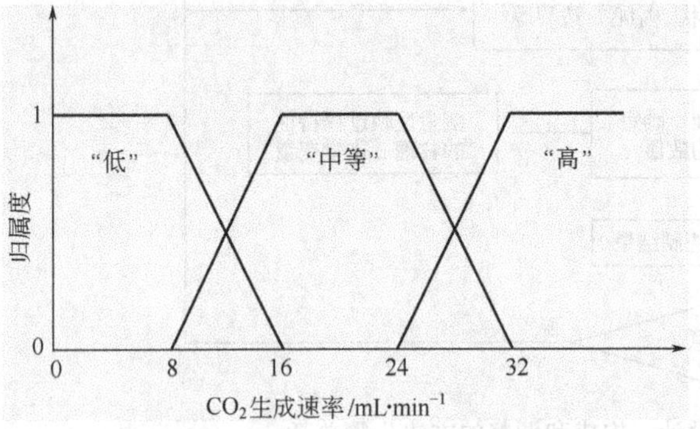

图 7-12　谷氨酸流加发酵模糊控制中的模糊成员函数

所使用的模糊规则属于本章第一节所述的Ⅱ型模糊规则，即前置部条件部分有多个变量。以下就是模糊规则中的一例：

IF 发酵时间为“中期”，且 CO_2 生成速率“中等”，NH_3 添加量“中等”；

THEN 发酵过程所处阶段为“产酸阶段”。

模糊成员函数则使用最简单的三角形/梯形函数，图 7-12 为其中的一例。

模糊推理规则使用标准的 Max-Min 解模糊规则的方法，推理得到发酵过程处在 4 个不同阶段“a”、“b”、“c”和“d”的归属度，如图 7-13 所示。

图 7-13 中，“a”、“b”、“c”和“d”分别代表“诱导期”、“菌体指数增长期”、“过渡期”和“产酸期”4 个不同阶段。依据在线测量得到的 CO_2 生成速率、NH_3 添加量以及发酵时间的数据，对谷氨酸流加发酵过程所处阶段的模糊判定和推断的结果如图 7-14 所示。

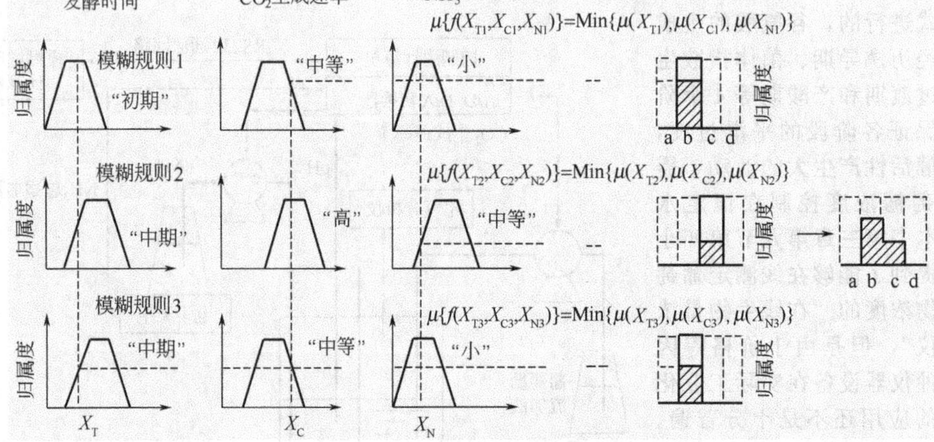

图 7-13　谷氨酸流加发酵模糊控制系统的模糊推理规则

图 7-14 中，□表示确定区间，归属度 $M=0$；▩也表示确定区间，归属度 $M=1$；而▨则表示模糊区间，$0 \leqslant$ 归属度 $M \leqslant 1$。对于不同的发酵时刻，它可能只对应于一个确定的阶段，如发

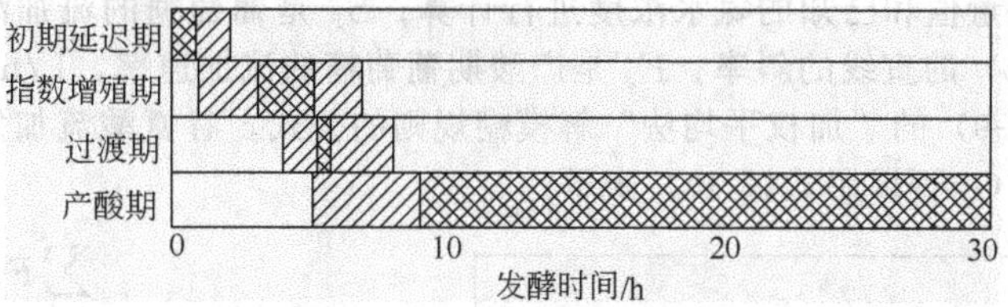

图 7-14　对谷氨酸流加发酵过程所处阶段的模糊判定和推断的结果

酵开始 1h 以内和发酵超过 10h；也有可能以不同的归属度，同时存在于 3 个不同的阶段。如发酵 6～8h，发酵以不同的归属度同时存在于"菌体指数增长期"、"过渡期"和"产酸期"等 3 个不同的阶段。

判断当前发酵过程所处阶段的目的，就是为了能准确地确定当前时刻葡萄糖的流加速率。在谷氨酸发酵过程中，每一个"确定"的阶段均有一个确定的基质流加策略。在"初期延迟期"，葡萄糖流加速率 F_a 应该恒等于 0。研究发现，在"菌体指数生长期"，葡萄糖的消耗量与 CO_2 的生成总量(mol) 呈线性关系；而在"产酸期"，葡萄糖的消耗量则和 NH_3 的添加量呈线性关系（图 7-15）。

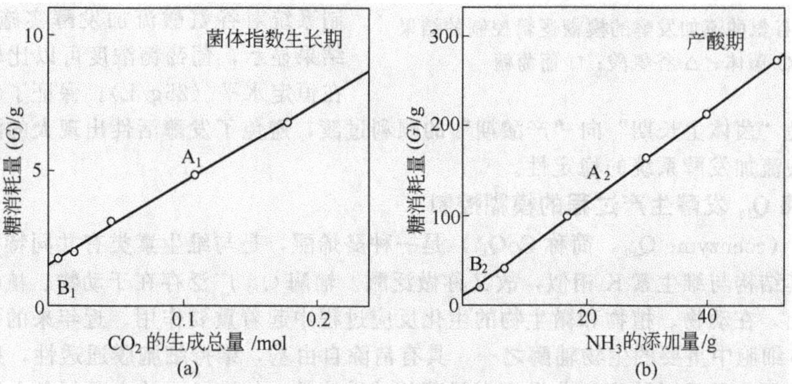

图 7-15　谷氨酸发酵"菌体指数生长期"和"产酸期"中葡萄糖消耗量与 CO_2 生成总量以及 NH_3 添加量之间的关系

在"菌体指数生长期"：

$$G=A_1P_{CO_2}+B_1$$

在该式两边对时间求导，则有：

单位时间葡萄糖的消耗量 $r_{GC}(g/h)=\dfrac{dG}{dt}=\dfrac{A_1r_{CO_2}}{M_{W,CO_2}}=\dfrac{A_1CER\ (t)}{M_{W,CO_2}}$

为保持葡萄糖的质量平衡，单位时间内葡萄糖的添加量 r_{GA} 应等于其消耗量 r_{GC}，即 $r_{GA}(g/h)=S_FF_b=r_{GC}=\dfrac{A_1CER\ (t)}{M_{W,CO_2}}$，由此可以解得葡萄糖的流加速度 F_b 为：

$$F_b=\frac{A_1CER(t)}{M_{W,CO_2}S_F} \tag{7-12}$$

式中，CER 是 CO_2 的生成速率，g/h，由尾气测量仪测定；M_{W,CO_2} 是 CO_2 的相对分子质量；S_F 是葡萄糖的流加浓度，g/L；A_1 为经验系数，即图 7-15(a) 的直线的斜率；F_b 是菌体生长期葡萄糖的流加速度，L/h。

同理可以得到"产酸期"的葡萄糖流加速率如下：

$$F_d=\frac{A_2r_{NH_3}(t)}{S_F} \tag{7-13}$$

式中，r_{NH_3} 是使 pH 保持恒定而添加氨水时，单位时间内 NH_3 的平均添加量，g/h，其值可以通过电子天平的测量值和已知的氨水浓度进行计算；S_F 是葡萄糖的流加浓度，g/L；A_2 为经验系数，即图 7-15(b) 的直线的斜率；F_d 是产酸期葡萄糖的流加速率，L/h。

最后，按照式(7-9) 的“加权平均法”解模糊规则的公式，谷氨酸流加发酵中各个不同时刻的葡萄糖流加速度 $F(t)$可以用式(7-15) 表示：

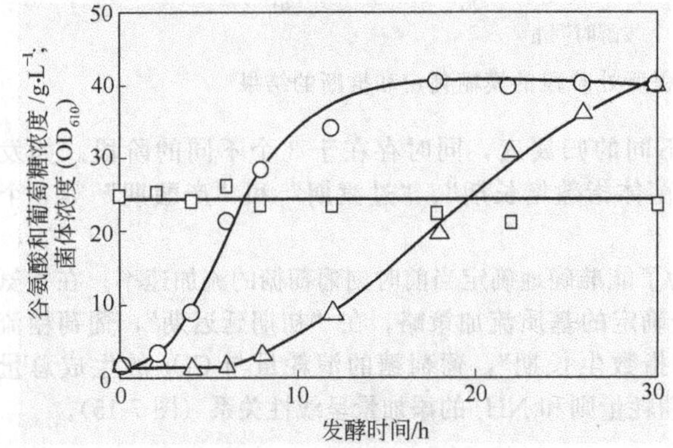

图 7-16 谷氨酸流加发酵的模糊逻辑控制的结果
○ 菌体；△ 谷氨酸；□ 葡萄糖

$$F(t)=\frac{\sum_{i=1}^{4}F_i(t)M_i(t)}{\sum_{i=1}^{4}M_i(t)}$$

$$[i=a,b,c,d;\quad 0\leqslant M_i(t)\leqslant 1] \tag{7-14}$$

式中，$M_i(t)$表示 t 时刻发酵过程对于 4 个不同阶段（“诱导期”、“菌体生长期”、“过渡期”、“产酸期”）的归属度；$F_i(t)$则是 4 个不同的“确定”阶段所对应的葡萄糖流加速率。图 7-16 是使用上述模糊逻辑控制系统对谷氨酸流加发酵实施控制的结果。结果显示，葡萄糖浓度可以比较准确地控制在恒定水平（25g/L），保证了各阶段的平滑过渡，特别是“菌体生长期”向“产酸期”的顺利过渡，避免了发酵活性出现大的波动，有效地提高了谷氨酸流加发酵系统的稳定性。

二、辅酶 Q_{10} 发酵生产过程的模糊控制

辅酶 Q_{10}（coenzyme Q_{10}，简称 CoQ_{10}）是一种癸烯醌，是与维生素类有共同特征的脂溶性醌类化合物。其结构与维生素 K 相似，故又称做泛醌。辅酶 Q_{10} 广泛存在于动物、植物、微生物细胞的线粒体上，在动物、植物和微生物的生化反应过程中起着重要作用。近年来的研究证实，辅酶 Q_{10} 是人体细胞中重要的生物辅酶之一，具有清除自由基，维持细胞膜通透性，提高免疫功能等多种药理作用，并且对肿瘤和艾滋病有显著的辅助疗效。辅酶 Q_{10} 的主要制备方法有动植物组织提取法、微生物发酵法和化学合成法。其中微生物发酵法是最主要的工业化生产辅酶 Q_{10} 的方法。

1. 辅酶 Q_{10} 发酵生产的基本特征

辅酶 Q_{10} 发酵生产的基本特征如图 7-17 所示。辅酶 Q_{10} 发酵属于部分增殖偶联模式，一般分成两个阶段，即菌体生长阶段和辅酶 Q_{10} 生产阶段。在辅酶 Q_{10} 生产阶段，菌体不再增殖和生长

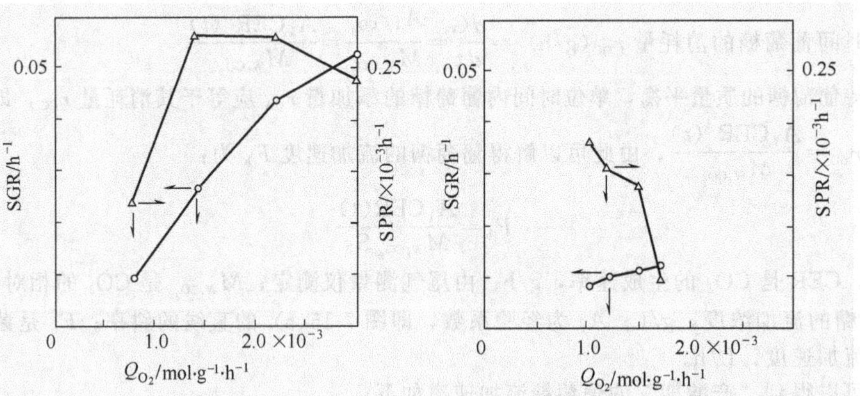

(a) 指数增殖期 (b) 辅酶Q_{10}生产期

图 7-17 辅酶 Q_{10} 发酵生产的基本特征

SGR—菌体比增殖速率；SPR—辅酶 Q_{10} 的比生成速率；Q_{O_2}—氧气的比摄取速率

（比增殖速率 SGR 接近于 0），而在碳源充足和限制供氧的条件下，辅酶 Q_{10} 则继续大量地生产和积累，此时发酵液中的溶解氧浓度接近于 0。如图 7-17 所示，在细胞指数生长期，菌体的比增殖速率 SGR 与氧气的比摄取速率 Q_{O_2} 成正比例；而在辅酶 Q_{10} 的生产期，辅酶 Q_{10} 的比生产速率 SPR 则与氧气的比摄取速率 Q_{O_2} 成反比例。根据溶解氧的物质平衡方程式和该发酵过程供氧速率的经验模型［式(7-15) 和式(7-16)］，辅酶 Q_{10} 的生产强度由供氧速率 $K_{La}c^*$，或者说由通风量 Q 或搅拌转速 N 所控制决定。

$$dc/dt = K_{La}(c^* - c) - Q_{O_2}X$$

$$\because \quad c \cong 0 \quad dc/dt \cong 0$$

$$\therefore \quad Q_{O_2}X = K_{La}c^* \tag{7-15}$$

$$K_{La}c^* = 2.27 \times 10^{-8} N^{2.45} Q^{0.38} \tag{7-16}$$

式中，c 是溶解氧浓度；c^* 是饱和溶解氧浓度；X 是菌体的浓度；$Q_{O_2}X$ 是总的氧气摄取速率。模糊控制的目的是在搅拌转速 N 一定的条件下，通过调节通风量 Q，使最终发酵时刻（指定）的辅酶 Q_{10} 浓度最大（实际等同于获取最大的辅酶 Q_{10} 生产强度）。

2. 用于辅酶 Q_{10} 发酵生产的模糊逻辑控制器的构成

（1）模糊规则　由于辅酶 Q_{10} 是胞内产物，无法在线测量，因此，菌体的浓度和比增殖速率被用作模糊规则的条件变量。菌体浓度和比增殖速率可以通过浊度计在线测量和计算。

IF 后面的条件部分的（前置）变量一共有 4 个，它们是菌体浓度 OD、菌体比增殖速率 SGR、发酵时间 BTIM 和菌体浓度 OD2。THEN 后面的推论部分的（后置）变量有两个（有两类不同的模糊规则），一个是“基本（base）”通风速率（通风速率随时间变化的基本趋势）AIRB，另一个是对“基本”通风速率的修改量 DAIR。菌体浓度 OD 和 OD2 是完全相同的数值，但它们在模糊规则中的作用不同。OD2 仅用来确定“基本”通风速率 AIRB；而 OD 则与 SGR、BTIM 一道，用来确定“基本”通风速率的修改量 DAIR。另外，OD 和 OD2 有着完全不同的模糊成员函数。

模糊规则一共有 70 套，可以分成两类。一类是Ⅰ型，即前置条件部分（IF 后面）的变量只有一个的模糊规则，一共有 5 套。它是利用菌体浓度 OD2 来推定“基本”通风速率 AIRB，具体的模糊规则如下：

IF OD2 为“很小（SA）”，THEN AIRB 为“零（ZE）”；

IF OD2 为“较小（SM）”，THEN AIRB 为“很小（SA）”；

IF OD2 为“中等（MM）”，THEN AIRB 为“较小（SM）”；

IF OD2 为“较大（ML）”，THEN AIRB 为“中等（MM）”；

IF OD2 为“大（LA）”，THEN AIRB 为“较大（ML）”。

另一类是Ⅱ型，即前置条件部分（IF 后面）的变量为多个的模糊规则，一共有 65 套。它是利用发酵时间 BTIM、菌体浓度 OD 和菌体比增殖速率 SGR 来推定对基本通风速率 AIRB 的修改量 DAIR。以下是模糊规则的某些具体的例子：

① IF BTIM 为“中等（MM）”，且 OD 为“很小（SA）”，且 SGR 为“很小（SA）”，THEN DAIR 为“大量增加（PB）”；

② IF BTIM 为“中等（MM）”，且 OD 为“较小（SM）”，且 SGR 为“大（LA）”，THEN DAIR 为“小量增加（PS）”；

③ IF BTIM 为“大（LA）”，且 OD 为“大（LA）”，且 SGR 为“很小（SA）”，THEN DAIR 为“大量减少（NB）”。

（2）模糊成员函数　所有前置变量和后置变量的模糊成员函数如图 7-18 所示。

图 7-18 中，各模糊子集的标志记号的意义如下。

ZE—zero，零或保持不变；SA—small，很小；SM—small medium，较小；MM—medium，中等；ML—medium large，较大；LA—large，大；LL—very large，很大；NB—negative big，大量减少；NM—negative medium，中度减少；NS—negative small，小量减少；PS—positive small，小量增加；PM—positive medium，中度增加；PB—positive big，大量增加。

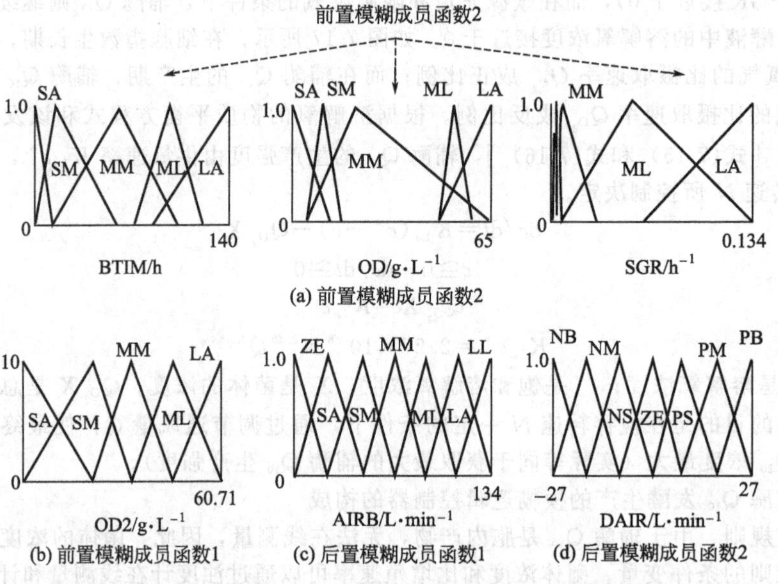

图 7-18　辅酶 Q_{10} 发酵生产模糊控制器的前置和后置模糊成员函数

(3) 解模糊规则——确定发酵过程的通风量　对于Ⅰ型模糊规则（模糊规则 1～5），按照前述的“重心法”计算出基本通风速率 AIRB；而对于Ⅱ型模糊规则（模糊规则 6～70），则按照前述的 Max-Min 法则和“重心法”，来计算通风速率的修改量 DAIR。发酵过程的总通风量为 AIRB 与 DAIR 之和，即：

$$总通风量 = AIRB + DAIR$$

3. 辅酶 Q_{10} 发酵生产的模糊逻辑控制的结果

使用以上模糊逻辑控制系统进行了两次发酵实验，发酵过程中控制变量（通风量）随时间的变化曲线，即基本通风速率 AIRB 和其修改量 DAIR 的变化模式如图 7-19 所示。图中，AIRB 的变化趋势基本相同。DAIR 分别在 10～40h 和 60～90h 显示较大的正值，表明模糊控制系统试图通过加大通风速率，来提高菌体的比增殖速率；DAIR 在 100h 后显示负值，这表明模糊控制系统试图通过减少通风速率，来提高辅酶 Q_{10} 的比生产速率。

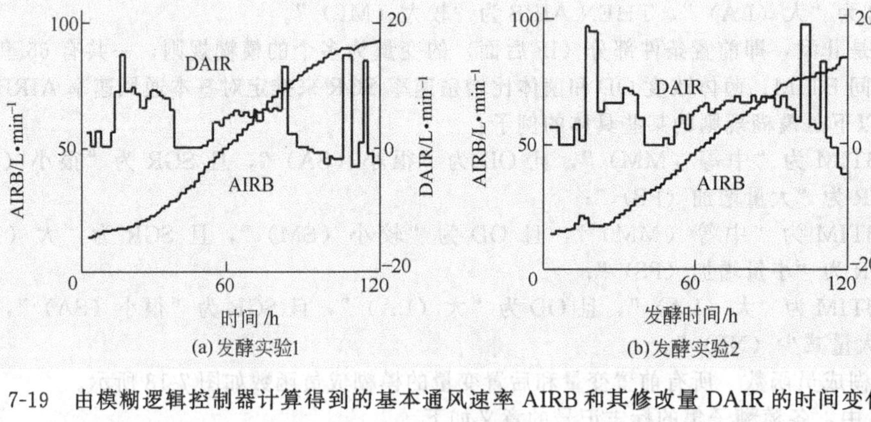

图 7-19　由模糊逻辑控制器计算得到的基本通风速率 AIRB 和其修改量 DAIR 的时间变化曲线

为验证模糊逻辑控制的有效性，对模糊控制和“模式”控制条件下的菌体增殖曲线、辅酶 Q_{10} 的生产曲线以及两种控制条件下的总供氧速率和氧气总摄取速率进行了比较，其结果如图 7-20 所示。这里，所谓“模式”控制是指随着发酵的进行，每隔 20h 逐级加大通风量，提高总供氧速率 $K_{La}c^*$ 的控制方式。在初始菌体浓度相同的条件下，发酵结束时（120h），不管是菌体浓

度还是辅酶 Q_{10} 的浓度，模糊逻辑控制均优于“模式”控制。从供氧速率和氧气的总摄取速率之间的平衡关系来看，使用模糊控制时氧气摄取速率的受限制程度要低于“模式”控制，特别是在发酵前期的菌体指数增殖阶段。这说明模糊控制有利于菌体的增殖和生长，增加总的生物量，进而提高最终的辅酶 Q_{10} 浓度。

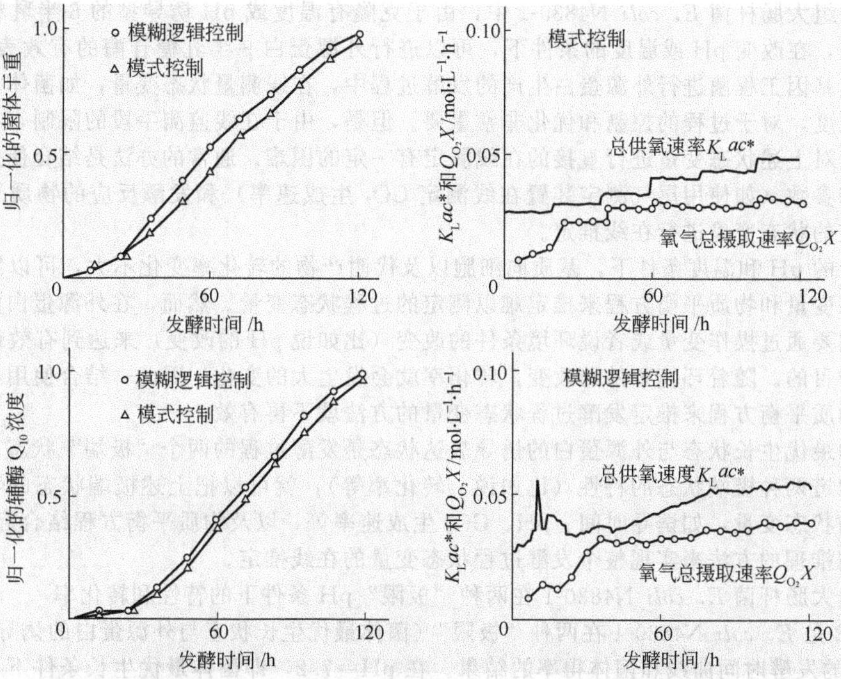

图 7-20 辅酶 Q_{10} 发酵生产中模糊逻辑控制和“模式”控制的性能比较

为探讨模糊控制的稳定性或者说鲁棒性（robustness），刻意将使用模糊控制时的菌体初浓度降低到“模式”控制时的 1/4，观察模糊控制的最终性能是否依旧能够超过“模式”控制。性能比较的结果如图 7-21 所示。这里，所谓“对照”是指初始菌体浓度为原有“模式”控制的 1/4，但依旧使用“模式”控制方式进行发酵的结果。由于菌体初浓度低，模糊控制时的菌体增殖经历了一段时间滞后。但由于模糊控制的作用，菌体增殖恢复得很快，在发酵 50h 时菌体浓度就已经开始超过“模式”控制时的菌体浓度，辅酶 Q_{10} 浓度也在发酵 85h 左右超过“模式”控制。发酵结束时的菌体浓度和辅酶 Q_{10} 浓度，依旧是大大高于“模式”控制时的浓度。与此相对应，“对照”控制实验的菌体增殖却迟迟得不到恢复，直到发酵结束前，菌体浓度才恢复到原有高初始浓度“模式”控制的水平，发酵终了时刻的辅酶 Q_{10} 浓度也要比原有高初始浓度“模式”控制时的水平低。以上结果充分显示出模糊控制在不同初始条件下的鲁棒性

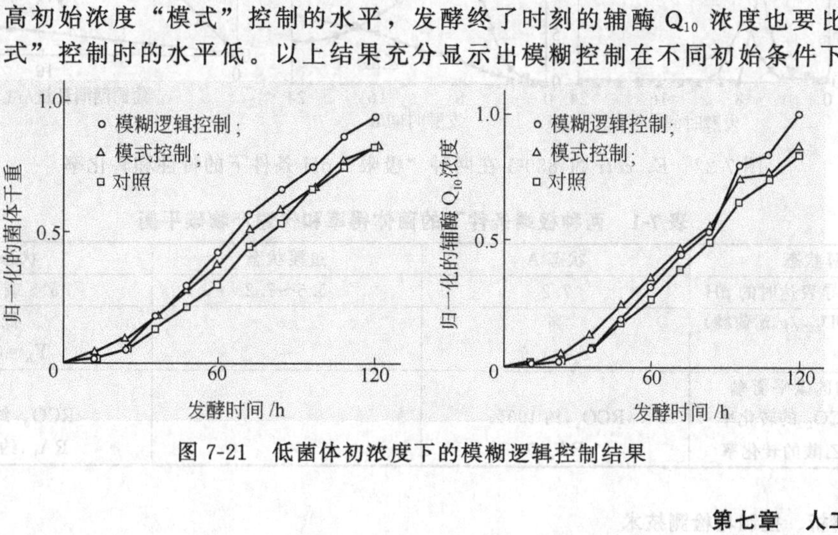

图 7-21 低菌体初浓度下的模糊逻辑控制结果

和通用能力。

三、模糊推理技术在发酵过程在线状态预测中的应用

不仅仅限于过程控制，模糊推理技术还经常被利用来进行发酵过程的在线状态预测，在线推定各状态变量的浓度以及速率参数。

基因重组大肠杆菌 *E. coli* N4830-1 中，由于克隆有温度或 pH 诱导型的β-半乳糖苷酶的遗传表达基因，在改变 pH 或温度的条件下，可以进行外源蛋白 β-半乳糖苷酶的有效表达和生产。在利用重组基因工程菌进行外源蛋白生产的发酵过程中，在线测量状态变量，如菌体、基质和代谢产物的浓度，对于过程的控制和优化非常重要。但是，由于在线监测手段的限制，在工业规模的生产中，对上述状态变量进行直接的在线测定有一定的困难。通常的办法是结合使用比较容易测定的状态参数（如使用尾气测定装置在线测定 CO_2 生成速率）和发酵反应的物质平衡方程来对难以测定的状态变量进行在线推定。

在确定的 pH 和温度条件下，基质向细胞以及代谢产物的转化率变化不大，可以结合使用易测定的状态变量和物质平衡方程来推定难以测定的过程状态变量。然而，在外源蛋白的诱导和生产中，必须要通过操作变量或者说环境条件的改变（比如说 pH 的改变）来达到有效诱导和表达遗传物质的目的。随着环境条件的改变，转化率就会发生大的变化，因此，结合使用易测定的状态变量和物质平衡方程来推定发酵过程状态变量的方法就不再有效。

菌体的最优生长状态与外源蛋白的诱导表达状态是发酵过程的两个“极端”状态。如果人们能够预先知道两种极端状态的特性（比如说，转化率等），就可以把上述极端状态的特性，与易在线测定的状态变量，如诱导时间、pH、CO_2 生成速率等，以及物质平衡方程结合起来。然后，再利用模糊推理的方法来实现整个发酵过程状态变量的在线推定。

1. 重组大肠杆菌 *E. coli* N4830-1 在两种“极限”pH 条件下的特性和转化率

图 7-22 是 *E. coli* N4830-1 在两种“极限”（菌体最优生长状态与外源蛋白的诱导表达状态）pH 条件下的发酵时间曲线和菌体得率的结果。在 pH=7.2，即菌体最优生长条件下（状态 A），菌体大量生成，葡萄糖消耗迅速，代谢副产物乙酸几乎没有积累。而在 pH=5.5，即外源蛋白的诱导表达条件下（状态 B），菌体生成量较小，葡萄糖消耗速率缓慢，代谢副产物乙酸却大量生成积累。如图 7-22 和表 7-1 所示，两种极端条件下的菌体得率和代谢产物碳平衡明显不同。

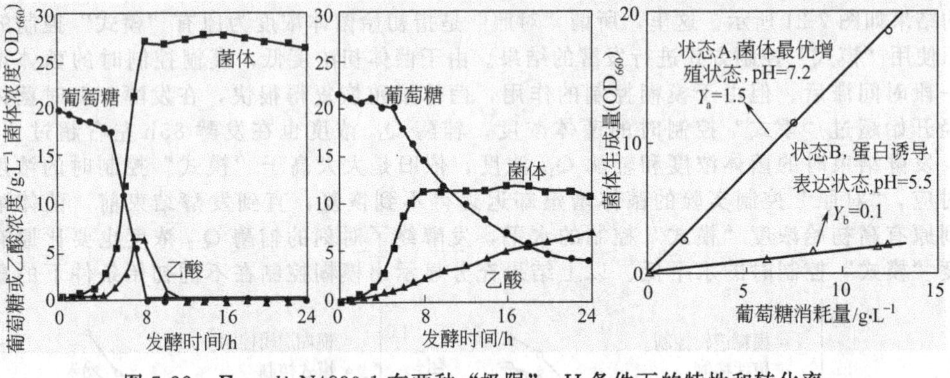

图 7-22 *E. coli* N4830-1 在两种“极限”pH 条件下的特性和转化率

表 7-1 两种极端条件下的菌体得率和代谢产物碳平衡

发酵状态	状态 A	过渡状态	状态 B
外源蛋白诱导表达时的 pH	7.2	5.5～7.2	5.5 或更低
菌体得率(OD_{660}/g 葡萄糖)	高 Y_a=1.5	— —	低 Y_b=0.1
代谢产物的碳平衡率 葡萄糖向 CO_2 的转化率 葡萄糖向乙酸的转化率	 RCO_a，约 100% RA_a，0	 — —	 RCO_b，约 60% RA_b，约 40%

2. 使用模糊推理在线推定 *E. coli* N4830-1 发酵过程的状态变量

图 7-23 概括和总结了使用模糊推理技术对发酵过程进行在线状态预测的方法和步骤。①首先，将发酵过程的“状态”分成 2 类，即状态 A 和状态 B；②在线测定或计量发酵过程的 pH、诱导（改变 pH）开始后的发酵时间（发酵时间）和 CO_2 生成速率 CER；③只有 pH 和发酵时间会对菌体的得率以及代谢产物的碳平衡关系产生影响，因此，选择这两个变量作为模糊推理的条件变量（IF 后面的前置变量）；④建立合适的前置变量（pH 和发酵时间）的模糊成员函数，并使用合适的模糊规则和公式来求解当前状态对状态 A 和状态 B 的适应度 Ad_a 和 Ad_b；⑤根据计算求得的模糊归属度 Ad_a 和 Ad_b，利用“加权平均”解模糊规则的方法，求解当前状态下的菌体得率和碳平衡率 $Y(t)$、$RCO(t)$ 和 $RA(t)$；⑥最后，结合使用在线 CER 数据和上述菌体得率和碳平衡率的推定数据，积分求解当前时刻 t 的菌体浓度 $X(t)$、葡萄糖浓度 $S(t)$和乙酸浓度 $A(t)$。

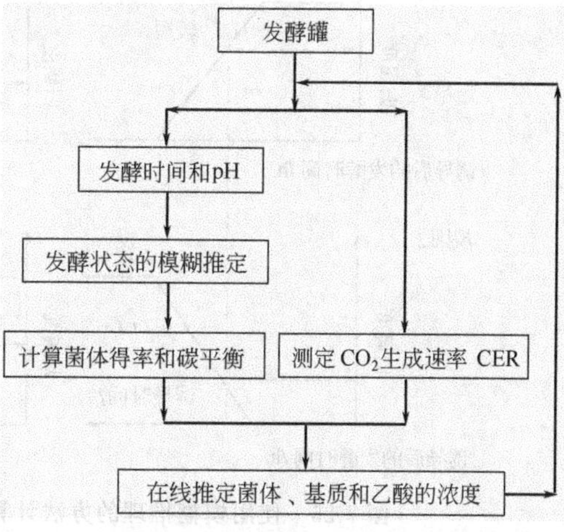

图 7-23 *E. coli* N4830-1 发酵过程中状态变量的在线模糊推定方法

前置模糊成员函数的建立和调整（以 pH 的模糊成员函数为例）：根据实验数据建立和细微调整前置部的模糊成员函数，参见图 7-24。

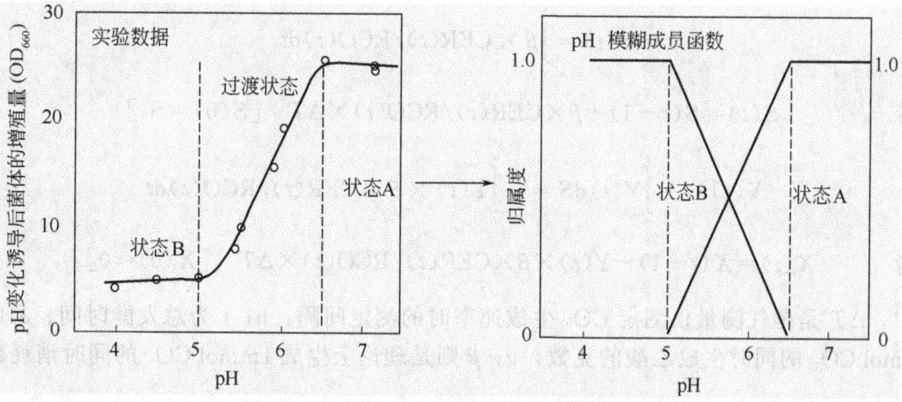

图 7-24 前置的 pH 模糊成员函数的建立和调整

模糊推理过程：在建立起前置部（pH 值和发酵时间）模糊成员函数之后，根据以下两个模糊规则和相应的计算公式(参见图 7-25)，求解当前发酵时刻对于状态 A 和状态 B 的归属度 Ad_a 和 Ad_b。

模糊规则 1：IF 诱导时间较短，且 pH 较高，THEN 当前状态应为状态 A；

模糊规则 2：IF 诱导时间较长，且 pH 较低，THEN 当前状态应为状态 B。

解模糊规则：根据计算求得的模糊归属度 $Ad_a(t)$ 和 $Ad_b(t)$，利用“加权平均”解模糊规则的方法，求解当前时刻的菌体得率和碳平衡率，即：

$$Y(t)=\frac{Ad_a(t)\times Y_a+Ad_b(t)\times Y_b}{Ad_a(t)+Ad_b(t)} \tag{7-17a}$$

$$RCO(t)=\frac{Ad_a(t)\times RCO_a+Ad_b(t)\times RCO_b}{Ad_a(t)+Ad_b(t)} \tag{7-17b}$$

$$RA(t)=\frac{Ad_a(t)\times RA_a+Ad_b(t)\times RA_b}{Ad_a(t)+Ad_b(t)} \tag{7-17c}$$

式中，Y_a、Y_b、RCO_a、RCO_b、RA_a 和 RA_b 分别是表 7-1 所明确规定的参数。最后，积分求

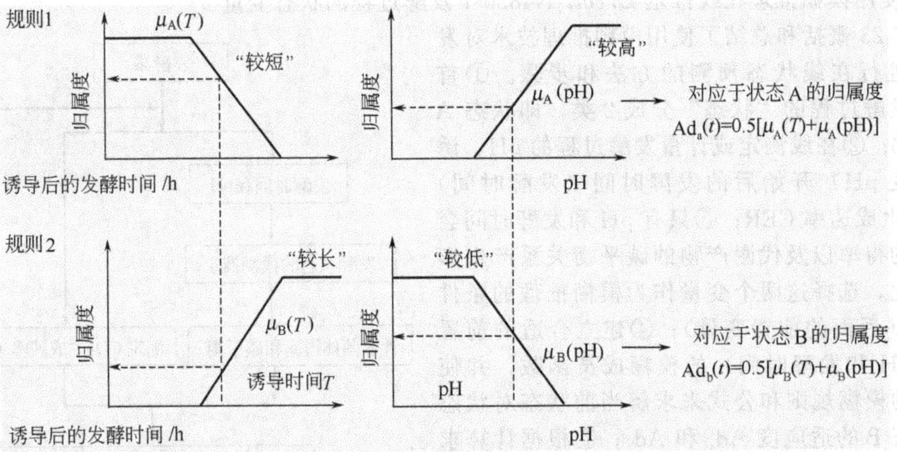

图 7-25　使用模糊推理的方法计算当前时刻对状态 A 和状态 B 的归属度

解当前时刻 t 下的菌体浓度 $X(t)$、葡萄糖浓度 $S(t)$、乙酸浓度 $A(t)$ 的值：

$$A(t)=\int_0^t \alpha \times \mathrm{CER}(t) \times [\mathrm{RA}(t)/\mathrm{RCO}(t)]\mathrm{d}t \tag{7-18a}$$

或者 $$A(t)=A(t-1)+\alpha \times \mathrm{CER}(t) \times [\mathrm{RA}(t)/\mathrm{RCO}(t)] \times \Delta T \quad [A(0)=0] \tag{7-18b}$$

$$S(t)=\int_0^t \beta \times \mathrm{CER}(t)/\mathrm{RCO}(t)\mathrm{d}t \tag{7-18c}$$

或者 $$S(t)=S(t-1)+\beta \times \mathrm{CER}(t)/\mathrm{RCO}(t) \times \Delta T \quad [S(0)=S_0] \tag{7-18d}$$

$$X(t)=-\int_0^t Y(t)\mathrm{d}S=-\int_0^t Y(t) \times \beta \times \mathrm{CER}(t)/\mathrm{RCO}(t)\mathrm{d}t \tag{7-18e}$$

或者 $$X(t)=X(t-1)-Y(t) \times \beta \times \mathrm{CER}(t)/\mathrm{RCO}(t) \times \Delta T \quad [X(0)\approx 0] \tag{7-18f}$$

式中，ΔT 是尾气测量仪测定 CO_2 生成速率时的测定间隔，h；t 为总发酵时间；α 是理论上生成 1mmol CO_2 的同时生成乙酸的克数，g；β 则是理论上生成 1mmol CO_2 的同时消耗葡萄糖的质量，g。

一般来说，大肠杆菌在好氧条件下产生乙酸的原因，是因为 EMP 糖酵解途径的代谢流在代谢节点乙酰辅酶（AcCoA）处发生"溢出"现象，一部分代谢流不能正常地通过该节点进入到 TCA 循环中，而是从乙酰辅酶转向代谢副产物乙酸的缘故。"溢出"现象和乙酸的产生可能与环境的变化（即 pH 的变化）紧密相关。正常条件下（葡萄糖全部进入到 TCA 循环时）的碳平衡方程可以写成：$C_6H_{12}O_6 \longrightarrow 6CO_2$，而葡萄糖经乙酰辅酶转化成乙酸时的碳平衡方程则是：$C_6H_{12}O_6 \longrightarrow 2CO_2 + 2CH_3COOH$。两者合并后的总的碳平衡方程可以写成：$C_6H_{12}O_6 \longrightarrow 4CO_2 + CH_3COOH$。在此条件下，通过反应式计量系数的计算可知，$\alpha=0.015$，$\beta=-0.045$。将 α 和 β 代入到式(7-18) 中，并结合各状态变量的初始条件进行时间积分，就可以在线推定和计算状态变量，即菌体浓度 $X(t)$、葡萄糖浓度 $S(t)$ 和乙酸浓度 $A(t)$ 的时间变化曲线。

图 7-26 是利用模糊推理技术进行发酵过程在线状态预测的结果。结果发现，不论将 pH 由 7.2（A 状态）突然降低到 5.5（B 状态）进行外源蛋白的诱导表达，还是将 pH 渐进地由 7.2 降到 4.9 时的诱导表达操作，上述基于模糊推理技术的在线状态推定的方法均能够准确地预测到菌体、基质和乙酸浓度。这说明模糊逻辑推理技术在诸如发酵过程在线状态预测等领域也有着广泛的应用前景。

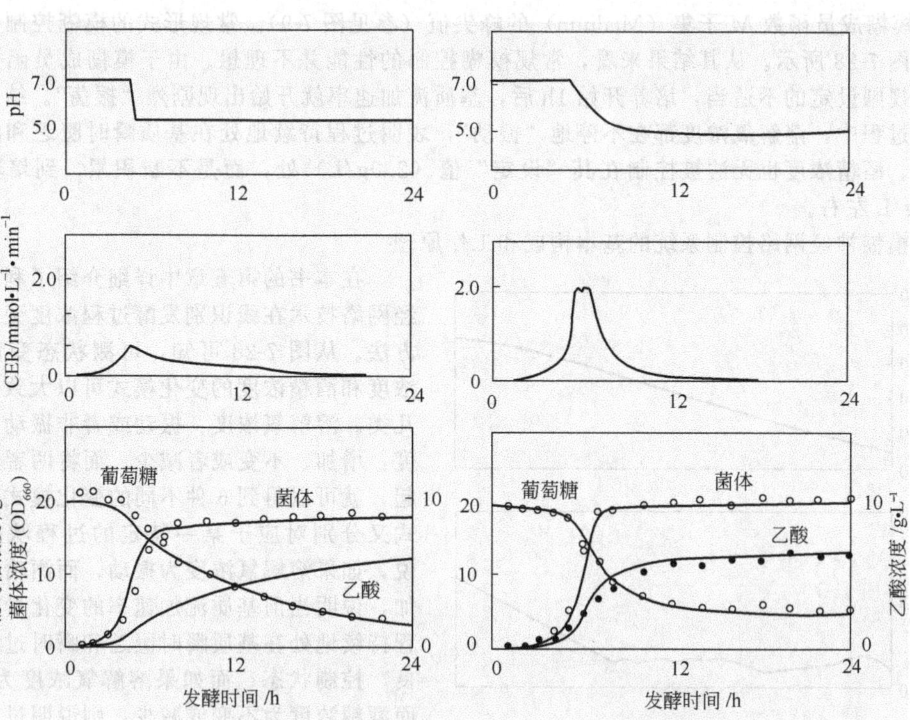

图 7-26　使用模糊推理技术进行发酵过程在线状态预测的结果

第三节　基于人工神经网络的控制系统及其在发酵过程中的应用

一、模糊神经网络控制系统及其在发酵过程中的应用

前面在本章的第一节中提到，模糊控制规则和模糊成员函数的实时调整和修改是执行和实施模糊控制的最大难点，它直接制约着模糊控制系统在实际中的应用。由于人工神经网络具有卓越的自我学习能力和模式识别能力，于是，研究者提出了将人工神经网络和模糊控制融合起来，同时保留它们各自的优点，利用人工神经网络的自我学习能力和模式识别能力来自动调整和修改模糊控制器的控制参数的模糊神经网络控制系统（neuro-fuzzy control system）的概念。这里结合实例，对于模糊神经网络控制系统的构成及其在发酵过程中的实际应用加以介绍。

假定在面包酵母的流加培养过程中，溶解氧浓度和酒精浓度在线可测。这时，可以利用图 7-8 所示的模糊规则、图 7-9 所示的模糊成员函数，以及图 7-27 所示的“常规形式”的模糊控制策略（仅有虚线框以外的部分）来对酵母流加培养过程实施模糊控制。这里，溶解氧浓度（DO）和酒精浓度（EtOH）在线可测，并可用做模糊控制器的“条件”变量。“控制目标值”实际上对应于 DO 和

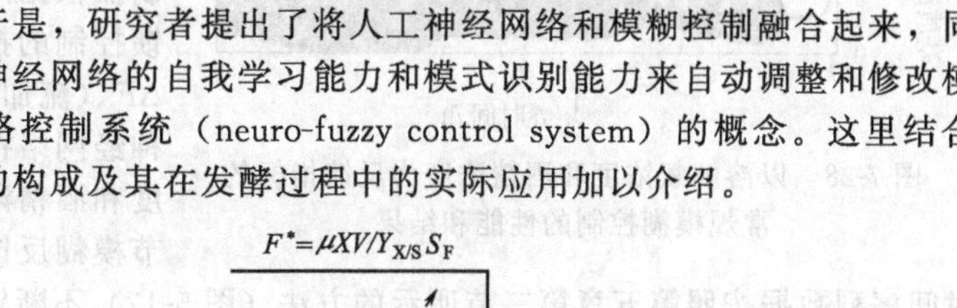

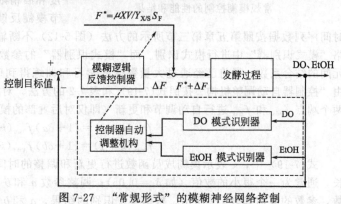

图 7-27　“常规形式”的模糊神经网络控制系统的构成和工作原理

EtOH 模糊成员函数 M 子集（Medium）的峰尖值（参见图 7-9）。常规形式的模糊控制的性能和结果如图 7-28 所示。从其结果来看，常规模糊控制的性能并不理想。由于模糊成员函数或者模糊控制规则设定的不适当，培养开始 1h 后，基质流加速率就开始出现剧烈“振荡”。结果，在整个培养过程中，溶解氧浓度都在不停地“振动”，表明过程持续地处在基质瞬时匮乏和瞬时过量的状态。酒精浓度也无法被控制在其“设定”值（2.0g/L）处，而是不断积累，到培养结束时达到 7g/L 左右。

1. 模糊神经网络控制系统的基本构成和工作原理

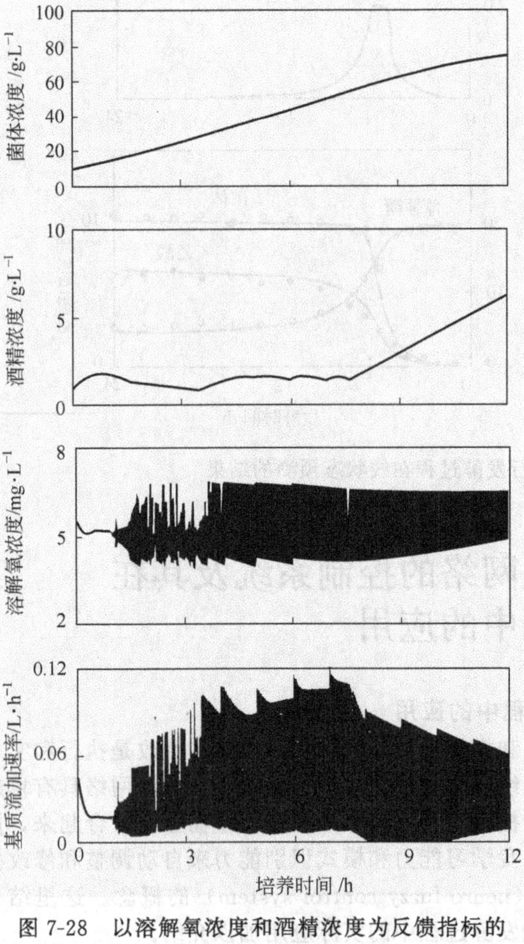

图 7-28　以溶解氧浓度和酒精浓度为反馈指标的常规模糊控制的性能和结果

在本书的第五章中详细介绍了利用人工神经网络技术在线识别发酵过程浓度变化模式的方法。从图 7-28 可知，可测状态变量溶解氧浓度和酒精浓度的变化模式可以大致分成以下几类。溶解氧浓度：振动或者非振动；酒精浓度：增加、不变或者减少。而将两者组合在一起，就可以得到 6 种不同的变化模式，每一模式又分别对应于某一特定的过程状态。比如说，如果溶解氧浓度为振动，而酒精浓度为增加，说明当前基质流加速率的变化量太大，过程持续地处在基质瞬时匮乏和瞬时过量的“不良”控制状态；而如果溶解氧浓度为非振动，而酒精浓度为不变或减少，则说明过程现在正处在基质既不匮乏又不过量的“良好”状态。这样，如果可以利用人工神经网络识别判断出溶解氧浓度和酒精浓度的变化模式，就可以利用模式识别的结果，并根据一定的规则来对模糊控制器的成员函数进行自动调节和修正，进而达到改善提高模糊控制性能的目的。模糊神经网络控制系统的构成和工作原理总结和归纳于图 7-27 中。

控制系统中，基准流加速率 F' 由前馈控制器根据离线数据和已知动力学参数算出，前馈控制的控制偏差则由模糊反馈控制器的输出 ΔF（流加速率的变化）来加以补偿。在模糊神经网络控制系统中，测定变量——溶解氧浓度和酒精浓度，一方面可作为反馈指标用来调节模糊反馈控制器的输出；另一方面，它们的时间序列数据按照第五章第三节所示的方法（图 5-12）不断输入到两个已经构建好的人工神经网络“模式识别器”中进行模式识别。而“模式识别器”的参数，也就是人工神经网络各层各神经元间的结合系数，事前已经通过大量数据的学习和训练得到确定。最后，根据模式识别的结果，由“控制器自动调整机构”按照式(7-19) 和表 7-2 的方法，对图 7-9 所示的后置部模糊成员函数的两个端点 $f_{\min}$ 和 $f_{\max}$ 进行自动调节和更新（即仅对后置部的模糊成员函数进行自动调整和修改）。

$$f_{\min}(k+1)=(1+\delta a)f_{\min}(k) \tag{7-19a}$$

$$f_{\max}(k+1)=(1+\delta b)f_{\max}(k) \tag{7-19b}$$

式(7-19) 中，k 表示模糊成员函数进行更新和调整的时间间隔（一般为 20min）；δ 为更新步长，通常为一个很小的数值（如 $\delta=0.05$）；调整参数 a 和 b 则是表示 $f_{\min}$ 和 $f_{\max}$ 更新方向的参数，参数的取值如表 7-2 所示。根据模式识别的结果，a 和 b 的取值在 +1、0 和 −1 这三个值之间发生改变。式(7-19) 以及 a 和 b 的取值是具有明确的物理意义的。比如说，如果溶解氧浓度出现振动，但与此同时，酒精浓度却在增加，这说明基质流加速率的变化量过大，因此，需要加大 f_{min} 同时减小 f_{max}，即（$a=+1$，$b=-1$）。而如果溶解氧浓度出现振动，但与此同时，酒精浓度却在减少，这说明基质流加速率变化的整个区域偏低，需要同时加大 f_{min} 和 f_{max}，即（$a=+1$，$b=+1$）；如果溶解氧浓度为非振动，而酒精浓度为不变或减少，则说明此时的基质流加速度变化量的模糊成员函数设定的正确，符合人们的控制要求，因此同时保持 f_{min} 和 f_{max} 不变，即（$a=0$，$b=0$）。这样，模糊反馈控制器的（后置部）成员函数就可以根据过程的模式变化而不断地更新调整，使模糊反馈控制器与真实的发酵环境相适应，进而提高和改善整个控制系统的性能。

表 7-2　式(7-19) 中调整参数 a 和 b 的取值

调整参数(a,b)取值的变化		溶解氧浓度	
		振动	非振动
酒精浓度	增加	(+1,−1)	(−1,0)
	不变	(+1,0)	(0,0)
	减少	(+1,+1)	(0,0)

2. 模糊神经网络控制系统中的模式识别器的构建和特性

模糊神经网络控制系统中（图 7-27）的两个人工神经网络模式识别器，对于过程模式变化的识别精度直接关系到模糊控制器的在线调节，因而对于控制性能有着直接的影响。模式识别器既要有准确的识别精度，又要有足够的通用能力。比如说，不论振幅和振动频率有没有区别和差异，振动形式有无规律，模式识别器必须对于所有（从人的肉眼角度观察）属于“振动”范畴的模式都能够做出正确的判定。模式识别必须要使用一套时间序列的测量数据，而不是在某测量时刻下的单一数据。这里，溶解氧浓度和酒精浓度的测量间隔分别为 1min 和 3min，两者的模式识别窗口的长度分别为 10min 和 30min，也就是说两者的时间序列中各含有 10 个数据。时间序列数据在人工神经网络上的训练学习方法请参照第五章第三节的有关内容，这里不再重复。最后，一个 131×4×2 的人工神经网络被建立用来进行溶解氧浓度的模式识别，而一个 251×4×3 的人工神经网络则被确立用来进行酒精浓度的模式识别。

溶解氧浓度模式识别器的输出层有两个输出单元 $O_1^{(3)}$ 和 $O_2^{(3)}$，分别代表“振动”和“非振动”。如果溶解氧浓度为“振动”，则$\{O_1^{(3)},O_2^{(3)}\}=\{1,0\}$；而如果溶解氧浓度为“非振动”，则$\{O_1^{(3)},O_2^{(3)}\}=\{0,1\}$。同理，酒精浓度模式识别器也有三个输出单元 $O_1^{(3)}$、$O_2^{(3)}$ 和 $O_3^{(3)}$，分别代表“增加”、“减少”和“不变”。如果酒精浓度为“增加”，则$\{O_1^{(3)},O_2^{(3)},O_3^{(3)}\}=\{1,0,0\}$；如果酒精浓度为“减少”，则$\{O_1^{(3)},O_2^{(3)},O_3^{(3)}\}=\{0,1,0\}$；而如果酒精浓度为“不变”，则$\{O_1^{(3)},O_2^{(3)},O_3^{(3)}\}=\{0,0,1\}$。另外，为简单起见，将酒精浓度恒等于 0 的状态也归类为“减少”。

为提高模式识别器的通用能力，必须刻意地创造尽可能多的浓度变化模式来对两个人工神经网络进行学习和训练。在此，为溶解氧浓度准备了 42 套“标准”的变化模式，其中包括 12 套“标准振动”模式和 30 套“标准非振动”模式。在此基础上，又在每套“标准振动”模式上施加了 69 种不同强度的随机白色“噪声”，在每套“标准非振动”模式上施加了 19 种不同强度的随机白色“噪声”，一共形成 1440 套不同的溶解氧浓度变化模式(840 种“振动”、600 种“非振动”) 供溶解氧浓度模式识别器进行学习和训练。按照相同的方法，也对酒精浓度提供了总计 1500 套不同的变化模式，其中“增加”500 套、“不变”500 套、“减少”500 套。根据上述“刻意创造”的学习训练数据和人们事先对模式识别器输出层各单元输出值（教师信号）的约定，利用误差反向传播法（error back-propagation）对两个模式识别器，即两个人工神经网络的各层各神经元间的结合系数进行迭代计算［参见式(5-13)］，直到达到规定的迭代次数 1500 次。两个模式识别器就这样被建立起来。最后，利用上述人工神经网络模型和相同长度的在线时间序列数据，就可以对溶解氧浓度和酒精浓度的变化模式实施在线识别。

图 7-29 给出了溶解氧浓度的 12 套“标准振动”的模式。可以看出，其振幅、振动频率以及振动的基本形状各不相同，如果在每套“模式”上再施加以多达 69 种不同强度的随机白色“噪

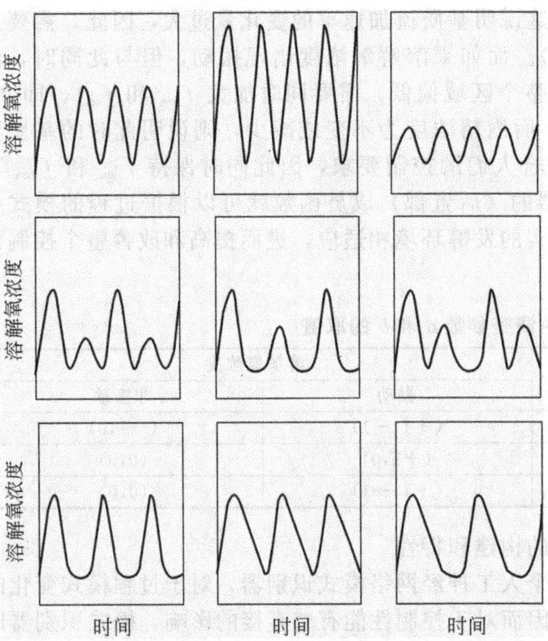

图 7-29　溶解氧浓度的 12 套“标准振动”的模式

声”（遵从正规分布），则总共 840 套模式将有可能“覆盖”实际控制操作中所有可能出现的“振动”模式。

图 7-30 是上述溶解氧模式和酒精模式识别器在常规模糊控制（另一套控制实验数据，与图 7-28 略有差异）下，对溶解氧浓度和酒精浓度变化模式的识别结果。由于刻意“引入”和“创造”了大量的浓度变化模式，模式识别器对溶解氧浓度和酒精浓度的模式识别准确程度很好，其中酒精浓度模式变化的正确识别率为 90.2%，溶解氧浓度模式变化的正确识别率更是高达 98.7%，基本上满足了在线状态模式识别和模糊控制器在线调节和修正的要求。

3. 模糊神经网络控制系统的控制性能和结果

与常规的模糊控制相比较，由于模糊神经网络控制系统为适应培养环境的变化，要对其后置部模糊成员函数进行不断和自动地在线调整和修正，因此，其控制性能要比常规模糊控制的性能优越的多。从图 7-31 可以看出，存在于基质流加速率和溶解氧浓度中的剧烈“振动”被大大缓解，过程不再在基质瞬时匮乏和瞬时过量的“不良”状态之间来回徘徊，代谢副产物酒精虽然在培养初期有所积累，但培养 3h 以

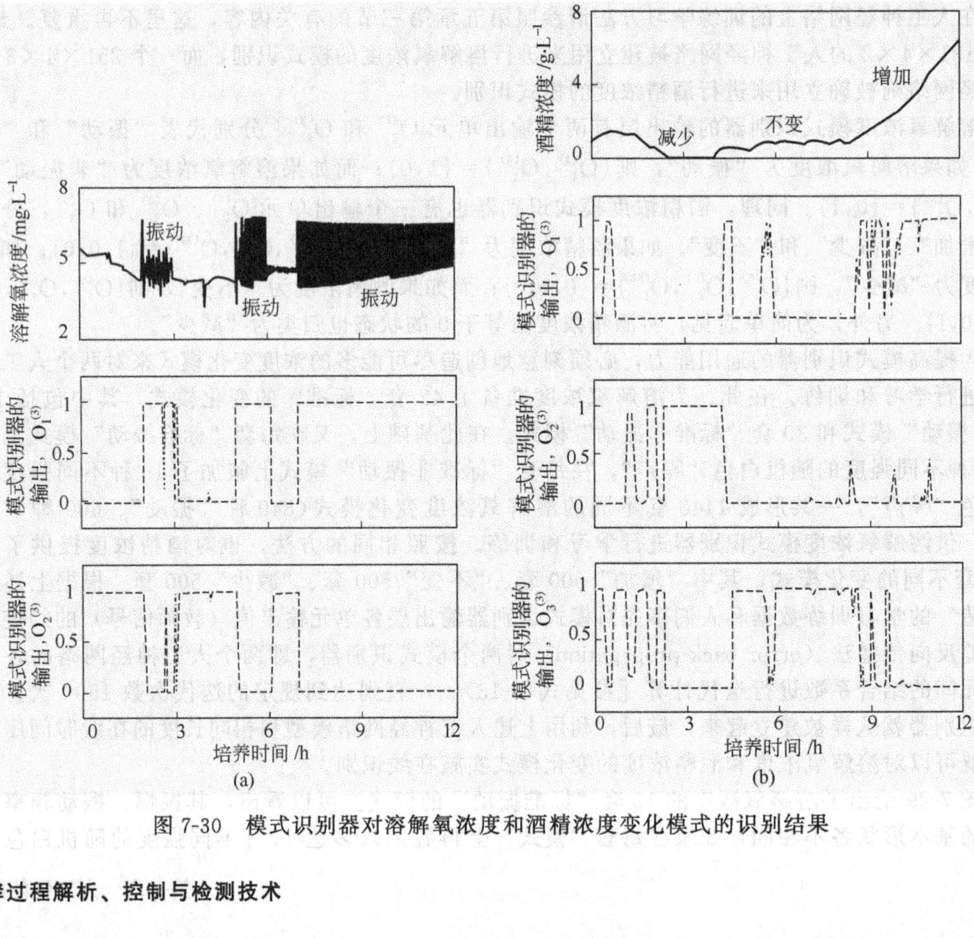

图 7-30　模式识别器对溶解氧浓度和酒精浓度变化模式的识别结果

后就基本上被控制在接近于 0 的极低水平上。菌体的得率和生产强度均比常规模糊控制有较大提高。在 12h 培养结束时，菌体浓度达到 85g/L 左右，比常规模糊控制时的 73g/L 提高了约 15%。另外，图 7-32 显示了不同培养时刻下，后置部模糊成员函数的变化情况。培养开始时，基质流加速率变化量的模糊成员函数的左端点 f_{min} 为负值。到了 5h 后，由于酒精作为替代碳源被不断消耗，其浓度降到接近于 0 的低水平，DO 也出现了一些零星的小"振动"。这时，根据表 7-2 的调节原则，模糊控制器自动调节机构需要在一定程度上增大 f_{min} 以消除 DO 的零星"振动"，致使 f_{min} 在 5h 时出现正值（0.011）。而后，随着 DO 零星"振动"的消除，f_{min} 又在 10h 时返回到负值（−0.029）。后置部模糊成员函数的上述变化，充分体现了模糊神经网络控制系统对于培养环境变化的"自适应"能力。

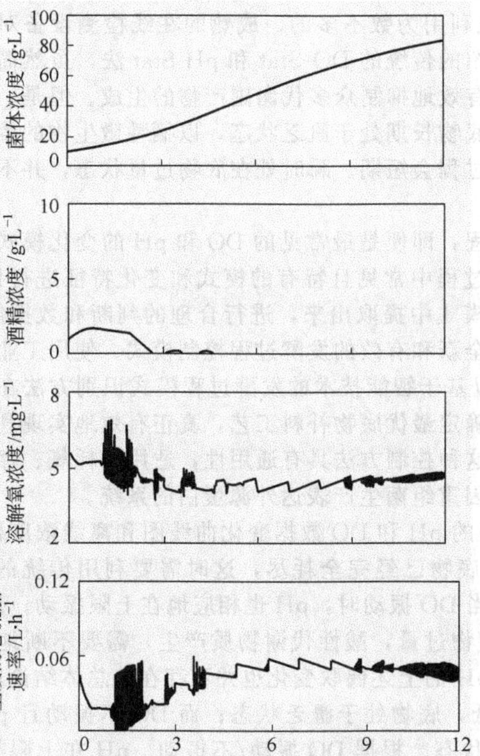

图 7-31 模糊神经网络控制系统的控制性能和结果

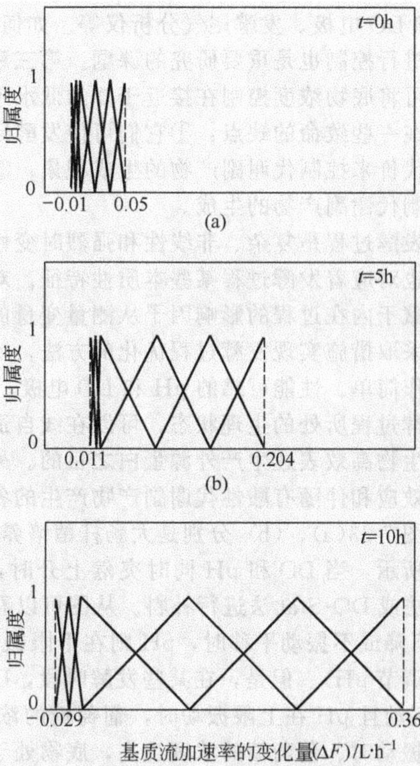

图 7-32 不同培养时刻下的后置部模糊成员函数的变化

需要一提的是，由于大肠杆菌、毕赤酵母和枯草杆菌等培养过程也存在着基质浓度和 Crabtree 效应与溶解氧浓度、代谢副产物浓度变化模式之间的因果关系，因此，上述模糊神经网络控制系统有望能够扩展到使用以上菌种的高密度培养领域。

二、基于 DO/pH 在线测量和智能型模式识别模型的发酵过程控制系统（ANNPR-Ctrl）

1. 基于 ANNPR-Ctrl 系统的大肠杆菌高密度流加培养

高密度培养技术（high cell density culture，HCDC），也称高密度发酵，是指在培养过程中通过流加补料，也就是不断补充营养，使菌体在较长时间内保持较高的生长速率，从而提高菌体的浓度，最终提高目的产物的生产强度（单位体积单位时间内产物的产量）。此技术不仅可减少培养体积、强化下游分离提取，还可以缩短生产周期、减少设备投资从而降低生产成本，极大地提高产品在市场上的竞争力。由于外源蛋白的分泌量与菌体浓度基本呈正比关系，人们一般采用高密度培养来实现外源蛋白的高效表达。在利用重组基因工程菌进行重组蛋白和生物酶的合成生产中，大肠杆菌、各种酵母、枯草杆菌是应用最广泛的生产外源蛋白质的表达系统。上述重组菌的高密度培养便成为提高外源蛋白产率及产量的最有效方法。

以上重组菌都具有下列生理特征：①大量耗氧；②存在Crabtree效应；③代谢副产物对菌体生长、特别是外源蛋白的表达存在很大的抑制作用。为实现基因重组微生物的高密度培养和外源蛋白的高效表达，就必须严格调节营养物质的流加速率，控制发酵罐内底物浓度于发生葡萄糖效应的临界水平，保证细胞能以最大增殖速度生长，达到高密度，又能抑制代谢副产物的生成。

利用生物酶电极测量系统对底物（葡萄糖、甘油等）或代谢副产物（乙醇、乙酸等）浓度进行直接在线测量是实现上述目标的最好方式。然而，该系统普遍存在价格昂贵、操作复杂、维护保养困难等问题，特别是无法承受高温灭菌，因此在实际工业生产中难以推广应用。能够用于大规模工业生产，而且操作维护简易、性能稳定、价格低廉的在线发酵检测设备不多，一般只有pH和DO电极、发酵尾气分析仪等。如何有效地利用为数不多的、成熟的在线检测设备对发酵过程进行控制也是重要研究的课题。第三章中介绍的传统的DO-Stat和pH-Stat法，虽然简单易行，可将底物浓度控制在接近于0的低水平，能有效地抑制众多代谢副产物的生成。但是，它们也存在一些致命的缺点：①它们可使发酵罐内的底物长期处于匮乏状态，以牺牲微生物的生长速率为代价来控制代谢副产物的生成积累；②发酵过程会短期、瞬时处在底物过量状态，并不能完全抑制代谢副产物的生成。

发酵过程是复杂、非线性和强烈时变性的过程，即便是最常见的DO和pH的变化模式，实际上也对应着发酵过程某些本质性特征。对发酵过程中常见且特有的模式和变化特征进行识别，把隐藏于内在过程的影响因子从测量变量的变化模式中提取出来，进行合理的判断和数据解释，进而采取措施实现发酵过程优化的方法，是一种全新和有效的发酵过程控制模式。使用工业生产中操作简单、性能可靠的pH和DO电极，再配以基于智能技术的发酵过程模式识别方法在线判断发酵过程所处的生理状态，可以在线自适应地确定最优底物补料工艺，真正有效地实现利用重组微生物高效表达生产外源蛋白之目的。另外，这种控制方法具有通用性，适用于耗氧、存在葡萄糖效应和伴随有酸性代谢副产物产生的各种基因重组菌生产表达外源蛋白的系统。

图7-33(a)、(b) 分别是大肠杆菌培养过程中的pH和DO数据变化曲线图和离线浓度数据。如图所示，当DO和pH同时突然上升时，表明底物已经完全耗尽，这时需要利用传统的pH-Stat法或DO-Stat法进行补料。从图可以看出，当DO振动时，pH也相应地在上限振动；反之，DO下降或不振动平移时，pH则在下限振动（底物过量，酸性代谢物质产生，需要不断地加入氨水调节pH)。但是，在某些发酵时段，DO和pH的上述偶联变化也并不存在。总体结论就是：DO振动且pH在上限振动时，葡萄糖的浓度很低，底物处于匮乏状态；而DO不振动且pH在下限振动时、葡萄糖的浓度过高，底物处于过量状态。根据DO振动/不振动、pH在上限振动/下限振动的任意组合，可以区分出发酵过程的生理状态，即葡萄糖是“匮乏”还是“过量”。从4次同样类型的上罐实验中，一共提取了10000多个数据：首先从每次的试验数据中提取出1200个典型的、对应于葡萄糖的过量与匮乏的DO和pH数据对，并在此基础上再添加一定数量的、具有随机误差分布的白色噪声的数据对，用于人工神经网络识别模型的构建。从图7-33(b) 可以看出，当人为地大量添加底物造成葡萄糖浓度过高（为获取基质过量时的pH和DO的建模数据）时，乙酸大量积累，导致培养后期菌体生长受到抑制。而在利用pH-Stat法或DO-Stat法进行流加控制时，乙酸不积累反而有所下降，这是由于葡萄糖长期匮乏，乙酸可以作为替代碳源被消耗的缘故，但该时段菌体生长非常缓慢。

从每次试验中提取出DO振动/DO不振动和pH上限振动/下限振动的数据，并将其归一化(数据范围在0～1之间)。按照第五章图5-12所示的方法处理移动时间窗口内的DO和pH数据，并将其分别输入到2个传统的3层BP神经网络的输入层（N个输入神经单元)。这里DO和pH的取样间隔为1min，移动时间窗口长度为$N=10$，即含10个数据。神经网络模型输出层的神经单元数为2。以pH神经网络为例，如果输入数据对应与pH“上限振动”，则规定该模型输出层2个神经元的值为$\{O_{pH}^{(1)},O_{pH}^{(2)}\}=\{1,0\}$；反之，如果输入数据对应于pH“下限振动”，则规定模型输出层的值为$\{O_{pH}^{(1)},O_{pH}^{(2)}\}=\{0,1\}$。对DO也采取同样处理方式。利用所获得的数据（输入/输出数据对）对两个神经网络进行训练（训练函数 trainlm），确定神经网络各层各节点之间的连接权值。训练结束后，将所得到的 2 个 Matlab 模型文件（Net1，Net2）——分别代表 DO 和 pH 模式识别神经网络输入到控制用计算机中，以便在后续的控制试验中调用。

高密度流加培养的装置图和实施方法如图 7-34 所示。发酵罐连接有主辅两个底物流加泵。辅泵由标准配置、带有 pH-补料或 DO-补料偶联功能的、发酵罐控制柜控制。首先利用 pH-Stat 法流加底物，DO 和 pH 数据通过发酵罐控制柜和 RS232 通信电缆输入到控制（状态识别）用计算机中。底物添加量（流加速度）由电子天平记录，并通过 A/D 数据采集转换卡输入到计算机中。计算机内存有已经建立好的 DO/pH 模式识别模型（Net1，Net2），和在线控制程序（VB，Microsoft）。计算机根据在线 DO/pH 测量数据，人工神经网络模式识别（artificial neural network pattern recognition）规则（表 7-3），以及式(7-20）所规定控制规则，在 D/A 转换器和可编程控制蠕动泵（主泵）的帮助下，调节流加主泵的流量，实现流加培养的在线最优控制，也称为“人工神经网络模式识别控制，ANNPR-Ctrl”。主泵流加速度可以通过已知的、蠕动泵电压输出与实际流量间的校正关系

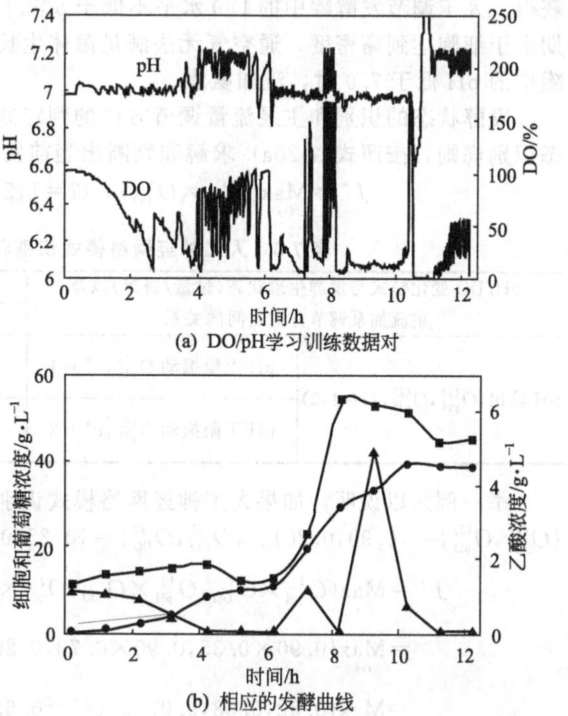

(a) DO/pH学习训练数据对

(b) 相应的发酵曲线

图 7-33　一例人为创造的、用于建立神经网络识别模型的 DO/pH 学习训练数据对，以及相应的发酵曲线
● 细胞浓度（g-DCW/L）；▲ 葡萄糖浓度；■ 乙酸浓度

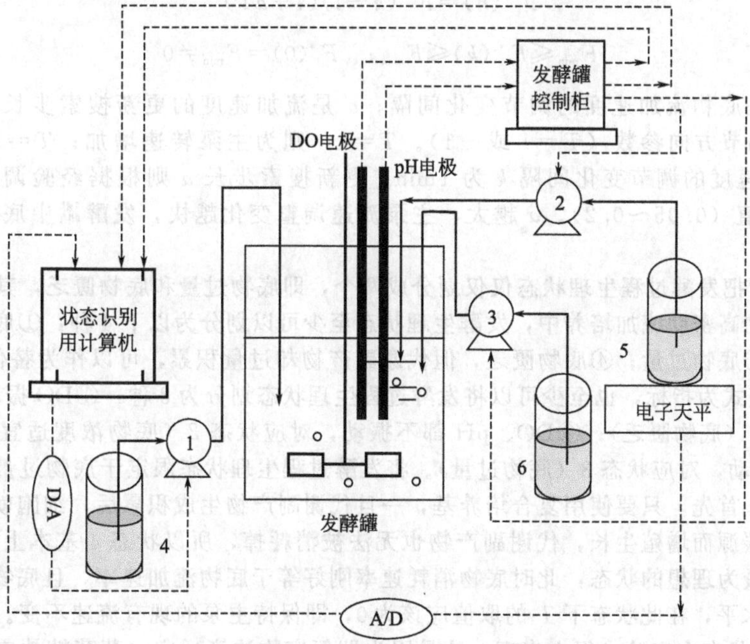

图 7-34　高密度流加培养的控制装置
1—主流加泵；2—辅流加泵；3—碱添加泵；4，5—流加储罐，6—氨水储罐

获得。人工调节发酵罐中的DO水平不低于5%。当DO低于5%时，则手动提高搅拌转速。后期由于细胞达到高密度，通空气无法满足菌体生长的耗氧需求时，通纯氧进行流加培养。当发酵罐中的pH低于7.0时，流加氨水。

发酵状态的识别和主泵流量调节方向的判定方法如下：根据表7-3所规定的发酵过程生理状态识别规则，按照式(7-20a)求解和判断出当前发酵过程最有可能所处的状态。

$$J^* = \underset{i,j}{\mathrm{Max}}\{O^i_{pH} \times O^j_{DO}\} \quad (i=1,2; j=1,2) \Longrightarrow (i=i^*, j=j^*) \tag{7-20a}$$

表7-3 人工神经网络模式识别和主流加泵流量调节方向规则

pH/DO变化模式与发酵生理状态(过量/匮乏)以及主流加泵调节方向之间的关系		DO输出$\{O^{(1)}_{DO}, O^{(2)}_{DO}\}(j=1,2)$	
		DO振动$O^{(1)}_{DO}, j^*=1$	DO不振动$O^{(2)}_{DO}, j^*=2$
pH输出$\{O^{(1)}_{pH}, O^{(2)}_{pH}\}(i=1,2)$	pH上限振动$O^{(1)}_{pH}, i^*=1$	基质匮乏(1) $(i^*=1, j^*=1); T=1$	基质匮乏(1) $(i^*=1, j^*=2); T=1$
	pH下限振动$O^{(2)}_{pH}, i^*=2$	基质匮乏(1) $(i^*=2, j^*=1); T=1$	基质过量(0) $(i^*=2, j^*=2); T=-1$

举一例加以说明，如果人工神经网络模式识别模型（ANNPR）对pH和DO的识别结果为：$\{O^{(1)}_{pH}, O^{(2)}_{pH}\}=\{0.90, 0.20\}$；$\{O^{(1)}_{DO}, O^{(2)}_{DO}\}=\{0.35, 0.70\}$。根据式(7-20a)：

$$\begin{aligned} J^* &= \underset{i,j}{\mathrm{Max}}(O^1_{pH} \times O^1_{DO}, O^1_{pH} \times O^2_{DO}, O^2_{pH} \times O^1_{DO}, O^2_{pH} \times O^2_{DO}) \quad (i=1,2; j=1,2) \\ &= \underset{i,j}{\mathrm{Max}}\{0.90 \times 0.35, 0.90 \times 0.70, 0.20 \times 0.35, 0.20 \times 0.70\} \\ &= \underset{i,j}{\mathrm{Max}}\{0.32, 0.63, 0.07, 0.14\} = 0.63 \Longrightarrow (i^*=1, j^*=2) \end{aligned}$$

根据所得到的i^*、j^*值，再利用表7-3判断出pH在上限振动，DO不振动，底物处于匮乏状态。这时，按照表7-3的规定，将发酵状态无条件地定义为“1”，表明底物匮乏。同样，若识别模型给出（$i^*=2$，$j^*=2$）的结果，则将发酵状态无条件地定义为“0”，表明底物过量。

在判断出发酵所处状态和明确主泵流量调节方向后，按照式(7-20b)的方式调节主流加泵。

$$F^*(k) = F^*(k-1)(1+aT) \tag{7-20b}$$

$$F_{min} \leqslant F^*(k) \leqslant F_{max}; \quad F^*(0) = F_{min} \neq 0$$

式中，k是底物流加速度的调节变化间隔；a是流加速度的更新搜索步长；T则是由表7-3所规定的调节方向参数（$T=1$或-1）。$T=1$，则为主泵转速增加；$T=-1$则主泵转速减小。流加速度的调节变化间隔k为1min。更新搜索步长a则根据经验调整得到，一般为一个小的数值（0.05～0.2）。a越大，主泵流速调整变化越快，发酵罐中底物浓度的波动也就越大。

表7-3虽然把发酵过程生理状态仅仅划分成两个，即底物过量和底物匮乏，其实在存在葡萄糖效应的微生物高密度流加培养中，发酵生理状态至少可以划分为以下4种：①底物匮乏；②底物浓度适宜；③底物过量；④底物匮乏，但代谢副产物却过量积累，可以作为替代碳源。以DO和pH的变化模式为指标，也至少可以将发酵过程生理状态划分为3种：①DO振动、pH上限振动，对应状态1（底物匮乏）；②DO、pH都不振动，对应状态2（底物浓度适宜）；③DO不振动、pH下限振动，对应状态3（底物过量）。将发酵过程生理状态限定于底物过量和匮乏两个状态有以下原因：首先，只要使用复合培养基，一旦代谢副产物生成积累后，细胞就很难再利用代谢副产物作为碳源而增殖生长，代谢副产物也无法被消耗掉，所以状态4基本上等同于状态1。虽然状态2是最为理想的状态，此时底物消耗速率刚好等于底物流加速率，且底物浓度处于葡萄糖效应的临界水平，在此状态下T的取值应该为0，即保持主泵的现有流速不变。然而这种DO、pH均不振动的状态在实验中很少出现，这是因为即便底物浓度适宜（葡萄糖效应的临界水平），菌体生长仍会伴随着某些酸性代谢物质的少量生成，从而造成pH的下降，导致pH在“低位振动”。因此，无法对这种发酵生理状态进行划分。

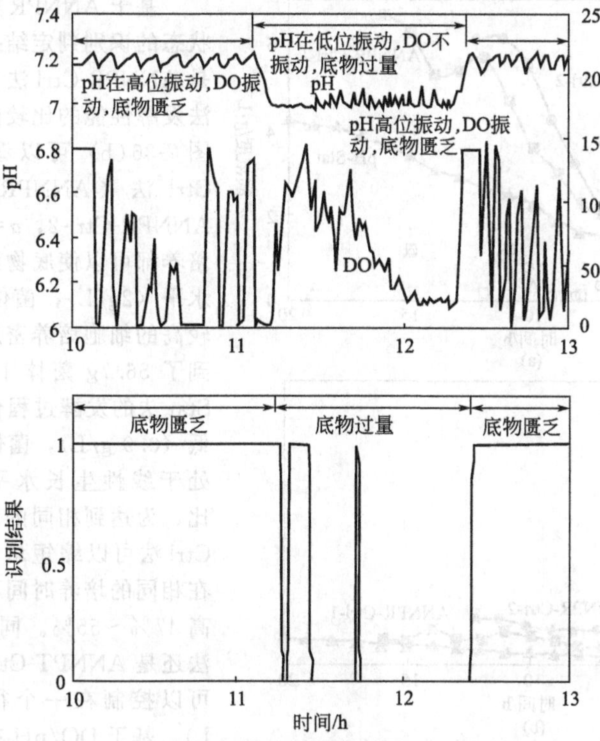

(a) 对参与学习训练数据的判定结果

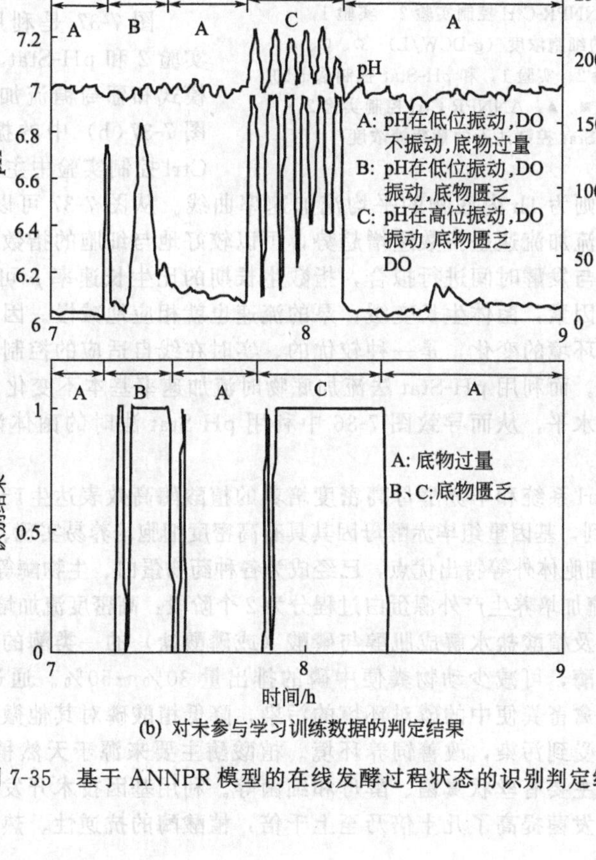

(b) 对未参与学习训练数据的判定结果

图 7-35 基于ANNPR模型的在线发酵过程状态的识别判定结果

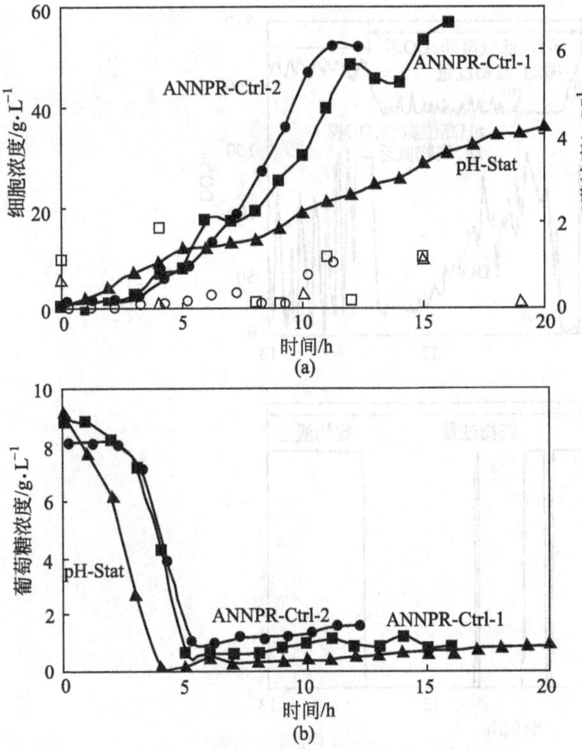

图 7-36　ANNPR-Ctrl 法与传统 pH-Stat 控制法发酵性能的比较

(a) ●、■、▲：ANNPR-Ctrl 控制实验 2、实验 1，和 pH-Stat 控制法下的细胞浓度（g-DCW/L）；○、□、△：ANNPR-Ctrl 控制实验 2、实验 1，和 pH-Stat 控制法下的乙酸浓度。(b) ●、■、▲：ANNPR-Ctrl 控制实验 2、实验 1 和 pH-Stat 控制法下的葡萄糖浓度

基于 ANNPR 模型的在线发酵过程状态的识别判定结果如图 7-35。图 7-36 是 ANNPR-Ctrl 法与传统 pH-Stat 控制法发酵性能的比较图。从图 7-36(a) 和图 7-36(b) 可以看出，利用 ANNPR-Ctrl 法（ANNPR-Ctrl-1，$\alpha=0.05$；ANNPR-Ctrl-2，$\alpha=0.10$）的两次流加培养都可以使底物浓度处于一个较低的水平（2g/L），菌体生长较快，实现了较高的细胞培养密度，最高菌体浓度达到了 56.7g 菌体干重/L。而使用 pH-Stat 法的发酵过程葡萄糖浓度控制得过低（0.9 g/L），菌体生长缓慢，基本上处于线性生长水平。与 pH-Stat 法相比，为达到相同的细胞密度，ANNPT-Ctrl 法可以缩短培养时间 20%～43%；在相同的培养时间下，细胞密度可以提高 47%～55%。同时，无论是 pH-Stat 法还是 ANNPT-Ctrl 法，乙酸生成量都可以控制在一个很低的水平（≤2g/L）。基于 DO/pH 在线测量和智能型模式识别模型的发酵过程控制系统（ANNPR-Ctrl）的优越性得到了充分体现。

图 7-37 是利用 ANNPR-Ctrl 控制实验 2 和 pH-Stat 法条件下的 pH 变化模式和葡萄糖流加速率的时间曲线图。图 7-37(b) 中的振动曲线为 ANNPR-Ctrl 控制实验中主泵和辅泵的总流加速率的时间曲线，而粗线则为 1h 内底物的平均流加速率曲线。从图 7-37 可以看出，ANNPR-Ctrl 控制法自动确定的底物流加流速呈指数递增趋势，可以较好地与细胞的指数生长规律相吻合。如果将底物平均流加速率与发酵时间进行拟合，指数生长期的比生长速率 μ 可以达到 $0.35h^{-1}$。在生长后期由于各种其他因素，菌体生长变缓，泵的流速也就相应地减慢。因此，该流加策略可以较好地适应菌体活性和环境的变化，是一种较优的、实时在线自适应的控制策略，使得菌体生长一直处于最适环境之下。而利用 pH-Stat 法流加底物时流加速率基本不变化，发酵罐中的底物浓度始终处于一个很低的水平，从而导致图 7-36 中利用 pH-Stat 法时的菌体浓度只能随时间呈缓慢的线性增长。

2. 基于 ANNPR-Ctrl 系统和毕赤酵母高密度培养的植酸酶高效表达生产

在本书第三章中提到，基因重组毕赤酵母因其具有高密度细胞培养易实现、在甲醇的诱导作用下目标蛋白可分泌表达于细胞体外等特出优点，已经成为各种药物蛋白、生物酶等生物制品的重要生产载体。毕赤酵母高密度流加培养生产外源蛋白过程分为 2 个阶段：高密度流加培养和诱导阶段。

植酸酶是催化植酸及植酸盐水解成肌醇与磷酸（或磷酸盐）的一类酶的总称。研究表明，在家禽畜饲料中添加植酸酶，可减少动物粪便中磷的排出量 30%～50%。通过提高饲料中植酸磷的利用率，可以减少家禽畜粪便中的磷对环境的污染，降低植酸磷对其他微量元素及蛋白质利用率的影响，避免肉蛋等受到污染，改善饲养环境。植酸酶主要来源于天然植物、动物和微生物，其中产植酸酶的微生物主要有丝状真菌、酵母和细菌等。利用基因技术开发得到的植酸酶基因工程菌的植酸酶酶活比出发菌提高了几十倍乃至上千倍，植酸酶的抗逆性、热稳定性等其他重要性能也得以改善，使用毕赤酵母发酵法生产植酸酶已经成为全世界植酸酶生产制造的最主要途径之一。

植酸酶作为饲料添加剂，其附加值不如其他的药物蛋白或生物酶，使用比较廉价的物质，如葡萄糖来替代甘油作为细胞培养的主要营养物质在经济上比较合算。毕赤酵母发酵生产有用产物的过程也存在葡萄糖效应。在发酵的第1阶段，即高密度流加培养阶段，也需要严格控制发酵罐内的底物浓度于葡萄糖效应的临界水平，提高细胞密度或缩短培养时间，为此，可以将前节所构建的“基于DO/pH在线测量和智能型模式识别模型的发酵过程控制系统（ANNPR-Ctrl）”稍加修改、直接拿来使用。但是，毕赤酵母和大肠杆菌的流加培养虽属同类，但在动态特征及其变化等方面毕竟还存在着一定程度的差异，对ANNPR-Ctrl系统完全实行“拿来主义”，误识别、误判断发生的概率较高。为了提高ANNPR-Ctrl的性能，在几次预备（罐）实验的基础上，将新采集到的、符合毕赤酵母流加培养规律的数据（对）重新作为新的学习训练数据，添加到ANNPR模型中来，进一步改进模型的识别和预测精度。ANNPR-Ctrl系统的改良示意如图7-38所示。

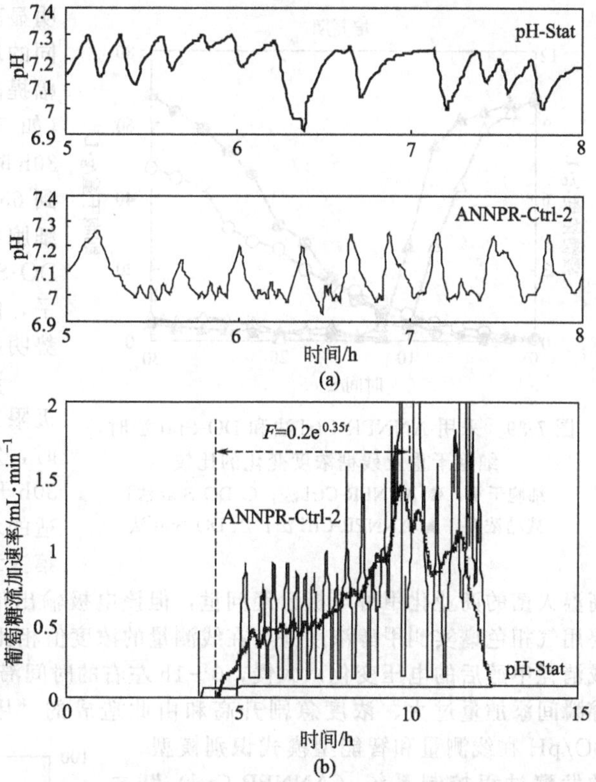

图7-37 使用ANNPR-Ctrl法（实验2）和pH-Stat条件下的pH变化模式以及葡萄糖流加速率的比较

（a）pH变化模式的比较；（b）葡萄糖流加速率的比较

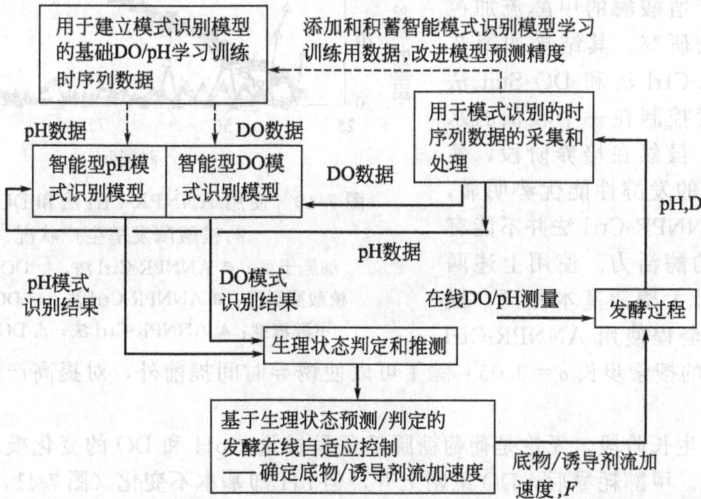

图7-38 基于DO/pH在线测量和智能型模式识别模型的发酵过程控制系统（ANNPR-Ctrl）在毕赤酵母流加培养过程中的改良

如图7-39所示，发酵开始10h左右，葡萄糖耗尽，此时DO突然上升，开始分别用两种不同的控制方法流加葡萄糖。在细胞流加培养阶段（0～30h），使用ANNPR-Ctrl方法的菌体浓度

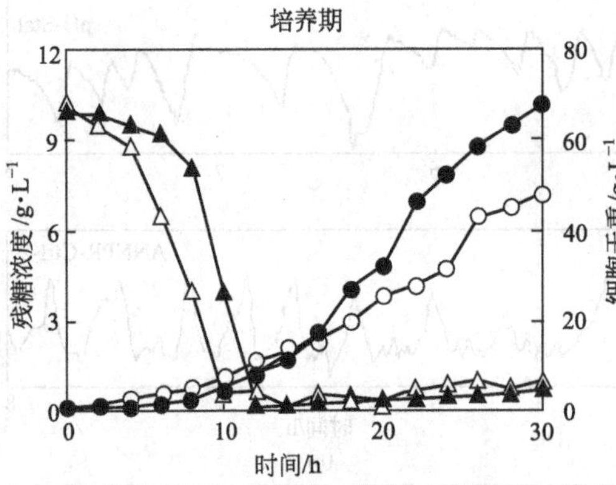

图 7-39 采用 ANNPR-Ctrl 法和 DO-Stat 法时，细胞干重及残糖浓度变化的比较

细胞干重：● ANNPR-Ctrl 法；○ DO-Stat 法；残糖浓度：▲ ANNPR-Ctrl 法；△ DO-Stat 法

明显高于使用传统 DO-Stat 法时的水平。在相同的培养时间下，使用 ANNPR-Ctrl 法可以大幅提高细胞浓度；当需要使用相同浓度的细胞（如 50g/L）时，培养时间可缩短 10h 以上。30h 时，使用 ANNPR-Ctrl 方法的细胞浓度达到 65g/L，而相同时间下使用 DO-Stat 法时的细胞浓度只能达到 45g/L。ANNPR-Ctrl 法和 DO-Stat 法都可以将葡萄糖浓度控制在较低水平，但使用 ANNPR-Ctrl 控制法的发酵性能优势明显。

当细胞密度达到所需要求，或所能承受的极限（供氧、控温、搅拌、装料体积能力等）时，发酵从培养期切换到甲醇诱导期，一般从 30h 开始。在诱导期，需要控制甲醇浓度于合适的水平，以便取得最佳的诱导效果。在本书第三章第九节第四小节中提到，虽然可以接受高温灭菌的商业化甲醇电极已经问世，但该电极输出信号漂移太大、不稳定，每隔 5h 左右，就要用气相色谱实测甲醇浓度并与在线测量的浓度值相比较，使两浓度值相一致；输出响应（加入或消耗甲醇后的电压变化）太慢，0～1h 左右的时间滞后经常发生，由于时间滞后甚至会出现甲醇瞬间添加量过大、浓度急剧升高和由此造成的“甲醇中毒”现象。这里，直接使用“基于 DO/pH 在线测量和智能型模式识别模型的发酵过程控制系统（ANNPR-Ctrl）”于甲醇诱导阶段，控制甲醇平均浓度，并验证其可靠性、通用性和便捷性。

进入到诱导阶段后，发酵液的 pH 要从培养期的 5.5 提升到 6.0。为此，使用 DO-Stat 和 ANNPR-Ctrl 两种方法分别对毕赤酵母表达生产植酸酶的甲醇流加控制性能进行了比较研究，其结果如图 7-40 所示。ANNPR-Ctrl 法和 DO-Stat 法都只能将甲醇浓度控制在一个较低的水平上（0～3g/L）。虽然在培养阶段，使用 ANNPR-Ctrl 法的发酵性能优势明显，但在诱导阶段，ANNPR-Ctrl 法并不能有效地提高植酸酶的酶活力。使用上述两种控制方法时的最大酶活基本相同，仅为 55U/ml。发酵全程使用 ANNPR-Ctrl 法［式(7-20b) 中的搜索步长 $\alpha=0.05$］除了可以使诱导时间提前外，对提高产酶水平没有什么正面效果。

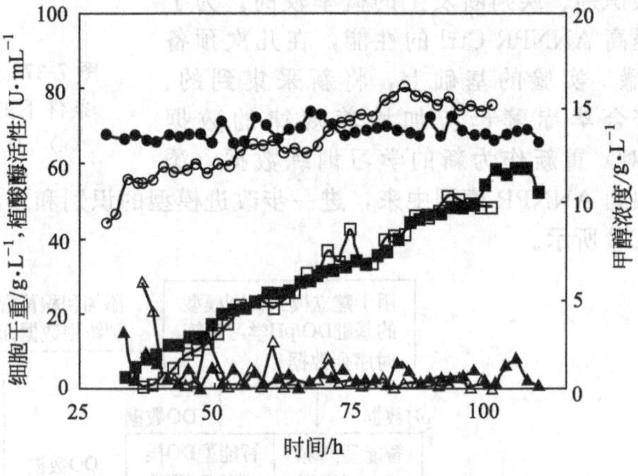

图 7-40 使用 ANNPR-Ctrl 法和 DO-Stat 法下的植酸酶发酵生产状况

细胞干重：● ANNPR-Ctrl 法，○ DO-Stat 法；植酸酶活性：■ ANNPR-Ctrl 法，□ DO-Stat 法；甲醇浓度：▲ ANNPR-Ctrl 法；△ DO-Stat 法

另外，在菌体生长阶段，无论是葡萄糖匮乏还是过量，pH 和 DO 的变化模式是一致和同步的。到了诱导阶段，甲醇耗尽后，DO 急剧上升，但 pH 却基本不变化（图 7-41，虚线：pH 控制水平）。这时，继续使用 pH 作为反馈指标已经不可能，所以，在诱导阶段 ANNPR-Ctrl 系统只能依靠 DO 的变化模式来进行工作。

在发酵全程使用 ANNPR-Ctrl 法不能提高产酶水平，是由于该控制条件下的甲醇诱导浓度太低、诱导强度不够。为此，在生长培养期继续使用标准的 ANNPR-Ctrl 法进行葡萄糖的流加控制。而在诱导期，尽管可接受高温灭菌的甲醇电极存在种种缺陷，仍然使用该电极对甲醇浓度进行 on-off 形式的控制，提高诱导强度并观测其控制效果。图 7-42 显示了使用该控制系统条件下的植酸酶生产过程。最大量程为 3%（30g/L）的甲醇电极存在“测量死区（在低和高浓度条件下，输出电压与浓度不相关）”，因此将甲醇浓度控制在“适中”水平（10～15g/L）。然而在实际发酵过程中，甲醇浓度在线测量值大幅漂移，逐渐偏离实际值，虽然不断地调整“浓度-输出电压关系系数”，但最后电极的输出还是进入了“测量死区”。使用这种方法，实际甲醇浓度不能如愿控制在设定水平，而是在 2～7g/L 的低浓度范围内波动。使用该方法，诱导期毕赤酵母的生长格外良好，在 72h 时细胞干重达到了 127g/L 的最高水平。但即便如此，发酵结束（102h）时的植酸酶酶活仅为 36 U/mL，还不如使用 ANNPR-Ctrl 法和 DO-Stat 法条件下的发酵水平。

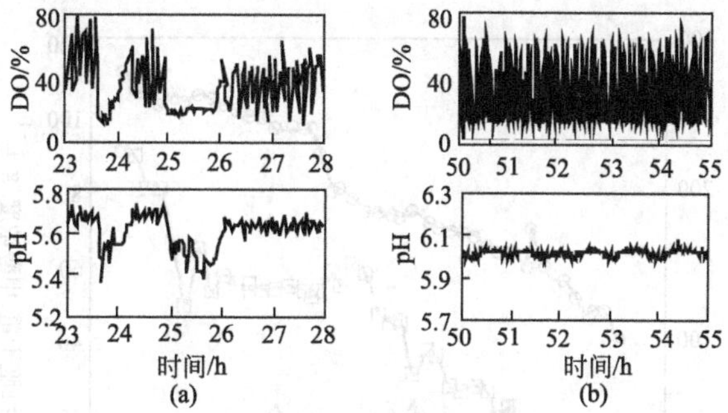

图 7-41 植酸酶生产中，生长期（a）和诱导期（b）内 pH 和 DO 的变化模式

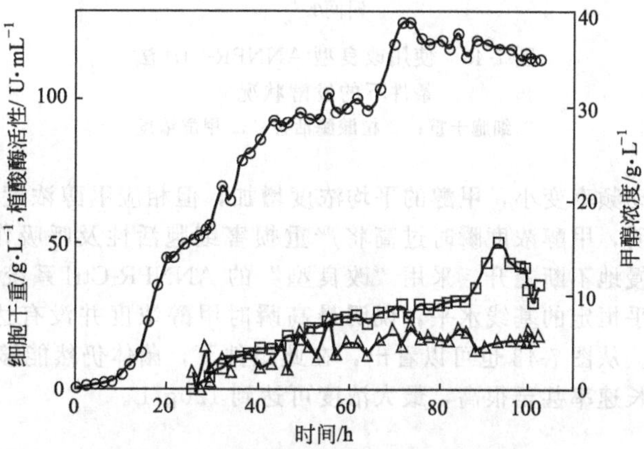

图 7-42 诱导阶段使用在线甲醇电极直接控制甲醇浓度条件下的发酵状况

○ 细胞干重；□ 植酸酶活性；△ 甲醇浓度

在毕赤酵母表达阶段，甲醇流加速率的控制是一大难题。甲醇浓度过高会抑制细胞生长或对细胞代谢产生毒害，而甲醇不足将会导致生长/代谢不良和产物分泌的减少。毕赤酵母表达外源蛋白期间，甲醇一方面作为碳源继续合成细胞骨架，使细胞生长；另一方面又作为能量物质用于菌体的维持代谢和外源蛋白的表达。甲醇浓度过低时，由于菌体生长或维持代谢大量耗能，与产物表达形成能量竞争，导致产物表达水平偏低。适度提高甲醇浓度，由于甲醇抑制了细胞生长，甲醇消耗速率或比生长速率减小，但大部分能量却有可能被用来进行蛋白表达，从而提高了外源蛋白的表达效率。

基于 DO/pH 在线测量和智能型模式识别模型的发酵过程控制系统（ANNPR-Ctrl）虽然无法将甲醇浓度控制于恒定水平，但是，只要加大更新搜索步长 α[式(7-20b)]，甲醇的平均控制浓度是可以得到提高的。另外，该控制方法操作简单、直截了当，不存在频繁取样标定电极的问题。为此，首先利用标准 ANNPR-Ctrl 法（搜索步长 $\alpha=0.05$）进行流加培养，当发酵进入到诱导阶段，将 ANNPR-Ctrl 法的更新搜索步长由“标准”的 $\alpha=0.05$ 提升为 $\alpha=0.5$，形成一个“改良型”的发酵全程 ANNPR-Ctrl 系统，提高诱导期的甲醇平均浓度，强化诱导效率。实验结果（图 7-43）发现，使用“改良型”ANNPR-Ctrl 系统可以将诱导阶段的甲醇平均浓度提高到 10g/L 左右的水平（瞬间最高甲醇浓度达到 20g/L）。与此相对应，植酸酶的分泌表达强度大幅度提高，最高表达量达到 232U/mL，是相同发酵时间下，使用标准 ANNPR-Ctrl 法的 4 倍。

为了进一步验证“改良型”ANNPR-Ctrl 系统的有效性、真实性和可靠性，选取 DO-Stat 法和改良型 ANNPR-Ctrl 法时，相同发酵时间（80h）时的发酵上清液样品进行 SDS-PAGE 分析，从电泳图 7-44 中可以看出，在 60kD 处两种控制方法都有一条的主带。很明显，采用“改良型”ANNPR-Ctrl 法的电泳条带明显粗于 DO-Stat 法的条带，间接验证了采用“改良型”ANNPR-Ctrl 法可以大幅提高植酸酶酶活和表达生产效率的结论。

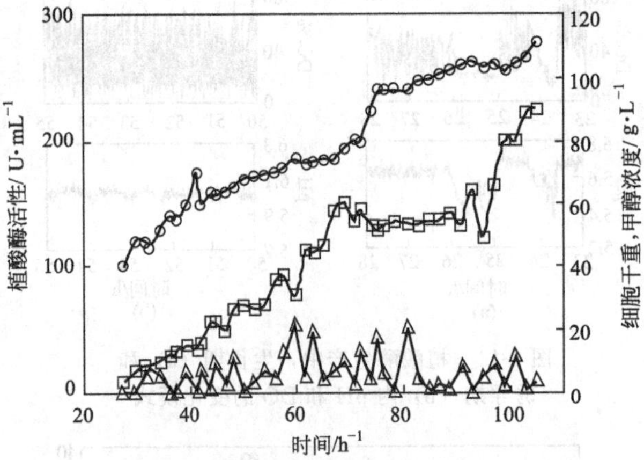

图 7-43 使用改良型 ANNPR-Ctrl 法条件下的发酵状况

○ 细胞干重；□ 植酸酶活性；△ 甲醇浓度

“改良型”ANNPR-Ctrl 法虽然可以提高甲醇的平均浓度和诱导效率，但是，理论上，过度加大 α 值存在导致甲醇浓度瞬间过量、严重损害细胞代谢活性、致死细胞的危险。图 7-45 显示了诱导阶段（40～50h）的三种不同方法（DO-Stat 法、标准 ANNPR-Ctrl 法、“改良型”ANNPR-Ctrl 法）下 DO 的变化模式。DO-Stat 法，只能通过高频率的 DO 振动来控制基质的流加，因此基质浓度仅能控制在一个非常低的水平。标准的 ANNPR-Ctrl 法可使 DO 振动频率在一定程度上有所缓解，但如图 7-40 所示，它并不能有效地提高甲醇浓度来强化植酸酶的表达。采用“改良型”ANNPR-Ctrl 法，DO 的持续振动频率变小，甲醇的平均浓度增加，但相应甲醇浓度波动幅度变大（0～20g/L）。研究报道表明，甲醇浓度瞬时过高将严重损害细胞活性及呼吸作用，如果发生这种情况，DO 将逐渐、缓慢地不断上升。采用“改良型”的 ANNPR-Ctrl 系统，DO 在出现一个峰并下降后，仍保持几乎恒定的基线水平，说明最高瞬时甲醇浓度并没有达到损害细胞呼吸及代谢活性的毒性水平。从图 7-43 也可以看出，在此条件下，菌体仍然能够利用甲醇生长，发酵 60～70h 细胞的比生长速率甚至很高，最大浓度可达到 120g/L。

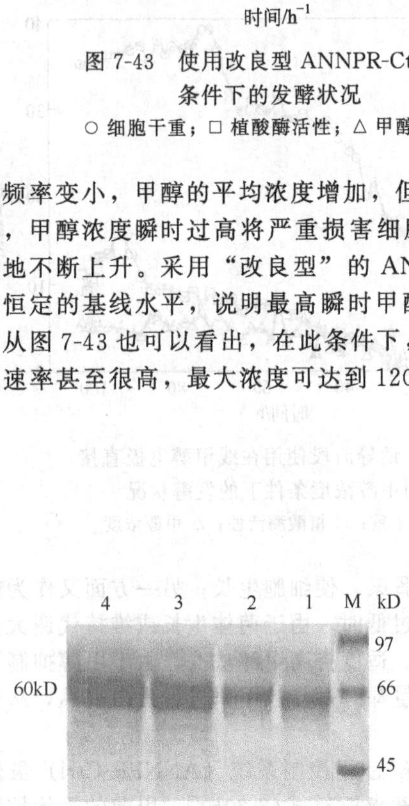

图 7-44 发酵 80h 时，“改良型”ANNPR-Ctrl 法与 DO-Stat 法下的发酵液电泳图

M 为标品；泳道 1、2 为 DO-Stat 法下的样品；泳道 3、4 为“改良型”ANNPR-Ctrl 法下的样品

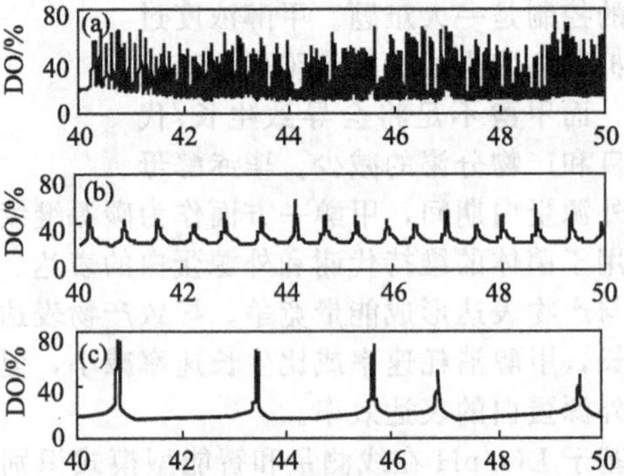

图 7-45 诱导阶段（40～50h）的三种不同方法下的 DO 变化模式

(a) DO-Stat 法；(b) 标准 ANNPR-Ctrl 法；(c)“改良型”ANNPR-Ctrl 法

图 7-46 显示了在诱导期，利用“改良型”ANNPR-Ctrl 系统和人为过量添加甲醇时的 DO 变化模式，两种模式完全不同。“改良型”ANNPR-Ctrl 法的 DO 变化模式是：在出现一个峰后紧接着一条几乎不变的基线。利用“改良型”ANNPR-Ctrl 模式控制 90h 后，人为地大量添加甲醇，使其浓度超过 30g/L，此时细胞呼吸作用严重受损，DO 不断连续上升，最终停留在一个高而恒定的水平。ANNPR 识别模型可以迅速地将其识别为“甲醇浓度过高，已超过毒性水平”的生理状态，ANNPR-Ctrl 法可以迅速地减小甲醇流加速率从而避免甲醇进一步的积累。而传统 DO-Stat 法却会误以为是“甲醇匮乏”而继续流加。由此可见，ANNPR-Ctrl 在识别基质过量上的优越性是 DO-Stat 法所无法比拟的。

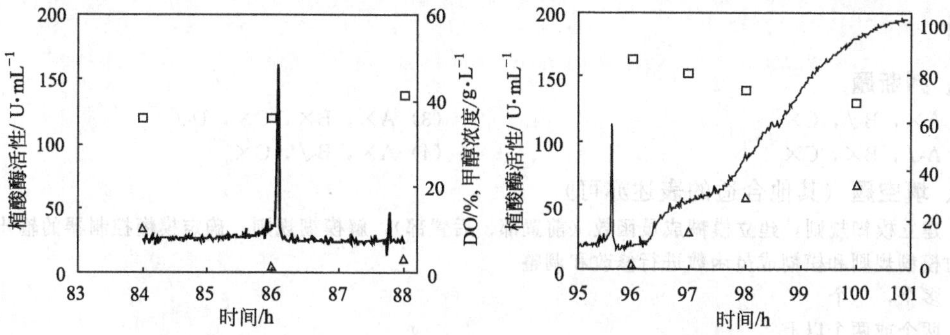

图 7-46 合理设计的 ANNPR-Ctrl 系统和过量添加甲醇时的 DO 变化差异比较

□ 植酸酶活性；△ 甲醇浓度；实线 DO

【习题】

一、判断题

(1) 在模糊逻辑控制中：

A. 模糊规则越少，模糊成员函数越简单越好

B. 模糊规则和模糊成员函数要尽可能地简单明了，模糊成员函数最好能够得到在线调整和修改以适应各发酵批次的具体情况和特征

C. 模糊规则越多，模糊成员函数分得越细越好

(2) Z形，S形，π形和U形的函数可以用来描述模糊成员函数，这类函数中的参数 n 的绝对值越大，表示：

A. 模糊成员函数的确定度（Crisp度）越大

B. 模糊成员函数的模糊度（Fuzzy度）越大

C. 模糊成员函数的确定度（Crisp度）和模糊度（Fuzzy度）相等

(3) 在上罐做发酵实验时，想要通过改变唯一的一个操作变量（如流加速度、搅拌转速等）来控制某一个状态变量（比如说产物浓度）于某一恒定水平。此时，可以在线测定多个状态变量，同时也大致了解该过程的动力学模型，以及该过程的某些定性特征。根据以上假定，为了取得最好的控制效果，最好使用以下哪一种控制？

A. PID反馈定值控制　　B. 基于非构造式动力学模型的前馈式控制

C. 基于最大原理或格林定理的前馈式控制　　D. 模糊逻辑控制

(4) 模糊推理模型属于：

A. 具有明确物理、化学或生物意义和机理的白箱模型

B. 基于经验和知识的、定性形式的灰箱模型

C. 基于实验数据的、100%的黑箱模型

(5) 下列说法哪一种是正确的？

A. 模糊神经网络（FNN）是通过神经网络对输入/输出数据进行训练和学习，再利用构建好的神经网络的识别判定结果来调整模糊反馈控制的模糊成员函数

B. 模糊神经网络（FNN）是把模糊控制器的整体并入到神经网络中，通过对输入/输出数据的进行训练和学习，调整模糊成员函数的形状和位置等，同时确定纯粹神经网络各层、各神经元间的结合系数

C. 利用模糊推理对神经网络各层、各神经元间的结合系数进行学习、训练和调整

二、填空题

(1) 构建模糊反馈控制器包括：①________；②________；③________；④________。

(2) 模糊逻辑控制的一个最大优点就是其处理多输出单输入系统的能力。生物（发酵）过程中，当在线可测状态变量为________，而控制变量为________时，上述优点特别适用。

(3) 模糊推理中，如果模糊规则条件部分的变量有________时，需要使用MIN-MAX法则进行模糊推理和求解。

【解答】

一、判断题

(1) A×，B√，C×

(2) A√，B×，C×

(3) A×，B×，C×，D√

(4) A×，B√，C×

二、填空题（其他合适的表述亦可）

(1) 建立模糊规则，建立模糊成员函数（前置部、后置部），解模糊规则、确定模糊控制器的输出，根据需要对模糊规则和模糊成员函数进行修改和调整

(2) 多个，一个

(3) 两个或两个以上

参考文献

[1] Horiuchi J, et al. J Biosci & BioEng, 1998, 86: 111.

[2] Kishimoto M, et al. J Biosci & Bioeng, 1991, 72: 110.

[3] 岸本通雅. バイオサイエンスとインダストリー, 1991, 49 (7): 725.

[4] Yamada Y, et al. J Chem Eng, Japan, 1991, 24: 94.

[5] 王树青，元英进. 生化过程自动化技术. 北京：化学工业出版社，1999.

[6] Shi Z, et al. J Biosci & Bioeng, 1992, 74: 39.

[7] Shi Z, et al. Kagaku Kohgaku Runbunshu, 1993, 19: 692.

[8] Duan S, et al. Biochem Eng J, 2006, 30: 88.

[9] Jin H, et al. Biochem. Eng J, 2007, 37: 26.

[10] 清水和幸. バイオプロセス解析法-システム解析原理とその応用. 福冈：コロナ社，1997.

第八章　利用代谢网络模型的过程控制和优化

第一节　代谢网络模型解析

在本书第五章第一节第二小节中讲到，代谢网络模型是依据特定的微生物在同化和代谢过程中所可能涉及的所有反应和代谢途径，再根据所着眼的目的产物、发酵过程的环境特征，对全部反应和代谢途径进行简化、合并所得到的一系列（一般有10～100个左右）有关目的物质、关联物质及中间代谢物质速度的代数方程式。代谢网络模型充分利用了生物化学的知识和模型，真正把握住了发酵过程反应的内在本质和特征，有着较好的通用性和准确性。其缺点是模型过于复杂，很难直接利用代谢网络模型进行过程控制和优化。

图8-1是微生物*Corynebacterium glutamicum*合成赖氨酸的典型代谢网络模型。这里，进入到细胞体内的葡萄糖，经过EMP糖酵解途径和磷酸戊糖（PP）途径，分解成丙酮酸，然后进入到TCA循环中氧化生成CO_2和水，同时与呼吸和电子传递系统共同作用，大量生成细胞合成过程中所需的能量ATP，而一部分则转化成有机酸。与此同时，细胞构成物质的前体也在不断地合成，最终，葡萄糖通过上述途径和过程的共同作用，生成目的产物——赖氨酸和生物体。

与通常的发酵过程的非构造式动力学模型以及基于时间序列输入输出数据的黑箱性质的数学模型相比，代谢网络模型具有如下特点。

① 代谢网络模型涉及特定微生物在同化和代谢过程中的所有反应和代谢途径，每一步反应都具有明确的生物化学意义。

② 代谢网络模型是以有关目的产物、菌体、代谢副产物、中间代谢物质或能量物质、反应物或基质的生成和消耗速度的物质平衡代数方程式为基础的。它不仅仅只涉及出发底物（通常为葡萄糖）、产物和菌体的物质平衡，而且还涉及所有代谢副产物、CO_2、O_2、其他营养物质（如氮源），以及中间代谢产物，包括细胞合成前体物质、ATP以及辅酶NADH等的物质平衡。

③ 从生物反应过程的立场上看，发酵过程实际上就是在摄取和消耗营养源（如葡萄糖等碳源、NH_3等氮源以及O_2）的同时，进行细胞自身合成、目的产物和代谢副产物的生成以及释放CO_2的过程。因此，葡萄糖、NH_3、O_2等反应物质可以看成是过程的输入，其在代谢网络图上的位置或称节点，也被称为起始节点；而细胞、目的产物、代谢副产物和CO_2则可以看成是过程的输出，其在代谢网络图上的位置称为终端节点。

④ 代谢网络图上的中间位置的节点代表中间产物（包括ATP和ADP等能量构成物质以及NADH和NAD等辅酶），中间节点既有物质流的流入又有物质流的流出。一般假定在反应过程中，中间产物生成后立即被后续的反应所消耗，其瞬间积累为0而处于稳态，也就是说，在中间节点上，物质的流入等于物质的流出。

⑤ 代谢网络模型也称为代谢流束模型，一般用代数方程组或矩阵的形式来表现。从过程控制和优化的角度上讲，求解代谢网络模型的最重要的目的就是利用可测状态变量的（生成或消

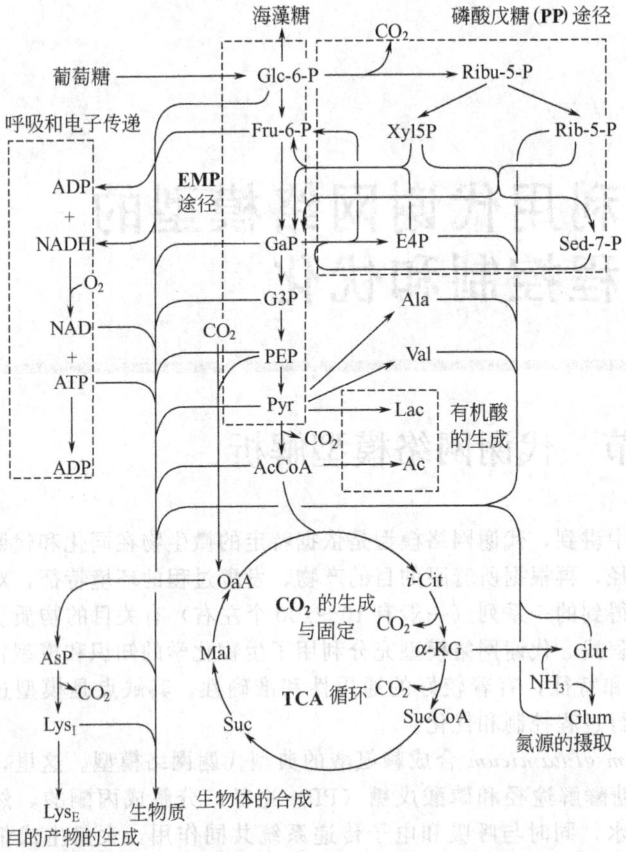

缩写：Glc-6-P—6-磷酸葡萄糖；
Ribu-5-P—5-磷酸核酮糖；
Fru-6-P—6-磷酸果糖；
Xyl5P—5-磷酸木酮糖；
Rib5P—5-磷酸核糖；
Gap—3-磷酸甘油醛；
E4P—4-磷酸赤藓糖；
Sed-7-P—7-磷酸景天庚酮糖；
G3P—3-磷酸甘油酸；
Ala—丙氨酸；
PEP—磷酸烯醇丙酮酸；
Val—缬氨酸；
Pyr—丙酮酸；
Lac—乳酸；
AcCoA—乙酰辅酶A；
Ac—乙酸；
Asp—天冬氨酸；
Lys_I—赖氨酸(胞内)；
Lys_E—赖氨酸(胞外)；
OaA—草酰乙酸；
Mal—苹果酸；
Suc—琥珀酸；
i-Cit—异柠檬酸；
α-KG—*α*-酮戊二酸；
SucCoA—琥珀酰辅酶A；
Glut—谷氨酸；
Glum—谷氨酰胺

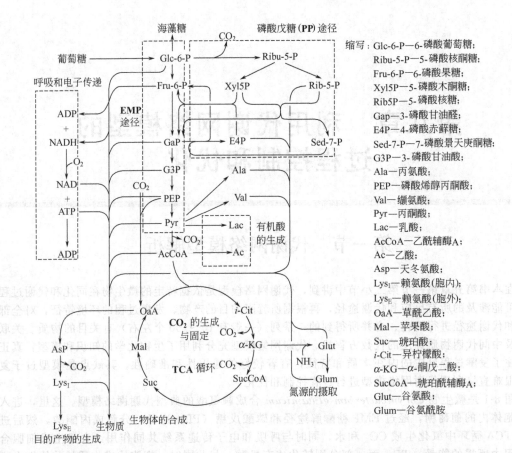

图 8-1　由微生物 *Corynebacterium glutamicum* 合成赖氨酸的典型代谢网络模型

耗）速度来求解不可测的、着眼物质的反应（生成或消耗）速度，即所谓的在线状态预测，从而为过程的控制和优化提供可靠的情报和依据。

从图 8-1 可以看出，代谢网络模型一般由数十个左右的有关产物、副产物、起始反应底物和中间物质的生成速度与消耗速度的代数方程组所组成。如果代谢网络模型的数量过大，必然导致中间环节求解代数矩阵等的困难。因此，一般情况下，应根据需要和某些假定，对代谢网络模型所涉及的所有反应和代谢途径进行合理的简化和合并，从而达到有效进行过程状态预测的目的。

一、代谢网络模型的简化、计算和求解

图 8-2 是对好氧条件下酵母菌培养过程的代谢网络模型进行简化的示意。

图 8-2 中，葡萄糖为出发底物。丙酮到乙醇的反应用 r_2 表示，呼吸和电子传递链的反应用 r_4 表示。而 EMP 糖酵解途径、TCA 循环及同化反应分别经过适当的合并和简化，其总反应式分别用 r_1、r_3 和 r_5 表示。合并和简化后的反应式可以用下式归纳和表示：

EMP 途径 r_1　$C_6H_{12}O_6$(葡萄糖)$\longrightarrow$2PYR(丙酮酸)+2ATP+2NADH　(8-1a)

乙醇生成 r_2　PYR+NADH$\longrightarrow$$C_2H_6O$(乙醇)+$CO_2$　(8-1b)

TCA 循环 r_3　PYR$\longrightarrow$3CO_2+ATP+4.7NADH　(8-1c)

呼吸和电子传递链反应 r_4　O_2+2NADH$\longrightarrow$2(P/O)ATP　(8-1d)

同化反应 r_5　0.68$C_6H_{12}O_6$+0.2PYR+NH_3+14.7ATP$\longrightarrow$$C_{5.6}H_{10.6}O_{3.3}N$(菌体)　(8-1e)

在这里，着眼物质有 6 个，包括菌体、葡萄糖、乙醇、O_2、CO_2 和 NH_3，其生成或消耗速率分别由 r_x、r_s、r_e、r_{O_2}、r_{CO_2} 和 r_n 来表示。经过式(8-1)的简化和合并，可以将原始的代谢

网络变成图 8-2 所示的由 9 个节点所构成的简单网络，其中起始节点有 3 个，即葡萄糖、O_2 和 NH_3；终端节点有 3 个，即菌体（生物体）、乙醇和 CO_2；中间节点有 3 个，即丙酮酸、ATP 和 NADH。根据图 8-2 的简化代谢网络、式(8-1) 的计量系数以及本章第一节有关代谢网络模型中间产物的假定，可以得到如下的物质（速度）平衡方程式。

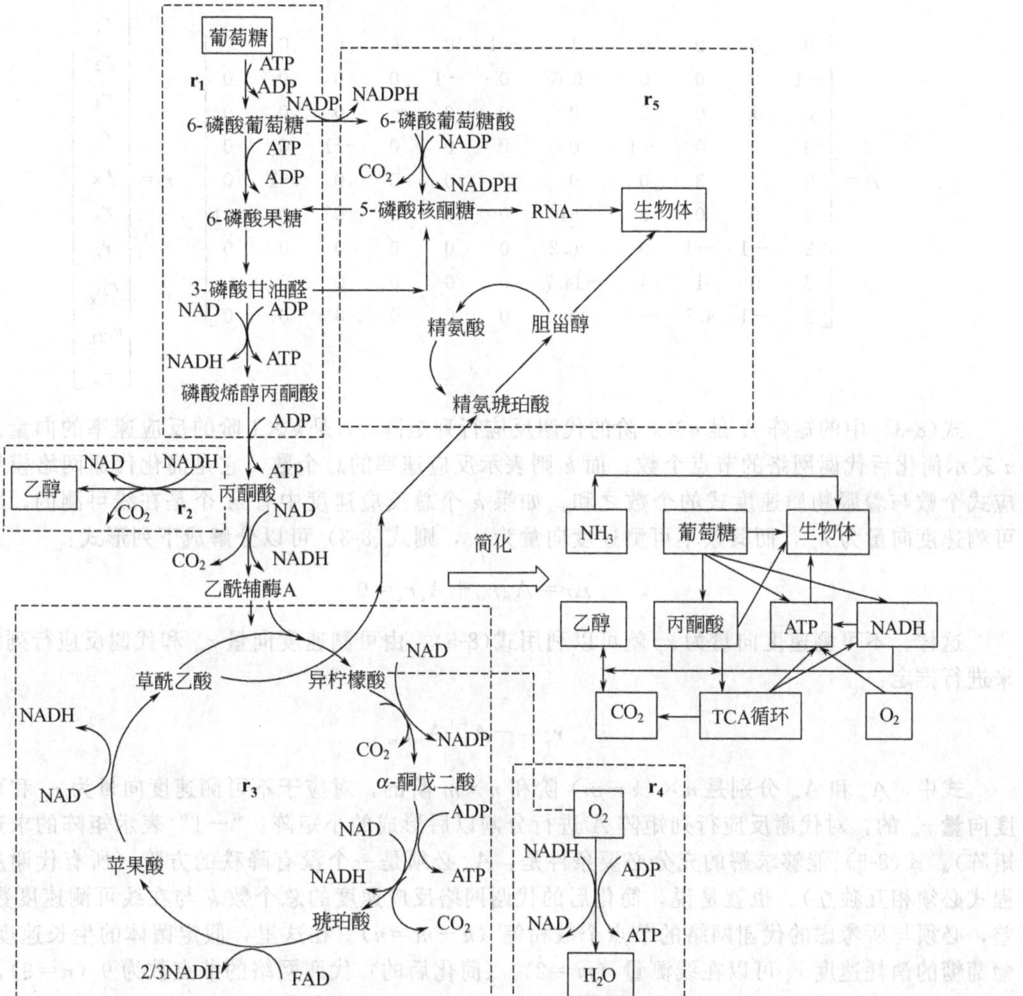

图 8-2 好氧条件下酵母菌培养过程的代谢网络模型的简化

菌体：$r_x = r_5$ (8-2a)

葡萄糖：$r_s = -(r_1 + 0.68 r_5)$ (8-2b)

乙醇：$r_e = r_2$ (8-2c)

氧气：$r_{O_2} = -r_4$ (8-2d)

二氧化碳：$r_{CO_2} = r_2 + 3r_3$ (8-2e)

氨水：$r_n = -r_5$ (8-2f)

丙酮酸：$r_{PYR} = 2r_1 - r_2 - r_3 - 0.2r_5 = 0$ (8-2g)

ATP：$r_{ATP} = 2r_1 + r_3 + 2(P/O)r_4 - 14.7r_5 = 0$ (8-2h)

NADH：$r_{NADH} = 2r_1 + 4.7r_3 - r_2 - 2r_4 = 0$ (8-2i)

假定P/O比等于2，物质平衡方程式(8-2)可以改写成简单明了的矩阵方程式(8-3)的形式，即：

$Ar=0$

$$A=\begin{bmatrix}0&0&0&0&1&-1&0&0&0&0&0\\-1&0&0&0&-0.68&0&-1&0&0&0&0\\0&1&0&0&0&0&0&-1&0&0&0\\0&0&0&-1&0&0&0&0&-1&0&0\\0&1&3&0&0&0&0&0&0&-1&0\\0&0&0&0&-1&0&0&0&0&0&-1\\2&-1&-1&0&-0.2&0&0&0&0&0&0\\2&0&1&4&-14.7&0&0&0&0&0&0\\2&-1&4.7&-2&0&0&0&0&0&0&0\end{bmatrix}\quad r=\begin{bmatrix}r_1\\r_2\\r_3\\r_4\\r_5\\r_x\\r_s\\r_e\\r_{O_2}\\r_{CO_2}\\r_n\end{bmatrix}\tag{8-3}$$

式(8-3)中的矩阵A是$n\times k$阶的代谢反应行列矩阵，r是$k\times 1$阶的反应速率的向量。其中n表示简化后代谢网络的节点个数；而k则表示反应速率的总个数，它是简化代谢网络模型的反应式个数与着眼物质速度式的个数之和。如果k个总反应速度中有m个是在线可测的，对应的可测速度向量为r_m，而其余不可测速度向量为r_c，则式(8-3)可以分解成下列形式：

$$Ar=A_m r_m+A_c r_c=0\tag{8-4}$$

这样，不可测速度向量为r_c就可以利用式(8-5)，由可测速度向量r_m和代谢反应行列矩阵A来进行推定：

$$r_c=-A_c^{-1}A_m r_m\tag{8-5}$$

式中，A_c和A_m分别是$n\times(k-m)$阶和$n\times m$阶的，对应于不可测速度向量为r_c和可测速度向量r_m的，对代谢反应行列矩阵A进行分割以后形成的小矩阵。“-1”表示矩阵的求逆（逆矩阵）。式(8-5)能够求解的充分必要条件是：A_c必须是一个没有降秩的方阵（所有代谢反应方程式必须相互独立）。也就是说，简化后的代谢网络反应速度的总个数k与在线可测速度数m之差，必须与所考虑的代谢网络的节点个数相等（$k-m=n$）。在这里，假定菌体的生长速度r_x和葡萄糖的消耗速度r_s可以在线测量（$m=2$）。（简化后的）代谢网络的节点数为9（$n=9$），而根据式(8-3)，代谢网络反应速度的总个数为11（$k=11$），因此存在$k-m=n$的关系，式(8-5)可以唯一求解。这里，A_c和A_m分别如式(8-6)所示。最后，通过矩阵求逆，可由式(8-7)唯一求解出9个不可测速度向量r_c：

$$Ar=A_m r_m+A_c r_c=\begin{bmatrix}-1&0\\0&-1\\0&0\\0&0\\0&0\\0&0\\0&0\\0&0\\0&0\end{bmatrix}\times\begin{bmatrix}r_x\\r_s\end{bmatrix}+\begin{bmatrix}0&0&0&0&1&0&0&0&0\\-1&0&0&0&-0.68&0&0&0&0\\0&1&0&0&0&-1&0&0&0\\0&0&0&-1&0&0&-1&0&0\\0&1&3&0&0&0&0&-1&0\\0&0&0&0&-1&0&0&0&-1\\2&-1&-1&0&-0.2&0&0&0&0\\2&0&1&4&-14.7&0&0&0&0\\2&-1&4.7&-2&0&0&0&0&0\end{bmatrix}\times\begin{bmatrix}r_1\\r_2\\r_3\\r_4\\r_5\\r_e\\r_{O_2}\\r_{CO_2}\\r_n\end{bmatrix}=0\tag{8-6}$$

$$\begin{bmatrix} r_1 \\ r_2 \\ r_3 \\ r_4 \\ r_5 \\ r_e \\ r_{O_2} \\ r_{CO_2} \\ r_n \end{bmatrix} = \begin{bmatrix} 0.68 & -1 & 0 & 0 & 0 & 0 & 0 & 0 & 0 \\ -2.8 & -2.16 & 0 & 0 & 0 & 0 & -0.84 & -0.08 & -0.16 \\ 1.27 & 0.16 & 0 & 0 & 0 & 0 & -0.16 & 0.08 & 0.16 \\ 3.7 & 0.46 & 0 & 0 & 0 & 0 & -0.04 & 0.23 & -0.04 \\ 1 & 0 & 0 & 0 & 0 & 0 & 0 & 0 & 0 \\ -2.8 & -2.16 & -1 & 0 & 0 & 0 & -0.84 & -0.08 & -0.16 \\ -3.7 & -0.45 & 0 & -1 & 0 & 0 & -0.04 & -0.23 & 0.04 \\ 1 & -1.67 & 0 & 0 & -1 & 0 & -1.32 & 0.16 & 0.32 \\ -1 & 0 & 0 & 0 & 0 & -1 & 0 & 0 & 0 \end{bmatrix} \times \begin{bmatrix} -1 & 0 \\ 0 & -1 \\ 0 & 0 \\ 0 & 0 \\ 0 & 0 \\ 0 & 0 \\ 0 & 0 \\ 0 & 0 \\ 0 & 0 \end{bmatrix} \times \begin{bmatrix} r_x \\ r_s \end{bmatrix} =$$

$$\begin{bmatrix} -0.68 & -1 \\ -2.8 & -2.16 \\ 1.27 & 0.16 \\ 3.7 & 0.46 \\ 1 & 0 \\ -2.8 & -2.16 \\ -3.7 & -0.45 \\ 1 & -1.67 \\ -1 & 0 \end{bmatrix} \times \begin{bmatrix} r_x \\ r_s \end{bmatrix} \tag{8-7}$$

以上代谢网络模型的求解方法（不可测速度向量求解法）是以假定 A_c 为方阵，其逆矩阵存在为基础的。为此，代谢网络反应速度的总个数 k 与在线可测速度数 m 之差，必须与所考虑的代谢网络的节点个数相等（$k-m=n$）。而在实际的生物过程状态测量和推定过程中，许多情况下上述条件是不能满足的，也就是说，A_c 不是方阵，其逆矩阵不存在，因此不能用式(8-5）的方法直接求解不可测速度向量 r_c，这时可以采取以下两种求解方法。

1.超定系统代谢网络模型的求解方法

如果式(8-5）中的分割小矩阵 A_c 不是方阵，而且 $n>k-m$，即代谢网络的节点个数大于代谢网络反应速度的总个数 k 与在线可测速度数 m 之差，则该代谢网络是一个超定系统。从式(8-3）的角度来讲，这时代数方程组的个数大于未知变量（不可测反应速度）的个数，无法用确定的方式来求解式(8-3)，但可以用下列最小二乘法来对未知变量进行最优推定（不可测反应速度）：

$$r_c=(A_c^T A_c)^{-1} A_c^T A_m r_m \tag{8-8}$$

式中，A_c 和 A_m 分别是 $n\times(k-m)$ 阶（$n>k-m$）和 $n\times m$ 阶的矩阵；r_c 和 r_m 分别是 $k-m\times1$ 和 $m\times1$ 阶的向量。同样，“-1”表示矩阵的求逆，“T”表示矩阵的转置。根据式(8-8)，计算得到的 r_c 的维数是$(k-m)\times1$。

同样，对于上述好氧条件下酵母菌培养过程的代谢网络模型，如果假定式(8-5）中的 O_2 的摄取速度 r_{O_2}、CO_2 的生成速度 r_{CO_2} 以及氨水的消耗速度 r_n 可以在线测量（$m=3$，$n>k-m$），则此时的代谢网络为一个超定系统，其中 A_c、A_m、r_c 和 r_m 分别可以用下式表示：

$$A_c=\begin{bmatrix} 0 & 0 & 0 & 0 & 1 & -1 & 0 & 0 \\ -1 & 0 & 0 & 0 & -0.68 & 0 & -1 & 0 \\ 0 & 1 & 0 & 0 & 0 & 0 & 0 & -1 \\ 0 & 0 & 0 & -1 & 0 & 0 & 0 & 0 \\ 0 & 1 & 3 & 0 & 0 & 0 & 0 & 0 \\ 0 & 0 & 0 & 0 & -1 & 0 & 0 & 0 \\ 2 & -1 & -1 & 0 & -0.2 & 0 & 0 & 0 \\ 2 & 0 & 1 & 4 & -14.7 & 0 & 0 & 0 \\ 2 & -1 & 4.7 & -2 & 0 & 0 & 0 & 0 \end{bmatrix} \quad A_m=\begin{bmatrix} 0 & 0 & 0 \\ 0 & 0 & 0 \\ 0 & 0 & 0 \\ -1 & 0 & 0 \\ 0 & -1 & 0 \\ 0 & 0 & -1 \\ 0 & 0 & 0 \\ 0 & 0 & 0 \\ 0 & 0 & 0 \end{bmatrix} \tag{8-9}$$

$$r_c=\begin{bmatrix}r_1\\r_2\\r_3\\r_4\\r_5\\r_x\\r_s\\r_e\end{bmatrix} \qquad r_m=\begin{bmatrix}r_{O_2}\\r_{CO_2}\\r_n\end{bmatrix} \tag{8-10}$$

根据式(8-8)，此时的未知变量，即不可测反应速度可以用式(8-11) 进行求解：

$$r_c=\begin{bmatrix}r_1\\r_2\\r_3\\r_4\\r_5\\r_x\\r_s\\r_e\end{bmatrix}=(A_c^TA_c)^{-1}A_c^TA_mr_m=\begin{bmatrix}-0.32 & -0.51 & +0.01\\-0.99 & -1.02 & -0.13\\+0.33 & +0.01 & +0.06\\+0.94 & +0.02 & +0.23\\+0.23 & -0.06 & +0.07\\+0.23 & -0.06 & +0.07\\+0.16 & +0.55 & -0.06\\-0.99 & -1.02 & -0.13\end{bmatrix}\times\begin{bmatrix}r_{O_2}\\r_{CO_2}\\r_n\end{bmatrix} \tag{8-11}$$

式中，计算得到的系数矩阵中，第 2 行的元素与第 8 行的元素以及第 5 行的元素与第 6 行的元素完全一致，说明 $r_2=r_e$，$r_5=r_x$，这与式(8-2) 是完全一致的。

2. 不定系统代谢网络模型的求解方法

如果式(8-5) 中的分割小矩阵 A_c 不是方阵，而且 $n<k-m$，即代谢网络的节点个数小于代谢网络反应速度的总个数 k 与在线可测速度数 m 之差，则该代谢网络是一个不定系统。比如说，此例的可测速度变量只有一个（$m=1$，$n<k-m$）时，代谢网络就是一个不定系统。这时，式(8-3) 的代数方程组的个数小于未知变量（不可测反应速度）的个数，理论上来讲，未知变量存在着无数个解。在这种情况下，未知变量的求解方法是，以所有的物质平衡方程式(一共有 n 个)为约束条件，通过规定一个有关未知变量的线性目标函数，然后利用线性规划法来进行求解计算。通常，可以选取整个反应过程中的 ATP 或者辅酶 NADH 的生成速度最大（或最小）为目标函数。对于上述酵母菌培养过程的代谢网络模型而言，目标函数可以选取为［参见式(8-2)］：

$$J=\text{Max}\ \{\text{ATP 生成速率}\}=\text{Max}\ \{2r_1+r_3+4r_4\} \tag{8-12a}$$

或者 $$J=\text{Min}\ \{\text{NADH 生成速率}\}=\text{Min}\ \{2r_1+4.7r_3\} \tag{8-12b}$$

现在 Matlab 等软件都内含有进行线性规划法计算的标准程序包可供直接调用。另外，有关线性规划法的具体理论和方法请参见有关线性代数和高等数学的书籍，这里由于篇幅关系不再做介绍。

二、利用代谢网络模型的状态预测

利用代谢网络模型的计算求解公式(8-7) 和可测速度变量菌体生长速度 r_x、葡萄糖消耗速度 r_s 推定得到的上述好氧型酵母菌连续培养过程未知速度参数的结果总结归纳于表 8-1 中。在本书的第三章中提到，在稳态连续培养中，不同的稳态操作条件稀释率 D 对应着不同的菌体生长速度和葡萄糖消耗速度。而且由于稳态连续培养中的菌体生长速度和葡萄糖消耗速度的计算和测定比较容易，因此，它们被用来计算和推定其余不可测的速度参数。

放下 r_1、r_2、r_3、r_4、r_5 和 r_n 姑且不论，从表 8-1 可以看出，乙醇和 CO_2 的生成速度随稀释率 D 的增大而逐步增加，而 O_2 的摄取速度则在经历了一个最大值后逐步下降。这说明随着稀释率 D 的增大，稳态葡萄糖浓度逐渐增加并出现过量，Crabtree 效应发生，代谢过程经历了由好氧细胞合成向乙醇/CO_2 代谢的逐步转变。因此，使用代谢网络模型计算得到的不可测速度参数或者说结论，是与细胞培养和发酵的一般结论或者说实验事实是相符的。所以，可以认为在能够在线测定某些状态变量的速度参数的前提下，使用代谢网络模型能够对其他不可测状态变量的速度参数进行准确的推定，进而实现发酵过程在线状态预测的目的。

表 8-1　使用代谢网络模型对酵母连续培养过程不可测速度参数的推定预测结果

D	r_1	r_2	r_3	r_4	r_5	r_e	r_{O_2}	r_{CO_2}	r_n
0.20	1.42	1.23	1.38	4.04	1.38	1.23	−4.04	5.34	−1.38
0.29	1.92	1.48	2.02	5.92	2.00	1.48	−5.92	7.51	−2.00
0.32	4.62	7.03	1.83	5.42	2.21	7.03	−5.42	12.49	−2.21
0.36	8.19	14.37	1.58	4.77	2.49	14.37	−4.77	19.09	−2.49
0.41	11.75	21.06	1.41	4.32	2.83	21.06	−4.32	25.80	−2.83

第二节　网络信号传递线图和利用网络信号传递线图的代谢网络模型

一、网络信号传递线图及其简化

发酵过程中，葡萄糖、NH_3、O_2 等反应物质可以看成是过程的输入；而细胞、代谢产物、CO_2 则可以看成是过程的输出。在生物反应过程的解析过程中，掌握和了解上述参数、变量之间的关系，弄清整个代谢反应网络的构造，对于明确输入输出的因果关系是非常重要的。对于发酵过程这样一个复杂的网络系统，网络信号传递线图（signal flow diagram 或 signal flow graph）是一个非常有效的解析手段。网络信号传递线图与本书第三章中的过程传递函数的框图转换的原理和方法是一样的，只不过后者主要应用于自动控制领域，而前者则更广泛地应用于过程的构造解析中。

1. 网络信号传递线图的基本特性

图 8-3 概括总结了信号传递线图的基本特性。如图 8-3 所示，过程的输入 x_1 从起始节点经过变换 g_1 传递到中间节点（z）时，相应的输入输出关系可以表示成：

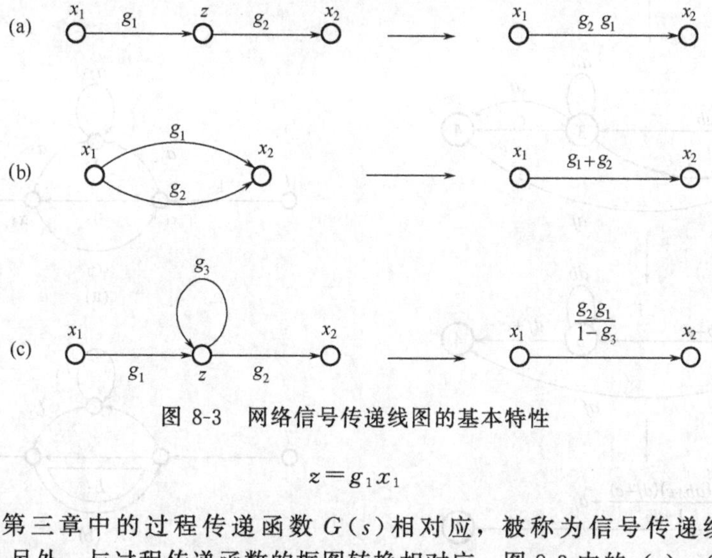

图 8-3　网络信号传递线图的基本特性

$$z = g_1 x_1 \tag{8-13}$$

式中，g_1 与第三章中的过程传递函数 $G(s)$ 相对应，被称为信号传递线图的传递函数（transmittance）。另外，与过程传递函数的框图转换相对应，图 8-3 中的（a）、（b）、（c）分别是串联、并联和带有闭路径（对应于闭环控制系统）的信号传递线图传递函数的表达形式。

根据上述信号传递线图的 3 个基本特性，按照图 8-4 所归纳总结的方式，可以将比较复杂的信号传递线图加以简化，从而得到起始节点到终端节点之间的传递函数。

2. 梅森（Mason）定理

在网络信号传递线图中，从某一节点到另一个节点间的传递函数 T 可以根据梅森定理按照下式给出：

$$T=\frac{\sum_k P_k \Delta_k}{\Delta} \tag{8-14}$$

$$\Delta \equiv 1-\sum_i L_i+\sum_{i,k} L_i L_k-\sum_{i,k,m} L_i L_k L_m+\cdots$$

式中，P_k 是第 k 条向前支路的传递函数；Δ 被称为线图行列式(graph determinant)，由式(8-14) 所定义；L_i 是第 i 个闭路径的传递函数；$L_i L_k$ 则是两个完全不接触的闭路径的传递函数之积。同样，$L_i L_k L_m$ 是三个完全不接触的闭路径的传递函数之积。Δ_k 是从 Δ 减去与第 k 条向前支路相接触的所有闭路径的传递函数所剩下的部分。为方便起见，使用图 8-5 的例子对梅森定理进行解释。

图 8-5 中，圆圈（I 、x_1、x_2 等）代表节点，而各节点间的符号（如 1、a_{12}、a_{13} 等）则表示所对应的传递函数。在此，要求解从起始节点（I）到终端节点（O）间的传递函数。为标识简单起见，图 8-5(a) 可以表示成图 8-5(b) 的形式。在该信号网络中，一共有两条向前的支路，即 $I \to x_1 \to x_2 \to x_3 \to O$ 和 $I \to x_1 \to x_3 \to O$，它们所对应的传递函数分别是 $P_1=a_{12}a_{23}$ 和 $P_2=a_{13}$；一共有三个闭路径，L_1、L_2 和 L_3［如（图 8-5b）］所示，而它们所对应的传递函数分别是 $L_1=a_{22}$、$L_2=a_{12}a_{23}a_{31}$ 和 $L_3=a_{13}a_{31}$。$x_1 \to x_2 \to x_3 \to x_1$ 不能构成闭路径，因为信号的走向不是完全同方向的。三个闭路径中，只有 $L_1 L_3$ 是完全不接触的，而且不存在三个（以上的）完全不接触的闭路径。另外，第 1 条向前支路与所有闭路径 L_1、L_2 和 L_3 都有接触，而第 2 条向前支路仅与闭路径 L_1 不相接触。根据以上分析和梅森定理，对应于上述信号网络输入（I）和输出（O）间的传递函数可以用式(8-15) 来进行总结和归纳：

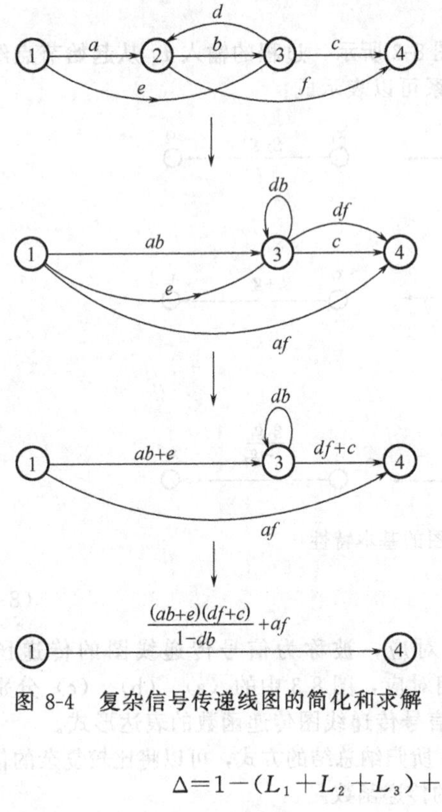

图 8-4 复杂信号传递线图的简化和求解

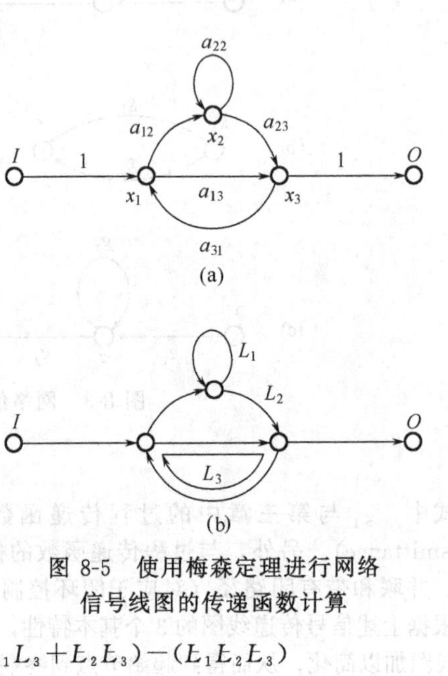

图 8-5 使用梅森定理进行网络信号线图的传递函数计算

$$\Delta=1-(L_1+L_2+L_3)+(L_1L_2+L_1L_3+L_2L_3)-(L_1L_2L_3)$$

$$=1-(L_1+L_2+L_3)+L_1L_3$$

$$=1-(a_{22}+a_{12}a_{23}a_{31}+a_{13}a_{31})+a_{22}a_{13}a_{31}$$

$$P_1=a_{12}a_{23} \quad \Delta_1=1-(\cancel{L_1}+\cancel{L_2}+\cancel{L_3})+\cancel{L_1}\cancel{L_3}=1$$

$$P_2=a_{13} \quad \Delta_2=1-(L_1+\cancel{L_2}+\cancel{L_3})+\cancel{L_1}\cancel{L_3}=1-L_1=1-a_{22}$$

$$T_{IO}=\frac{P_1\Delta_1+P_2\Delta_2}{\Delta}=\frac{a_{12}a_{23}+a_{13}(1-a_{22})}{1-(a_{22}+a_{12}a_{23}a_{31}+a_{13}a_{31})+a_{22}a_{13}a_{31}} \tag{8-15}$$

如果把发酵过程的代谢网络当作一个复杂的信号线图网络来处理，那么就可以利用上述的网络信号传递线图的基本特性和梅森定理对代谢网络进行简化，进而得到发酵过程（代谢网络）输入和输出之间的关系。

二、利用代谢信号传递线图处理代谢网络

考虑图 8-2 所示的好氧条件下酵母菌培养过程的代谢网络。在酵母培养过程中，通过不断地消耗作为基质的葡萄糖和O_2，细胞自身增殖生长，同时生成代谢副产物乙醇，释放出CO_2。这样，基质的消耗速度，即葡萄糖的比消费速度ν和O_2的比摄取速度q_{O_2}，就可以看成是代谢网络的输入。而产物的生成速度，即菌体的比增殖速度μ、乙醇和CO_2的比生成速度ρ和q_{CO_2}，可以当作代谢网络的输出。通过将图 8-2 进行标记化，可以将其转化成图 8-6 所示的代谢信号传递线图（metabolic signal flow diagram）的形式。

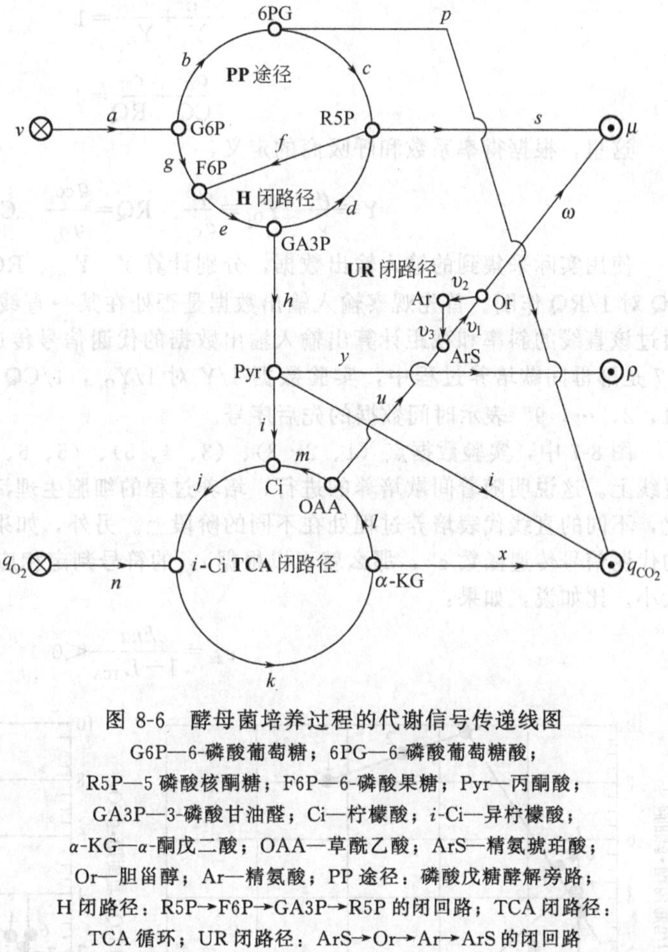

图 8-6　酵母菌培养过程的代谢信号传递线图

G6P—6-磷酸葡萄糖；6PG—6-磷酸葡萄糖酸；

R5P—5 磷酸核酮糖；F6P—6-磷酸果糖；Pyr—丙酮酸；

GA3P—3-磷酸甘油醛；Ci—柠檬酸；i-Ci—异柠檬酸；

α-KG—α-酮戊二酸；OAA—草酰乙酸；ArS—精氨琥珀酸；

Or—胆甾醇；Ar—精氨酸；PP 途径：磷酸戊糖酵解旁路；

H 闭路径：R5P→F6P→GA3P→R5P 的闭回路；TCA 闭路径：

TCA 循环；UR 闭路径：ArS→Or→Ar→ArS 的闭回路

在图 8-6 中，箭头所示的方向为代谢方向，各物质按照箭头方向进行反应。各节点间的符号（a、b、c…、y 等）称做素代谢系数（也就是节点间的传递函数），表示节点间的物质流量比。通过使用代谢信号传递线图来描述整个代谢网络，物质流的流向、代谢反应的分支和合流点、网络的输入输出关系等一目了然。

使用网络信号传递线图的基本特性和梅森定理对上述酵母培养过程的代谢信号传递线图进行处理和简化，可以得到有关代谢网络输入和输出关系的表达式(8-16)。式(8-16）将发酵过程的输入输出关系与细胞内部的代谢信号传递函数有机地结合起来。另一方面，利用实际过程的输入输出数据，也可以反过来推断特定的代谢反应途径是否处在活化状态。

$$\begin{aligned}\mu&=c_{11}\nu+c_{12}q_{O_2}\\ q_{CO_2}&=c_{21}\nu+c_{22}q_{O_2}\\ \rho&=c_{31}\nu\end{aligned} \tag{8-16}$$

式中，$c_{11}=\dfrac{a}{1-L_{\mathrm{H}}}\left\{(bc+ged)s+\dfrac{(bcf+g)ehijkluv_1w}{(1-L_{\mathrm{TCA}})(1-L_{\mathrm{UR}})}\right\}$

$$c_{12}=\frac{nkluv_1w}{(1-L_{\mathrm{TCA}})(1-L_{\mathrm{UR}})}$$

$$c_{21}=\frac{a}{1-L_{\mathrm{H}}}\left[(1-L_{\mathrm{H}})bp+(bcf+g)eh\left(t+\frac{ijkx}{1-L_{\mathrm{TCA}}}\right)\right]$$

$$c_{22}=\frac{knx}{1-L_{\mathrm{TCA}}}$$

$$c_{31}=\frac{a(bcf+g)ehy}{1-L_{\mathrm{H}}}$$

闭路径代谢系数：$L_{\mathrm{TCA}}=jklm$；$L_{\mathrm{H}}=def$；$L_{\mathrm{UR}}=\nu_1\nu_2\nu_3$。

三、利用网络信号传递线图的代谢网络分析

根据第三章有关发酵过程得率系数和呼吸商的定义，可以将式(8-16) 改写成如下的形式：

$$\frac{c_{11}}{Y}+\frac{c_{12}}{Y_{O_2}}=1$$

$$\frac{c_{21}}{\mathrm{CQ}}+\frac{c_{22}}{\mathrm{RQ}}=1 \tag{8-17}$$

这里，根据得率系数和呼吸商的定义，

$$Y\equiv\frac{\mu}{\nu}\quad Y_{O_2}\equiv\frac{\mu}{q_{O_2}}\quad \mathrm{RQ}=\frac{q_{CO_2}}{q_{O_2}}\quad \mathrm{CQ}=\frac{q_{CO_2}}{\nu}$$

使用实际采集到的输入输出数据，分别计算 Y、Y_{O_2}、RQ 和 CQ，然后用 $1/Y$ 对 $1/Y_{O_2}$、1/CQ 对 1/RQ 作图。首先观察输入输出数据是否处在某一直线上，如果是在一条直线上，则可以通过该直线的斜率和截距计算出输入输出数据的代谢信号传递函数 c_{ij} （$i=1，2；j=1，2$）。图 8-7 是酵母间歇培养过程中，实验数据 $1/Y$ 对 $1/Y_{O_2}$，1/CQ 对 1/RQ 的作图结果。其中，符号“1，2，…，9” 表示时间数据的先后序号。

图 8-7 中，实验数据点（1、2、3）、(3、4、5)、(5、6、7) 和（7、8、9）分别处在不同的直线上。这说明随着间歇培养的进行，培养过程的细胞生理活性和代谢活性发生了 4 次较大的变化，不同的直线代表培养过程处在不同的阶段上。另外，如果能够计算得到代谢网络输入输出间的代谢信号传递函数 c_{ij}，那么就可以根据 c_{ij} 的符号判定相应的闭路径中生物酶的作用和活性的大小。比如说，如果：

$$c_{22}=\frac{knx}{1-L_{\mathrm{TCA}}}<0$$

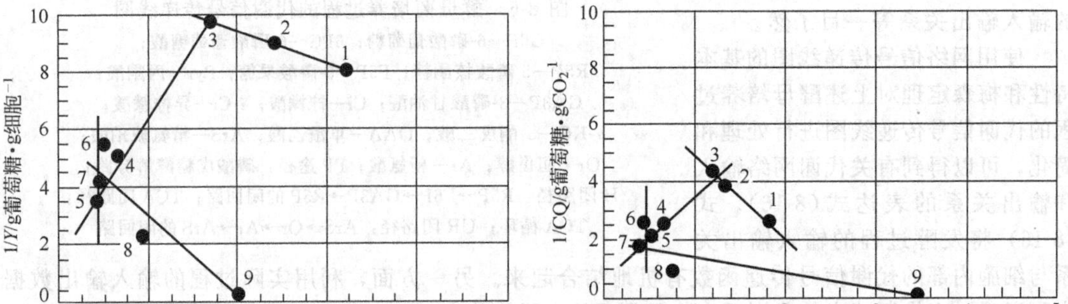

图 8-7 酵母间歇培养过程，$1/Y$ 对 $1/Y_{O_2}$、1/CQ 对 1/RQ 的作图结果

而所有节点间的传递函数的值又都是正值，则说明此时 $L_{\mathrm{TCA}}>1$，TCA 闭路径的代谢系数大

于 1。当闭路径的代谢系数大于 1 时，说明该闭路径中起作用的生物酶的活性很高，或者说该闭路径处于一种被激活的状态。

图 8-8 是利用代谢信号传递线图，在整个时间域上对酵母间歇培养进行解析的结果。这里，粗线代表被预测认为处在活性化状态的代谢闭路径。如图所示，整个培养过程大致可以分成 4 个不同的阶段。在培养的 2～5h（b 阶段），TCA 闭路径被激活；而在培养的 5～7h（c 阶段），3 个主要闭路径 TCA、H 和 UR 全部被激活。对于培养的 a 和 d 阶段而言，所有闭路径都处在非活性化的惰性状态。这样，如果可以对培养过程的 4 个不同阶段进行在线预测和判断，而对于每一个阶段又分别采取不同的控制方式，则可以在整体上对培养过程实施优化。

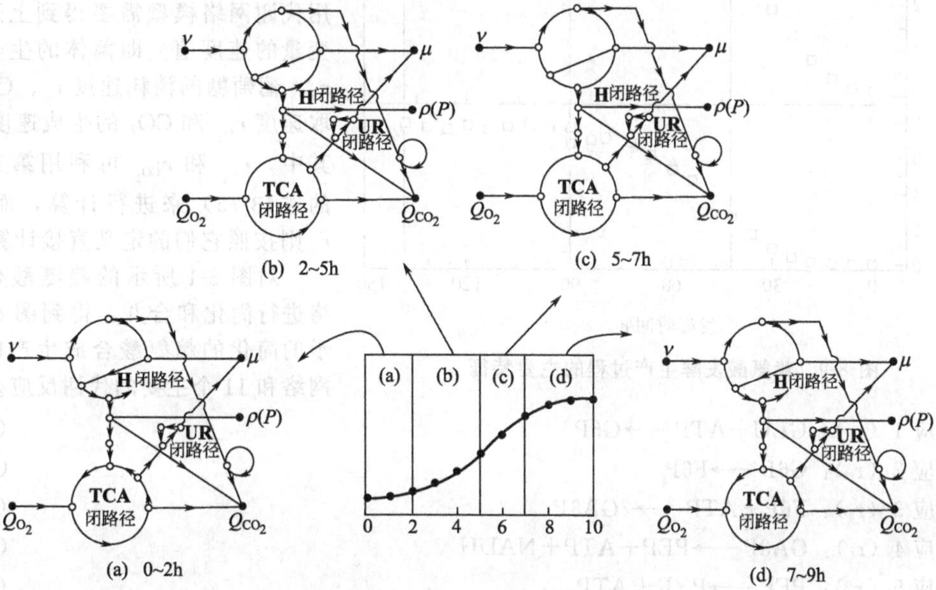

图 8-8　利用代谢信号传递线图判断代谢闭路径的活性化和不同的培养阶段

第三节　利用代谢网络模型的发酵过程在线状态预测

一、代谢网络模型在赖氨酸发酵过程在线状态预测中的应用

在这里，探讨将代谢网络模型（MR）应用于赖氨酸发酵过程的在线状态预测。首先，考虑图 8-1 所示的微生物谷氨酸棒杆菌（*Corynebacterium glutamicum*）合成赖氨酸的代谢网络。使用菌种为亮氨酸缺陷型 *Corynebacterium glutamicum* AJ3462。如图 8-9 所示，赖氨酸发酵生产过程一般可以分成 3 个阶段，每个阶段的主要特征以及对状态监测和控制的要求概括总结如下。

① 菌体生长期：在高葡萄糖和高亮氨酸浓度下进行。菌体增殖生长速度较快，赖氨酸生产速度较低、浓度不高。需要监控菌体的增殖生长速度，以防止亮氨酸耗尽。

② 赖氨酸生产期：在很低的亮氨酸浓度和适中的葡萄糖浓度下进行。菌体的增殖生长基本停止，赖氨酸的生产速度较高，浓度不断升高。需要适当地添加葡萄糖，确保有足够的碳源来进行生物转化，以保证赖氨酸的生产不受影响。

③ 衰退静止期：同样在很低的亮氨酸浓度和适中的葡萄糖浓度下进行。菌体开始死灭，赖氨酸的生产速度也很低。适度添加亮氨酸，提高亮氨酸浓度有可能使细胞活性部分恢复，从而延长产赖氨酸的时间。如果细胞活性不能得到恢复，就应该及时中断发酵。

根据以上赖氨酸发酵生产的特点，在线测定赖氨酸的生成速度是十分必要的：①赖氨酸生成速度的大小和变化可以作为判断菌体生长期向赖氨酸生产期转换时亮氨酸是否耗尽的依据；②生产后期，赖氨酸生成速度的变化可以判断过程是否已经或者将要从赖氨酸生产期转变到衰退静止期，从而为适时添加亮氨酸，恢复细胞活性提供依据；③在衰退静止期，在线测定赖氨

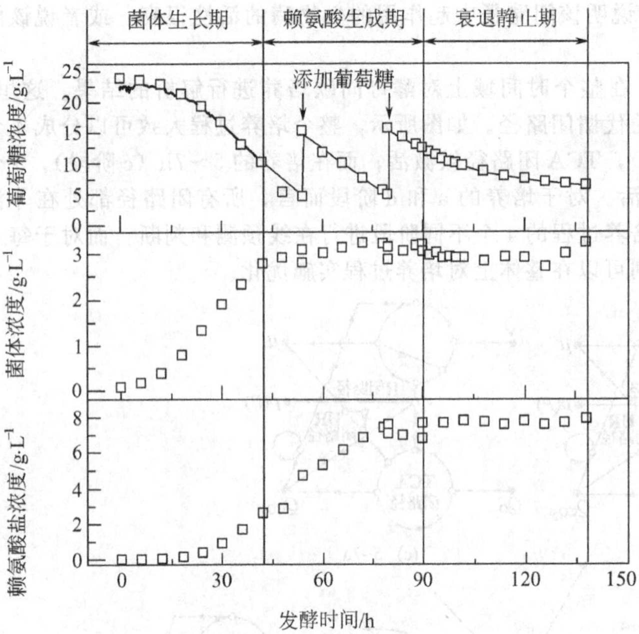

图 8-9　赖氨酸发酵生产过程的主要特征

酸生成速度可以为终止发酵提供依据。由于赖氨酸无法在线测量，只能依靠测定其他状态变量的速度，再利用代谢网络模型对赖氨酸生成速度进行在线预测和推定。这里，有 4 个状态变量可以在线测量，它们是菌体浓度、葡萄糖浓度、尾气中 O_2 浓度和 CO_2 浓度（分压）。利用代谢网络模型需要得到上述状态变量的速度值，即菌体的生长速度 r_x、葡萄糖的消耗速度 r_s、O_2 的摄取速度 r_{O_2} 和 CO_2 的生成速度 r_{CO_2}。其中，r_{O_2} 和 r_{CO_2} 可利用第三章中的式(3-75) 来进行计算，而 r_x 和 r_s 则按照它们的定义直接计算。

对图 8-1 所示的赖氨酸代谢网络进行简化和合并，得到图 8-10 所示的简化的赖氨酸合成生产的代谢网络和 11 个主要的代谢反应。

反应 1（r_1）：GLU＋ATP ⟶ G6P　(8-18a)

反应 2（r_2）：G6P ⟶ F6P　(8-18b)

反应 3（r_3）：F6P＋ATP ⟶ 2GA3P　(8-18c)

反应 4（r_4）：GA3P ⟶ PEP＋ATP＋NADH　(8-18d)

反应 5（r_5）：PEP ⟶ PYR＋ATP　(8-18e)

反应 6，TCA 循环（r_6）：PYR ⟶ $3CO_2$＋ATP＋4.67（14/3）NADH　(8-18f)

反应 7，PP 途径（r_7）：3G6P ⟶ 2F6P＋GA3P＋$3CO_2$＋6NADPH　(8-18g)

反应 8（r_8）：PEP＋PYR＋$2NH_3$＋NADH＋3NADHP＋2ATP ⟶ LYS　(8-18h)

反应 9，细胞合成（r_9）：

$$0.698GLU+0.174PYR+NH_3+11.75ATP+1.05NADPH \longrightarrow C_{4.71}H_{8.02}O_{1.91}N \quad (8\text{-}18i)$$

反应 10（r_{10}）：O_2＋2NADH ⟶ 2（P/O）ATP＝6ATP（P/O＝3）　(8-18j)

反应 11（r_{11}）：ATP ⟶ ADP　(8-18k)

以上代谢反应中使用简略标记如下。

GLU：葡萄糖；G6P：6-磷酸葡萄糖；F6P：6-磷酸果糖；GA3P：3-磷酸甘油醛；PEP：磷酸烯醇丙酮酸；PYR：丙酮酸；LYS：赖氨酸。

根据图 8-10 和式(8-18)，一共考虑 14（$n=14$）个物质的物质平衡方程式。其中包括 3 个起始物质：葡萄糖、O_2 和 NH_3；3 个终端物质：细胞、赖氨酸和 CO_2；8 个中间物质：G6P、F6P、GA3P、PEP、PYR、ATP、NADH 和 NADPH。而需要确定的代谢网络的总反应速度个数，包括 4（$m=4$）个可测速度变量，一共有 17 个（$k=17$）。因此，式(8-3) 和式(8-4) 中的 r、r_c 和 r_m 可以写成如下的形式：

$$r=(r_c,r_m) \quad (8\text{-}19a)$$

$$r_c=(r_1,r_2,r_3,r_4,r_5,r_6,r_7,r_8,r_9,r_{10},r_{11},r_n,r_L)^T \quad (8\text{-}19b)$$

$$r_m=(r_x,r_s,r_{O_2},r_{CO_2})^T \quad (8\text{-}19c)$$

式中，r_n 和 r_L 分别代表 NH_3 的消耗速度和赖氨酸的生成速度。对于这个赖氨酸发酵生产系统，式(8-3) 和式(8-4) 中的 A、A_c 和 A_m 分别可以写成：

$$
A=\begin{bmatrix}
0 & 0 & 0 & 0 & 0 & 0 & 0 & 0 & 1 & 0 & 0 & 0 & 0 & -1 & 0 & 0 & 0 \\
-1 & 0 & 0 & 0 & 0 & 0 & 0 & 0 & -0.698 & 0 & 0 & 0 & 0 & 0 & -1 & 0 & 0 \\
0 & 0 & 0 & 0 & 0 & 0 & 0 & 0 & 0 & -1 & 0 & 0 & 0 & 0 & 0 & -1 & 0 \\
0 & 0 & 0 & 0 & 0 & 3 & 3 & 0 & 0 & 0 & 0 & 0 & 0 & 0 & 0 & 0 & -1 \\
0 & 0 & 0 & 0 & 0 & 0 & 0 & -2 & -1 & 0 & 0 & -1 & 0 & 0 & 0 & 0 & 0 \\
0 & 0 & 0 & 0 & 0 & 0 & 0 & 1 & 0 & 0 & 0 & 0 & -1 & 0 & 0 & 0 & 0 \\
1 & -1 & 0 & 0 & 0 & 0 & -3 & 0 & 0 & 0 & 0 & 0 & 0 & 0 & 0 & 0 & 0 \\
0 & 1 & -1 & 0 & 0 & 0 & 2 & 0 & 0 & 0 & 0 & 0 & 0 & 0 & 0 & 0 & 0 \\
0 & 0 & 2 & -1 & 0 & 0 & 1 & 0 & 0 & 0 & 0 & 0 & 0 & 0 & 0 & 0 & 0 \\
0 & 0 & 0 & 1 & -1 & 0 & 0 & -1 & 0 & 0 & 0 & 0 & 0 & 0 & 0 & 0 & 0 \\
0 & 0 & 0 & 0 & 1 & -1 & 0 & -1 & -0.174 & 0 & 0 & 0 & 0 & 0 & 0 & 0 & 0 \\
-1 & 0 & -1 & 1 & 1 & 1 & 0 & -2 & -11.75 & 6 & -1 & 0 & 0 & 0 & 0 & 0 & 0 \\
0 & 0 & 0 & 1 & 0 & 4.67 & 0 & -1 & 0 & -2 & 0 & 0 & 0 & 0 & 0 & 0 & 0 \\
0 & 0 & 0 & 0 & 0 & 0 & 6 & -3 & -1.05 & 0 & 0 & 0 & 0 & 0 & 0 & 0 & 0
\end{bmatrix}
\begin{matrix}
\text{细胞} \\ \text{葡萄糖} \\ O_2 \\ CO_2 \\ NH_3 \\ \text{赖氨酸} \\ \text{G6P} \\ \text{F6P} \\ \text{GA3P} \\ \text{PEP} \\ \text{PYR} \\ \text{ATP} \\ \text{NADH} \\ \text{NADPH}
\end{matrix}
$$

$$
A_c=\begin{bmatrix}
0 & 0 & 0 & 0 & 0 & 0 & 0 & 0 & 1 & 0 & 0 & 0 & 0 \\
-1 & 0 & 0 & 0 & 0 & 0 & 0 & 0 & -0.698 & 0 & 0 & 0 & 0 \\
0 & 0 & 0 & 0 & 0 & 0 & 0 & 0 & 0 & -1 & 0 & 0 & 0 \\
0 & 0 & 0 & 0 & 0 & 3 & 3 & 0 & 0 & 0 & 0 & 0 & 0 \\
0 & 0 & 0 & 0 & 0 & 0 & 0 & -2 & -1 & 0 & 0 & -1 & 0 \\
0 & 0 & 0 & 0 & 0 & 0 & 0 & 1 & 0 & 0 & 0 & 0 & -1 \\
1 & -1 & 0 & 0 & 0 & 0 & -3 & 0 & 0 & 0 & 0 & 0 & 0 \\
0 & 1 & -1 & 0 & 0 & 0 & 2 & 0 & 0 & 0 & 0 & 0 & 0 \\
0 & 0 & 2 & -1 & 0 & 0 & 1 & 0 & 0 & 0 & 0 & 0 & 0 \\
0 & 0 & 0 & 1 & -1 & 0 & 0 & -1 & 0 & 0 & 0 & 0 & 0 \\
0 & 0 & 0 & 0 & 1 & -1 & 0 & -1 & -0.174 & 0 & 0 & 0 & 0 \\
-1 & 0 & -1 & 1 & 1 & 1 & 0 & -2 & -11.75 & 6 & -1 & 0 & 0 \\
0 & 0 & 0 & 1 & 0 & 4.67 & 0 & -1 & 0 & -2 & 0 & 0 & 0 \\
0 & 0 & 0 & 0 & 0 & 0 & 6 & -3 & -1.05 & 0 & 0 & 0 & 0
\end{bmatrix}
\quad
A_m=\begin{bmatrix}
-1 & 0 & 0 & 0 \\
0 & -1 & 0 & 0 \\
0 & 0 & -1 & 0 \\
0 & 0 & 0 & -1 \\
0 & 0 & 0 & 0 \\
0 & 0 & 0 & 0 \\
0 & 0 & 0 & 0 \\
0 & 0 & 0 & 0 \\
0 & 0 & 0 & 0 \\
0 & 0 & 0 & 0 \\
0 & 0 & 0 & 0 \\
0 & 0 & 0 & 0 \\
0 & 0 & 0 & 0 \\
0 & 0 & 0 & 0
\end{bmatrix}
$$

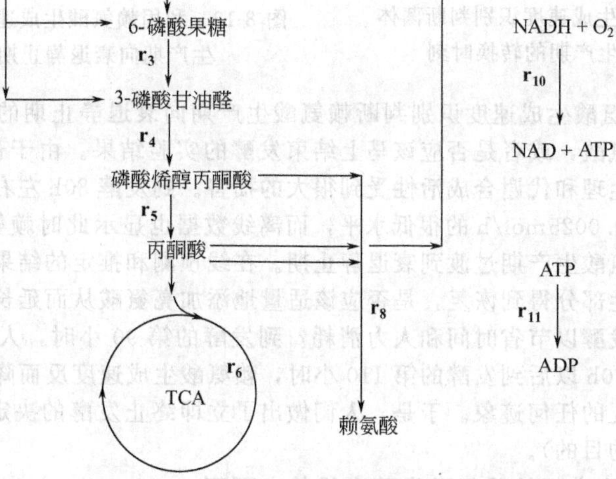

图 8-10 简化的赖氨酸合成生产的代谢网络

这时，A_c 是一个 14×13 阶的矩阵（$n>k-m$），是一个超定系统。在此条件下，可以按照前述的最小二乘求解超定系统的方法［式(8-8)］来计算得到所有不可测的反应速度 r_c，包括赖氨酸的生成速度 r_L。

图 8-11 和图 8-12 是利用上述代谢网络模型（MR）对赖氨酸的生成速度进行在线状态预测和实施有效控制的结果。其中，图 8-11 是利用赖氨酸生成速度识别判断菌体生长期向赖氨酸生产期的转换时刻，以及亮氨酸是否全部耗尽的实验结果。尽管在线预测和推定的赖氨酸生成速度中存在着比较大的噪声，在发酵的初期阶段，预测结果显示赖氨酸生成速度很小，基本上处在接近于 0 的低水平。当发酵进行到约 10.5h 时，离线测定的数据显示亮氨酸全部耗尽，而在线推定得到的赖氨酸生成速度也突然从 0.005mol/h 上升到 0.01mol/h 的较高水平，以后到发酵 35h 左右，基本保持在上述水平上不变化。这个结果表明，发酵 10.5h 是菌体生长期向赖氨酸生产期的转换时刻。为长期维持比较高的赖氨酸生产速度，在发酵进入到赖氨酸生产期以后，必须要通过一定的方式和手段，适量地添加葡萄糖，以保证生物合成转化的正常进行。

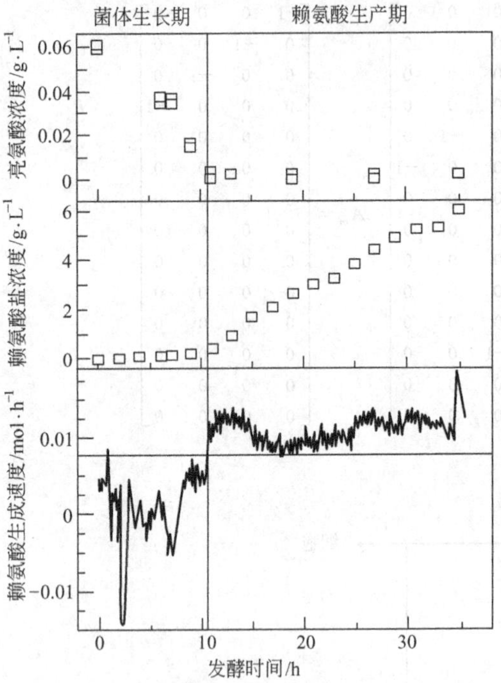

图 8-11　利用赖氨酸生成速度识别判断菌体生长期向赖氨酸生产期的转换时刻

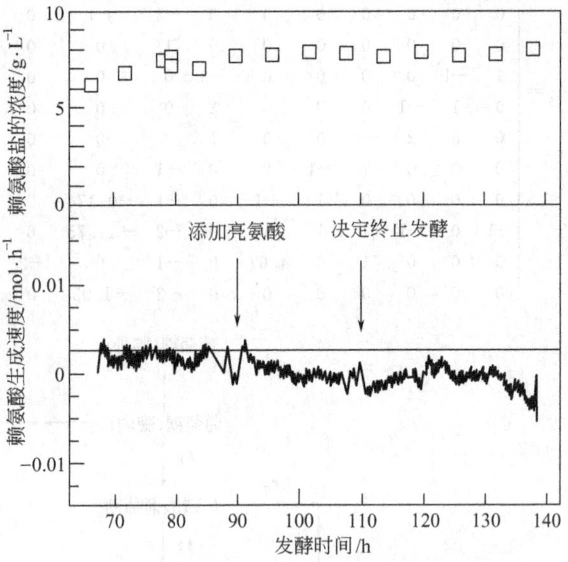

图 8-12　利用赖氨酸生成速度识别判断赖氨酸生产期向衰退静止期的转换时刻

图 8-12 是利用赖氨酸生成速度识别判断赖氨酸生产期向衰退静止期的大致转换时刻，以及是否需要适量添加亮氨酸，或者是否应该马上结束发酵的实验结果。由于长时间的亮氨酸匮乏，亮氨酸缺陷型细胞的生理和代谢合成活性受到很大的损害。到发酵 80h 左右，在线推定的赖氨酸生成速度已经降低到 0.0025mol/h 的很低水平，而离线数据也显示此时赖氨酸盐浓度不再增加，这说明发酵已经从赖氨酸生产期过渡到衰退静止期。在线预测和推定的结果要求人们做出以下判断：为了使细胞的活性部分得到恢复，是否应该适量地添加亮氨酸从而延长产赖氨酸的时间？或者是否应该立即终止发酵以节省时间和人力消耗？到发酵的第 90 小时，人们决定添加亮氨酸来帮助恢复活性，但是 20h 以后到发酵的第 110 小时，赖氨酸生成速度反而降得更低，细胞活性根本就没有能够得到恢复的任何迹象。于是，人们做出了立即终止发酵的决定（实验到发酵第 140 小时为止是出于验证的目的）。

二、基于代谢网络模型的谷氨酸发酵在线状态预测

谷氨酸单钠即味精，是最主要的氨基酸和人们日常生活的调味品。作为主要的发酵制品，它不仅

丰富了人民的生活，而且促进了相关行业的兴盛。谷氨酸发酵属于典型的耗氧、非增殖偶联型的生物反应过程，过程特性很难用传统的发酵动力学数学模型来加以描述。而另一方面，人们又对包括谷氨酸在内的传统、大宗发酵产品（主要是有机酸、氨基酸等）的代谢途径，甚至每一步反应都做了深入的研究，形成了大量的知识和经验积累。但是，这些知识和经验由于形成不了能够预测发酵过程状态和特性的有效模型而长年沉睡于文献或书本之中，造成理论和实际应用的脱节。

谷氨酸发酵中，操作条件（搅拌、通风、补料流加等）对于谷氨酸的高产以及糖酸转化率的提高有着极大的影响。操作条件控制不当，可以造成生产菌种发酵活性的迅速下降，在低产酸浓度下的谷氨酸发酵停止；或者，代谢副产物大量生成和积蓄，造成谷氨酸产率和糖酸转化率的降低。谷氨酸产率和糖酸转化率低下的原因一般均与发酵过程控制的好坏密切相关，比如，如果氮源流加控制不当，造成铵离子浓度低下，*α*-酮戊二酸无法经氧化还原共轭的氨基化反应而正常生成谷氨酸，造成代谢流向改变。又比如，溶解氧浓度（DO）控制（主要是控制通风量或搅拌速度）不当也会造成乳酸的大量生成和积累。

这里，以谷氨酸棒杆菌 *Corynebacterium glutamicum* S_{9114} 为研究菌株。通过利用尾气分析仪结合代谢网络模型（MR）实时在线推定谷氨酸及其他主要代谢副产物的浓度曲线，进而实现谷氨酸发酵的优化控制、改善谷氨酸发酵性能指标、提高谷氨酸产率（最终浓度）的目标。

使用尾气分析仪可以在线测定发酵尾气中 CO_2 和 O_2 的分压。测得的数据进行移动平均滤波处理后，按照式(3-75) 的公式计算 O_2 的消耗速度（OUR）、CO_2 的生成速度（CER）和呼吸商 RQ。图 8-13 是谷氨酸发酵的典型模式和特征曲线（DO 被控制在 30% 的水平）。发酵的前 0～8h

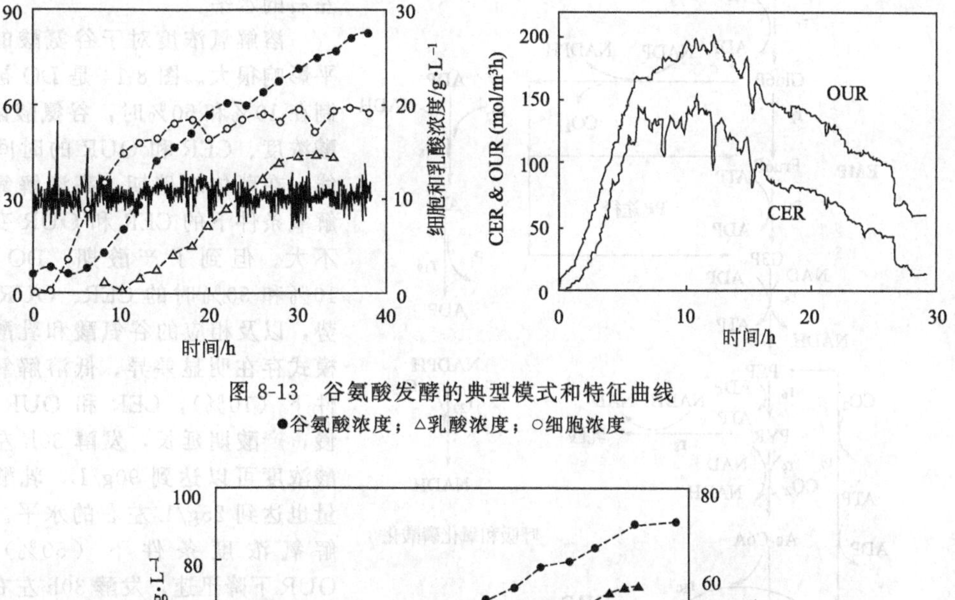

图 8-13 谷氨酸发酵的典型模式和特征曲线

●谷氨酸浓度；△乳酸浓度；○细胞浓度

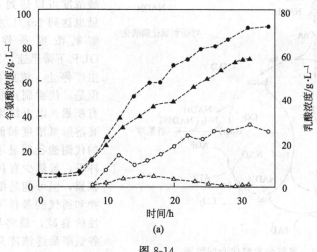

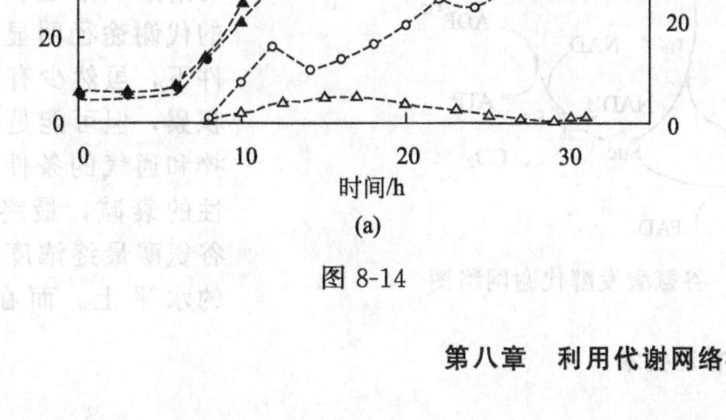

(a)

图 8-14

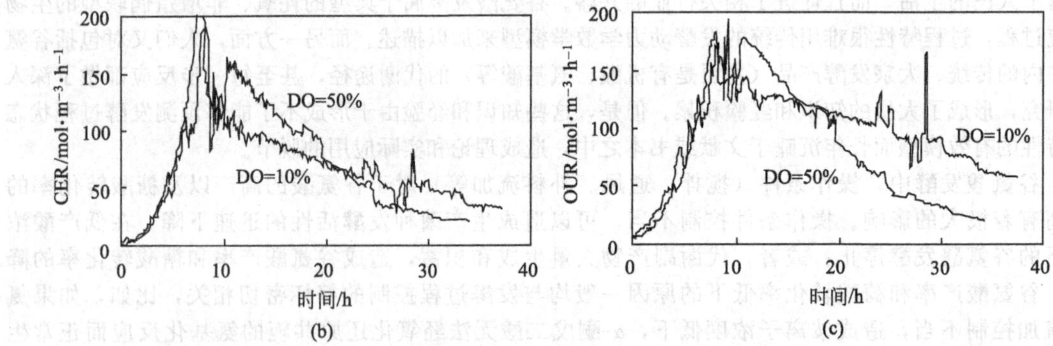

图 8-14 不同溶解氧条件下谷氨酸和乳酸浓度（a）、CER（b）以及 OUR（c）的时间变化曲线

● DO 10%条件下的谷氨酸浓度；▲ DO 50%条件下的谷氨酸浓度；

○ DO 10%条件下的乳酸浓度；△ DO 50%条件下的乳酸浓度

为菌体指数增殖期，细胞快速生长，OUR 和 CER 迅速上升。进入到产酸期后，菌体不再增殖生长、基本稳定在 20g/L（干重）的水平上；OUR 和 CER 却不断下降，最终降到接近于 0 的水平。从 10h 开始的这段期间是产酸期，谷氨酸开始大量生成和积累，到 35h 左右产酸基本停止，最终浓度达到 80g/L 的水平。在产（谷氨）酸的同时，主要代谢副产物——乳酸也在不断地生成积累。最终乳酸浓度可以达到 14g/L 左右的水平。

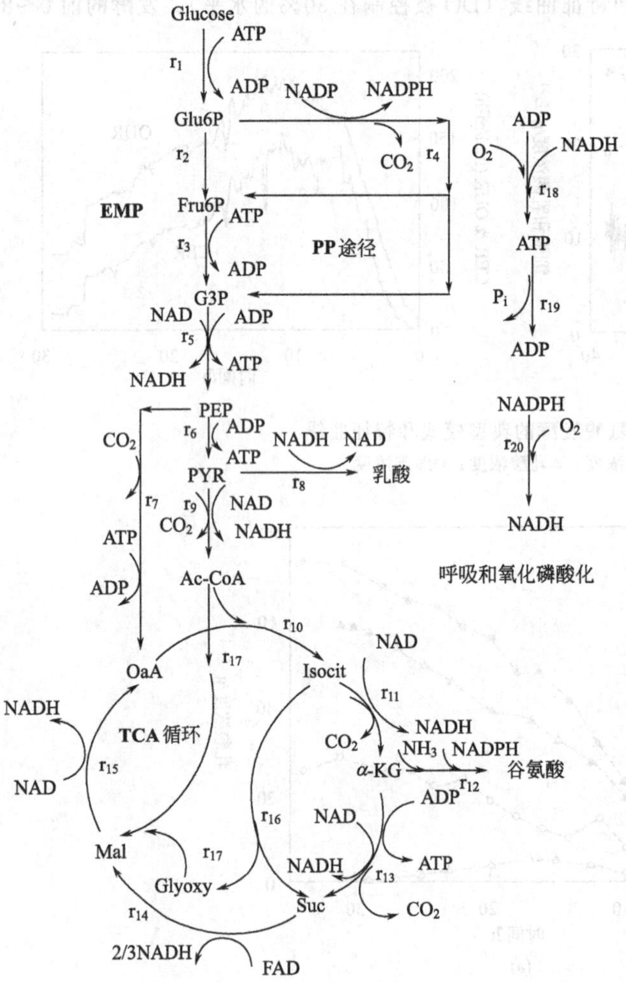

图 8-15 谷氨酸发酵代谢网络图

溶解氧浓度对于谷氨酸的发酵水平影响很大。图 8-14 是 DO 被分别控制在 10%和 50%时，谷氨酸浓度、乳酸浓度、CER 和 OUR 的时间变化曲线。在菌体增殖期，高溶解氧和低溶解氧条件下的 CER 和 OUR 变化趋势不大。但到了产酸期，DO 控制在 10%和 50%时的 CER、OUR 变化趋势，以及相应的谷氨酸和乳酸的生成模式存在明显差异。低溶解氧浓度条件下（10%），CER 和 OUR 下降缓慢，产酸期延长，发酵 30h 左右谷氨酸浓度可以达到 90g/L，乳酸的积累量也达到 25g/L 左右的水平。而高溶解氧浓度条件下（50%），CER、OUR 下降迅速，发酵 30h 左右谷氨酸生产停止，浓度仅达到 70g/L 左右，但是，代谢副产物——乳酸却几乎没有积累。以上结果显示谷氨酸发酵在高溶解氧浓度和低溶解氧浓度条件下的代谢途径明显不同：溶解氧过量条件下，虽然少有代谢副产物的生成和积累，但可能是细胞长期处在剧烈搅拌和通气的条件下，造成菌体发酵活性的衰减，最终导致产酸能力下降，谷氨酸最终浓度只能停留在一个较低的水平上。而在较低的 DO 条件下

(10%)，产酸期的细胞发酵活性可以维持在相对高的水平上，这点可以从 OUR 和 CER 相对缓慢下降的趋势上明显地体现出来。这时，虽然伴随有代谢副产物乳酸的严重积累，造成糖酸转化率的下降，但是谷氨酸的最终浓度却有比较明显的提高。以上谷氨酸发酵的基本特征和模式对控制工作者提出的要求是：要通过调控搅拌速度或通风量，把发酵过程实时在线地控制在既不产生乳酸，同时又能最大限度地维持细胞的发酵活性、维持谷氨酸发酵“高产”的水平上。

根据生物化学教科书的相关理论和知识，以及有关谷氨酸棒杆菌 *C. glutamicum* 代谢分析的文献，可以得到利用 *C. glutamicum* 进行谷氨酸发酵时所可能涉及的、含有化学计量系数的所有代谢反应方程式——代谢网络模型（MR）。

液相色谱鉴定发现，谷氨酸和乳酸是存在于正常发酵液中的主要代谢产物。因此，可以把与其他有机酸和氨基酸生成积累相关的代谢反应方程式从原始代谢网络模型中去除掉。再对谷氨酸发酵过程所涉及的基本代谢反应和途径进行合理的简化和合并，就得到了图 8-15 所示的谷氨酸发酵代谢网络图和 20 个代谢反应方程式(r_1，r_2，…，r_{20})。该代谢网络模型包含了发生在 EMP 糖酵解途径、PP 磷酸戊糖途径、TCA 循环、乙醛酸回补途径、呼吸链和氧化磷酸化以及代谢产物（谷氨酸和乳酸）生成过程中的所有基本反应。这里，着眼物质一共有 5 个，即谷氨酸、葡萄糖、乳酸、CO_2 和 O_2。但由于该代谢网络模型考虑的仅仅是产酸期的代谢反应，产酸期内细胞没有生长，因而菌体合成同化反应被忽略。一般来说，PP 磷酸戊糖途径的主要作用是大量生成 NADPH，用来合成菌体的构成前体。而在产酸期，菌体的合成停止，不再消耗 NADPH。NADPH 的消耗发生在由 α-酮戊二酸合成谷氨酸的反应（r_{12}）、转氢酶反应和 NADPH 直接氧化反应（后两者合并为反应 r_{20}）中。另外，产酸期菌体虽然不再生长合成，但是维持代谢依然存在，ADP 再生反应 r_{19} 实际就代表了细胞的维持代谢。所有 20 个代谢反应方程式如下所示，图 8-15 及反应方程式中的主要物质缩略语按照下面的解释。

EMP 途径(EMP Glycolysis Pathway)

r_1:Glucose（葡萄糖）＋ATP＝Glu6P＋ADP

r_2:Glu6P＝Fru6P

r_3:Fru6P＋ATP＝2G3P＋ADP

r_5:G3P＋NAD＋ADP＝PEP＋ATP＋NADH

r_6:PEP＋ADP＝PYR＋ATP

PP 途径(PP Pentose Phosphate Pathway)

r_4:3Glu6P＋6NADP＝2Fru6P＋G3P＋6NADPH＋3CO_2

TCA 循环(TCA Cycle)

r_7:PEP＋CO_2＋ATP＝OaA＋ADP

r_9:PYR＋NAD＝Ac-CoA＋NADH＋CO_2

r_{10}:Ac-CoA＋OaA＝Isocit

r_{11}:Isocit＋NAD＝α-KG＋NADH＋CO_2

r_{13}:α-KG＋NAD＋ADP＝Suc＋NADH＋ATP＋CO_2

r_{14}:Suc＋FAD＝Mal＋2/3NADH

r_{15}:Mal＋NAD＝OaA＋NADH

乙醛酸循环(Glyoxylate Shunt)

r_{16}:Isocit＝Suc＋Glyoxy

r_{17}:Ac-CoA＋Glyoxy＝Mal

终端产物生成(Metabolic Products Formation)

r_8:PYR＋NADH＝Lactate(乳酸)＋NAD

r_{12}:α-KG＋NH_3＋NADPH＝Glutamate(谷氨酸)＋NADP

呼吸和氧化磷酸化(Respiratory Chain & Oxidative Phosphorylation)

r_{18}:O_2＋2NADH＋2(P/O) ADP＝2(P/O) ATP＋2 NAD＋2 H_2O （假定 P/O＝2）

r_{19}:ATP＝ADP＋Pi

r_{20}: $O_2+2(1+\alpha)$ NADPH$+2\alpha$NAD$=2\alpha$NADH$+2(1+\alpha)$ NADP$+2H_2O$ （假定 $\alpha=1$）

Glu6P：6-磷酸葡萄糖；Fru6P：6-磷酸果糖；G3P：3-磷酸甘油醛；PEP：磷酸烯醇丙酮酸；

PYR：丙酮酸；Ac-CoA：乙酸辅酶 A；Isocit：异柠檬酸；α-KG：α-酮戊二酸；

Suc：琥珀酸；Mal：苹果酸；OaA：草酰乙酸；Glyoxy：乙醛酸。

依然可以使用式(8-4)的矩阵方程组的方式来描述整个代谢网络模型：

$$Ar=A_m r_m+A_c r_c=0$$

式中，A、A_c、A_m、r、r_c 和 r_m 可以具体表示以下形式。其中 A 右侧的符号代表代谢网络所考虑的所有节点（物质），即 n 个着眼物质和中间产物。A 上侧的符号则代表所有的反应速度。符号"T"表示矩阵的转置。r_s、r_g、r_L、r_{CO_2} 和 r_{O_2} 分别表示葡萄糖、谷氨酸、乳酸、CO_2 和 O_2 的生成或消耗速度。

$A=$

r_1	r_2	r_3	r_4	r_5	r_6	r_7	r_8	r_9	r_{10}	r_{11}	r_{12}	r_{13}	r_{14}	r_{15}	r_{16}	r_{17}	r_{18}	r_{19}	r_{20}	r_s	r_g	r_L	r_o	r_{co}	
0	0	0	0	0	0	0	0	0	0	0	0	0	0	0	0	0	−1	0	−1	0	0	0	1	0	O_2
0	0	0	3	0	0	−1	0	1	0	1	0	1	0	0	0	0	0	0	0	0	0	0	0	−1	CO_2
−1	0	0	0	0	0	0	0	0	0	0	0	0	0	0	0	0	0	0	0	1	0	0	0	0	Glucose
0	0	0	0	0	0	0	0	0	0	0	1	0	0	0	0	0	0	0	0	0	−1	0	0	0	Glutamate
0	0	0	0	0	0	0	1	0	0	0	0	0	0	0	0	0	0	0	0	0	0	−1	0	0	Lactate
1	−1	0	−3	0	0	0	0	0	0	0	0	0	0	0	0	0	0	0	0	0	0	0	0	0	G6P
0	1	−1	2	0	0	0	0	0	0	0	0	0	0	0	0	0	0	0	0	0	0	0	0	0	F6P
0	0	2	1	−1	0	0	0	0	0	0	0	0	0	0	0	0	0	0	0	0	0	0	0	0	G3P
0	0	0	0	1	−1	−1	0	0	0	0	0	0	0	0	0	0	0	0	0	0	0	0	0	0	PEP
0	0	0	0	0	1	0	−1	−1	0	0	0	0	0	0	0	0	0	0	0	0	0	0	0	0	PYR
0	0	0	0	0	0	0	0	1	−1	0	0	0	0	0	0	−1	0	0	0	0	0	0	0	0	Ac-CoA
0	0	0	0	0	0	0	0	0	1	−1	0	0	0	0	−1	0	0	0	0	0	0	0	0	0	Isocit
0	0	0	0	0	0	0	0	0	0	1	−1	−1	0	0	0	0	0	0	0	0	0	0	0	0	KG
0	0	0	0	0	0	0	0	0	0	0	0	1	−1	0	1	0	0	0	0	0	0	0	0	0	Suc
0	0	0	0	0	0	0	0	0	0	0	0	0	1	−1	0	1	0	0	0	0	0	0	0	0	Mal
0	0	0	0	0	0	1	0	0	−1	0	0	0	0	1	0	0	0	0	0	0	0	0	0	0	OaA
0	0	0	0	0	0	0	0	0	0	0	0	0	0	0	1	−1	0	0	0	0	0	0	0	0	Glyoxy
−1	0	−1	0	1	1	−1	0	0	0	0	0	1	0	0	0	0	4	−1	0	0	0	0	0	0	ATP
0	0	0	0	1	0	0	−1	1	0	1	0	1	0.67	1	0	0	−2	0	2	0	0	0	0	0	NADH
0	0	0	6	0	0	0	0	0	0	0	−1	0	0	0	0	0	0	0	−4	0	0	0	0	0	NADPH

$$A_c=\begin{bmatrix}
0&0&0&0&0&0&0&0&0&0&0&0&0&0&0&0&0&-1&0&-1&0&0&0\\
0&0&0&3&0&0&-1&0&1&0&1&0&1&0&0&0&0&0&0&0&0&0&0\\
-1&0&0&0&0&0&0&0&0&0&0&0&0&0&0&0&0&0&0&0&1&0&0\\
0&0&0&0&0&0&0&0&0&0&0&1&0&0&0&0&0&0&0&0&0&-1&0\\
0&0&0&0&0&0&0&1&0&0&0&0&0&0&0&0&0&0&0&0&0&0&-1\\
1&-1&0&-3&0&0&0&0&0&0&0&0&0&0&0&0&0&0&0&0&0&0&0\\
0&1&-1&2&0&0&0&0&0&0&0&0&0&0&0&0&0&0&0&0&0&0&0\\
0&0&2&1&-1&0&0&0&0&0&0&0&0&0&0&0&0&0&0&0&0&0&0\\
0&0&0&0&1&-1&-1&0&0&0&0&0&0&0&0&0&0&0&0&0&0&0&0\\
0&0&0&0&0&1&0&-1&-1&0&0&0&0&0&0&0&0&0&0&0&0&0&0\\
0&0&0&0&0&0&0&0&1&-1&0&0&0&0&0&0&-1&0&0&0&0&0&0\\
0&0&0&0&0&0&0&0&0&1&-1&0&0&0&0&-1&0&0&0&0&0&0&0\\
0&0&0&0&0&0&0&0&0&0&1&-1&-1&0&0&0&0&0&0&0&0&0&0\\
0&0&0&0&0&0&0&0&0&0&0&0&1&-1&0&1&0&0&0&0&0&0&0\\
0&0&0&0&0&0&0&0&0&0&0&0&0&1&-1&0&1&0&0&0&0&0&0\\
0&0&0&0&0&0&1&0&0&-1&0&0&0&0&1&0&0&0&0&0&0&0&0\\
0&0&0&0&0&0&0&0&0&0&0&0&0&0&0&1&-1&0&0&0&0&0&0\\
-1&0&-1&0&1&1&-1&0&0&0&0&0&1&0&0&0&0&4&-1&0&0&0&0\\
0&0&0&0&1&0&0&-1&1&0&1&0&1&0.67&1&0&0&-2&0&2&0&0&0\\
0&0&0&6&0&0&0&0&0&0&0&-1&0&0&0&0&0&0&0&-4&0&0&0
\end{bmatrix}$$

$$A_m=\begin{bmatrix}0 & -1 & 0 & 0 & 0 & 0 & 0 & 0 & 0 & 0 & 0 & 0 & 0 & 0 & 0 & 0 & 0 & 0 & 0 & 0 & 0 & 0 & 0\\1 & 0 & 0 & 0 & 0 & 0 & 0 & 0 & 0 & 0 & 0 & 0 & 0 & 0 & 0 & 0 & 0 & 0 & 0 & 0 & 0 & 0 & 0\end{bmatrix}^T$$

$$r=(r_m^T, r_c^T)^T \quad r_m^T=(r_{CO_2}, r_{O_2})$$

$$r_c^T=(r_1, r_2, r_3, r_4, r_5, r_6, r_7, r_8, r_9, r_{10}, r_{11}, r_{12}, r_{13}, r_{14}, r_{15}, r_{16}, r_{17}, r_{18}, r_{19}, r_{20}, r_s, r_g, r_L)$$

如本章第一节所述，矩阵 A 是 $n\times q$ 阶的代谢反应行列矩阵，r 是 $q\times 1$ 阶的反应速率的向量。其中 n 表示代谢网络的节点个数；而 q 则表示反应速率的总个数，它是代谢网络模型的反应式个数与着眼物质速度式的个数之和。如果 q 个总反应速度中有 m 个是在线可测的，对应的可测速度向量为 r_m，而其余不可测速度向量则为 r_c。这里，$n=20$、$q=25$，可在线测量的状态参数只有两个：O_2 消耗速度（OUR）和 CO_2 生成速度（CER），即 $m=2$。$n=20<q-m=25-2=23$，代谢网络为一个不定系统，必须通过规定线性目标函数，利用线性规划法来求解计算不可测速度向量 r_c。本例采用的是 NADH 生成速度最小的方法，其物理意义就是所谓的细胞经济学的原理和假说，换句话说，细胞要以高效率、最少的 NADH 量来循环再生 ATP 以维持代谢，过量的氧化反应的存在对细胞自身不利。这样，代谢网络模型的求解就可以用式(8-20）定式化，然后再使用 Matlab 软件中的线性规划最优计算程序包“Linprog”来实施计算。

$$\begin{aligned}&\text{Min}(\text{全部 NADH 生成速度})=\text{Min}\{r_5+r_9+r_{11}+r_{13}+0.67r_{14}+r_{15}+2r_{20}\}\\&\text{限制条件}: A_c r_c=-A_m r_m \text{ 或 } r_c(i)\geqslant 0\ (i=1,\cdots,q-m)\end{aligned} \tag{8-20}$$

利用可测速度向量 r_m 和上述线性规划法求解出各个不同时刻的不可测速度向量 r_c（包括谷氨酸和乳酸的生成速度 r_{12} 和 r_8）后，就可以利用 Euler 法积分求解出各种不同操作条件下的谷氨酸和乳酸的浓度变化曲线，并与谷氨酸、乳酸浓度的离线实测值相比较，以验证代谢网络模型的预测性能和通用能力。

$$\begin{aligned}&P(k)=P(k-1)+M_{WP}\times r_{12}(k)\times \Delta T\\&P(0)=P_0\end{aligned} \tag{8-21a}$$

$$\begin{aligned}&L(k)=L(k-1)+M_{WL}\times r_8(k)\times \Delta T\\&L(0)=L_0\end{aligned} \tag{8-21b}$$

式中，P、L、P_0、L_0、k、ΔT、M_{WP}、M_{WL} 分别表示谷氨酸浓度、乳酸浓度、谷氨酸和乳酸的初始浓度（已知或离线测定）、尾气分析的采样时刻和采样间隔（5min），以及谷氨酸和乳酸的分子量。

不同 DO 条件下（10%和 30%），代谢网络模型对谷氨酸浓度的在线推定和计算结果如图 8-16 所示。这里，实线表示谷氨酸浓度的在线推定值，符号●和▲代表离线实测的谷氨酸浓度。两种不同的 DO 控制条件下，代谢网络模型的预测值与实测值吻合的非常好。为了进一步验证代谢网络模型的通用能力，在另一次发酵实验中对 DO 的控制水平进行了切换［图 8-16(b)］。即首先将 DO 控制在 10%左右，在 12h 时（发酵进入产酸期），将 DO 调高到 30%。代谢网络模型依旧能够比较准确地预测谷氨酸浓度，特别是它能够比较准确地反映出谷氨酸浓度的变化趋势。

为了继续验证代谢网络模型（MR）的通用能力，刻意进行了两次非正常的发酵实验。在第 1 次“错误发酵”实验中，首先将 DO 控制在 30%，进入产酸期后，在发酵第 13 小时，人工调低搅拌转速使 DO 脱离自动控制状态。DO 迅速降低到 0%的极端缺氧水平。由于氧气匮乏，谷氨酸生产无法正常进行，而厌氧代谢副产物、乳酸却开始大量地生成和积累。当发酵进行到第 19 小时后，重新启动 DO 自动控制并将其控制水平调回到 30%。这时，尽管细胞经历了 6h 的极端缺氧状态，发酵活性受到很大伤害，但是，当溶解氧控制重启后，细胞的发酵活性和谷氨酸发酵生产还是得到一定程度的恢复，乳酸的厌氧代谢和生成速度也降低了下来。如图 8-17 所示，代谢网络模型较好地预测到了这一非正常发酵的过程，特别是在 DO 控制水平切换处，该模型较好地预测到了谷氨酸和乳酸浓度的变化模式。上述结果表明代谢网络模型还具有一定程度的、在线判断非正常发酵和识别诊断故障的潜在能力。图 8-17(a)的右侧为一张最为简化的代谢流分布

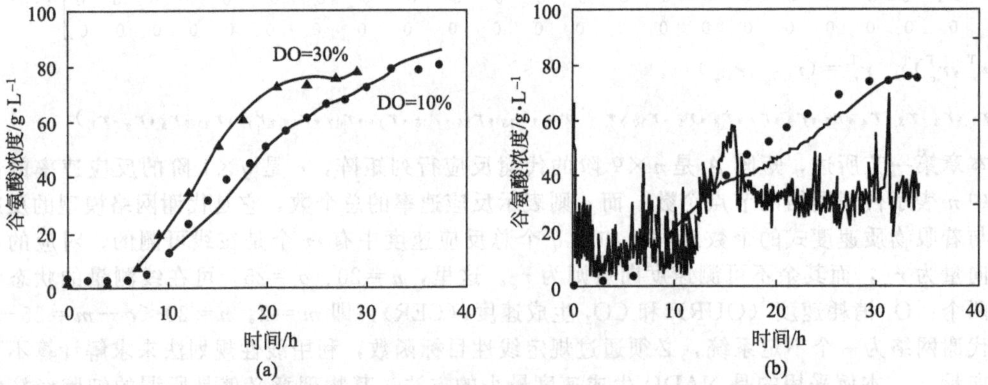

图 8-16　不同溶解氧条件下代谢网络模型（MR）对谷氨酸浓度的预测性能

●DO 在 10％下的谷氨酸实测浓度；▲DO 在 30％下的谷氨酸实测浓度

图，其显示出 DO 控制水平切换时谷氨酸和乳酸代谢通量的变化。

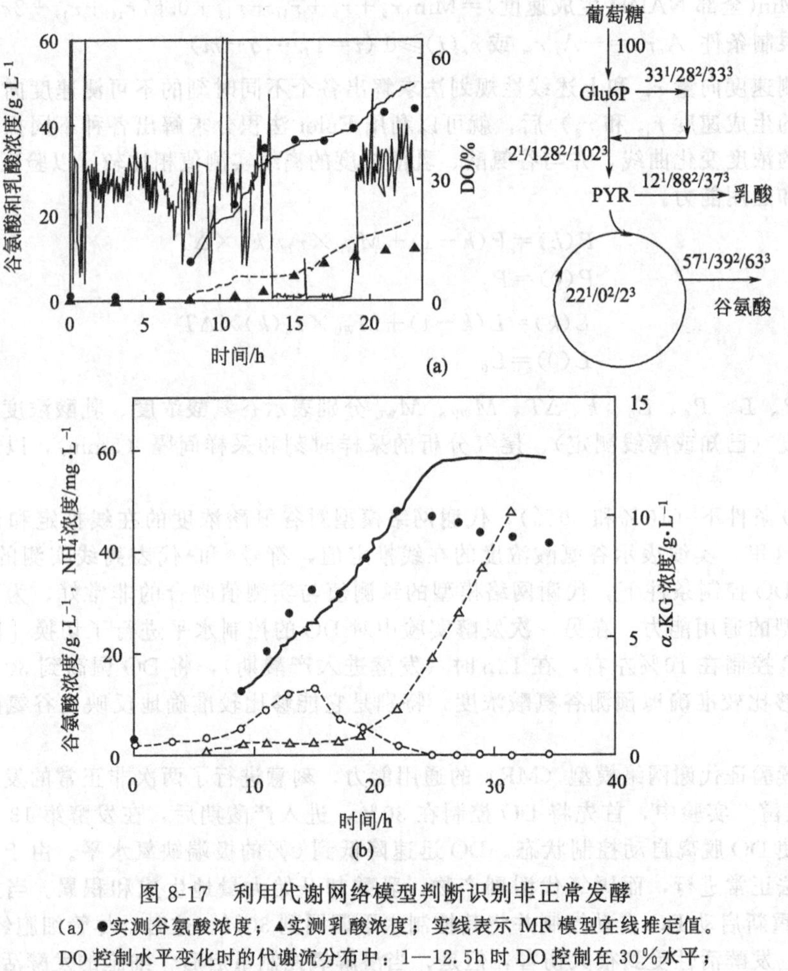

图 8-17　利用代谢网络模型判断识别非正常发酵

(a) ●实测谷氨酸浓度；▲实测乳酸浓度；实线表示 MR 模型在线推定值。
DO 控制水平变化时的代谢流分布中：1—12.5h 时 DO 控制在 30％水平；
2—14.0h 时人为降低搅拌速率，将 DO 降到 0 水平；3—21.5h 时将 DO 恢复到 30％水平。
(b) 氮饥饿条件下的 MR 模型在线故障识别。●实测谷氨酸浓度；○实测 NH_4^+ 浓度；
△实测 α-酮戊二酸浓度；实线表示在线谷氨酸浓度推定值

在第 2 次“错误发酵”实验中，DO 控制在 30%的水平上。在发酵的前 13h，使用 25%的氨水来调节 pH，同时为细胞增殖和谷氨酸的合成提供氮源。当发酵进行到第 13 小时，使用 NaOH 替代 NH_3 调节 pH，同时也切断了用于谷氨酸合成的氮源供给。如图 8-17(b) 所示，NH_4^+ 浓度逐渐下降，到发酵 23h 时降为 0。随着氮源的耗尽，谷氨酸的合成完全停止。DO＝30%的条件下，该谷氨酸棒杆菌的 α-酮戊二酸脱氢酶活力比较低，使得 α-酮戊二酸难以沿 TCA 回路继续氧化，最终只能靠 α-酮戊二酸的过量外溢来平衡已经得到削弱的葡萄糖酵解碳流。最终 α-酮戊二酸的积累量高达 10g/L。尽管谷氨酸发酵停止以后，代谢网络模型的在线预测值与实测值相差较大，但是它仍然可以较好地预测谷氨酸发酵的停滞。综上所述，结合使用在线测量的 CER、OUR 和代谢网络模型（MR）可以较好地监测发酵过程的状态，从而为发酵过程优化控制乃至故障诊断提供了一种有效的工具。

在利用线性规划法计算求解代谢网络模型时，以 NADH 生成量最小作为目标函数是否真实可靠是一个值得注意的问题。NADH 最小化就是要使细胞产生最小的还原力。NADH 的产生和消耗要遵循细胞生存和维持代谢的最经济原理。但是，这只是理论上的假说，实际上所谓的 NADH 生成量最小化既不能控制也不能真正观察到。因此，没有直接的证据来支持上述假说。但是，谷氨酸浓度的预测性能、实验的结果、TCA 流量的变化（参见下一节），都间接证明了 NADH 生成量最小化的假设是正确的。低溶解氧（10%）有利于谷氨酸的生成，意味着 TCA 循环部分关闭了。因为 r_{13}、r_{14}、r_{15}（图 8-15）都是与 NADH 生成相关联的碳流通量，TCA 循环的关闭自然引起 NADH 生成总量的减少。

也有文献报道支持 NADH 生成量最小化的假说。有人研究了在不同供氧条件下大肠杆菌的代谢响应（以影子价格表示）。在中度供氧条件下［15mmolO_2/(gDCW·h)］，而临界嫌氧条件是 0.88 mmolO_2/（gDCW·h)，NADH 的影子价格是负值，表明系统希望消除过剩的还原力（NADH)。换句话说，多余的 NADH 不利于细胞生长和维持代谢，总的 NADH 的生成量应该维持在最低的水平上。然而，当过度供氧时，NADH 的影子价格变为正值，这就意味着细胞不需要去除过剩的还原力 NADH，在这种情况下，葡萄糖完全转化为菌体或 CO_2 而没有副产物的生成。此时，NADH 生成量最小的假说就不再成立。上述文献报道的情况与本例的结果非常相似。在高溶解氧（50%或更高）条件下，谷氨酸的生成量较少，谷氨酸在线推定值也出现了很大的负偏差（数据没有给出）。这说明 NADH 生成量最小的假说在高溶解氧条件下不能成立。

第四节　基于代谢网络模型的发酵过程优化控制

一、基于代谢流分析的谷氨酸发酵代谢平衡优化控制

以溶解氧作为控制（操作）参数，是在线控制和优化谷氨酸产率（最终浓度）的一条捷径。然而这种控制方法具有很大的局限性，即在较低的 DO 下，谷氨酸产率较高但副产物乳酸的浓度也高；较高的 DO 下，副产物乳酸没有积累但谷氨酸产率很低。鉴于谷氨酸是谷氨酸发酵的主产物，而乳酸是谷氨酸发酵的主要副产物，有必要对不同溶解氧条件下的谷氨酸发酵主要关键酶进行跟踪分析，同时对谷氨酸发酵进行碳代谢流分析，从而寻找出一条能够提高谷氨酸产率的适宜的控制途径。

在本章第三节第二小节中，由于可测状态参数只有两个：OUR 和 CER，代谢网络为一个不定系统，必须通过规定线性目标函数，利用线性规划法来求解计算不可测速度向量 r_c。代谢流分析一般是指利用离线测定的数据（外加在线数据）进行代谢流分布计算的方法。这样，只要能够得到离线测定的谷氨酸、乳酸和葡萄糖（间歇式流加）的浓度数据，就可以利用上述数据和 Matlab 软件中的多项式拟合程序包来求解谷氨酸和乳酸的生成量，以及葡萄糖消耗量的时间平滑曲线。然后，将上述生成量和消耗量的时间曲线对时间求导，就可以得到各个时刻的谷氨酸和乳酸的生成速度，以及葡萄糖消耗速度，再结合使用相应时刻的 OUR 和 CER 数据，便可利用

式(8-5) 求解得到不可测速度向量 r_c。按照代谢流分析的通常做法，在计算 r_c 之前，先要将葡萄糖消耗速度做正规化处理，即将其定义为100。其余测定变量，即谷氨酸和乳酸的生成速度、OUR和CER也按照与葡萄糖消耗速度相同的单位与100相除，做相应的正规化处理。通过这样处理和计算，就可以得到谷氨酸发酵各个不同时段的代谢流。

本例子中使用的谷氨酸棒杆菌中，谷氨酸脱氢酶（glutamate dehydrogenase，GDH）的活力很强，而正常条件下 α-酮戊二酸脱氢酶活力弱，使得 α-酮戊二酸很难沿TCA回路继续氧化。碳源经过EMP途径进入到TCA循环中，在 α-酮戊二酸的节点处通过谷氨酸脱氢酶（GDH）的作用大量积累谷氨酸。因此，谷氨酸脱氢酶（GDH）是谷氨酸合成中最关键的酶。谷氨酸脱氢酶以NADPH为辅酶，催化 α-酮戊二酸转变成谷氨酸，这个反应是可逆的。

$$\alpha\text{-酮戊二酸} + NH_3 + NADPH \Longleftrightarrow \text{谷氨酸} + NADP$$

乳酸脱氢酶（lactate dehydrogenase，LDH）以NADH为辅酶，催化糖酵解的最后一步反应，即丙酮酸向乳酸的转化。

$$\text{丙酮酸} + NADH \Longleftrightarrow \text{乳酸} + NAD^+$$

图8-18是不同溶解氧条件下（DO＝10％和DO＝50％）GDH和LDH的比活性（U/mg粗蛋白）时间曲线图。在较低溶解氧条件下（DO＝10％），GDH的比酶活明显高于高溶解氧条件下（DO＝50％）的GDH比酶活。同时，在高溶解氧条件下（DO＝50％），产酸中后期GDH的比酶活下降很快；而低溶解氧条件下（DO＝10％），产酸中后期GDH的比酶活下降缓慢。高溶解氧条件下（DO＝50％），剧烈的通气和搅拌加剧了活细胞的死灭速度，这可能是GDH比酶活和发酵活性衰减迅速的原因。另一方面，不同DO控制水平下的乳酸脱氢酶LDH差异不大，也没有强烈的下降和衰减趋势。由于进入到产酸期后，菌体浓度不再变化且其稳定值不受DO控制水平的影响，因此，GDH和LDH的比酶活实际上就反映了GDH和LDH的总酶活。理论上，GDH和LDH酶活的高低大小，应该直接与谷氨酸和乳酸的生成积累相关联，可以对不同溶解氧条件下的谷氨酸发酵特性的差异做如下解释。

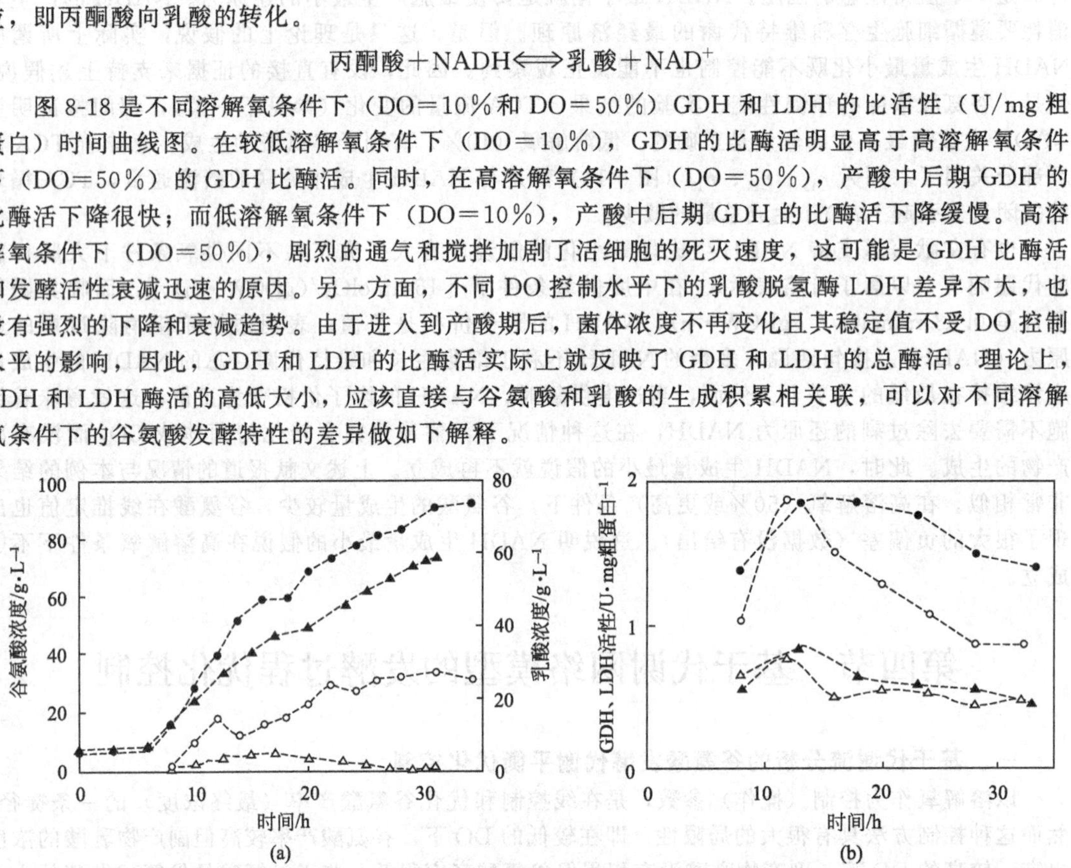

图8-18 不同DO条件下谷氨酸和乳酸浓度，以及谷氨酸关键酶的时间变化曲线

(a) ● DO 10％下的谷氨酸浓度，▲ DO 50％下的谷氨酸浓度，○ DO 10％下的乳酸浓度，△ DO 50％下的乳酸浓度；
(b) ● DO 10％下的GDH活性，○ DO 50％下的GDH活性，▲ DO 10％下的LDH活性，△ DO 50％下的LDH活性

① 首先，低DO下的GDH酶活明显高于高DO下的GDH酶活，这是低溶解氧条件下谷氨酸生成速度快、最终浓度高的原因之一。

② 生物酶的总酶活高显示由该酶所催化的反应具有能力强、速度快的潜力，但这并不代表由该反应得到的产物量就一定多，因为产物生成量的大小还要受到诸如反应底物（反应物）和其他辅酶的量和活性的影响。谷氨酸发酵中，由 α-酮戊二酸向谷氨酸转化的一步反应受到谷氨酸脱氢酶GDH活性的控制，如果其他条件基本相同，GDH总酶活越高，反应速度越快、谷氨酸积累量也越多。但是，一方面GDH要以NADPH作为辅酶，另外，谷氨酸的积累还要受到底物

α-酮戊二酸生成速度的影响。DO=10%时，与产酸高峰期相比，最终时刻的GDH酶活虽然有所下降，但是下降幅度并不大，但是实际上谷氨酸的生成积累却完全停止了。观察第八章第三节第二小节中，代谢网络模型计算得到的NADPH再生速度 r_4 和 α-酮戊二酸的生成速度 r_{11} 数据发现（参见图8-15），无论DO控制在什么水平，发酵结束时，两者的值均只有产酸高峰期相应速度值的几分之一乃至十几分之一（数据没有给出）。由于NADPH再生速度 r_4（NADPH酶活）和 α-酮戊二酸的生成速度 r_{11} 显著降低，即使GDH酶活仍停留在高水平上，谷氨酸也不能继续生成积累。

③ 不同溶解氧控制条件下的LDH酶活相差不大，但乳酸的生成积累量却差异巨大。LDH酶活显示了乳酸生成积累的潜在能力，但它并不代表乳酸的生成积累就一定发生。如果胞内的碳流平衡可以通过其他途径得到满足，即便发酵反应体系中存在着LDH，乳酸的生成积累也不一定非要发生。图8-19的代谢流分析结果表明，高DO下的TCA代谢通量（耗费碳源的无效循环）明显高于低DO下的TCA代谢通量。低DO条件下（DO=10%），TCA循环路径基本完全关闭。高DO下，尽管谷氨酸脱氢酶GDH的活性低，产谷氨酸能力弱，但是，高TCA代谢通量与谷氨酸生成通量足以与碳源消耗速度（酵解速度）相匹配，乳酸即使不生成积累也可以保证胞内碳流的总体平衡。相反，低DO下，由于TCA循环路径基本上完全关闭，尽管谷氨酸脱氢酶GDH的活性高，产谷氨酸能力强，但是，谷氨酸生成通量依然无法单独与碳源消耗速度相平衡。这时，不得不在LDH的作用下强制性地向胞外溢出乳酸，才可以保证胞内碳流的总体平衡。这就是低DO条件下乳酸大量积累，而高DO条件下乳酸不积累的原因。

为观察和讨论方便起见，在计算求解出对应于图8-15的谷氨酸发酵代谢流之后，用图8-19对代谢流分布进行简化。图8-19描述了谷氨酸发酵产酸中期24h时，溶解氧浓度控制在10%、30%和50%条件下的代谢流分布。随着DO水平的提高，谷氨酸通量［或谷氨酸通量与进入到TCA回路的主流代谢通量（α-酮戊二酸节点以前的部分）之比］逐渐减少；乳酸通量（或乳酸通量与EMP代谢主流通量之比）也在逐步减少；而 α-酮戊二酸节点以下的TCA代谢通量却在急剧增加。

图8-20则显示了谷氨酸发酵产酸期，不同溶解氧条件下（DO=10%和50%）的葡萄糖平均消耗速度。很明显，不同DO条件下的葡萄糖消耗速度的变化趋势基本上是一致的，也就是说进入到胞内的碳源消耗速度的变化趋势也基本一致。糖酵解速度不受溶解氧控制条件的影响。

图8-21显示了不同操作条件下（DO=10%和50%）谷氨酸发酵的呼吸商RQ（RQ=CER/OUR），以及产酸期内自 α-酮戊二酸节点以下的TCA代谢通量的变化。无论DO控制水平的高低，RQ在细胞增殖期内的变化趋势基本相同，而且在增殖期结束前均到达一个高峰（RQ>1）。理论上，葡萄糖经过TCA循环完全转化为 CO_2 和 O_2，进行同化反应，大量生成ATP用于菌体合成，RQ应该接近但略小于1.0。当DO控制在50%时，产酸期内的呼吸商RQ维持在0.8附近；而DO控制在10%时，RQ逐渐从0.8下降到0.5左右。根据理论上的化学计量系数计算，葡萄糖完全转化为谷氨酸时的RQ应该为0.67。谷氨酸发酵中，RQ值低（如RQ=0.5～0.6）反映TCA循环大部分处在关闭状态，大部分碳流从 α-酮戊二酸节点处流向谷氨酸。观察图8-15的代谢网络图可以看出，r_{13}、r_{14}、r_{15} 是碳流从节点 α-酮戊二酸向下继续氧化的TCA循环代谢通量。比较不同DO条件下（50%和10%）的 r_{13}、r_{14}、r_{15} 值时可以发现，它们存在着非常大的差异。高DO%条件下，r_{13}、r_{14}、r_{15} 比较大，而谷氨酸生成速度（r_{12}）却很低，这意味着TCA循环被打通的程度比较大，大量碳流氧化生成了 CO_2 和 H_2O，造成无效循环。低DO条件下，r_{13}、r_{14}、r_{15} 比较小，r_{12} 较大，丙酮酸羧化支路 r_7 的活性也很高，这意味着TCA循环几乎被完全封闭了，大部分碳流从TCA中的节点 α-酮戊二酸处向外溢出，最终生成谷氨酸。据报道乙醛酸循环（r_{16} 和 r_{17}，参见图8-15）对于谷氨酸发酵过程中的菌体生长是必要的，但是高通量的乙醛酸循环并不利于谷氨酸的生产。以葡萄糖为唯一碳源时，产酸期乙醛酸循环几乎是关闭的，从代谢网络模型在线计算的结果也可以得知，乙醛酸循环的活性很低（r_{16} 和 r_{17} 约为0），代谢网络图8-15中的 r_{14} 和 r_{15} 几乎与 r_{13} 相当。因此，图8-19中只给出了 r_{13} 的数值，以代表自 α-酮

戊二酸节点以下的 TCA 循环的代谢通量。

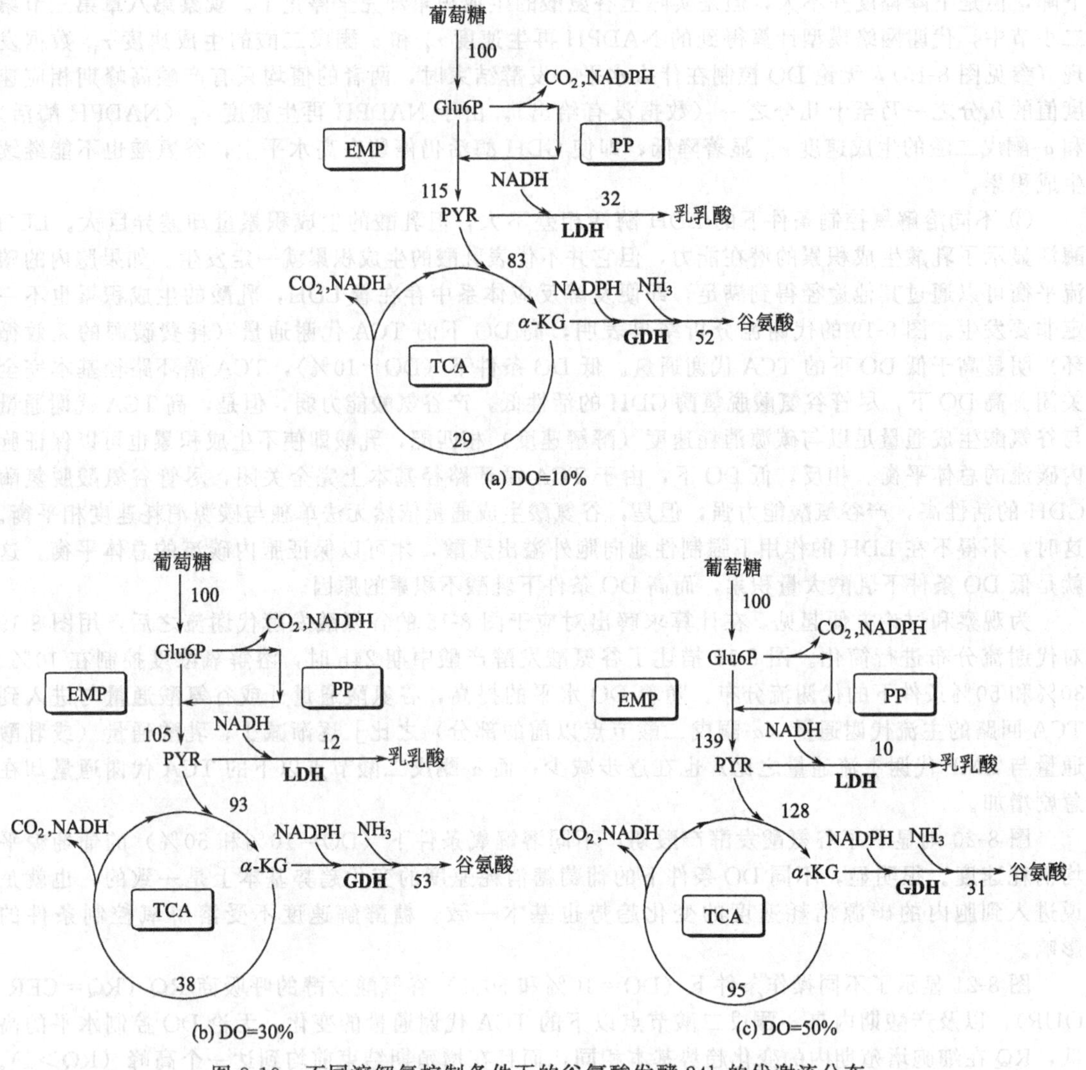

图 8-19 不同溶解氧控制条件下的谷氨酸发酵 24h 的代谢流分布

从图 8-21 和图 8-15 可以看出，RQ 和自 α-酮戊二酸节点以下的 TCA 循环代谢通量（以下简称 TCA 代谢通量）的变化趋势是有关联的。高 DO 条件下，RQ 稳定在 0.8 附近，TCA 代谢通量 r_{13} 在高位随时间呈缓慢下降变化，直到发酵结束。而在低 DO 条件下，RQ 逐步下降到 0.5 左右，TCA 代谢通量 r_{13} 在低位随时间迅速下降，到产酸中期的 20h 左右下降到零水平，以后 TCA 循环完全关闭。很显然，高 DO 条件下，TCA 代谢通量 r_{13} 在高位随时间推移造成了碳流的“无效循环”，分流了相当大的一部分碳流，导致较低的谷氨酸生成积累。而在低 DO 条件下，TCA 代谢通量 r_{13} 在低位迅速下降并完全封闭，谷氨酸积累量明显提高，但其生成速度不足以维持胞内的碳流平衡，剩余碳流不得不以乳酸的形式向外溢出，造成谷氨酸和乳酸同时过量积累。DO 的定值控制策略无法满足大量积累目的产物谷氨酸，同时抑制代谢副产物乳酸生

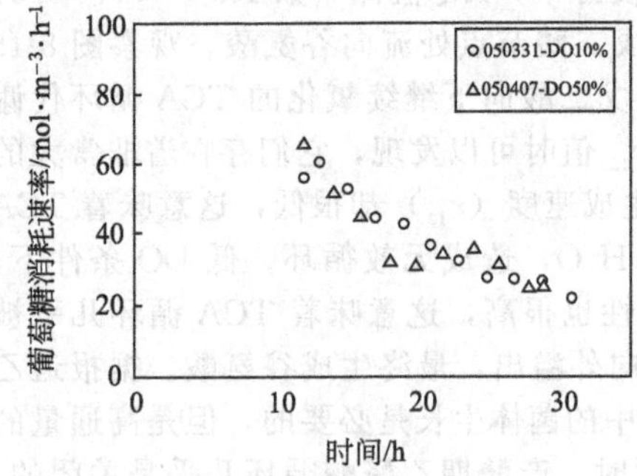

图 8-20 谷氨酸发酵产酸期，不同 DO 控制条件下耗糖速率的时间变化曲线

成的目标，因此，必须考虑采用其他的在线控制手段来解决上述问题。

理论上，可以考虑：①敲除与LDH有关的基因；②寻找LDH的专用抑制剂等方法来解决谷氨酸和乳酸同时过量积累的问题。但是，以上途径讲起来容易做起来难，往往还会伴随着其他问题的产生，特别是对于发酵食品而言还存在食品安全性的问题，实施起来比较困难。综合谷氨酸发酵产酸期内、不同操作条件下的代谢流分布、RQ变化趋势，以及GDH和LDH的酶活（变化）的结果，提出了一个“谷氨酸发酵平衡代谢控制”的优化控制方案，期望能够实现提高谷氨酸发酵性能的目的。该控制策略的基本框架如图8-22所示。

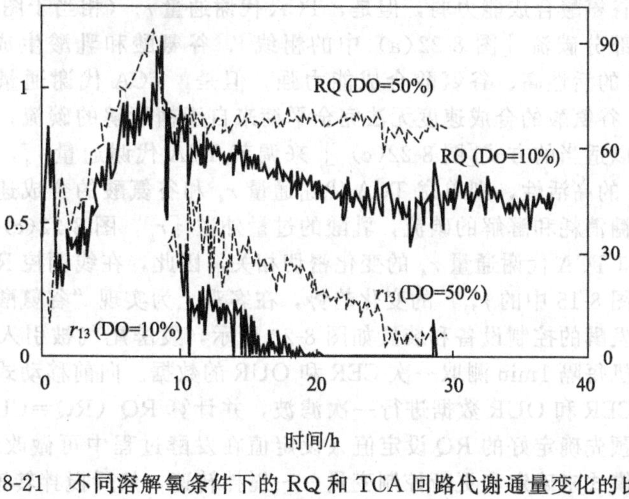

图8-21 不同溶解氧条件下的RQ和TCA回路代谢通量变化的比较

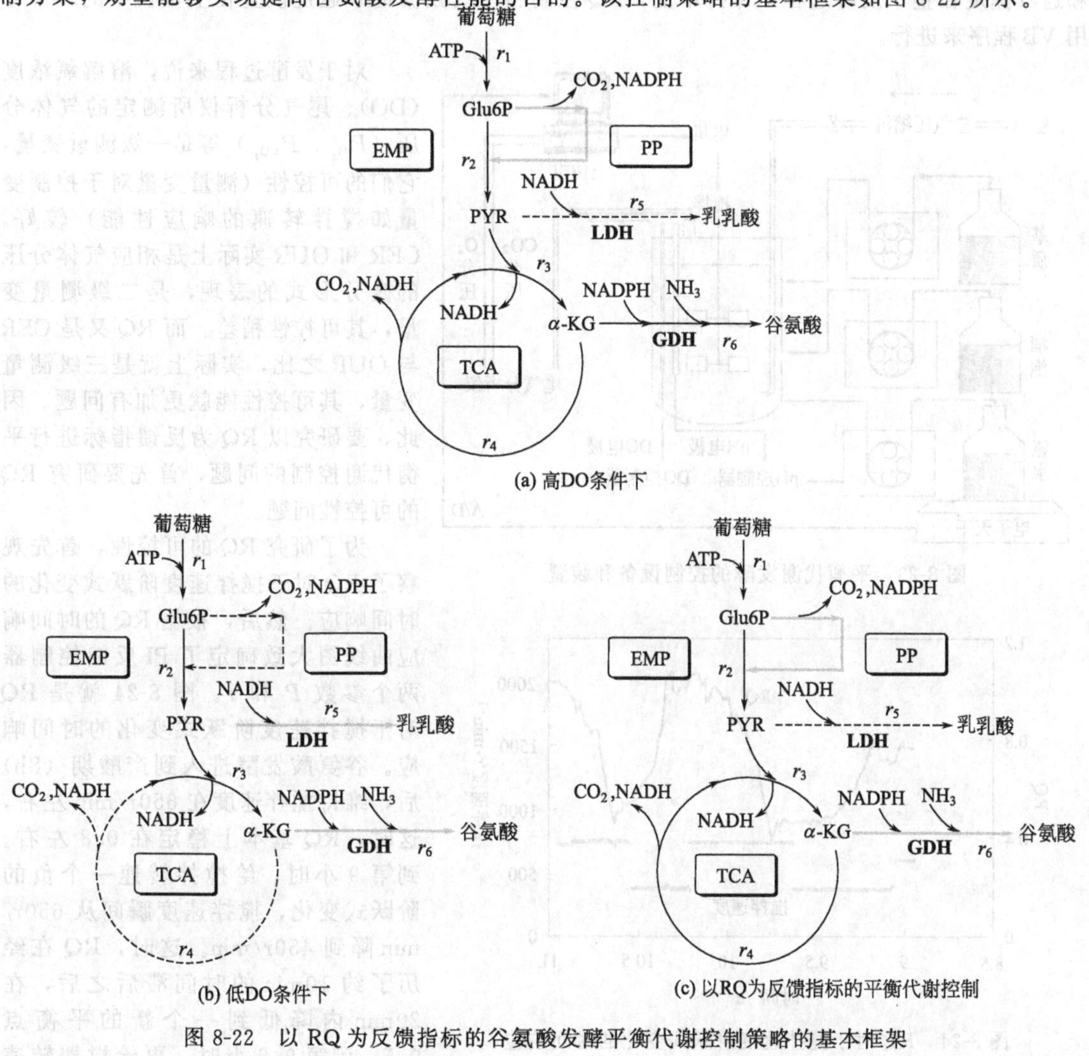

图8-22 以RQ为反馈指标的谷氨酸发酵平衡代谢控制策略的基本框架

在正常发酵条件下，糖酵解能力基本上是不变的（图 8-20）。在高 DO 条件下，GDH 的活性低、谷氨酸合成能力弱，但是，TCA 代谢通量 r_4（相当于图 8-15 中的 r_{13}）大，这分流了相当大的一部分碳流［图 8-22(a) 中的粗线］，谷氨酸和乳酸生成积累量不高。而在低 DO 条件下，GDH 的活性高、谷氨酸合成能力强，但是，TCA 代谢通量 r_4 却非常小［图 8-22(b) 中的虚线］。谷氨酸的合成速度无法完全平衡来自于糖酵解的碳流，乳酸不得不过量生成并外溢。如果能够以适当的方式［图 8-22(c)］来调节 TCA 代谢通量 r_4，同时将 DO 控制在较低水平，保持 GDH 的高活性，则单靠 TCA 代谢通量 r_4 和谷氨酸的合成速度（r_6）就有可能平衡整个来自于葡萄糖消耗和酵解的碳流，乳酸的过量外溢［r_5，图 8-22(c) 中的虚线］也就有可能避免。由于 RQ 和 TCA 代谢通量 r_4 的变化密切相关，因此，在线调控 RQ，可以改变 TCA 代谢通量 r_4（相当于图 8-15 中的 r_{13}）的变化趋势，在客观上为实现“谷氨酸发酵平衡代谢控制”创造了条件。

发酵的控制设备和装置如图 8-23 所示，发酵尾气被引入到在线尾气分析仪中，上位控制用计算机每隔 1min 测取一次 CER 和 OUR 的数据。向前移动式平均滤波窗口每 5 分钟对窗口内的 5 个 CER 和 OUR 数据进行一次滤波，并计算 RQ（RQ=CER/OUR）的数值。计算得到的 RQ 值与预先确定好的 RQ 设定值（设定值在发酵过程中可做改动）相比较，利用标准离散型的 PI 控制模式来确定和更新控制变量——搅拌转速，然后搅拌转速的计算值通过 RS232C 电缆反馈给发酵罐控制柜（下位控制机），由发酵罐控制柜来改变搅拌电机的转速，控制间隔为 5min。罐压和通气速度在整个发酵过程中保持不变，RQ 控制和在线数据记录通过设置在上位机中的一个专用 VB 程序来进行。

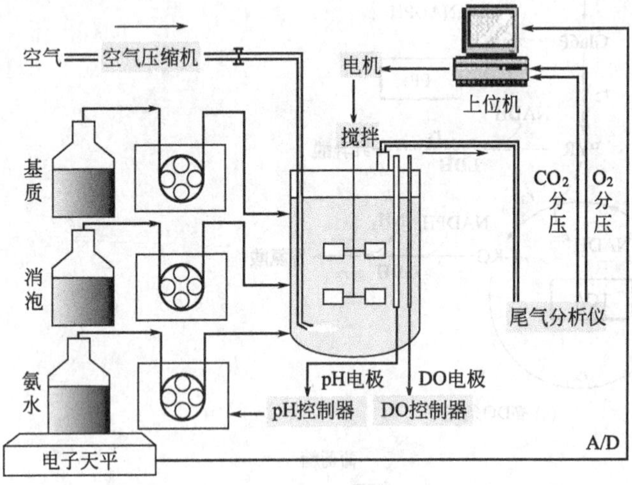

图 8-23 平衡代谢发酵的控制设备和装置

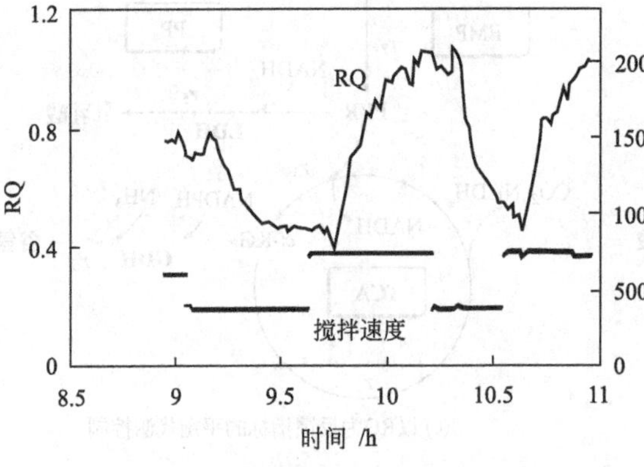

图 8-24 RQ 对于搅拌速度阶跃式变化的时间响应

对于发酵过程来说，溶解氧浓度（DO）、尾气分析仪所测定的气体分压（P_{O_2}，P_{CO_2}）等是一级测量变量，它们的可控性（测量变量对于控制变量如搅拌转速的响应性能）较好。CER 和 OUR 实际上是相应气体分压的微分形式的表现，是二级测量变量，其可控性稍差。而 RQ 又是 CER 与 OUR 之比，实际上就是三级测量变量，其可控性能就更加有问题。因此，要研究以 RQ 为反馈指标进行平衡代谢控制的问题，首先要研究 RQ 的可控性问题。

为了研究 RQ 的可控性，首先观察了 RQ 对于搅拌速度阶跃式变化的时间响应。然后，根据 RQ 的时间响应曲线图大致确定了 PI 反馈控制器两个参数 P 和 I。图 8-24 就是 RQ 对于搅拌速度阶跃式变化的时间响应。谷氨酸发酵进入到产酸期（8h）后，维持搅拌速度在 650r/min 左右，这时，RQ 基本上稳定在 0.8 左右。到第 9 小时，给搅拌转速一个负的阶跃式变化，搅拌速度瞬间从 650r/min 降到 450r/min。这时，RQ 在经历了约 10min 的时间滞后之后，在 20min 内降低到一个新的平衡点 0.5。到第 9.6 小时，再给搅拌转速一个正的阶跃式变化，搅拌速度瞬间从 450r/min 提升到 750r/min。同样，RQ 在经历了 10min 的时间滞后之后，在 20min 内上升到另一个新平衡点 1.0。在第 10.2 小时，搅拌速度从 750r/min 下降到 450r/min，RQ 依旧可以在 0.5h 内重新回到平衡点 0.5。以上结果表明，通过搅拌速度的更新变化，RQ 是完全可控的。利用一条不含时间滞后因素的曲线来近似地拟合 RQ 对于搅拌速度阶跃式变化的响应曲线（搅拌速度 450r/min→750r/min），再根据 Coon-Cohen 反馈控制器调整法，可以近似求解得到 PI 反馈控制器的两个参数：$P=20$，$I=3$。

带有时间滞后特性的过程控制比较复杂，必须要准确地得到过程的传递函数（状态变量 RQ 与控制变量搅拌速度之间的动力学模型），然后再结合使用 Smith 型反馈控制器调整法才可以准确地确定反馈控制器的参数。由于上述传递函数很难准确地得到，使用曲线拟合法来近似 RQ 的时间响应曲线也是没有办法的办法。另外，RQ 的时间响应曲线还会随着发酵的进行而发生变化，产酸初期和产酸后期的 RQ 时间响应特征可能会有相当大的差别。因此，如果可以使用“在线自适应控制”来应对 RQ 响应特征的变化将是最为理想的。

本例设计了一套新的 RQ 控制方案：RQ 控制从发酵 11h 后开始启动。在产酸初期（11～15h），将 RQ 控制在 0.80 的高位水平；在产酸中期（15～28h）将 RQ 控制在 0.70 的中位水平；在产酸末期（28～35h），控制 RQ 于 0.60 的低位水平。RQ 设定值的改变是这样进行的：观察 DO 的变化情况，如果 DO 长时间地（≥1h）处于 40% 以上的高位，则主动降低 RQ 的设定值，确保 GDH 的活性也能够保持在一个相对较高的水平上。上述控制方案收到了好的效果，其结果如图 8-25 所示。搅拌转速基本稳定在 450～750r/min 的范围内，从未有超过最高极限值的现象。DO 基本上在 5%～30% 的范围内以较低的频率（大约 1～2h 为 1 周期）上下波动。谷氨酸浓度在第 34 小时达到 101.6g/L 的最高水平，代谢副产物乳酸在发酵过程中几乎没有任何积累，最终乳酸浓度仅为 0.11g/L，平衡代谢控制收到了实效。为了验证上述控制策略

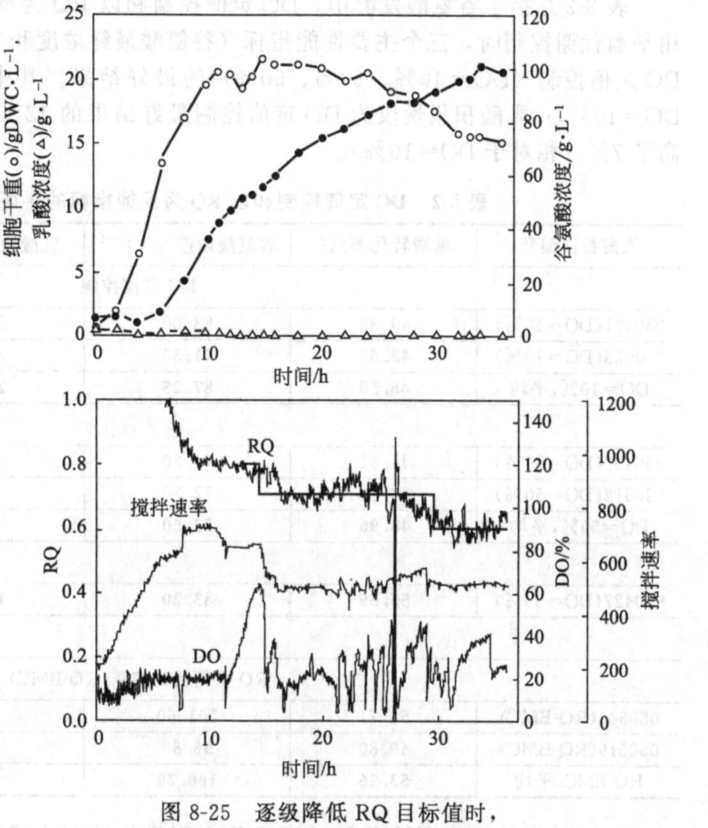

图 8-25 逐级降低 RQ 目标值时，谷氨酸发酵平衡代谢控制的结果

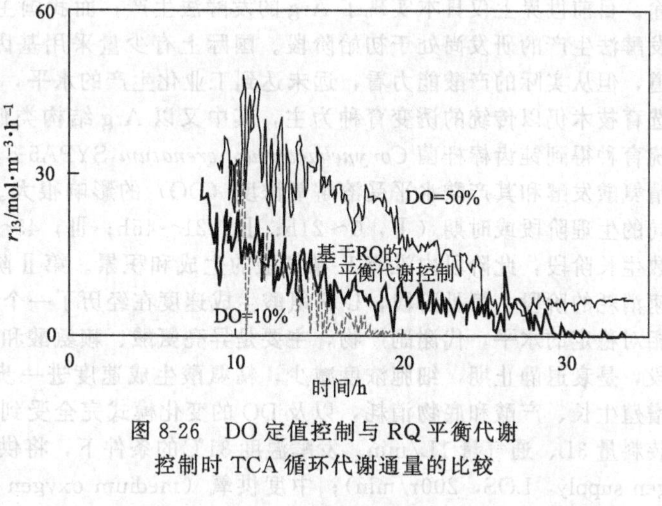

图 8-26 DO 定值控制与 RQ 平衡代谢控制时 TCA 循环代谢通量的比较

的重复性和可靠性，重复做一次完全相同的控制实验，结果是：发酵38h谷氨酸浓度达到98.8g/L，相同时刻的乳酸浓度也仅有1.04g/L（表8-2）。平衡代谢控制的有效性、可靠性和重复性得到了充分的实验验证。

图8-26是DO定值控制（10%和50%）与以RQ为反馈指标的平衡代谢控制的TCA循环代谢通量大小的比较。很明显，基于RQ的平衡代谢控制的TCA循环代谢通量正好被控制在DO=10%和DO=50%的TCA循环代谢通量之间，真正起到了仅利用谷氨酸合成通量和TCA循环通量来平衡糖酵解的碳流，抑制乳酸过量生成外溢的控制优化的目的。

表8-2总括了谷氨酸发酵中，DO定值控制和以RQ为反馈指标的平衡代谢控制的结果。使用平衡代谢控制时，三个主要性能指标（谷氨酸最终浓度和生产强度，乳酸积累量）均明显优于DO定值控制（DO=10%、30%、50%）的最好结果。其中谷氨酸产率提高了14%（相对于DO=10%）；乳酸积累量仅为DO定值控制最好结果的12%（相对于DO=50%）；生产强度提高了7%（相对于DO=10%）。

表8-2 DO定值控制和以RQ为反馈指标的平衡代谢控制的结果总括

发酵批次编号	糖酸转化率/%	谷氨酸浓度/$g \cdot L^{-1}$	乳酸浓度/$g \cdot L^{-1}$	谷氨酸生产强度/$g \cdot L^{-1} \cdot h^{-1}$
DO定值控制				
050331(DO=10%)	49.38	83.00	27.90	2.86
050526(DO=10%)	43.62	91.50	25.50	2.69
DO=10%,平均	**46.50**	**87.25**	**26.45**	**2.77**
050407(DO=50%)	44.51	74.20	1.00	2.56
050512(DO=50%)	53.40	72.80	0.80	2.43
DO=50%,平均	**48.96**	**73.50**	**0.90**	**2.49**
050427(DO=30%)	**55.55**	**83.20**	**18.60**	**2.19**
RQ平衡代谢控制(RQ-BMC)				
050509(RQ-BMC)	56.71	101.60	0.11	2.99
050516(RQ-BMC)	49.80	98.80	1.04	2.60
RQ-BMC,平均	**53.26**	**100.20**	**0.58**	**2.80**

二、利用基于代谢流分析的两段复合型供氧控制方式优化精氨酸代谢发酵

L-精氨酸（L-Arginine，简称L-Arg）是一种碱性氨基酸，在医药和食品工业有较广泛的用途。目前世界上仅日本实现了Arg的发酵法生产，而我国主要依靠毛发水解提取法制备L-Arg，发酵法生产的研发尚处于初始阶段。国际上有少量采用基因工程手段进行L-Arg菌种构建的报道，但从实际的产酸能力看，远未达到工业化生产的水平，因而国内外普遍采用的L-Arg菌种的选育技术仍以传统的诱变育种为主，其中又以Arg结构类似物抗性筛选为首选的方法。通过传统育种得到钝齿棒杆菌 *Corynebacterium crenatum* SYPA5-5，产酸达到了30g/L左右的水平。L-精氨酸发酵和其产酸水平受溶解氧浓度（DO）的影响很大。一般可以将精氨酸发酵分成四个不同的生理阶段或时期（Ⅰ，0～21h；Ⅱ，21～45h；Ⅲ，45～69h；Ⅳ，69～87h）。第Ⅰ阶段是指数生长阶段，此阶段内没有L-精氨酸的生成和积累。第Ⅱ阶段是L-精氨酸快速积累、葡萄糖快速消耗的阶段。第Ⅲ阶段，L-精氨酸生成速度在经历了一个最大值后，快速下降，最后趋于一个相对稳定的水平，代谢副产物，主要是异亮氨酸、赖氨酸和脯氨酸也有一定程度的积累。第Ⅳ阶段，是衰退静止期，细胞浓度减少，精氨酸生成速度进一步降低。整个L-精氨酸发酵中的细胞增殖生长、产酸和底物消耗，以及DO的变化模式完全受到供氧方式的控制影响。在5L发酵罐装料量3L、通气量1L/min、发酵温度31℃的条件下，将供氧方式分成三类：低供氧（low oxygen supply，LOS，200r/min）；中度供氧（medium oxygen supply，MOS，400r/min）和高供氧

(high oxygen supply，MOS，600r/min)。

图 8-27 给出了三种不同供氧方式下的细胞生长、底物消耗、产物生成，以及 DO 的变化曲线。高供氧（HOS）方式下，L-精氨酸的积累量最大，达到 31.1g/L。中度供氧（MOS）和低供氧（LOS）方式下的 L-精氨酸生成量小，分别只有 16.0g/L 和 3.0g/L 的水平。但是，在发酵 42～84h（发酵后期），相比于 HOS 模式，MOS 模式下的 L-精氨酸生成积累速度更加平稳，显示在发酵后期采取中度供氧的方式似乎对 L-精氨酸生成积累更为有利。

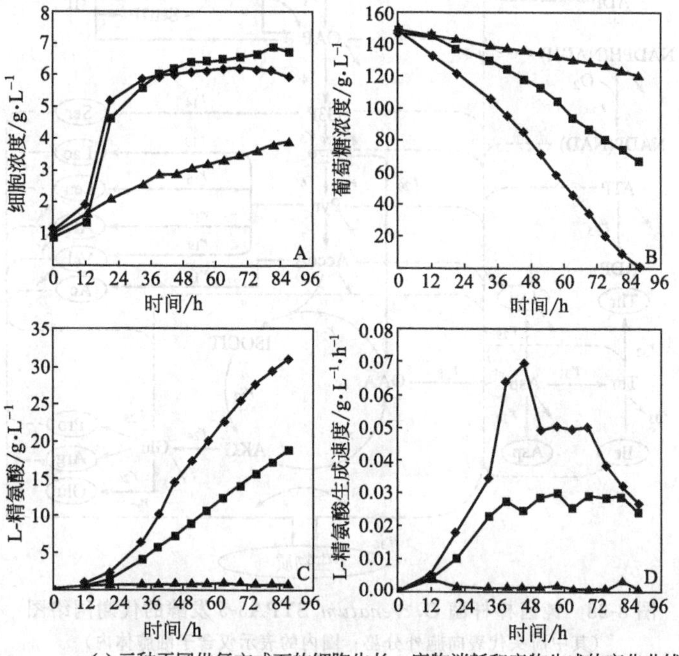

(a) 三种不同供氧方式下的细胞生长、底物消耗和产物生成的变化曲线

◆ HOS；■ MOS；▲ LOS

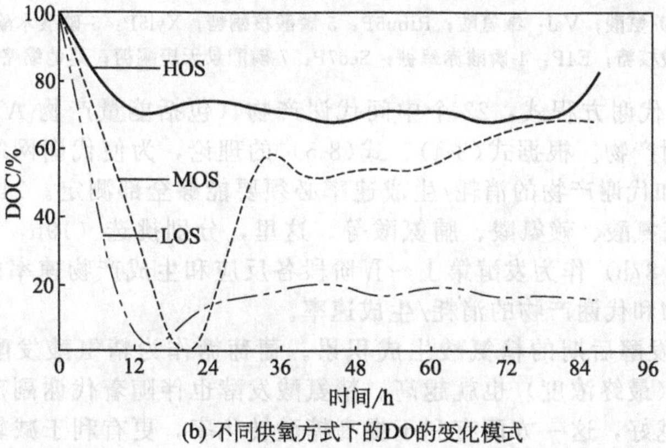

(b) 不同供氧方式下的DO的变化模式

图 8-27　供氧方式对 L-精氨酸发酵性能的影响

为进一步提高 L-精氨酸的产量（最终浓度），在不同的 DO 控制条件下，用代谢工程的系统性方法分析研究钝齿棒杆菌 SYPA5-5 的代谢流分布情况和变化规律，可以为 L-精氨酸发酵过程控制与优化的实现提供基础信息和重要参考情报。钝齿棒杆菌 *C. crenatum* SYPA 的 16SrDNA 序列与谷氨酸棒杆菌 *C. glutamicum* 的高度类似（超过 99%），因此，可以考虑将比较熟知的 *C. glutamicum* 的代谢途径用于 *C. crenatum* SYPA 的代谢分析和发酵过程控制优化。用于 L-精氨酸发酵的代谢网络图如图 8-28 所示。涉于篇幅，且所涉及到的代谢途径、反应（式）和中间产物与前面章节的有关内容多有重复，在此仅对重要的、新的缩略词进行表述。

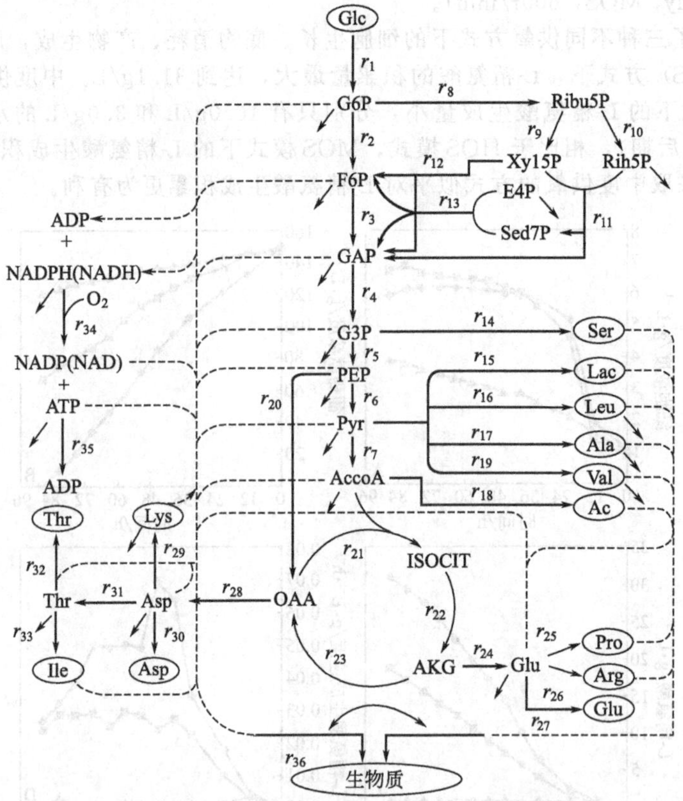

图 8-28　钝齿棒杆菌 *C. crenatum* SYPA5-5 发酵的代谢网络图

（其中箭头代表向胞外分泌；圈内的表示仅含于细胞体内）

Arg：L-精氨酸；Ala：丙氨酸；Ac：乙酸；Asp：天冬氨酸；Glc：葡萄糖；

Glu：谷氨酸；Ile：异亮氨酸；Lys：赖氨酸；Pro：脯氨酸；Ser：丝氨酸；

Thr：苏氨酸；Val：缬氨酸；Ribu5P：5-磷酸核酮糖；Xyl5P：5-磷酸木酮糖；

Rih5P：5-磷酸核糖；E4P：4-磷酸赤藓糖；Sed7P：7-磷酸景天庚酮糖；其他缩略词同图 8-15

图 8-28 含有 36 个代谢方程式，22 个中间代谢产物（包括能量产物 ATP、NADH 等），14 个胞外的反应物和代谢产物。根据式(8-4)、式(8-5) 的理论，为使代谢网络模型能够得到唯一解，14 个胞外反应物和代谢产物的消耗/生成速率必须要能够全部测定。14 个物质包括葡萄糖、细胞、L-精氨酸、异亮氨酸、赖氨酸、脯氨酸等。这里，分别挑选（19h，21h）、（43h，45h）、（67h，69h）和（85h，87h）作为发酵第Ⅰ～Ⅳ阶段各反应和生成产物速率的采样点，用于计算各不同发酵阶段反应物和代谢产物的消耗/生成速率。

HOS 方式不利于发酵后期的精氨酸生成积累。葡萄糖作为精氨酸发酵的碳源，其消耗速率越大，精氨酸产率（最终浓度）也就越高。精氨酸发酵也伴随着代谢副产物的生成，代谢副产物的生成积累越小越好，这一方面有利于提高糖酸转化率，更有利于减轻发酵下游产品精制回收的负担。精氨酸发酵中主要的代谢副产物（杂酸）有丙酮酸、乳酸、异亮氨酸、天冬氨酸、赖氨酸和脯氨酸。一般而论，氨基酸发酵中供氧过量，杂氨基酸容易产生；供氧不足，则有机酸容易积累。在大幅提高目的精氨酸产率的前提下，尽量减少杂酸的生成或至少保持控制相近的杂酸浓度，这就是精氨酸发酵过程控制优化最重要的目的和课题。

图 8-29 显示了高供氧（HOS）和中度供氧（MOS）条件下，精氨酸发酵各个阶段的主要代谢流的分布和走向。在发酵Ⅰ期，采用高供氧（HOS）方式，细胞合成代谢流可以比中度供氧（MOS）条件下的代谢流提高 36 %。该阶段，用于合成核酸和细胞骨架的中间 R5P 和 PP 代谢途径（磷酸戊糖途径）非常重要，而上述物质或途径需要使用大量的 NADPH 作为支撑。在 HOS 方式下，NADPH 代谢通量提高了 40%（相比于 MOS 方式），PP 途径，特别是通向 R5P 的代谢

(r_8) 非常活跃。与此同时，在碳中心代谢途径（葡萄糖→丙酮酸，EMP）上也需要大量产生可用做细胞合成和氨基酸生产前体的中间物质，如 G6P、F6P 和 PYR 等。与 MOS 条件相比，HOS 条件下的碳中心代谢途径上的代谢流（如 EMP 途径的最后一段，GAP→PYR 的代谢流 r_6）都有一定程度的提高。

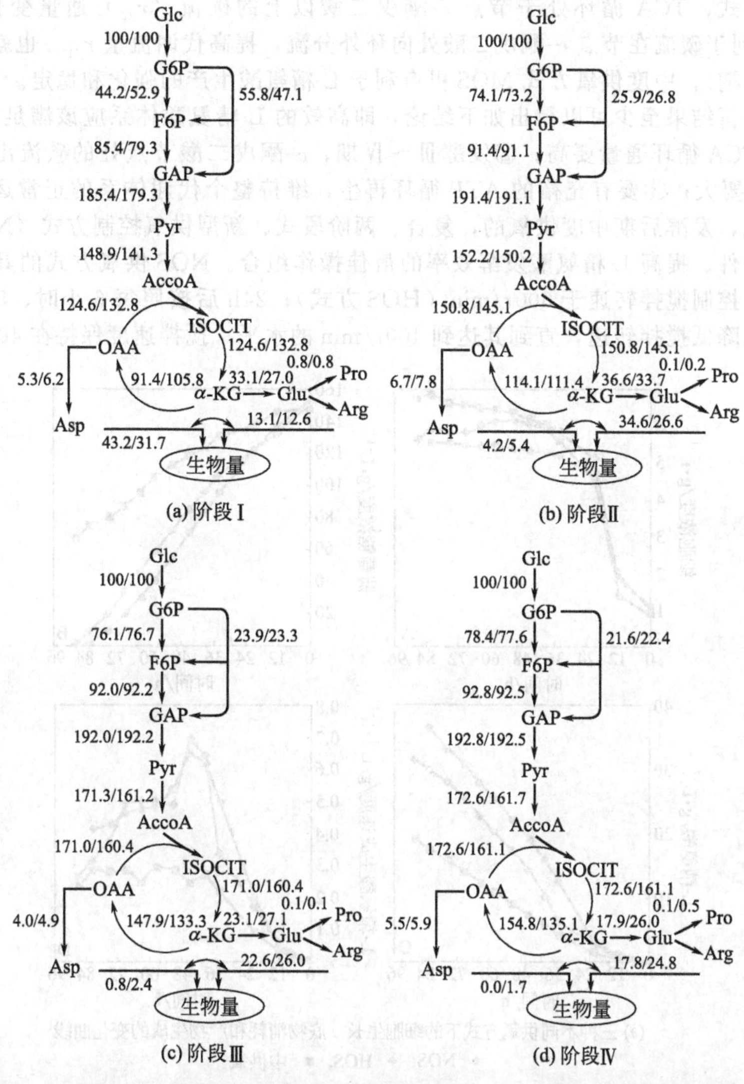

图 8-29　高供氧和中度供氧条件下，精氨酸发酵各个阶段的代谢流分布和走向

符号“/”之前和之后的数据分别代表 HOS 和 MOS 控制条件下的代谢流

进入到发酵Ⅱ期，无论是 HOS 还是 MOS 控制方式，r_8 都逐步降低。但是，r_8 仍然受制于供氧方式。在 HOS 条件下，与 MOS 条件相比，r_8（55.8）仍然提高了 18 %（r_8，47.1）。另外，在发酵Ⅱ期，两种供氧方式的 TCA 循环通量均比发酵Ⅰ期的相应值高。这是因为在发酵Ⅰ期，为使细胞高效地生长，有相当部分的碳流都被分流到了 PP 途径。生长期（发酵Ⅰ期）结束后，分流到 PP 途径的碳流不再大量需要，从而可以被转移到 TCA 循环中去。不论是 HOS 方式还是 MOS 方式，发酵Ⅱ期、Ⅲ期甚至Ⅳ期的 TCA 循环通量（以 r_{21}、r_{22}、r_{23} 为代表）均处于较高的水平，说明精氨酸生产和发酵Ⅱ～Ⅳ期的细胞维持代谢对 ATP 供给的要求很高。另外，图 8-29 的结果还说明，在发酵Ⅱ～Ⅳ期，供氧量越大，TCA 循环通量就越大。

精氨酸发酵中一个最重要的控制节点就是中间点 α-酮戊二酸。在该节点上，主要碳流分成两路：一路继续沿 TCA 途径循环；另一路则从 α-酮戊二酸节点分流、脱离 TCA，先产生谷氨酸，最后生成目标产物L-精氨酸。TCA循环中，节点α-酮戊二酸以下的代谢通量（r_{23}，参见图8-28）只要大到足以维持ATP能量再生和整个代谢网络正常运转的程度就可以了。在此条件下，节点α-酮戊二酸以上的碳流（r_{22}，参见图8-28）应该尽可能多地被导向谷氨酸（r_{24}），进而生成更多量的精氨酸，也就是说，r_{24}要尽可能的大。图8-29的结果表明，在发酵的Ⅲ～Ⅳ期，无论使用哪种供氧方式，TCA循环处于节点α-酮戊二酸以上的碳流（r_{22}）通量变化不大。但是，MOS方式更有利于碳流在节点α-酮戊二酸处向环外分流，提高代谢流量r_{24}。也就是说，发酵后期（发酵Ⅲ～Ⅳ期），中度供氧方式MOS更有利于L-精氨酸生产的强化和稳定。

上述代谢分析结果至少可以得出如下结论，即高效的L-精氨酸体系应该满足以下三个条件：①整个发酵的TCA循环通量要高；②发酵Ⅲ～Ⅳ期，α-酮戊二酸节点处的碳流出（TCA）环分流比（r_{24}/r_{22}）要大；③要有充裕的ATP循环再生，维持整个代谢体系的正常运转。因此，在发酵前期高供氧，发酵后期中度供氧的，复合、两阶段式、新型供氧控制方式（NOS）可能将是能够满足上述条件、提高L-精氨酸发酵效率的最佳操作组合。NOS供氧方式的具体操作细节如下：发酵前24h控制搅拌转速于600r/min（HOS方式）；24h后按照每6小时、50r/min降幅的速度，阶梯式地降低搅拌转速，直到其达到400r/min的水平；搅拌速度保持在400r/min的水平

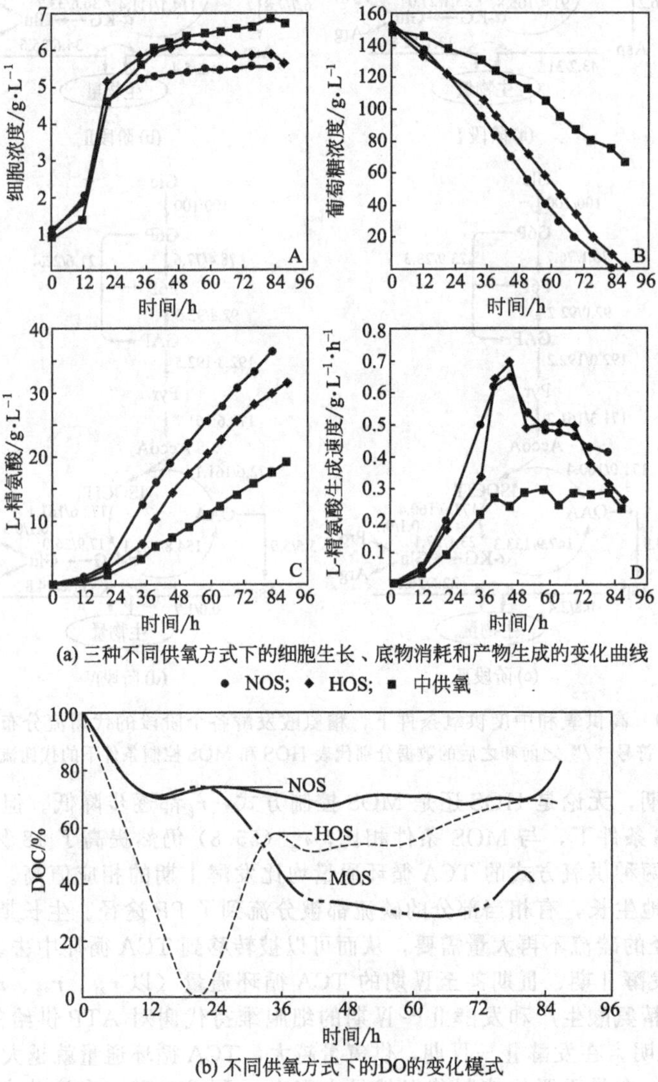

图8-30　使用新式、两段复合型供氧控制方式提高L-精氨酸发酵性能

上（MOS方式）直至发酵结束。分阶段、阶梯式、逐渐地控制搅拌转速，是出于尽量避免一次性的大幅度改变转速，有可能引起的DO剧烈变化、造成细胞受损的缘故。

新式、两段复合型供氧控制方式（NOS）的发酵曲线如图8-30所示。为了便于对照，使用HOS和MOS供氧方式的发酵曲线也画在该图中。使用NOS方式，最终L-精氨酸浓度达到37g/L，分别比HOS和MOS控制方式下的相应浓度提高16%和51%，发酵后期的L-精氨酸生成速度控制在一个相对高而稳定的水平，耗糖速度明显加快，81h葡萄糖全部耗尽。与HOS方式相比，为将相同的初糖浓度全部耗尽，NOS方式可以缩短发酵时间近6h，发酵效率明显提高。

使用新式、两段复合型供氧控制方式（NOS）的代谢流分布和最主要的实验比较结果总结归纳于图8-31和图8-32中。如图8-31所示，NOS和HOS供氧方式下的“绝对”葡萄糖消耗速率（代谢流分析基准，100）和处于节点α-酮戊二酸以上的TCA循环通量（r_{22}）基本相当。但是，当发酵进入到第Ⅲ～Ⅳ期后，NOS方式下的节点α-酮戊二酸处向环外分流的代谢流量r_{24}，或者说“环外碳流的分配比”r_{24}/r_{22}明显比HOS方式下的相应数值要高，此时r_{24}/r_{22}基本上与MOS方式下的相应值持平。更为重要的是，虽然使用NOS供氧控制方式提高了“环外碳流的分配

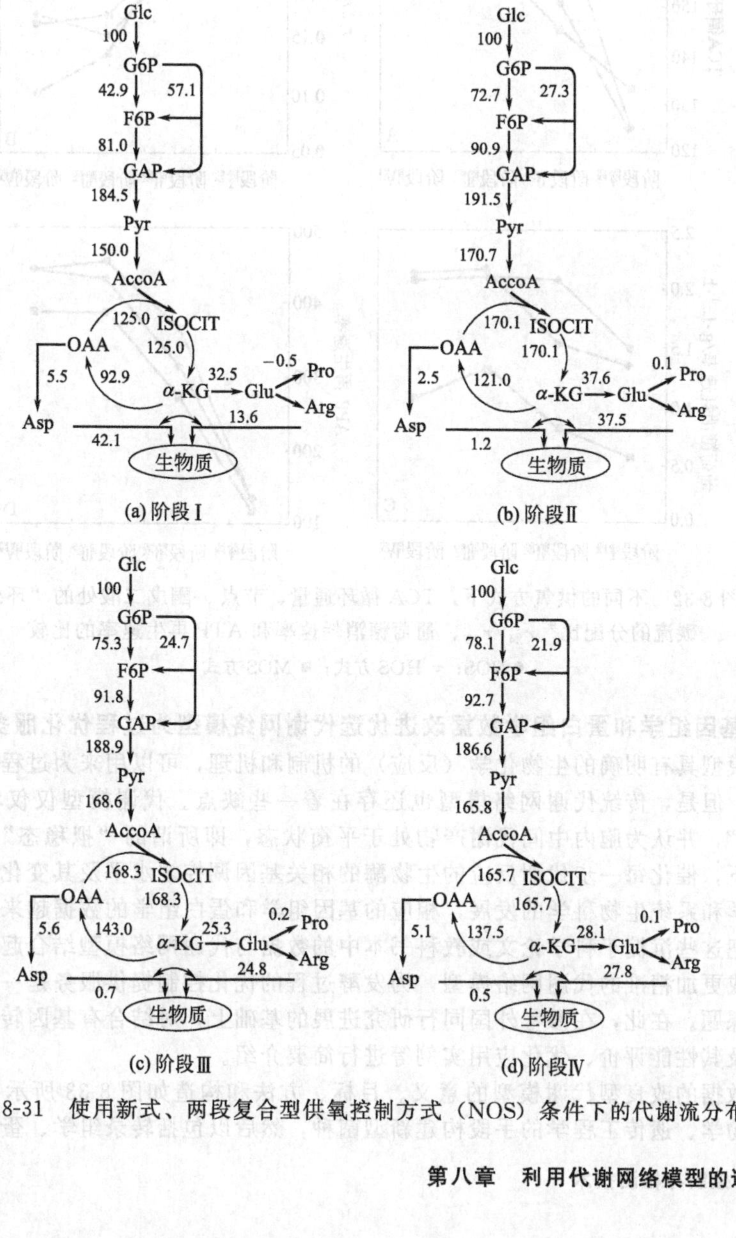

图8-31 使用新式、两段复合型供氧控制方式（NOS）条件下的代谢流分布

比”r_{24}/r_{22}（强化环外分流），但 ATP 再生速率在整个发酵过程中不但没有恶化反而有所提高。以上结果验证了前边所提出的、提高 L-精氨酸发酵性能应该满足的三个条件，即整个发酵过程中 TCA 循环通量要大；ATP 循环再生速率要高；发酵后期，节点 α-酮戊二酸处的“环外碳流的分配比”r_{24}/r_{22} 要大。

最后，对利用新式、两段复合型供氧控制方式（NOS）进行精氨酸发酵是否会产生或增大其他的代谢副产物积累也做了分析。主要代谢副产物依旧是脯氨酸、异亮氨酸、赖氨酸和乳酸。与 HOS 和 MOS 方式相比较，几种杂酸（的浓度）有的略有上升，有的略有下降，没有规律且变化幅度不大。最高杂酸积累水平（赖氨酸，2.63g/L，NOS 条件；异亮氨酸，2.60g/L，HOS 条件；脯氨酸，1.28g/L，HOS 条件；乳酸，1.08g/L，MOS 条件）较低，对精氨酸发酵性能的影响不大。

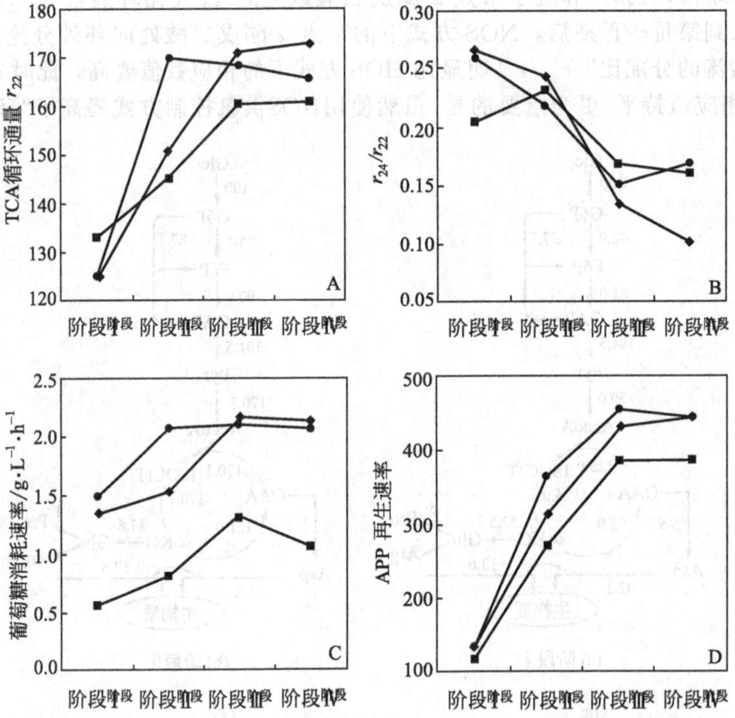

图 8-32　不同的供氧方式下，TCA 循环通量、节点 α-酮戊二酸处的“环外碳流的分配比”r_{24}/r_{22}、葡萄糖消耗速率和 ATP 再生速率的比较

● NOS；◆ HOS 方式；■ MOS 方式

三、利用基因组学和蛋白组学数据改进优选代谢网络模型为过程优化服务

代谢网络模型具有明确的生物化学（反应）的机制和机理，可以用来为过程的状态预测、控制和优化服务。但是，传统代谢网络模型也还存在着一些缺点。代谢模型仅仅考虑的是所谓的“胞内碳代谢流”，并认为胞内中间代谢产物处于平衡状态，即所谓的“拟稳态”。它并没有考虑各种环境条件下，催化每一步代谢反应的生物酶的相关基因调控之水平及其变化。随着科技的进步，生物信息学和系统生物科学的发展，相应的基因组学和蛋白组学的数据越来越多，越来越容易得到。如何把这些沉淀于科学论文或教科书本中的数据与代谢网络模型结合起来，对它们进行充分利用，形成更加精准的代谢网络模型，为发酵过程的优化控制提供服务是一个非常具有理论和实际意义的课题。在此，在参考外国同行研究进展的基础上，对结合有基因转录组学等数据的代谢网络模型及其性能评价、优化应用实例等进行简要介绍。

基于组学数据的改良型代谢模型的意义、目标、方法和构造如图 8-33 所示。其实质就是首先利用分子生物学、遗传工程学的手段构建新型菌种，然后以包括转录组学、蛋白组学和代谢组

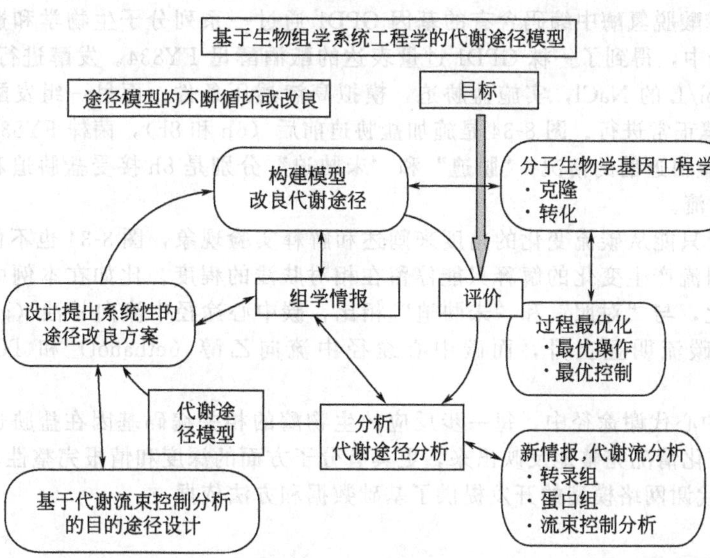

图 8-33　基于组学数据的改良型代谢模型的示意图和潜在工业应用

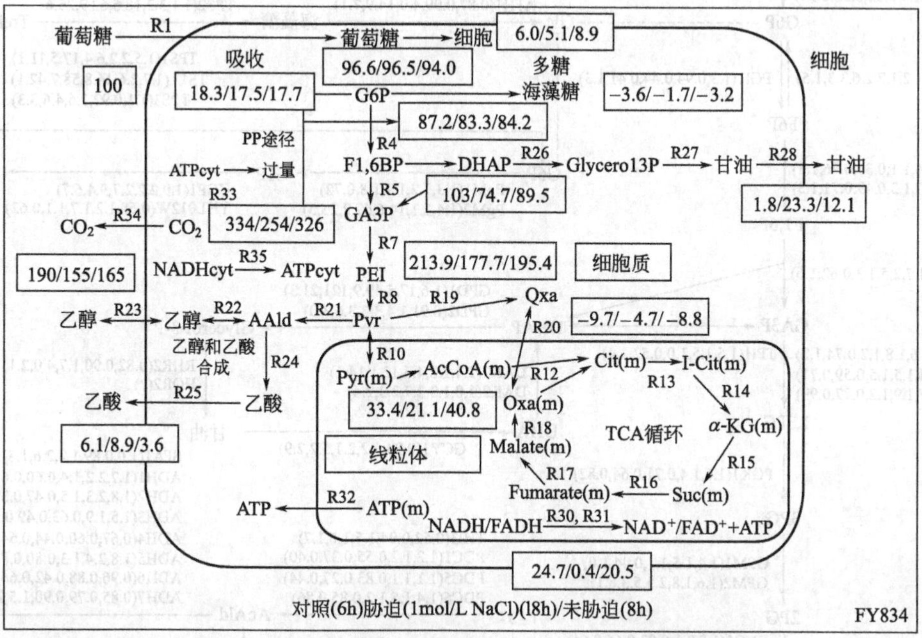

图 8-34　施加盐胁迫前后菌株 FY834 的代谢流分布情况

学在内的数据和情报为中心，建立新的代谢网络模型、开展代谢流分析研究、提出强化目标代谢途径的方法和手段。将上述方法的结果或结论用于指导发酵过程的操作与控制，评价发酵性能有无提高。整个过程要在不断的循环和改进条件下完成。

为实现上述目标，整体工作要涉及到 DNA 微阵列分析、2D 凝胶电泳蛋白组学分析、基于 C^{13} 同位素分析技术的胞内代谢流计算，以及海量数据分析聚类技术在内的各个方面。以上技术远远超出了本书的范围，这里将介绍内容放在基于组学数据的改良型代谢模型的主要特征及其与传统代谢网络模型的比较上。

酒精高浓度发酵（≥15%，体积分数）常常伴随有高糖浓度培养液的使用。高糖浓度所引起的高渗透压对发酵不利，有必要研究正常和（模拟）高渗透压条件（高盐浓度）下的酒精代谢途径变化。甘油-3-磷酸脱氢酶中编码含有的基因 GPD1 通过一系列分子生物学和遗传工程的方法被引入到酿酒酵母中，得到了一株 GPD1 过量表达的酿酒酵母 FY834。发酵进行到 6h 时，在一组发酵液添加 1mol/L 的 NaCl，实施盐胁迫，模拟高渗透压条件；而另一组发酵液则没有任何 NaCl 的添加，发酵正常进行。图 8-34 是施加盐胁迫前后（6h 和 8h），菌株 FY834 代谢流的分布情况。“对照”是盐胁迫前的情况，“胁迫”和“未胁迫”分别是 8h 接受盐胁迫和未接受盐胁迫发酵条件下的代谢流。

传统代谢分析只能从碳流变化的角度来阐述和解释实验现象，图 8-34 也不例外。传统代谢对于盐胁迫下代谢流产生变化的解释只能停留在相对肤浅的程度。比如在本例中，盐胁迫下的代谢流发生了变化，与“对照”和“未胁迫”相比，碳中心途径中流向甘油（glycerol）和海藻糖（trehalose）的碳流明显上升，而碳中心途径中流向乙醇（ethanol）和 TCA 循环的碳流下降。

图 8-35 把碳中心代谢途径中，每一步反应的生物酶的相关编码基因在盐胁迫条件下的调控情况和随时间的变化情况完整地反映出来，更具有分子方面的深度和情报完整性，也为今后更为“先进、可靠”的代谢网络模型的开发提供了基础数据和方法依据。

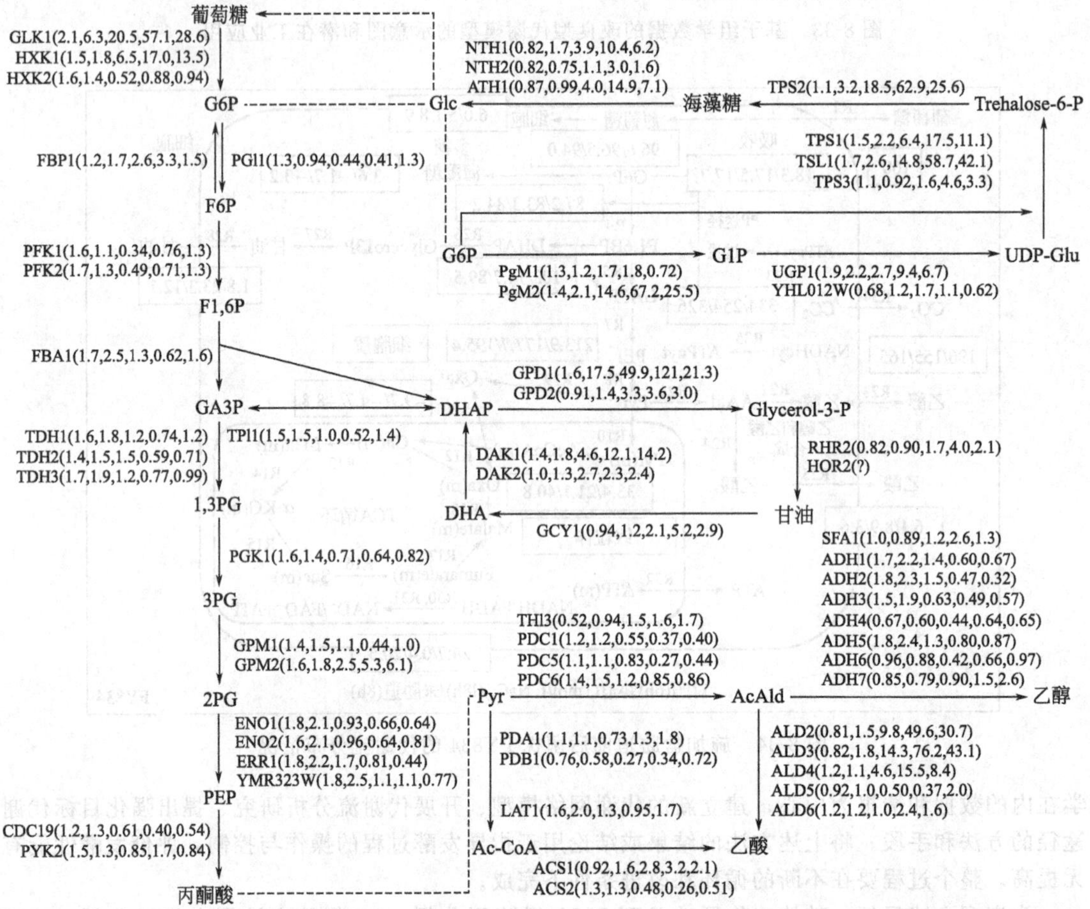

图 8-35　菌株 834 碳中心代谢流骨架和所有参与反应的生物酶编码基因转录数据

括号（　）内表示的是盐胁迫开始后 15min、30min、45min、60min 和 120min 时的基因表达的上调（>1.0）或下调（<1.0）倍数。每步反应旁边的大写英文符号是与该步反应有关的各编码基因的名称

从图 8-35 可以看出，催化 DHAP 至甘油-3-磷酸的酶系中的基因 GPD1 在盐胁迫开始后的 45min 和 60min 上调幅度最大，分别达到 50 和 121。从 G6P 生成海藻糖（trehalose）途径上的两

个基因 TLS1 和 TPS2，在 60min 时上调幅度也很大，分别达到 59 和 63。相反，从丙酮酸（Pyr）生成乙醇（ethanol）途径中的最后一步 AcAld→乙醇，所有相关基因的表达几乎都处在下调水平（<1.0）。而由 AcAld 生成乙酸一步的两个基因 ALD2 和 ALD3，在胁迫 60min 后的上调幅度也很大，分别达到 50 和 76。以上转录基因组学的数据表明，酿酒酵母（FY834）在高渗透压条件下，需要过量地生产一些甘油、海藻糖甚至乙酸，减少乙醇的生成，以对自身细胞形成保护。这与实际的实验结果相一致，与传统代谢流分析的结果（图 8-34）也是相符的。

使用两株不同的酿酒酵母：实验室菌株 FY834 和工业制酒菌株 IFO2347，对它们的糖酵解途径、甘油产生途径、乙酸产生途径和乙醇生产途径，在受到（不同浓度的）盐胁迫后的转录基因组学数据、蛋白组学数据，以及代谢流分布数据进行了全面归纳总结。结果显示于图 8-36 中。

		实验室菌株		工业菌株	
		0.5mol/LNaCl	1mol/L NaCl	0.5mol/L NaCl	1mol/L NaCl
转录组	糖酵解	↑	↑	⇔	⇔
	甘油合成	↑	↑	↑	↑
	乙醇合成	⇔	⇔	↑	⇔
	乙酸合成	↑	↑	↑	↑
蛋白组	糖酵解	⇔	⇔	⇔	⇔
	甘油合成	↑	↑	↑	↑
	乙醇合成	⇔	⇔	⇔	⇔
	乙酸合成	⇔	↑	⇔	⇔
代谢流分布	糖酵解	⇔	⇔	⇔	⇔
	甘油合成	↑	↑	↑	↑
	乙醇合成	↑	↓	↑	↓
	乙酸合成	↑	↑	↓	↓

注：↑ 上调；↓ 下调；⇔ 基本不变。

图 8-36　碳中心代谢途径中的几个主要支路的基因组学数据、蛋白组学数据和代谢流分布在盐胁迫后的变化情况

基因组学数据、蛋白组学数据和代谢流分布的变化趋势有时完全一致，如甘油产生途径。这说明酵母在受到高渗透压胁迫时，甘油途径得到强化，甘油积累以保护细胞免于损伤，这一点几乎已经可以成为公理。但是，有时上述数据的变化趋势并不一致。比如说：对于工业制酒菌株 IFO2347 和乙酸产生途径，在受到 1 mol/L NaCl 的胁迫时，基因组学数据显示上调，蛋白组学数据显示无变化，而代谢流则下降。对于这种相互矛盾的结论，今后还需要进行更详细的调查和研究，以进一步完善模型和相应的数据解释机制。

【习题】

一、判断题

(1) 使用代谢网络模型来进行发酵过程的在线状态预测就是：

A. 结合模型并利用可以在线测定的状态变量的浓度，来推定其他不可测状态变量的浓度

B. 结合模型并利用可在线测定的状态变量的速度参数，推定其他不可测状态变量的速度参数

C. 结合模型并利用实验结束后分析得到的数据，对特定微生物的发酵或培养过程进行代谢流分布的解析

(2) 代谢网络模型属于：

A. 具有明确物理、化学或生物意义和机理的白箱模型

B. 基于经验和知识的、定性形式的灰箱模型

C. 基于实验数据的、100%的黑箱模型

(3) 代谢网络模型中代谢方程的个数应该等于

A. 所考虑的所有代谢节点（起始点、中间点、终点）的个数

B. 所有速度变量的总个数

C. 所有可测速度变量的个数

D. 所有不可测速度变量的个数

(4) 代谢网络模型的输入和输出可以是：

A. 输入：耗氧速度、耗糖速度；输出：CO_2 释放速度、细胞生长速度

B. 输入：溶解氧浓度、底物浓度；输出：尾气中 CO_2 分压、产物浓度

C. 输入：耗氨速度、耗糖速度；输出：代谢产物生成积累速度、细胞生长速度

D. 输入：耗氧速度、耗糖速度；输出：ATP 生成速度、NADH 生成速度

二、填空题

(1) 一般情况下，生物反应代谢网络的输入信号为生物反应体系中各基质的消耗速度，如________和________。输出信号则为体系中各产物的生成速度，如________和________。

(2) 代谢网络模型中，ADP 的再生反应（ATP ⟶ ADP＋Pi）实际上反映了________的要求。

(3) 求解代谢网络模型时，根据总代谢方程式的个数与未知速度变量的个数之间的关系，可以将代谢网络模型分为________型、________型和________型三种类型。

(4) 使用代谢网络模型来进行发酵过程的在线状态预测时，所有反应物、生成物和中间产物的反应速度的总数为 K，其中有 M 个反应物或生成物的（反应或生成）速度可测；总代谢反应方程式个数为 N，且 $N>K-M$，则此时系统为一个________系统。

(5) 生物反应代谢网络中，任意节点间输入和输出信号的传递函数可由________定理来加以表达和归纳。

三、计算题

考虑以上由葡萄糖生成代谢产物的简单代谢途径。假定各节点间的传递系数分别为 a、b、c…。利用梅森（Mason）定理计算从葡萄糖到该代谢产物间的总传递函数 G。

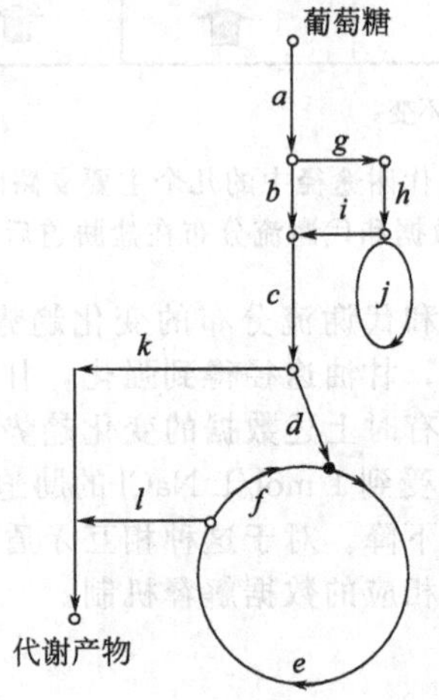

【解答】

一、判断题

(1) A×，B√，C×　　(2) A√，B×，C×

(3) A√，B×，C×，D×　　(4) A√，B×，C√，D×

二、填空题（其他合适的表述亦可）

（1）耗糖速度、耗氧速度，目标代谢产物生成速度、CO_2 生成速度

（2）细胞维持代谢

（3）确定、不定、超定

（4）超定

（5）Mason

三、根据梅森（Mason）定理：

$$G=\frac{\sum_k P_k\Delta_k}{\Delta}$$

$$\Delta\equiv 1-\sum_i L_i+\sum_{i,k}L_iL_k-\sum_{i,k,m}L_iL_kL_m+\cdots$$

第 1 条向前支路的传递函数：$P_1=abck$。

第 2 条向前支路的传递函数：$P_2=aghick$。

第 3 条向前支路的传递函数：$P_3=abcdel$。

第 4 条向前支路的传递函数：$P_4=aghicdel$。

一共有两条闭路径：一条是 $L_1=j$；另一条是 $L_2=ef$。这两条闭路径完全不接触。

线图行列式(graph determinant)：$\Delta=1-(L_1+L_2)+L_1L_2=1-(j+ef)+jef$。

第 1 条向前支路与哪 1 条闭路径都不接触，$\Delta_1=1-(L_1+L_2)+L_1L_2=1-(j+ef)+jef$。

第 2 条向前支路与第 1 条闭路径相接触，$\Delta_2=1-(\cancel{L_1}+L_2)+\cancel{L_1}\cancel{L_2}=1-ef$。

第 3 条向前支路与第 2 条闭路径相接触，$\Delta_3=1-(L_1+\cancel{L_2})+\cancel{L_1}\cancel{L_2}=1-j$。

第 4 条向前支路与所有 2 条闭路径都接触，$\Delta_3=1-(\cancel{L_1}+\cancel{L_2})+\cancel{L_1}\cancel{L_2}=1$。

$$G=\frac{\sum_k P_k\Delta_k}{\Delta}=\frac{abck[1-(j+ef)+jef]+aghick(1-ef)+abcdel(1-j)+aghicdel}{1-(j+ef)+jef}$$

参考文献

[1] Jin S，et al. J Biosci & Bioeng，1995，80：541.

[2] Shi H，et al. Biotechnol Bioeng，1998，58：139.

[3] Shioya S，et al. Biochem Eng J，2007，36：28.

[4] Shimizu H，et al. Metabolic Engineering，1999，1：299.

[5] Tada K，et al. J Biosci & Bioeng，2000，91：344.

[6] Takiguchi N，et al. Biotechnol Bioeng，1997，55：170.

[7] Vallino J J，et al. Biotechnol Bioeng，1993，41：633.

[8] Zhang C，et al. Biochem Eng J，2005，25：99.

[9] Xiao J，et al. Bioprocess Biosyst Eng.，2006，29：109.

[10] Xu H，et al. Biochem Eng J，2009，43：41.

[11] 清水和幸.バイオプロセス解析法.システム解析原理とその応用.福冈：コロナ社，1997.

[12] 松原正一.プロセス制御.东京：养贤堂株式会社，1983.

[13] 陈坚，李寅.发酵过程优化原理与实践.北京：化学工业出版社，2002.

[14] 张嗣良，储炬编著.多尺度微生物过程优化.北京：化学工业出版社，2003.

第九章　发酵过程的多变量聚类分析和故障诊断/早期预警

第一节　发酵过程多变量聚类分析和故障诊断简介

发酵过程非常复杂，具有高度时变性和批次变化的特征。发酵工段的产品质量波动大，错误和故障不易早期发现，一旦发现，发酵已不可逆转，造成原料的浪费和设备的空转。许多场合，发酵工段产品的效价或浓度只要能够稳定地达到某一水平以上，发酵就算成功。发酵工段的产品质量与下游产品精制纯化过程的操作和正常实施息息相关，质量波动太大将直接增加下游精制过程的操作负担和成本，因此，有时确保发酵工段产品效价的稳定甚至比进一步提高效价指数更为重要。及时、准确地对发酵过程处于"正常"状态，还是处在"非正常"状态（病态）进行识别和判断也是发酵过程优化的迫切需要。

发酵过程的优化是按照对发酵过程的认知（数据采集），建立模型，提出优化方案（指明优化目标、提出可能的操作策略），实施优化、进行过程控制的顺序来实现的。但是，有时发酵条件虽然严格控制在预定设定的"最佳轨道"上，但往往却达不到预期的优化效果，甚至导致发酵失败。失败的原因一般可归咎为配料错误、机械或测量故障、误操作等。因此，发酵过程优化能否真正发挥实效，还需要研究和解决过程的异常诊断、及时发布预警信息、采取补救措施等问题，这样才能够尽量减少原料损失和事故的发生，增强发酵过程的经济性和安全性。

及时和频繁地测量发酵过程的最重要状态参数如产物浓度或效价等，实际上是发现异常、发布早期预警的最基本、最原始的手段。但是，这种方法在实用上存在很大问题：①需要频繁地取样；②需要昂贵的测试设备和熟练的操作（化验）工人；③试样分析需要经过离心、稀释、色谱跑样等多道程序，存在着很长的测量滞后，难以及时地对发酵故障做出预警。通过在线获取多变量的工业检测数据，并结合使用有效的数据处理方法，从海量数据中挖掘和浓缩有用的数据和情报，才是实现发酵过程故障诊断和早期预警的出发点。

工业发酵中，有许多常规状态变量，如DO、pH、尾气分压、耗氨和耗糖量（速度）还是可以在线测量的。这些变量间经常存在互相关联的关系，也就是说这些变量不是互相独立的。如果仅是利用单变量的发酵趋势图对过程进行分析和监测，摆在操作人员面前的将是一堆多个、独立、错综复杂的发酵历史曲线，操作人员很难利用这些曲线或数据对发酵处于"正常"还是"非正常"的状态进行判断。若能将多个互相关联的状态变量压缩为少数、可独立观测的变量，则操作人员就有可能从这几个变量的变化趋势中，对发酵所处状态进行正确判断和评价。

在多变量聚类统计分析中，最基本的方法就是主元分析（PCA，principal components analysis）。主元分析是将多个相关的变量转化为少数相互独立的变量的一个有效分析方法。主元分析的特点是通过多元统计投影的手段，对海量的相关多变量进行数据降维，利用数据压缩得到的少数独立变量来表征由多相关变量构成的过程的动态信息。PCA统计监测模型是将过程数据向量投影到两个正交的子空间（主元子空间和残差子空间）上，并分别建立相应的统计量进行假设检验，以判断过程的运行状况，它的目标就是在保证数据信息丢失最少的情况下，对高维变量空间进行降维处理。许多研究者认为，主元分析在系统响应方差分析方面的用途比在系统建模方面的用途要大。Hotelling 对主元分析方法进行了改进，使改进后 PCA 成为目前被广泛应用的方法。

20 世纪 60 年代初，主元分析方法首先被引入到化学、食品和饮品风味识别等相对静态特征明显的领域，并被称为主要因素分析（principal factor analysis）。20 世纪 80～90 年代初，主元分析又被引入到化学工程、化学反应等动态特征更加明显的领域。现在，主元分析（PCA）是一种较为成熟的多元统计监测方法，它可以从生产过程历史数据中挖掘统计信息、建立 PCA 模型，并根据统计模型将存在相关关系的多变量投影到由少量隐变量定义的低维空间中去，用少量变量反映多个变量的综合信息，使生产过程的监控、故障检测和诊断以及一些相关的研究工作得以简化。主元分析可以用来实现下列目标：数据压缩、奇异值检测、变量选择、潜在故障的早期预报、故障诊断及建模等。用主元分析进行过程监控的主要工具是多元统计过程控制图，如 SPE 图、Hotlling T^2 图等，它们分别是多元统计量平方预测误差（squared prediction error，SPE）、Hotlling T^2 的时序图。一般认为，SPE 描述了生产过程与统计模型的偏离程度，而 Hotlling T^2 则描述了由统计模型所决定的前 k 个隐变量的综合波动程度，它们是最常用的多元统计过程控制图。但是，主元分析（PCA）的适用范围一般限于线性系统或过程。

发酵过程也是具有高度非线性特征的过程。前人对废水处理、青霉素发酵等生物过程的计算机模拟研究发现，传统的主成分分析法（PCA）在这类过程的故障诊断中难以收到实效，必须要使用诸如 Kernel Fisher 一类的、烦琐、扩展型的非线性 PCA 法。Kernel Fisher 型 PCA 法虽然可以对具有高度非线性特征的发酵过程进行故障识别和诊断，但是它有以下几个突出缺点：①它需要使用发酵进行到某时刻为止的全体数据，而不是瞬时数据或某一移动时间窗口内的数据，数据处理量大大增加；②计算程序复杂，因为跨学科知识因素的原因，普通的发酵工程师还难以学习和效仿；③研究报道例还基本停留在使用已有数据（bench data）或模型进行计算机模拟的层面，真正实时在线的发酵过程的实用例还非常少见。

自我联想神经网络（auto associative neural network，AANN）是一种特殊的前馈式神经网络，它通过联想学习，适当地选择拓扑空间和压缩数据，在网络的瓶颈层获得过程的特征情报，并将该特征情报还原到网络的输出层。因此，AANN 模型实际上是一种可以处理高度非线性特性的非线性型 PCA 模型。

自我联想神经网络 AANN 的原型是一种具有对称拓扑结构的五层前馈传递神经网络（图 9-1）。从前到后依次为输入层、映射层（mapping）、瓶颈层（bottleneck Layer）、解映射层（demapping）和输出层。图 9-1 是利用温敏型基因重组酿酒酵母生产 α-淀粉酶的发酵过程中，使用 AANN 自我联想神经网络模型进行发酵过程故障诊断的一例。AANN 自我联想神经网络模型的最大特点是：①过程的“特征情报”可以在“瓶颈层”直接获取；②也可以通过将“压缩聚类”后的数据伸展、还原，通过对比输入层和输出层各神经元值间的“差异”，来获取“特征情报”。在温敏型基因重组酿酒酵母生产 α-淀粉酶的发酵过程中，假定有三个状态变量在线可测量，它们是细胞浓度（光密度 OD）、乙醇浓度（EtOH）和呼吸商（RQ）。建立一个具有故障诊断和早期预警功能的 AANN 模型大致包括以下五个主要步骤：①在线监测并存储诸如 OD、EtOH 和 RQ 等数据，建立具有历史数据库生成、图形报表生成等功能的软件和数据库。②掌握操作变量（如温度、DO 等）与“正常”和“非正常”发酵的性能指标（产物浓度、带基因质粒细胞的比率等）间的简单定性关系。③选取适量批次和规模的正常发酵数据，并将其输入到结构已经确定的 AANN 网络的输入、输出层的相应神经元中进行学习训练，构建具有故障诊断和早期预警功能的 AANN。利用试行错误法确定拓扑空间的大小（映射层、瓶颈层、解映射层中神经元的个数），并将未参与训练学习的“正常发酵”样本数据输入到构建好的 AANN 中进行计算，确认该 AANN 模型的通用性和精确度是否满足要求。④基于 AANN 模型的在线故障诊断和早期预警。按照 AANN 模型的拓扑学结构，在输入正常发酵数据时，原有数据在 AANN 输出层的相应神经元上可以得到复原、网络的输出值与输入值基本保持一致；而在输入“非正常发酵”的数据时，位于瓶颈层处的数据将会被映象到不同的拓扑空间处，网络的输出值与输入值会出现很大的差异。通过在线计算各发酵时刻、网络输入和输出层中各单元值之差的平方和，并以此作为评价标准，就可以对发酵过程进行在线故障诊断并发布早期预警信息。考虑到测量噪声和计算误差等因素，如果该平方和长期高于（如 1～2h）某一预先设定的阈值，则可以判定发酵处于"异常"状态；否则表明发酵处于"正常"状态。⑤一旦 AANN 模型检测到发酵处于"异常"状态，则可以按照②中的定性关系，反推可能造成发酵"异常"的原因，并采取补救措施。

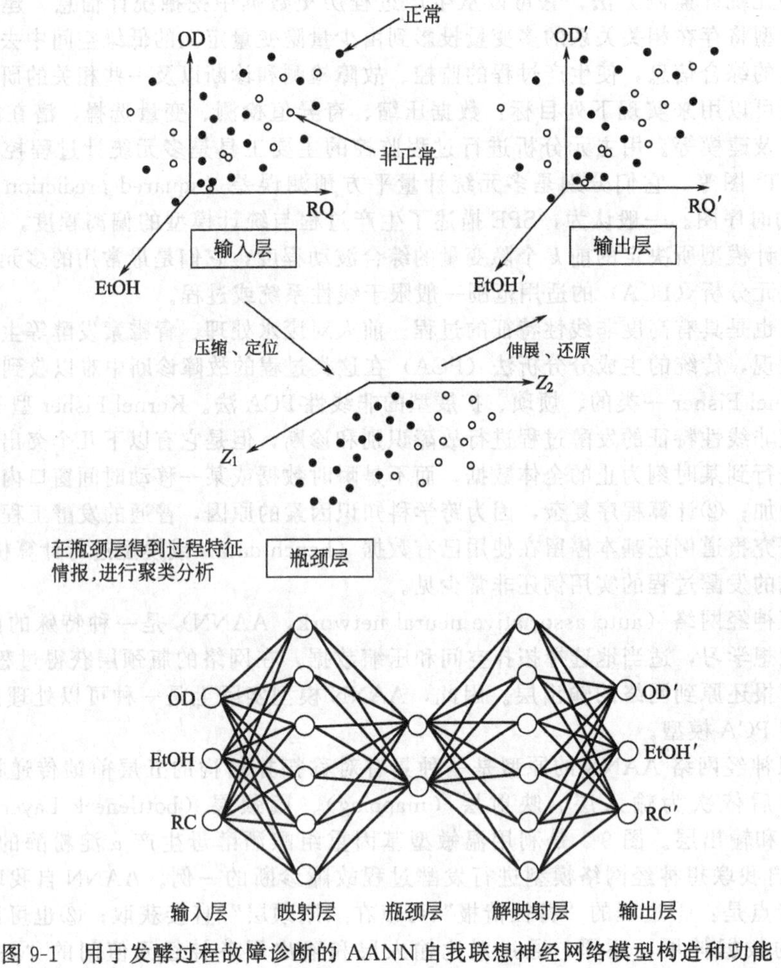

图 9-1　用于发酵过程故障诊断的 AANN 自我联想神经网络模型构造和功能

第二节　自我联想神经网络模型在发酵过程故障诊断中的应用

一、基于自我联想神经网络模型的谷氨酸发酵故障诊断和早期预警

基于谷氨酸发酵的最终浓度，可以刻意地将谷氨酸发酵简单地划分为两类，即正常发酵和非正常发酵。图 9-2 是所有 7 批发酵的谷氨酸生产曲线，其中有 5 批次最终谷氨酸浓度超过 70g/L，属于"正常发酵"。另有 2 批次的最终浓度低于 70g/L，属于"非正常发酵"。

一个类似于图 9-1 所示的自我联想神经网络（AANN），被用做识别模型进行谷氨酸发酵的故障诊断和早期预警。模型构造如图 9-3 所示。在本例中，有 5 个状态变量在线可测量，它们是搅拌转速、OUR、CER、耗氨量和细胞浓度（光密度 OD）。本 AANN 模型中，除了输出层各神经元激励函数采用线形函数外，其他各层的神经元均采用非线形的激励函数。用于 AANN 学习训练的数据首先通过噪声滤波、冗余信息的剔除，再进行归一化处理进而产生出完整的训练样本。学习训练的目标函数是：

$$E=\frac{1}{2}\sum_{i=1}^{n}(y_i-y_i^*)^2 \tag{9-1}$$

式中，n 为参与 AANN 学习训练的数据对总数；y_i、y_i^*分别是输入到 AANN 网络输入层和输出层的第 i 个神经元的数据，并规定 $y_i=y_i^*$。AANN 模型的学习训练和构建可以利用 Matlab 计算软件进行，发酵工程师只要适当地选取多变量的种类、数据对等，就可以简单地完成 AANN 模型的构建。AANN 模型中的激励函数的表达形式可以选取诸如式(9-2) 和式(9-3) 的形式。其中 y 和 x 和分别代表 AANN 某层中某神经元的输出和输入；W 为权值；b 为偏差单元。

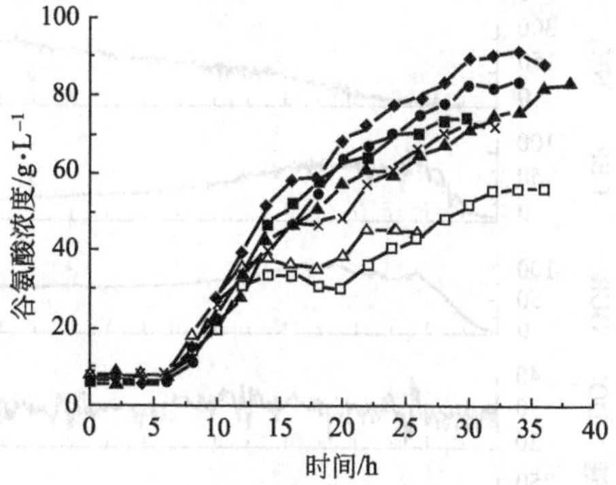

图 9-2 “正常发酵”和“非正常发酵”的谷氨酸生产曲线

▲、■、●、◆、×“正常发酵”；△□“非正常发酵”

线形激励函数：

$$y=Wx+b \tag{9-2}$$

非线形激励函数：

$$y=\frac{2}{1+e^{-2x}}-1 \tag{9-3}$$

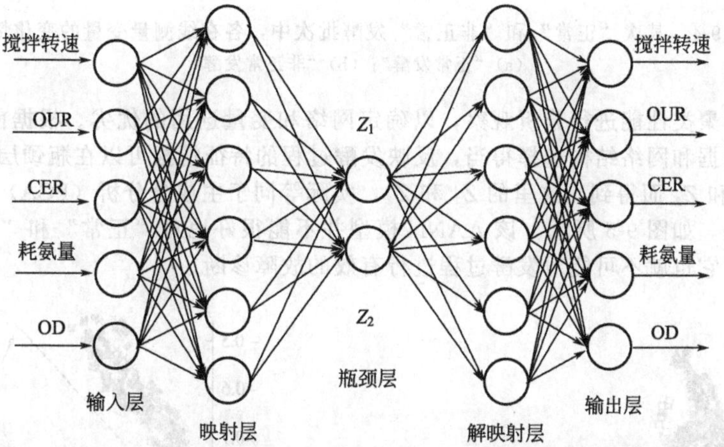

图 9-3 用于谷氨酸发酵过程故障诊断的 AANN 自我联想神经网络模型示意图

图 9-4 分别是某次“正常”和“非正常”发酵中的各在线测量变量的变化情况。由图可知，对在线数据进行单纯的比对是无法进行故障诊断的。

一般而论，利用在线可测的状态变量来构建 AANN 模型并进行发酵过程故障诊断是最理想的。谷氨酸发酵过程中，在线可测的发酵过程变量有温度(T)、pH、搅拌转速（R)、DO、OUR、CER 和氨耗量。细胞光学密度 OD_{620}、谷氨酸和残糖浓度通过离线方式测量。在上述 10 个测量变量中，温度和 pH 在所有发酵过程中控制良好、变化不大。为此，首先以正常发酵批次 ＃1、＃2 和＃3 中所有的搅拌转速、OUR、CER 和氨耗量数据作为训练学习数据构建 AANN 网络。这里，没有选择 DO 作为建模变量是因为其与搅拌转速存在着偶联关系、独立性缺失的缘故。首先考虑了一个 4—5—2—5—4 结构的 AANN 网络（输入输出变量为 R、OUR、CER 和氨耗量)。当 AANN 模型构建好后，首先将所有 7 套发酵数据（包括 3 套参与学习的“正常发酵”数据和 4 套未参与学习的发酵数据）输入到网络中进行计算，求解瓶颈层的 2 个神经元 Z_1 和 Z_2

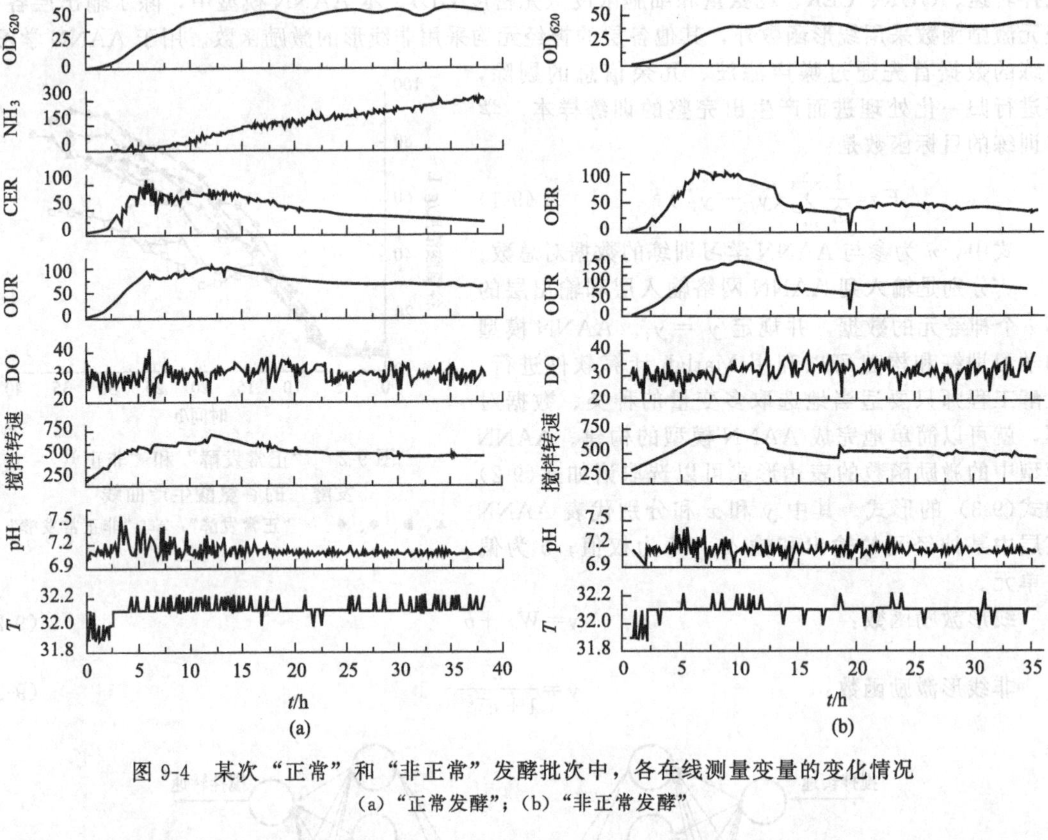

图 9-4　某次“正常”和“非正常”发酵批次中，各在线测量变量的变化情况

（a）“正常发酵”；（b）“非正常发酵”

的值，对网络的聚类性能进行分析观察，以确定网络和变量选用的优劣。根据前述的 AANN 特性，只要训练数据和网络结构选择得当，反映发酵过程的特征情报可以在瓶颈层，通过观察 2 个神经元的值 Z_1 和 Z_2 而得到。这里的 Z_1 和 Z_2，实际等同于主成分分析（PCA）中的第一主元和第二主元。但是，如图 9-5 所示，该 AANN 模型并不能很好地对“正常”和“非正常”发酵进行聚类。因而，它也就不可能对发酵过程进行有效的故障诊断。

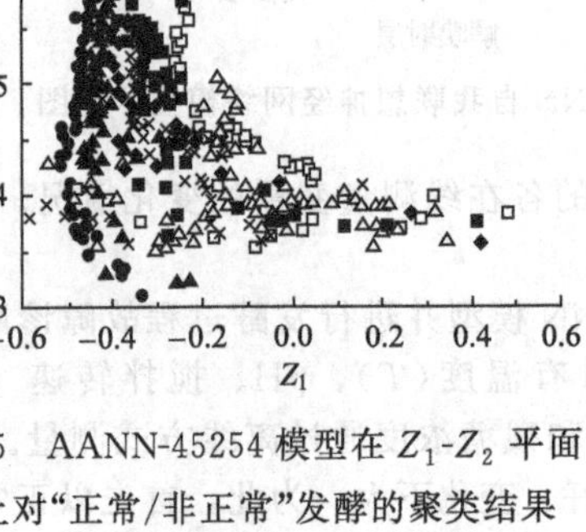

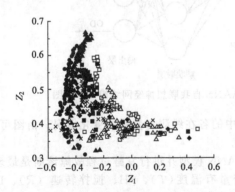

图 9-5　AANN-45254 模型在 Z_1-Z_2 平面图上对“正常/非正常”发酵的聚类结果

▲、■、●、◆、×“正常发酵”；△、□“非正常发酵”

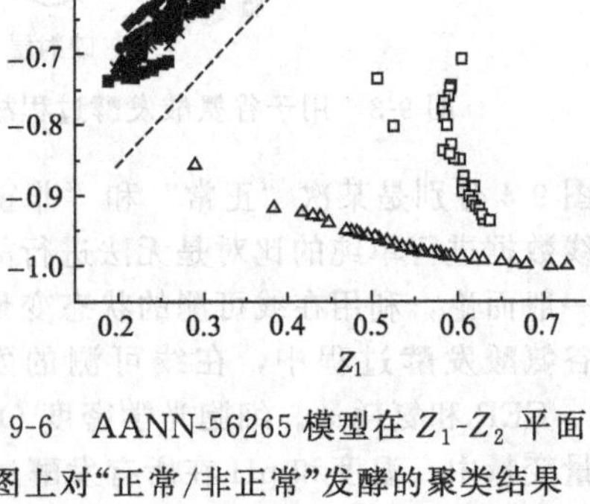

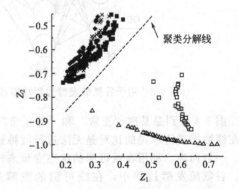

图 9-6　AANN-56265 模型在 Z_1-Z_2 平面图上对“正常/非正常”发酵的聚类结果

▲、■、●、◆、×：“正常发酵”；△、□：“非正常发酵”

细胞浓度（光密度）是反映发酵过程特性的最重要状态变量之一。但是，在谷氨酸发酵过程中，细胞光密度不能在线测量，选取细胞光密度作为构建 AANN 模型的变量，也与尽量使用在线可测的状态变量的原则相违背。但另一方面，在所有离线测量的状态变量中，细胞光密度

(OD_{620})的测量最为简单。它既不需要离心操作，也不需要上色谱或在生物传感器跑样。取样分析 OD_{620} 虽然有一定的时间滞后（5min），但是在实用上仍然是可行的。为此，将 OD_{620} 选做 AANN 网络的一个追加变量，联同原有的 R、OUR、CER 和氨水耗量数据，通过重新训练学习，构建成了一个如图 9-1 所示的、新的、结构为 5—6—2—6—5 的 AANN 网络。使用该网络再对所有 7 套发酵数据进行聚类。结果发现，“正常发酵”和“非正常发酵”数据在 2 维的 Z_1-Z_2 图（图 9-6）上得到了明显的聚类。这里需要指出的是，离线测量的 OD_{620} 的样本数量远远少于其他在线测量变量的样本数量。为使样本数量一致，以时间为独立变量、以多项式形式对任意时刻的 OD_{620} 的变化曲线进行了平滑处理。这样，任意时刻的 R、OUR、CER、氨水耗量和 OD_{620} 的数据均可以得到。

在评价利用自我联想神经网络 AANN 对谷氨酸发酵进行故障诊断和早期预警的性能时，使用以下评价指标 J。

$$J(k)=\frac{\sum_{i=1}^{M}\left[y_i(k)-y_i^{**}(k)\right]^2}{M} \tag{9-4}$$

式中，M 是 AANN 网络中输入或输出变量的个数（$M=5$）；k 表示（第 k 个）发酵时刻；y_i 和 y_i^{**} 分别是未参与 AANN 网络学习训练和建模的、输入层第 i 个神经元的输入变量，和在 AANN 网络输出层第 i 个神经元上计算得到的输出变量值。选取在构建 AANN 网络时、所有学习训练数据中的 $J(k)$ 最大值的两倍（$J_{max}=0.006$）作为“控制极限（阈值）”。在利用已构建好的 AANN 网络进行在线故障诊断时，当 $J(k)$ 值连续、长期地超出该控制极限时，就可以判定发酵过程中出现了异常情况。

图 9-7 是 4 批次未参与 AANN 网络学习训练的、谷氨酸发酵 J 值的变化曲线。很明显，批次＃4、＃5 的 J 值自始至终没有达到或接近控制极限，可认定为是正常发酵。而批次＃6、＃7 的 J 值，均在第 12h 左右超过控制极限。据此可以判断在此期间，谷氨酸发酵出现了故障。在批

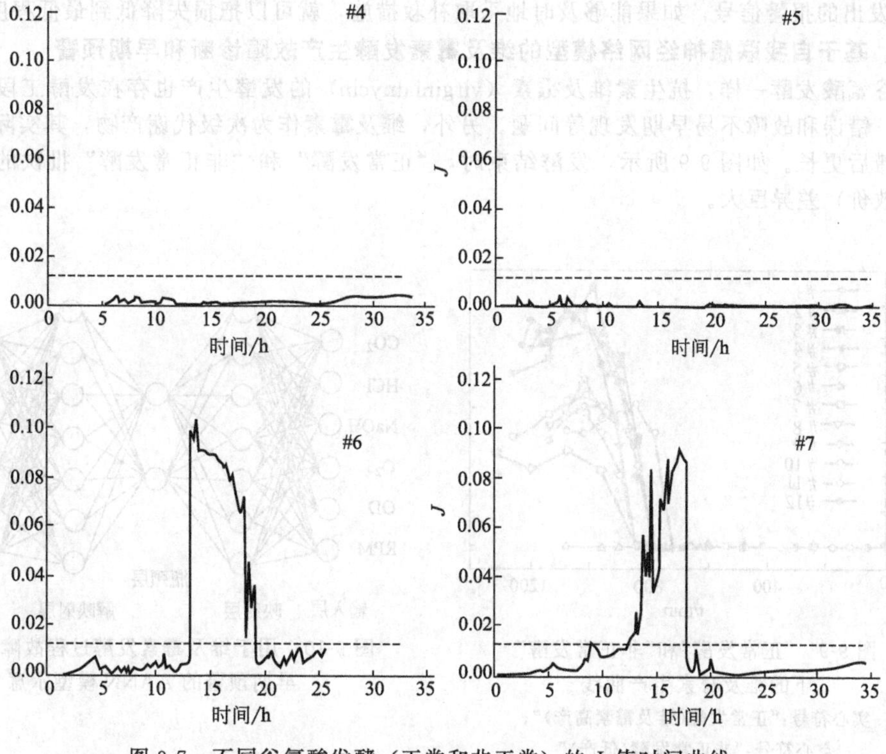

图 9-7　不同谷氨酸发酵（正常和非正常）的 J 值时间曲线

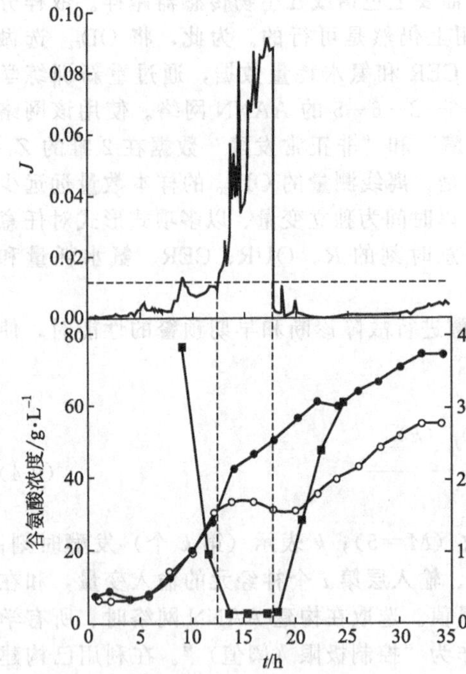

图 9-8　利用 AANN 模型的谷氨酸发酵早期预警

●谷氨酸浓度，"正常发酵"；○ 谷氨酸浓度，"非正常发酵"；■ NH_4^+ 浓度，"非正常发酵"

次#6 的"非正常发酵"中，12h 搅拌电机出现故障，最大转速仍无法满足正常的供氧要求，DO 在很长一段时间内基本处在接近于零的水平，导致谷氨酸发酵不能正常进行。由于没有及时采取补救措施，导致发酵彻底失败。在批次#7 的"非正常发酵"中，10h 氨水耗尽后，实验员误用 NaOH 代替氨水来控制 pH。12h 左右谷氨酸合成的主要原料之一的 NH_4^+ 就已经接近零的水平，导致谷氨酸发酵不能正常生产。图 9-8 是批次#7"非正常发酵"的 J 值和谷氨酸浓度的时间曲线。在故障出现后 0.5h，也就是发酵 12.5h 时 J 值就已经超过了"控制极限"，并发出报警信号。接到报警后，实验员经过努力分析，查知是错误地使用了原料，并在第一时间（第 16 小时）恢复了氨水使用。18h 后谷氨酸生产又开始逐步恢复。虽然最终谷氨酸浓度无法恢复到"正常发酵"的水平，但仍然达到了 56.3g/L。

利用 AANN 网络可以比较准确及时地诊断出谷氨酸发酵过程中出现的故障。根据 AANN 发出的报警信号，如果能够及时地采取补救措施，可以把损失降低到最低程度。将基于 AANN 模型的故障诊断和早期预警系统应用于谷氨酸发酵表明，利用 AANN 网络可以比较准确及时地诊断出发酵过程中出现的故障。根据 AANN 发出的报警信号，如果能够及时地采取补救措施，就可以把损失降低到最低程度。

二、基于自我联想神经网络模型的维及霉素发酵生产故障诊断和早期预警

和谷氨酸发酵一样，抗生素维及霉素（virginiamycin）的发酵生产也存在发酵工段产品质量波动大、错误和故障不易早期发现等问题。另外，维及霉素作为次级代谢产物，其实际测量所耗的时间滞后更长。如图 9-9 所示，发酵结束时，"正常发酵"和"非正常发酵"批次的维及霉素浓度（效价）差异巨大。

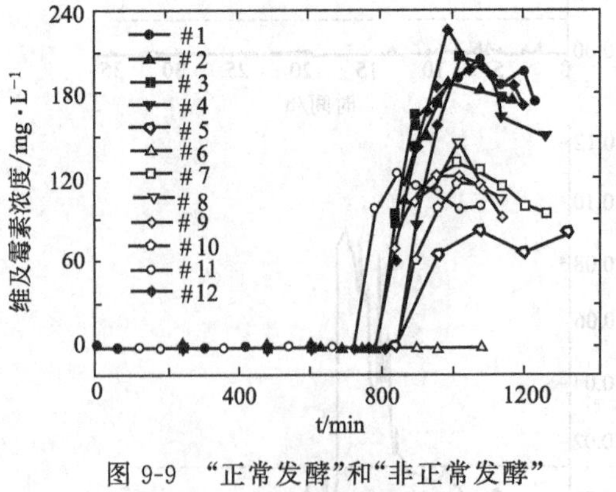

图 9-9　"正常发酵"和"非正常发酵"下的维及霉素生产曲线

实心符号："正常发酵(维及霉素高产)"；空心符号："非正常发酵(低产)"

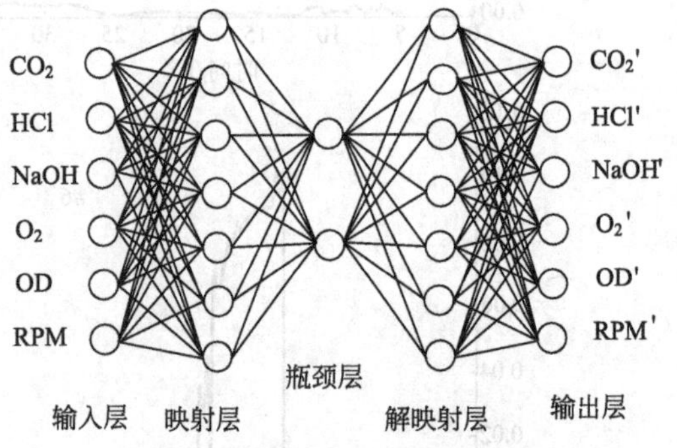

图 9-10　用于维及霉素发酵过程故障诊断和早期预警的 AANN 模型示意

为及时、准确地诊断出维及霉素发酵过程中的故障，及时地采取补救措施，和谷氨酸发酵一样，根据试行错误法的原则，构建了一个如图 9-10 所示的 6—7—2—7—6 结构的自我联想型人工神经网络 AANN 网络，用于故障诊断和早期预警。

如图 9-10 所示，可以在线测量，并实际用于构建维及霉素发酵过程故障诊断和早期预警 AANN 模型的状态变量有 6 个，分别是：发酵尾气中的 O_2 和 CO_2（O_2，CO_2）分压、耗碱量和耗酸量（NaOH，HCl）、细胞浓度（OD）和搅拌转速（RPM）。某一批次“非正常”发酵过程中的上述 6 个变量的变化模式，连同 DO 和 pH 一道显示于图 9-11 中（数据经过平滑、滤波处理）。维及霉素发酵过程的一个突出特征就是：在发酵进行到约 500min 的时候，O_2 和 CO_2 分压以及 DO 会出现一个小的特征峰，特征峰的出现标志着抗体生物合成的开始，且该特征峰的位置、大小和出现时间与维及霉素的生产水平关系巨大。

直接使用图 9-10 的 6—7—2—7—6 结构的 AANN 网络模型，如图 9-12 所示，“正常发酵”和“非正常发酵”首先在 Z_1-Z_2 的两维平面图上无法得到聚类。如果以时间作为横坐标，以 Z_1 为纵坐标，“正常发酵”和“非正常发酵”的聚类要等到发酵 900min 左右才能被观察到，而此时已经距离特征峰的出现相差了 400min，即使想要对“非正常发酵”进行补救可能已经为时已晚。

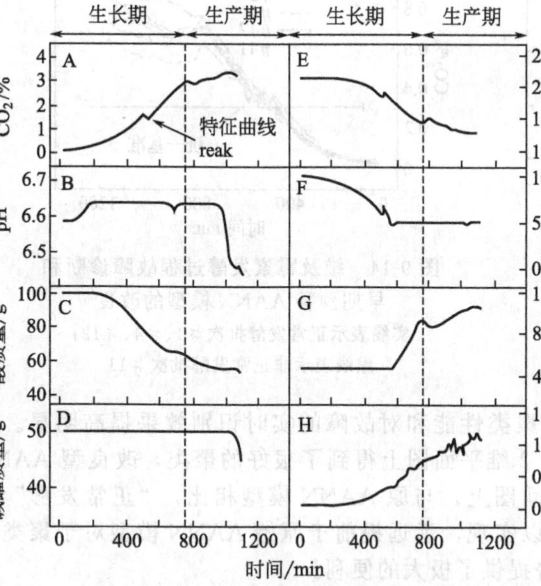

图 9-11　某次“非正常”的维及霉素发酵中，各在线可测量变数的时间变化曲线

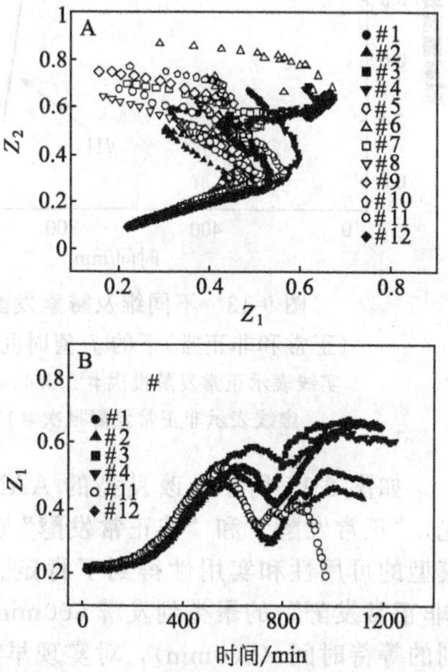

图 9-12　AANN 模型在 Z_1-Z_2 以及 Z_1-时间图上对“正常/非正常”发酵的聚类结果

实心符号：“正常发酵(维及霉素高产)”；
空心符号：“非正常发酵(低产)”

使用式(9-4) 的评价体系对发酵故障的发生进行判断，效果也不理想。同样，要等到发酵 900min 左右，J 值才可能出现大的数值，故障要等到这个时刻也才能被观察到。

无论以何种形式，为了能够使“正常发酵”和“非正常发酵”在第一时间得到聚类，对发酵故障的出现做出第一时间的判断，按照以下方式先对在线数据进行前处理，并以处理后的数据为基准对 AANN 网络模型进行再学习、训练和构建。处理方式如图 9-14 所示。

① 以所有参加 AANN 模型学习训练和构建的发酵数据中的 CO_2 分压特征峰的最低值作为统一基准，并规定该值为 0.3。

② 各批次发酵的 CO_2 分压特征峰出现后，用该批次发酵此时此刻的 CO_2 分压原有值除以 0.3，作为系数因子。

③ 将该系数因子与包括 CO_2 分压在内的 AANN 输入变量（OD、HCl、NaOH、O_2 和 RPM）相乘，作为 AANN 网络的新的输入值，但是在 AANN 网络的输出层的神经元中依旧使用原有的测量数据对 AANN 网络进行学习训练。这样，就可以得到新 AANN 模型和相应的 Z_1-Z_2。

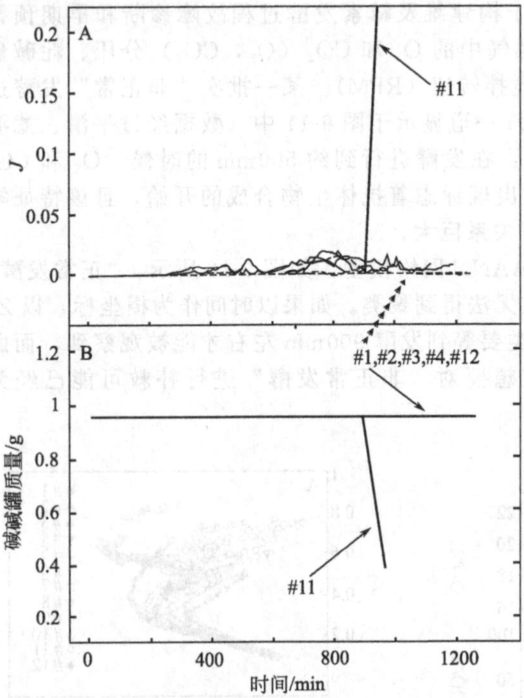

图 9-13　不同维及霉素发酵（正常和非正常）下的 J 值时间曲线

实线表示正常发酵批次＃1、＃4、＃12；虚线表示非正常发酵批次＃11

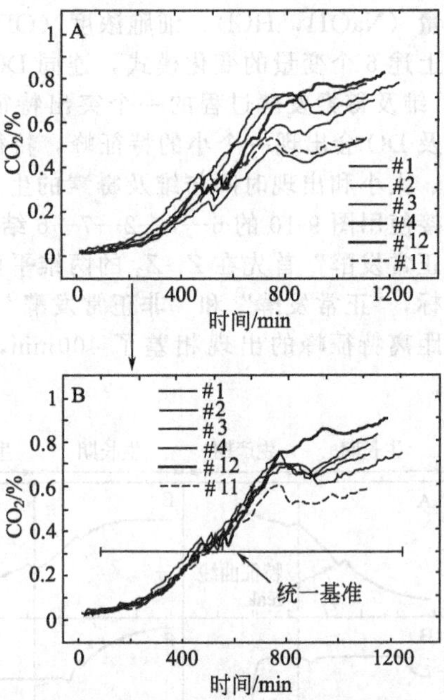

图 9-14　维及霉素发酵过程故障诊断和早期预警 AANN 模型的改良

实线表示正常发酵批次＃1、＃4、＃12；虚线表示非正常发酵批次＃11

如图 9-15 所示，改良型的 AANN 模型的聚类性能和对故障的实时识别效果提高明显。首先，“正常发酵”和“非正常发酵”在 Z_1-Z_2 的 2 维平面图上得到了很好的聚类，改良型 AANN 模型的可用性和实用性得到了肯定。在 Z_1-时间图上，与原 AANN 模型相比，“正常发酵”和“非正常发酵”的聚类到发酵 600min 左右就可以实现，远远提前于原始 AANN 模型对于聚类识别的等待时间（900min），对实现早期故障预警提供了极大的便利。

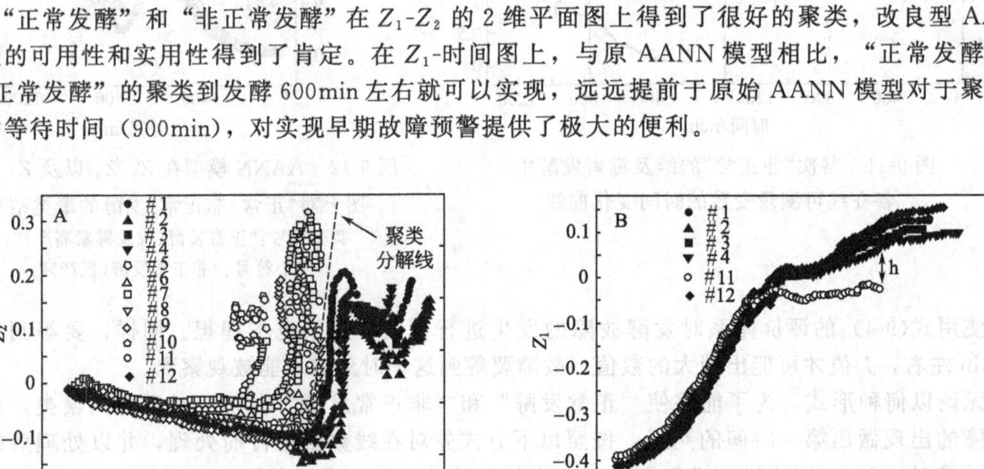

图 9-15　改良型 AANN 模型的聚类和对故障的实时识别效果

实心符号：“正常发酵（维及霉素高产）”；空心符号：“非正常发酵（低产）”

对于三个“正常发酵”批次（#1～#3）、参与改良型 AANN 模型学习和训练的发酵数据做如下处理：

$$H_i(t)=[Z_{1,i}(t)-Z_{1,\text{AVE RUN}\#1\sim3}(t)]^2 \quad (i=1\sim3)$$
$$h_{\max}(t)=\text{Max}[H_i(t)] \quad (i=1\sim3) \tag{9-5}$$

对得到的 $h_{\max}(t)$ 曲线进行时间（图 9-16）平滑处理后，可以依照以下经验公式对发酵发布预警和紧急警报。

$$\theta_{\text{warm}}(t)=6.0h_{\max}(t)$$
$$\theta_{\text{emerg}}(t)=8.0h_{\max}(t) \tag{9-6}$$

式中，下标“warm”和“emerg”分别代表预警和情况紧急警报。

使用这种故障诊断和预警手段，可以使早期故障预警的反应时间大大提前。如图 9-17 所示，如果发酵属于“正常发酵”，（批次#4 和#12 两者均未参与 AANN 模型的学习训练和构建），在整个发酵时段，两者的 H（t）均不超过或远远低于式(9-6) 所规定的预警和情况紧急警报水平，表明发酵正常。如果发酵属于“非正常发酵”，（批次#11），则如图 9-17 所示，H（t）在发酵约 600min 就已经处于“预警线”之上，而到了 750min 更是超过了“情况紧急警报线”。而相应的 J 值［式(9-4)］到 700min 左右也会出现较大数值显示警戒。

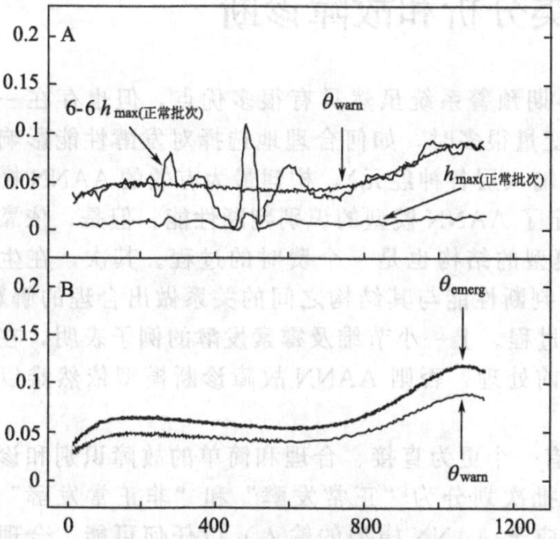

图 9-16　预警和紧急警报的时间曲线的获得

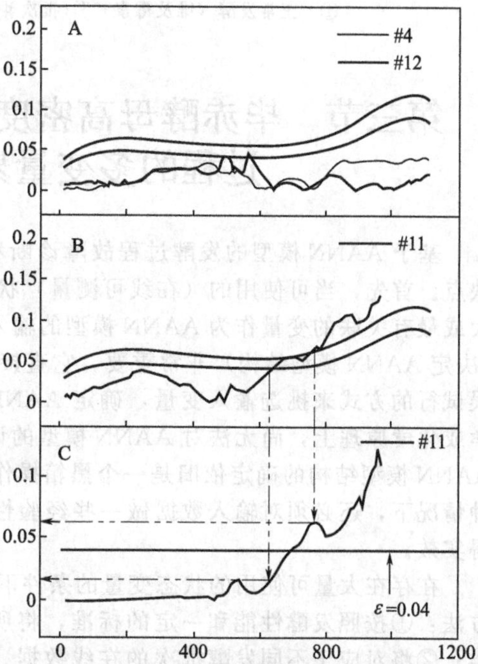

图 9-17　使用预警和紧急警报时间曲线对“正常发酵”和“非正常发酵”进行识别判断、预警和发布紧急警报

利用 AANN 网络模型对 12 批次发酵（其中“正常发酵”5 批次，“非正常发酵”7 批次）进行了故障诊断和早期预警的实验分析和性能评价，其结果如图 9-18 所示。维及霉素是次级代谢产物，它要在细胞生长停止后，在发酵后期才开始生产。尽可能地提前知道和了解维及霉素的生产情况，是高产还是低产还是根本不产对于把握发酵生产状况非常重要。从图 9-18 可以看出，对于所有 5 批次的“正常发酵”，AANN 模型没有检测出故障（白色条棒没有出现）。而对于所有 7 批次的“非正常发酵”，检测到发酵故障的时刻均在维及霉素的开始生产时刻之前，即图 9-18 中的“白色条棒”（检测到故障耗费的时间）要比“黑色条棒”（维及霉素开始生产的时间）要短 100～300min。以上结果再次表明，在发酵还没有进入到维及霉素生产期前，AANN 模型就可以对发酵是否低产进行预判，从而为及时采取补救措施、逆转“低产”发酵提供了宝贵的时间。

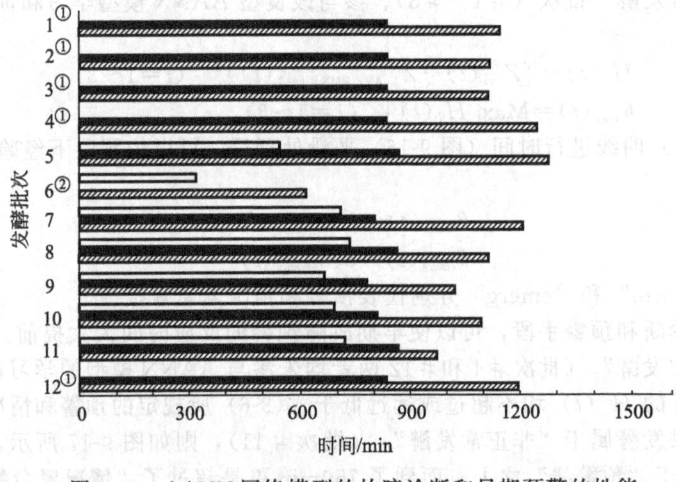

图 9-18　AANN 网络模型的故障诊断和早期预警的性能

灰色条棒：总发酵时间；白色条棒：检测到故障耗费的时间；黑色条棒：维及霉素开始生产的时间

①“正常发酵（维及霉素）”（批次＃1～＃4，＃12）；②批次＃6，维及霉素一点没产

第三节　毕赤酵母高密度流加培养生产表达猪 α 干扰素过程的多变量聚类分析和故障诊断

基于 AANN 模型的发酵过程故障诊断和早期预警系统虽然具有很多优点，但也存在一些缺点。首先，当可使用的（在线可测量）状态变量很多时，如何合理地选择对发酵性能影响最大或最有关联的变量作为 AANN 模型的输入（输入层各神经元），构建最为有效的 AANN 模型（决定 AANN 模型结构）非常重要，它直接决定了 AANN 模型的识别判断性能。但是，依靠错误试行的方式来挑选输入变量，确定 AANN 模型的结构也是一个费时的过程。其次，在生物学或化学原理上，尚无法对 AANN 模型的识别判断性能与其结构之间的关系做出合理的解释，AANN 模型结构的确定依旧是一个黑箱操作的过程。上一小节维及霉素发酵的例子表明，在某种情况下，还必须对输入数据做一些经验性的前处理，否则 AANN 故障诊断模型依然难以取得实效。

在存在大量可使用的状态变量的条件下，有一个更为直接、合理和简单的故障识别和诊断方法：①按照发酵性能和一定的标准，将所有批次划分为“正常发酵”和“非正常发酵”两类；②将对应于不同发酵批次的在线数据（对应于 AANN 模型的输入）以任何可能、合理的组合方式置于相应的 2 维平面图上，直接观察聚类效果；③挑选具有明显聚类效果的 2 维数据组合作为解释故障产生原因的基本依据，并找出解决故障的合理的方法和手段。

在本书第三章第九节第四小节中提到，利用毕赤酵母高密度流加培养生产猪 α 干扰素（pIFN-α）也是典型的生长非偶联的发酵过程，发酵分成两个阶段：高密度流加培养和蛋白诱导阶段。与维及霉素发酵生产一样，发酵性能的好坏只能到了发酵后期才能够得到体现。诱导期（发酵后期）的控制条件对发酵性能的高低起主要作用，就本例而言，正常条件下诱导期的甲醇浓度要控制在 10g/L 左右的水平，才能保证 pIFN-α 的最优表达生产。但是，实验结果表明，在许多情况下，如果生长期细胞没有按照常规进行增殖生长，没有形成骨架健全、目标蛋白表达功能完备的健康细胞，即便到了诱导期，将甲醇诱导浓度控制在“最优”水平（10g/L），pIFN-α 的最终效价（抗病毒活性）也不高。毕赤酵母高密度流加培养生产 pIFN-α 是一个漫长的发酵过程，总发酵时间在 100h 左右，其中前 30h 为细胞培养期，后 70h 为诱导期。由于在发酵约 20h 细胞达到了高密度（细胞干重≥100g/L），诸如喷沫、气路堵塞、搅拌和各流加泵发生故障等种种问题频繁发生、接踵而来，需要解决，操作人员非常辛苦。发酵的直接性能指标——pIFN-α 抗病毒活性的测定需要按天日的尺度来完成，间接表征指标——观察目标蛋白的电泳条带也需要数小时的时间才能进行。总之，毕赤酵母高密度流加培养生产 pIFN-α 的操作难度性和发酵不可逆转性要求必须在发酵早期对发酵是否正常进行预判，一旦发现发酵出现问题，必须尽早地终止发酵，以节省宝贵的人力和物力资源。

正常发酵生产 pIFN-α 的时间曲线（诱导期）如图 9-19 所示。进入到诱导期，细胞浓度不再变化、维持在 100～150g 干重/L 的水平。利用在线甲醇测量电极，甲醇浓度可大致控制在“最优”水平（10g/L）。“饥饿”（残存甘油全部耗尽）操作结束后，在维持通气量和搅拌速度不变的前提下，DO 在经历了一段稳定阶段后逐渐上升，OUR 也逐渐上升到 250mmol/(L·h) 的较高和稳定的水平。pIFN-α 的抗病毒活性也在约 90～100h 时达到 6.4×10^6 IU/mL 的最高水平。

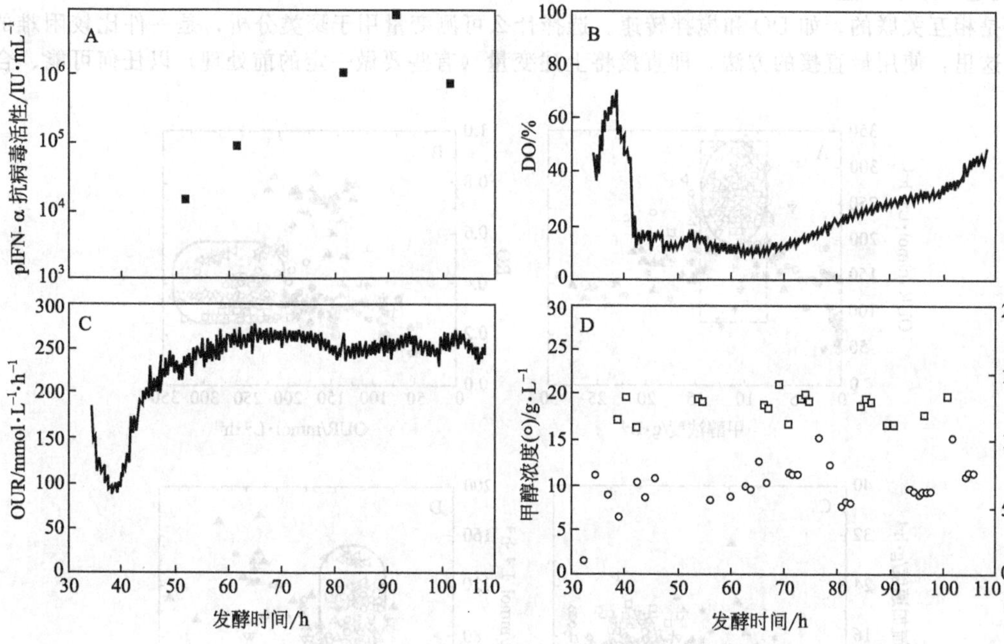

图 9-19　某次正常发酵生产猪 α 干扰素的各类参数的时间曲线（诱导期）

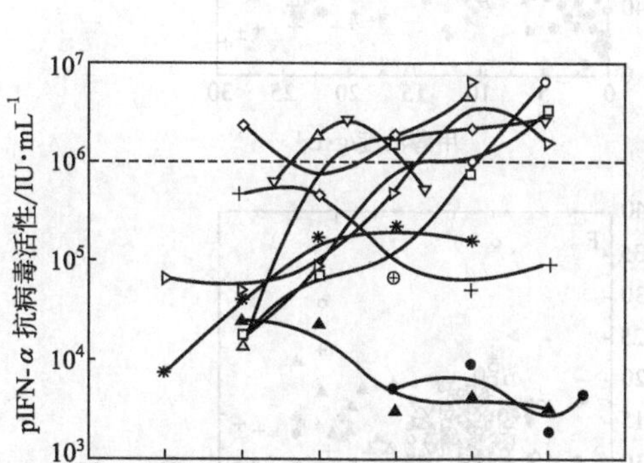

图 9-20　以 pIFN-α 抗病毒活性为指标的“正常”与“非正常”发酵的聚类

空心符号：“正常”发酵，(批次＃1～＃6)；

●、▲、*、+：“非正常”发酵(批次＃7～＃10)

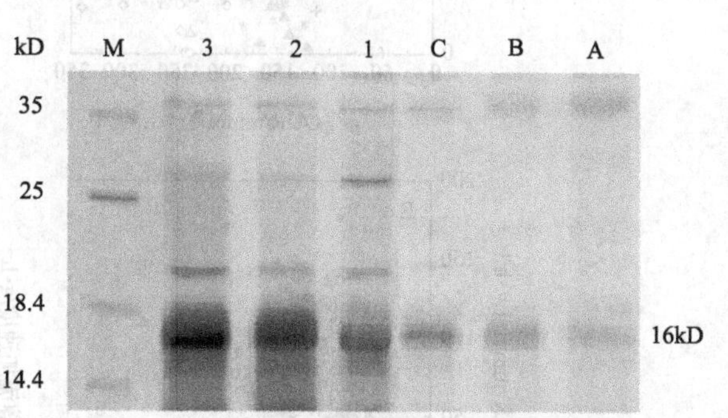

图 9-21　重组毕赤酵母发酵上清液中目标蛋白的 SDS-PAGE 分析结果

泳道 M：标样；泳道 1～3：“正常发酵”批次＃4，发酵进行 60h、80h 和 100h 时目标蛋白的条带；泳道 A～C：“非正常发酵”批次＃8，发酵进行 60h、80h 和 100h 时目标蛋白的条带

10 批次的毕赤酵母高密度流加培养生产猪 α 干扰素的抗病毒活性变化曲线如图 9-20 所示。这里，以抗病毒活性 1.0×10^{6}IU/mL 作为评价指标或标准，凡最高活性超过该标准者，一律看成是“正常”发酵；而最高活性低于该值者，则被认做是“非正常”发酵。从图 9-20 中可以看出，“正常”发酵（空心符号）和“非正常”发酵（实心或其他符号）的最高 pIFN-α 抗病毒活性差异巨大，相差倍数超过 100 倍以上。pIFN-α 抗病毒活性的高低也可以在电泳图上得到间接体现，图 9-21 是某次“正常”发酵和“非正常”发酵中，发酵进行 60h、80h 和 100h 时目标蛋白（分子质量约为 16kD）的 SDS-PAGE 的分析结果。从图 9-21 可以看出，随着发酵时间的增加，目标条带越变越深；同时，相同（发酵）时刻下的“正常”和“非正常”发酵的目标条带的粗细程度也有很大差异。

在毕赤酵母高密度流加培养生产猪 α 干扰素的发酵过程中，有如下 8 个状态变量在线可测，分别是 DO、pH、OUR、CER、RQ、甲醇（MeOH）浓度（在线甲醇电极测量）、甲醇消耗速度（由联机电子天平测量）和搅拌转速（诱导期通气量保持一定）。其中有些变量还不是完全独立的，而是相互关联的，如 DO 和搅拌转速。选择什么可测变量用于聚类分析，是一件比较困难的事情。这里，使用最直接的方法，即直接将上述变量（有些要做一定的前处理）以任何可能、合

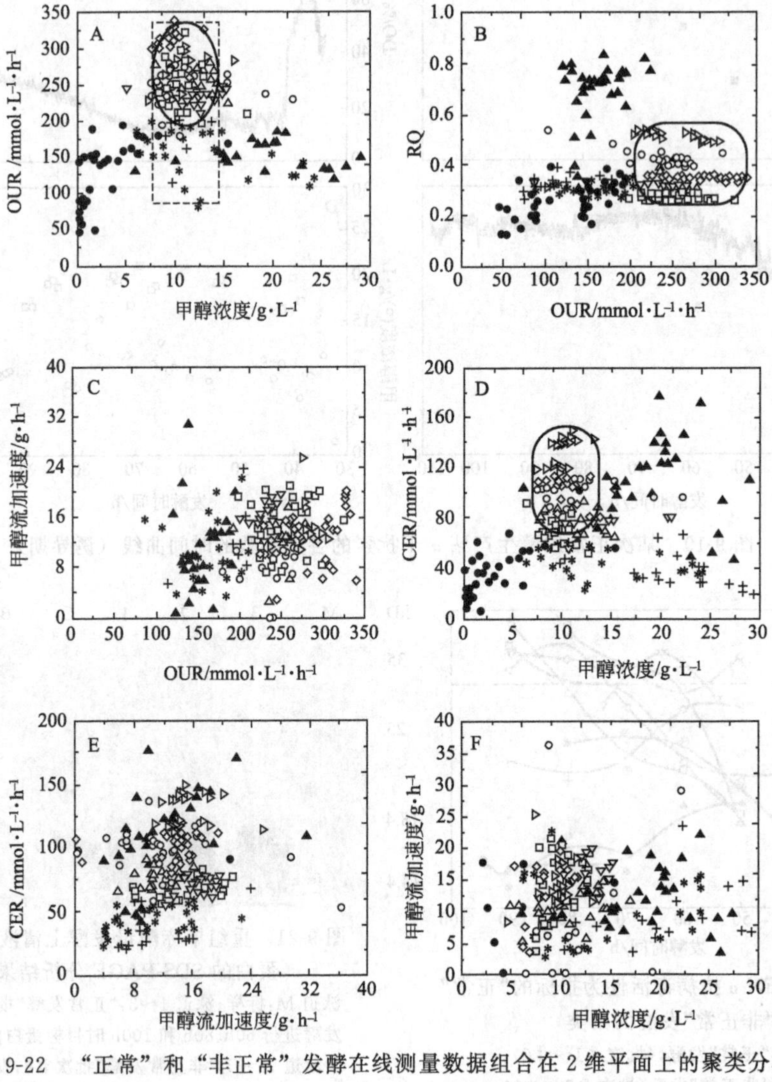

图 9-22 “正常”和“非正常”发酵在线测量数据组合在 2 维平面上的聚类分析

空心符号：“正常”发酵（批次＃1～＃6）；●、▲、＊、+：“非正常”发酵（批次＃7～＃10）

理的组合方式置于相应的 2 维平面图上，直接观察聚类效果。按照组合理论，此时最多应该有 8！/（8－2）！＝56 种组合方式，也就是说有 56 张 2 维平面的聚类图形。使用计算机软件处理所有可能和合理的组合聚类图形，根据发酵“正常”或“不正常”的原则赋予标志性的符号，直接通过肉眼观察，挑选出聚类效果明显的组合图，并以此作为解释故障原因和解决问题的依据。图 9-22 显示的是几例（6 例）可能和合理的、2 维平面上的状态变量的组合聚类情况。有的具有明显的聚类特征，有的则杂乱无章，没有明显的聚类趋势。

以上聚类分析至少可以得到以下两条结论：①“正常”发酵只能在甲醇浓度适度（10g/L 左右）和取得高而稳定的摄氧速度[200～350mmol/(L·h)]的条件下发生；②高而稳定的摄氧速度 OUR 的取得要与适度的呼吸商（0.3～0.5）相对应。从生理和代谢角度来看问题，pIFN-α 蛋白的表达依赖于 AOX 酶的活性。AOX 酶活性低，甲醇消耗量低，不利于目标蛋白的表达；AOX 酶活性过高，大量甲醇被消耗，造成过量的 CO_2 的生成，由于所谓的“水管效应”，pIFN-α 蛋白的表达反而受到抑制。这一点从 CO_2 生成速度基本与发酵“正常”和“不正常”无关可以得到体现。表 9-1 也显示了这一规律。

表 9-1　12 批次发酵结果总括

发酵批次	开始诱导时的 DCW/g·L^{-1}	诱导前期(30～70h)的平均 OUR/mmol·L^{-1}·h^{-1}	pIFN-α 最大活性 /U·mL^{-1}	分类	符号
1	123	260	6.63×10^6	正常	○
2	121	255	4.97×10^6	正常	△
3	136	270	3.20×10^6	正常	□
4	122	300	2.76×10^6	正常	◇
5	117	280	6.73×10^6	正常	▷
6	88	230	2.63×10^6	正常	▽
7	116	80	8.99×10^3	非正常	●
8	111	167	2.37×10^4	非正常	▲
9	129	180	2.15×10^5	非正常	*
10	122	200	7.27×10^5	非正常	+
11	126	235	1.94×10^6	测试用 1	
12	115	140	2.68×10^5	测试用 2	

注：空心符号为“正常”发酵（批次＃1～6＃）；●、▲、*、+为“非正常”发酵（批次＃7～＃10）；批次＃11、＃12 是用于验证的数据。

pIFN-α 蛋白的表达水平与诱导期的甲醇浓度密切相关。但是，即便在相同的“最佳”甲醇诱导浓度下，pIFN-α 蛋白表达水平所表现出来的巨大差异，其原因归根结底还在于发酵初期（生长培养期，0～30h）是否能够形成骨架健全、蛋白表达功能完善的细胞。这里，对诱导期甲醇浓度控制在 10g/L 水平上的 6 批次发酵（其中 4 批次“正常”发酵，2 批次“非正常”发酵）进行反向观察分析，即在 2 维平面图上，对上述 6 批次发酵的生长培养期的重要生理数据进行聚类分析。这些数据有的可以在线测量，有的只能离线测量，它们包括比生长速度（也就是测量细胞浓度）、底物（甘油和 O_2）的消耗速度或比消耗速度。

在生长培养期，利用本书第七章第四节所介绍的“基于 DO/pH 在线测量和智能型模式识别模型的发酵过程控制系统（ANNPR-Ctrl）”流加甘油。整个期间，底物甘油的耗量（甘油消耗速度）可以通过联机的电子天平在线计量。另一个底物 O_2 的消耗速度（OUR）可以通过尾气分析仪测定 O_2 分压，按照式(3-75a) 的公式计算。但是，发酵进行 22h 左右，细胞已经达到了较高密度且生长速度很快，通空气已经不能满足供氧要求，因此，必须将空气切换为富氧空气或者纯氧。这时，O_2 分压大大超过尾气分析仪的量程，22～30h 时间段的 OUR 无法计量。图 9-23 是上述数据的聚类分析图。

这里，图 9-23(b) 是发酵 22～30h 期间甘油比消耗速率与细胞比生长速率之间的关系；图 9-23(c) 则是发酵 15～22h 期间 O_2 比消耗速率与细胞比生长速率之间的关系。根据生物工程的基本原理，底物比消耗速度（ν_G：甘油比消耗速度；ν_O：O_2 比消耗速度）与细胞比生长速度（μ）

之间应该存在以下关系：

$$\nu_G=\frac{\mu}{Y_{X/G}}+m_G \tag{9-7a}$$

$$\nu_O=\frac{\mu}{Y_{X/O}}+m_O \tag{9-7b}$$

式中，$Y_{X/G}$ 和 $Y_{X/O}$ 分别是基于底物甘油和 O_2 的细胞得率；m_G 和 m_O 则是相应的维持代谢系数。“正常”发酵和“非正常”发酵虽然没有在图 9-23(b) 和图 9-23(c) 上得到聚类，但是，“正常”发酵和“非正常”发酵的比消耗速率与细胞比生长速率之间的关系却显示出明显的不同和差异。所有 4 批次的“正常”发酵，虽然 ν_G 和 ν_O 与 μ 的关系不完全对应，但是，比消耗速率与细胞比生长速率间均呈正线性比例关系。而 2 批次的“非正常”发酵的比消耗速率与细胞比生长速率间不存在相关关系，即两个底物比消耗速率不随细胞比生长速率的变化而变化。这种不符常规的特征从生物工程学的角度来讲是说不通的，虽然真正、具体的原因还不明了，但至少能够

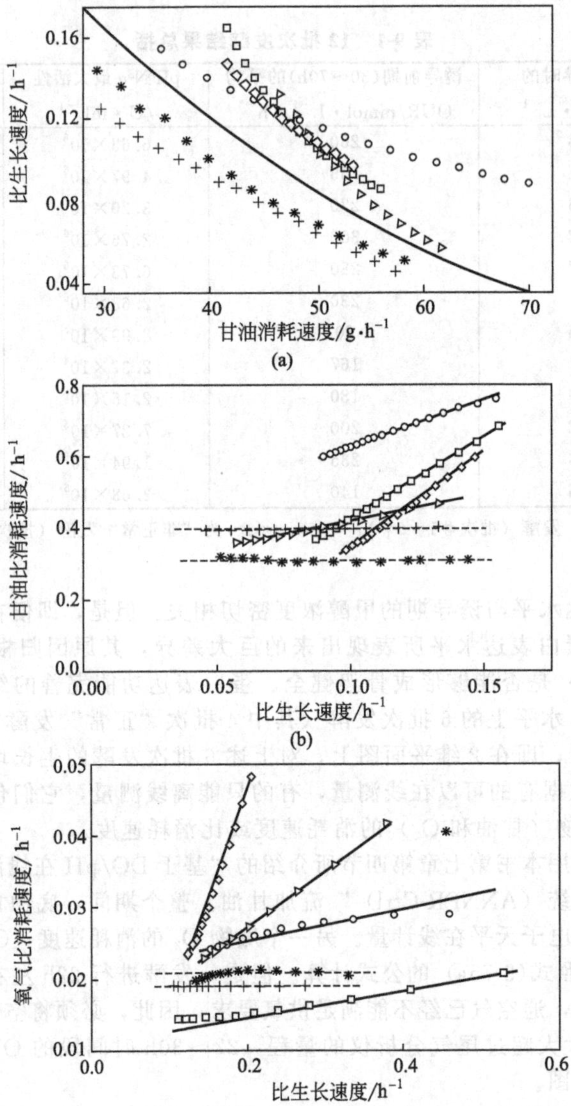

图 9-23 “正常”和“非正常”发酵数据在发酵初期于 2 维平面上的聚类

说明它们是一种"病态"发酵。发酵初期所得到的细胞虽然也达到了高密度，但所获得的细胞并不是骨架健全、蛋白表达功能完善的细胞。

图 9-23（a）是整个流加培养期间细胞比生长速率与甘油消耗速率之间的关系，"正常"发酵和"非正常"发酵在该图上得到了明显的聚类。图中的实线是"正常"发酵和"非正常"发酵数据的最佳聚类分界线，按照式(9-6)的"最大聚类数据距离法"计算求得。

$$I_1=\sum_{i=1}^{N}[\mu_1(i)-\mu_{br}(r_i)];I_2=\sum_{j=1}^{M}[\mu_{br}(r_j)-\mu_2(j)];I=\sum_{a,b,c}^{N+M}[I_1+I_2]\Rightarrow \text{Maximum} \quad (9\text{-}8a)$$

$$\mu_{br}(r)=ar^2+br+c \quad (a=4.48\times10^{-5};\ b=-7.69\times10^{-3};\ c=3.55\times10^{-1}) \quad (9\text{-}8b)$$

式中，μ 和 r 分别代表特定发酵时刻的细胞比生长速度和甘油消耗速度。$i\in$（1，N）表明有 N 个"正常"发酵数据对；$j\in$（1，M）表示有 M 个"非正常"发酵数据对。"1"和"2"分别表示对应于"正常"和"非正常"发酵的数据对。μ_{br} 是"最佳聚类分界线"，表示 μ 和 r 的聚类关系，关系系数 a、b、c 通过式(9-6) 和 Matlab 软件中的单纯形算法（simplex algorithm）程序包计算得到。很显然，"正常"发酵的数据对全部处于"最佳聚类分界线"的上方，而"非正常"发酵的数据对全部聚类于"最佳聚类分界线"之下。

毕赤酵母高密度流加培养生产 pIFN-α 耗时长、操作复杂、生产辛苦。因为发酵初期的"病态"生理特征会直接影响到后期、长时间的诱导阶段的 pIFN-α 表达性能（发酵性能），所以，在发酵初期就对发酵有无"病态"特征进行早期诊断和判别，采取措施尽可能地使发酵恢复正常，或者至少发出发酵出现故障、后 70h 的发酵不再进行、立即下罐的指令，对于节省宝贵的人力、物力和时间都是非常有好处的。

图 9-24 显示了利用总结得到的"最佳聚类分界线"进行发酵初期"病态生理诊断"的情况。为了验证早期预警和故障识别系统的可行性，分别做了两次验证试验（批次＃11～＃12，表 9-1）。两次实验发酵后期（诱导期）的甲醇浓度都被控制在 10g/L 的水平。在早期预警和故障识别系统中，一个新的、由式(9-7) 规定的判别指标用来判别发酵是否出现"病态"。

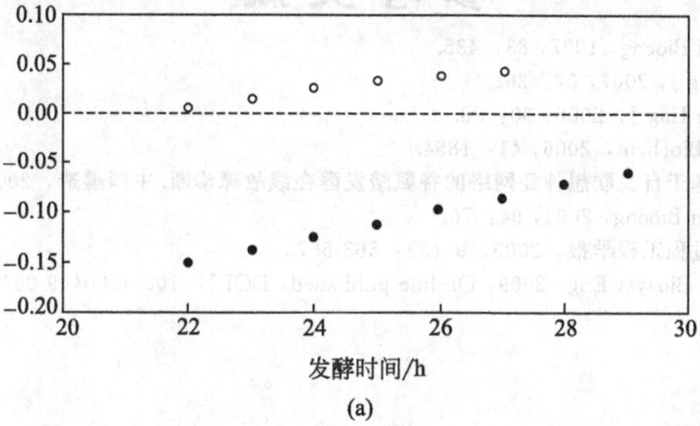

(a)

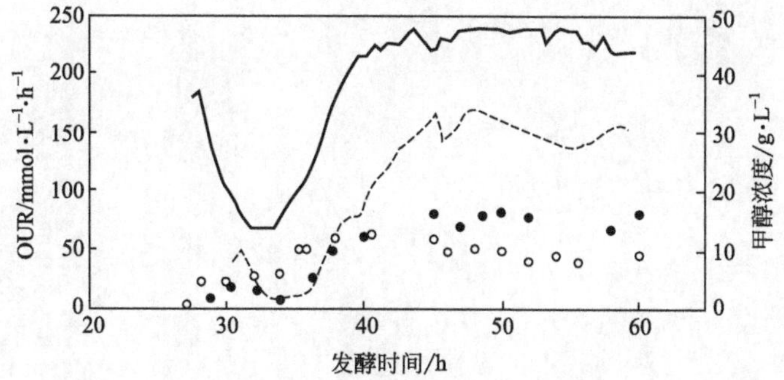

(b)

图 9-24　使用预先得到的"最佳聚类分界线"进行发酵初期的"病态生理诊断"

（a）两批次验证实验的 J 值的时间曲线；（b）两批次验证实验的 OUR 曲线和甲醇浓度控制曲线

○表示验证实验＃1（发酵批次＃11）；●表示验证实验＃2（发酵批次＃12）

$$J=\mu(t)-\mu_{bj}[r(t),t]\begin{cases}\geqslant 0 & \text{正常状态}\\ \leqslant 0 & \text{病态}\end{cases} \tag{9-9}$$

式中，$\mu(t)$ 为测量值；$\mu_{bj}[r(t),t]$ 为由式（9-6b）计算得到的值。

如果 $J>0$ 则表明细胞比生长速度和甘油消耗速度的数据对处于“最佳聚类分界线”的上方，发酵属于“正常”发酵；如果 $J<0$ 则表明细胞比生长速度和甘油消耗速度的数据对处于“最佳聚类分界线”的下方，发酵属于“非正常”发酵。如图 9-24(b) 所示，发酵批次＃11、＃12 的结果验证了该早期预警系统的有效性和正确性。对于发酵批次＃11，在初期发酵时段 22～29h 一直有 $J>0$ 的关系存在。进入到诱导阶段（甲醇浓度控制水平在 10g/L 左右），OUR 逐渐升到并稳定地维持在 230mmol/(L·h) 的水平，最大 pIFN-α 抗病毒活性达到了 1.94×10^6IU/mL，属于“正常”发酵。而发酵批次＃12，在初期发酵时段 20～30h 一直有 $J<0$ 的关系存在，尽管诱导期的甲醇浓度也控制在 10g/L 左右水平，但诱导期的 OUR 和最大 pIFN-α 抗病毒活性分别只有 150mmol/(L·h) 和 2.68×10^5IU/mL（参见表 9-1），属于“非正常”的发酵。

在此需要阐明的是：上述早期预警和故障识别系统还必须建立在离线测量细胞浓度的基础上。因为在拌有通气搅拌、出现大量气泡和飞沫的高密度细胞培养条件下（细胞浓度≥100g 干重/L），测量噪声巨大，在线细胞的准确测量既不现实也不准确。但是，与测量 pIFN-α 抗病毒活性或进行目标蛋白的 SDS-PAGE 电泳分析相比，离线测量细胞浓度并计算比生长速率相对容易，时间滞后最多不超过 10～20min。因此，该系统依旧可以认为是一个有效的、发酵早期预警和故障识别系统。比如说，当 $J<0$ 的数据点在 2～3h 的间隔内连续出现，就必须考虑诸如添加山梨醇等高效营养物质，或检查 pH/温度探头等是否正常，尽最大可能挽救一次可能失败的发酵。

参考文献

[1] Shimizu H, et al. J Biosci Bioeng, 1997, 83: 435.
[2] Jin H, et al. Biochem Eng J, 2007, 37: 26.
[3] Duan S B, et al. Biochem Eng J, 2006, 30: 88.
[4] Yoo C K, et al. Process Biochem, 2006, 41: 1854.
[5] 董传亮，潘丰，史仲平. 基于自我联想神经网络的谷氨酸发酵在线故障诊断. 中国酿造，2009，(2)：96-100.
[6] Huang J H, et al. J Biosci Bioeng, 2002, 94: 70.
[7] 金虎，高敏杰，徐俊等. 过程工程学报，2009，9 (3)：563-567.
[8] Yu R S, et al. Bioprocess Biosyst Eng, 2009, On-line published, DOI 10.1007/s00449-009-0356-3.

第十章 计算机在生化反应过程控制中的应用

第一节 过程工业的特点和计算机控制

一、过程工业的特点

作为一个工厂、一个生产流程或某一个单元，例如生化反应过程，都按照一定的要求和条件来组织生产和进行操作。为使整个生产过程不出偏差，就要求有好的测量控制系统来保证。然而，工业生产过程的控制系统设计，完全依赖于被控制的工业生产过程的特性和要求。所以，深入了解被控制的工业生产过程特性，是应用计算机控制系统的基础。

对于一个生产过程，从控制的观点来分析，可从生产过程扰动作用、生产过程特性和顺序控制要求 3 个方面来考虑。

1. 过程扰动作用（干扰）

工业生产过程往往会受到各种各样的干扰作用，使得生产过程不稳定，从而影响产品的质量和产量，即影响生产过程的经济效益。这些干扰来自以下几方面。

① 原料的质量和供应影响，如原材料质量的波动。

② 产品质量规格的变化（包括中间产物的质量），即物料或产品的组成（化学成分）和物理性质（如颗粒大小）的变化。

③ 生产过程设备的可使用性。有时工厂的设备可能被占用或损坏。

④ 环境条件改变。

⑤ 与其他工厂或装置之间的连接关系。有些物流与其他工厂或生产过程相连接，因前后调度等原因，有时要求过程操作改变。

⑥ 设备特性的漂移和衰退，如热交换器随着生产的进行而结垢，从而影响传热效果。

⑦ 过程物料的波动，如物料输送过程中常常因固体物料堵塞管道而使物料流不稳定。

⑧ 控制系统的失灵。

特别是现代的工业生产过程，对于扰动很敏感，因为现代工业生产过程的生产强化，物料往往循环使用，能量平衡都接近临界条件，中间贮存环节尽量省略不用，工厂内部物料再循环与能源再利用已很普遍。

2. 生产过程特性

在负反馈控制系统中，被控过程的特性直接影响到采用什么样的控制方案，以及控制（或控制算法）的形式和有关的参数。影响控制系统设计的过程特性主要有信号的测量问题、纯滞后问题、非线性特性、时变特性、过程本征不稳定、过程具有强的耦合等。

（1）信号的测量问题　工业生产过程信息的测量是控制系统的关键问题。有些过程变量很难测量；有些可能测不准，噪声大，不可靠；有些无法在线测量，特别是成分分析，只能通过取样的办法，在实验室中分析才能获得；有些即便可用间接的方法测到准确的信号，但是不知其与真实变量的关系。随着在线质量分析仪的逐步应用，使得原来有些不可测的量变成可测，然而，在线分析仪仍满足不了千变万化的工业生产过程的要求。所以有些过程变量用间接测量方法或称推断测量的方法，通过模型计算来获得过程的变量。总之，负反馈控制完全依赖于测量的准确性。

(2) 纯滞后的问题　在各种生产过程，会有各种纯滞后存在。纯滞后对于过程控制来说是一个大敌，因为过程控制希望其控制作用响应要迅速及时。有纯滞后存在，不等控制作用的进行，可能又有新的扰动到来。

(3) 非线性特性　若一个过程严重非线性，则在整个过程范围内，对于扰动作用的响应和校正作用，在不同的工作区域会有不同，这样就很难找到满意的控制器参数。

(4) 过程本征不稳定　有些生产过程，如化学反应过程，在某些操作范围内系统本身是不稳定的。如果过程进入不稳定的区域，其参数变化，如反应温度和反应压力可能以指数形式增加，导致系统爆炸。

(5) 耦合问题　工业生产过程中输入和输出之间的关系通常是很复杂的，各变量之间可能具有很强的耦合性。一个输入可能会改变几个输出，反过来说，一个输出可能会受到多个输入的影响。因此，当控制系统都是单回路时，控制系统之间就会相互影响。

(6) 时变特性　过程参数的时变性也会严重影响控制器参数的整定，有时会使得整个过程变成很难控制。

3. 工业生产过程的要求

对于大工业生产过程，特别是生化工业的飞速发展，其生产操作过程越来越复杂和多样化，一般来说有下述一些控制问题。

(1) 生产过程的开车和停车　在连续生产过程和间歇生产过程中，开车和停车都有自己的一套顺序和操作步骤，特别是大型的石油化工生产过程，其开、停车要花很长时间，若不按照一定的步骤和顺序进行，将会出现生产事故。

(2) 间歇生产过程操作　间歇生产过程往复循环操作频繁，而某些连续生产过程中包含着间歇操作的设备和单元，如需要再生的系统。

(3) 产品规格的变化

(4) 生产负荷的变化

(5) 设备的切换（顺序操作）　要改变生产品种和生产负荷，这些都要求按一定的顺序规划进行操作。一般来说，顺序操作包括一系列的阶段或操作步骤，这些阶段，有些是由过程事件来触发，而有些根据特定的时间间隔来激发。

除了上述控制问题之外，工业生产过程还要求做到以下几点。

(1) 监视和管理整个生产过程　监视和管理整个生产过程，在过程控制系统中往往是很重要的功能。监视生产过程的变化，收集生产过程的历史数据，对寻找过程的扰动因素和分析过程操作都极为有用。

(2) 对生产过程进行规划、调度和决策

(3) 生产过程的优化操作与控制　一个工厂可能由许多生产过程所组成，如何根据市场需求和原料状况编排生产计划，调度全厂水、电、气、汽的分配，对一个工厂来说具有很大的经济意义。

在工厂生产过程中，从设备到单元的整个生产线直至全厂，都有优化操作点和控制点问题，而一个生产过程的优化操作点往往是时变的。因此，针对工业生产过程具体情况，进行连续寻优是十分重要的。通常，优化问题是以经济效益为目标，它往往是用一组约束条件来描述，在这些约束条件之下操作，既使系统经济效益最好，又使系统处于安全运行。

对于现代企业的这些要求，用常规的模拟仪表进行数据采集、顺序操作和控制以及工厂优化管理与控制显然已不能胜任，必须采用计算机控制才能满足这些要求。

二、数字计算机在过程控制中应用概述

数字计算机在过程控制中的应用主要在两个方面。首先是用计算机进行工业生产过程数据采集和预处理，这是实现工厂自动化的第一步。第二方面的应用是通过计算机对工业生产过程进行操作、控制和优化。

1. 计算机数据采集

实际上许多计算机在过程工业中应用时，有70%～80%的功能是用在过程数据采集、数据处理、上下限报警、历史数据存储以及监视生产过程，图10-1为计算机用于数据采集的系统结构。由此图可见，要进行工业生产过程数据（如压力、温度、流量、液位等参数）的采集，首先要有测量传感和变送装置，这些装置往往是原来进行仪表控制就具备的系统。然后，把这些测量装置的信号送到测量接口，一来将测量装置的模拟信号调理成计算机能接受的数字信号，二来进行多路信号的采样。经过变换处理后的测量信号一方面可以通过显示器显示，另一方面作为历史数据存入存储器。

通常一个工厂有大量的测量数据需要采集，几千甚至几万个，因此，计算机数据采集系统设计成分散型（也叫分布式）数据处理系统，如图10-2所示。这种形式的数据采集系统是由通信网络和前端机组成。由前端机进行底层的数据采集和处理，将其结果送到大型计算机，由它进行更复杂的信号和数据处理，例如数据调理、物料和能量平衡计算，将这些有效的数字经过通信网络传给操作员或作为其他用处，如全厂决策调度、优化计算等。

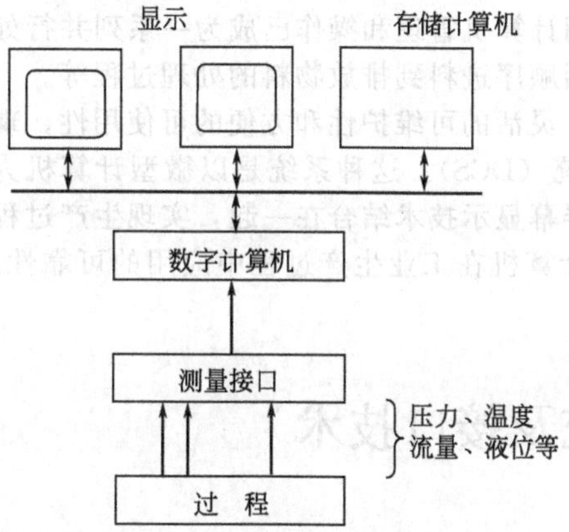

图10-1　计算机数据采集系统

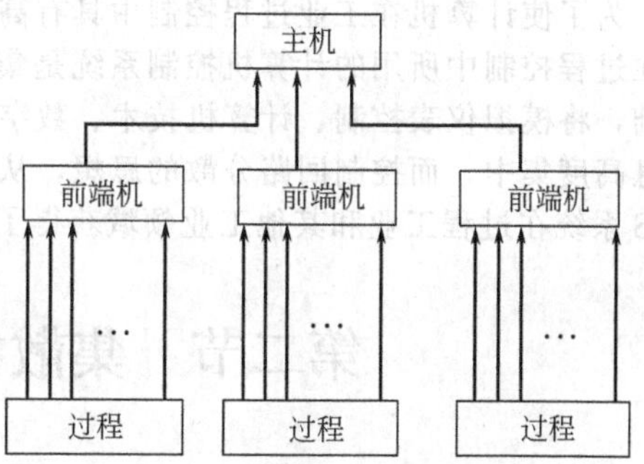

图10-2　分散型计算机数据采集系统

2. 智能仪表

最近几年计算机过程工业中十分活跃的领域是智能仪表的开发。许多测量仪表内部都已装上了微型计算机，这样可以减少操作员和仪表工许多烦琐的仪表校验、维护等工作。例如采用自动量程变换的装置来处理原来量程的调整问题。例如有一个电压输入信号，变化范围从毫伏级到伏级，在这种情况下，可以控制过程输入到实际测量电路之间的放大器，放大器的增益由微机自动调节，使测量输出满足测量精度的要求，这样就可以维持在整个宽的输入范围内仪表有一致的测量精度。

3. 计算机与生化过程

计算机在过程工业中的应用主要是进行实时控制和工厂的优化生产。将计算机与测量仪表结合在一起，对生化过程的测量和控制有着一系列的突出优点。首先，计算机的应用，可以增强数据采集功能；通过随机的和数字滤波的方法，可以大大提高测量结果的可靠性和准确度；从并行的多种传感器上测出生化过程的状态信息，计算机能方便地进行比较和分析，从而可以在线进行对传感器信息的校正，及时地识别传感器性能的变化；有了计算机，使许多高级的分析仪器系统便于在生化过程中应用。例如，一个计算机控制的分析仪器系统，可以进行自动取样，切换色谱仪，以及很快得出测量结果，再利用计算机内部所储存的校正关系或算式，就可以直接给出物理量单位表示的信息，虽然这种简单的信号处理、校正运算（例如线性化处理）可用特殊的电子电路来完成，而用了计算机，则不仅容易方便，而且不需附加任何的硬件设备。

计算机在生化工程中应用的另一个优点，是因为计算机具有数据存储功能，从而使生化过程的大量信息以数字信号的形式进行存储，便于生化过程结束后，对生化过程工艺进行分析和处理，为优化生产提供宝贵的数据。

计算机的应用，也可以大大增加数据分析、推断等处理的能力。将一系列生化过程的测量结果，用有关算式关联起来，从而很快地计算出很重要的生化过程有关状态和参数，例如氧利用速率、呼吸商等。也可以利用在线测量得到的信息，采用估计的方法，获得更好的生化过程状态信息，例如生物质浓度、比生长速率、基质消耗速率和产品形成速率等生化过程中的重要变量。

计算机也可以大大地扩展和改进生化过程的控制和优化操作。一台工业控制计算机可以替代许多个常规模拟控制系统，例如应用标准的PID反馈控制算法，可以控制许多变量，如pH、发酵温度等，而且控制变量可以是由计算机计算得到的量，如RQ（呼吸商）。各种数值计算方法可以用来计算机改进生化过程的数学模型，然后，根据这些数学模型决定生化过程的优化操作条件和策略。计算机所提供的运算和存储能力，可以用来完成各种优化方法的计算，例如，发酵期间各种营养物质加料速率、pH等优化设定范围。

间歇过程的操作在生化过程中占有很大比重，它往往要求仔细小心地协调和控制各个阀门的开与关，泵的启动与停止。在早期的间歇生化过程中，所有这些功能是由各种定时器和继电器来实现，现在可以用计算机进行方便有效的操作。目前，用计算机管理和操作已成为一系列并行处理的间歇生化过程，实现优化操作的基本步骤，其中包括顺序进料到排放物料的处理过程等。

为了使计算机在工业过程控制中具有高度的可靠性、灵活的可维护性和方便的可使用性，现在在过程控制中所用的计算机控制系统是集散型控制系统（DCS）。这种系统是以微型计算机为基础，将模拟仪表控制、计算机技术、数字通信技术和屏幕显示技术结合在一起，实现生产过程信息高度集中，而控制回路分散的思想，从而大大提高计算机在工业生产过程中应用的可靠性。DCS系统在过程工业和其他工业领域获得了广泛的应用。

第二节　集散控制系统及接口技术

一、集散控制系统简介

1. 概述

集散控制系统（DCS）又名分布式计算机控制系统，国外最早称为分散控制系统，即DCS (distributed control system)。后来叫集中（总体）分散控制系统（total distributed control system)，中国习惯上称之为集散控制系统或DCS。它是以微机处理器为基础，继承单元组合仪表及计算机系统的优点，充分利用控制技术、计算机技术、通信技术、图像显示技术（4C技术）的应用成果，集中了连续控制、批量控制、顺序逻辑控制和数据采集功能的计算机综合控制系统。其主要特征是：集中管理，分散控制。自1975年第1套集散控制系统TDC-2000诞生以来的20多年中，各类集散控制系统广泛应用于石油化工、冶金、炼油、纺织、制药等各行业，均取得了很好的效果。

2. 集散控制系统的发展过程

（1）集散控制系统产生的背景　最初的工业过程控制是通过单元组合仪表采用原始分散控制，各控制回路相互独立，其优点是某一控制回路出现故障时，不影响其他回路的正常工作，缺点是硬件过多，自动化程度不高，难以实现整个系统的最优控制。随后出现集中控制，它是通过计算机将控制回路的运算、控制及显示等功能集于一身，其优点是硬件成本较低，便于信息的采集和分析，易实现系统的最优控制，缺点是危险集中，局部出现故障会影响整体。鉴于以上原因，人们开始研究集中分散控制，随着控制技术、计算机技术、通信技术、图像显示技术的发展，20世纪70年代中期吸收原始分散控制和集中控制两者优点，克服其缺点的集中分散控制系统诞生了。

（2）集散控制系统发展的3个阶段

① 初始阶段。1975年美国霍尼韦尔公司第1套TDC-2000集散控制系统问世不久，世界各

国仪表制造商就相继推出了自己的集散控制系统，即第1代集散控制系统，比较著名的有霍尼韦尔公司的TDC-2000、FOXBORO公司的SPECTRUM、FISHER公司的PROVOX、横河公司的CENTUM、西门子公司的TELEPERM等。这些产品虽只是集散控制系统的雏形，但已经拥有集散控制系统的基本结构：分散过程控制装置、操作管理装置和通信系统。并已具备了集散控制系统的基本特点：集中管理，分散控制。

② 发展阶段。随着控制技术、计算机技术、半导体技术、网络技术和软件技术等的飞速发展，集散控制系统进入第2代。主要产品有霍尼韦尔公司的TDC-3000；TAYLOR公司的MOD300；西屋公司的WDPF；横河公司的CENTUM-XL；ABB公司的MASTER等。第2代集散控制系统的主要特点是系统功能的扩大和增强以及通信范围和数据传送速率的大幅提高。它采用横块化、标准化设计，数据通信向标准化靠拢，控制功能更加完善，具有很强的适应性和可扩充性。

③ 成熟阶段。1987年美国FOXBORO公司推出的1/AS系统标志着集散控制系统进入了第3代。主要产品有霍尼韦尔公司带有UCN网的TDC-3000；横河公司带有SV-NET网的CEN-TUM-XL；BALLEY公司的IN-FO-90等。第3代集散控制系统的主要改变是在局域网络方面。它通过采用MAP等协议，使各不同制造商的产品可以相互连接、相互通信和进行数据交换，同时，第3方应用软件可方便应用，也为用户提供了更广阔的应用空间。

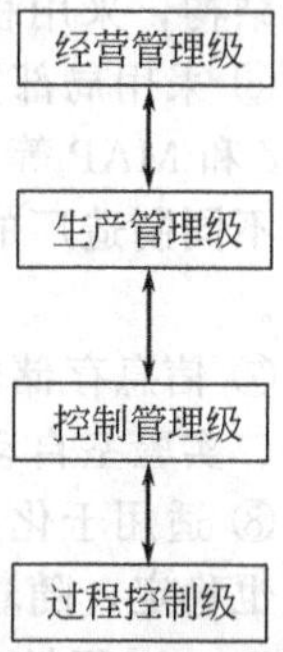

图10-3　第3代产品的4个层次

这一代产品的结构层次有了进一步发展，它自下而上一般可分为过程控制级、控制管理级、生产管理级和经营管理级4个层次，如图10-3所示。

其中过程控制级直接与生产过程连接，具体承担信号的变换、输入、运算和输出等分散控制任务，主要设备有过程控制单元、过程输入输出单元、信号变换器和备用的盘装仪表。

控制管理级对生产过程实现集中操作和统一管理，该级的主要设备是CRT操作站（或管理计算机）和数据公路通信设备。

显然，这两级在结构上类似于第一代DCS产品，但在具体软、硬件技术上有了新改进，例如，处理单元采用32位机，除用图形语言编程外，还可用高级语言编程；软件采用多窗口技术；可进行顺序的批量控制；硬件的可靠性和安全性设计，移植了许多宇航技术成就，如新的密封高密度组件板、表面安装技术（SMT）等新技术；处理单元中引入智能化技术，每个单元都有自诊断程序，发生故障时能自动隔离，以实现在线更换。

生产管理级可承担全工厂或全公司的最优化，它相当于第二代产品中挂在局部控制网络LCN上的通用站US和有关模块（如历史模块HM、计算模块CM、应用模块AM），而经营管理级则是该LCN通过计算机网间连接器GW连接的更上一层的上位计算机、计算机簇和其他通信网络上的设备，按照市场需求、各种与经营有关的信息因素和生产管理级的信息，作出全面的综合性经营管理和决策。

这一代产品在通信网络上已广泛地采用光缆和新的网络技术，建立了从基带到宽带，符合MAP协议的宽范围的完整网络，能同符合OSI参考模型的不同网络产品相兼容或通信。

二、集散控制系统的特点

① 分级递阶控制。集散控制系统是分级递阶控制系统，它的规模越大，系统垂直和水平分级的范围也越广。最简单的集散控制系统至少在垂直方向分为操作管理级和过程控制级，水平方向各过程控制级之间相互协调，向垂直方向送数据，接受指令，各水平级间也进行数据交换。

② 分散控制。分散控制是集散控制系统的一个重要特点。分散的含义不单是分散控制，还包括人员地域的分散、功能分散、设备分散、负荷分散、危险分散。目的是危险分散，提高设备使用率。

③ 功能齐全。可完成简单回路调节、复杂多变量模型优化控制，可执行PID控制算法、前馈-反馈复合调节、史密斯预估、预测控制、自适应控制等各种运算，可进行反馈控制，也可进行间断顺序控制、批量控制、逻辑控制、数据采集，可实现监控、显示、打印、输出、报警、历

史趋势储存等各种操作要求。

④ 易操作性。集散控制系统根据对人机学的研究，结合系统组态、结构方法的知识，为操作工提供了一个非常好的操作环境。为操作员提供的数据、状态等信息易于辨认，报警或事件发生的信息能引起操作员的注意，长时间工作不易疲劳，操作方便、快捷。

⑤ 安全可靠性高。为了提高系统的可靠性，确保生产持续运行，集散控制系统在重要设备和对全系统有影响的公共设备上采用了后备冗余装置，并引入容错技术。硬件上包括操作站、控制站、通讯线路等都采用双重化配置，使得在某一个单元发生故障的情况下，仍然保持系统的完整性，即使全局性通信或管理失效，局部站仍能维持工作。从软件上采用分段与模块化设计，积木式结构，采用程序卷回或指令短执的设计，使系统安全稳定。

⑥ 采用局部网络通信技术和标准化通信协议。已经采用的国际通信标准有 IEEE802、PROWAY 和 MAP 等，这些协议的标准化是集散系统成为开放系统的根本。集散控制系统的开放使各种不同制造厂的应用软件有了可移植性，系统间可以进行数据通信，为用户提供广阔的应用场所。

⑦ 信息存储容量大，显示信息量大，有极强的管理能力，可实现生产过程自动化，工厂自动化、实验室自动化、办公室自动化等目标。

⑧ 适用于化工生产控制，有良好的性能价格比，不但其硬件适应化工控制，而且软件的适应性也稳定，随着系统开放第三方的应用软件也可方便应用。

三、过程接口技术

当计算机控制系统总体设计定下来以后，计算机的存储容量，内部进行算术、逻辑运算功能，对使用者来说并不是很重要，使用者关心的是计算机如何与使用者互通信息，它又是怎样与生产过程相连接的。根据计算机与不同的过程设备相连接，接口可分成如下几种：

① 计算机与计算机相连接的接口，即计算机之间的通信；

② 操作员与计算机之间的接口，即命令的输入；

③ 计算机与操作员之间的接口，即信息的输出；

④ 传感器与计算机相连的接口，即信号的输入接口；

⑤ 计算机与执行器之间的接口，即信号输出给执行机构。

在使用之前，必须弄明白它们之间输入输出连接的要求、信号电平以及使用条件和标准。

计算机与计算机之间的连接是很重要的，因为不同类型的计算机和数字设备价格及功能差别很大。人们总希望通过应用计算机，使经济效益最大而成本又最低，所以一般都选用微机来控制生化生产过程。当需要更快更复杂的计算，或要求更大的计算机容量时，则用更高一级的计算机来实现，因此，要用通信的方法将微机与高一级的计算机连接起来。这种计算机之间的连接，通常有 RS-232 标准通信接口，也有计算机的通信网络。关于第②和第③种接口，一般都有成熟的标准接口设备，例如键盘作为操作员的命令输入。作为计算机的信息输出设备，常用的有 CRT 屏幕显示、打印机、作图仪以及多媒体技术（如语言输出）。第④类和第⑤类的接口是过程控制中非常重要而特有的接口，接口技术中主要介绍这部分内容。

1. 过程信息类型

工业生产过程中有各种各样的信息，主要可分成四大类，如表 10-1 所示。

表 10-1　工业过程信息类型

序号	类　型	例　子
1	数字型	继电器(开或关)、电磁阀(开或关)、开关(开或关)、马达(开或关)、TTL 电路(0 或 +5V)
2	普通数字型	实验室仪器二进制编码、字符二进制编码信号
3	脉冲或序列脉冲	涡轮流量计的脉冲流量信号、步进马达(开或关的序列脉冲信号)
4	模拟信号	热电偶、热电阻；压力、流量、液位、成分等过程变送器信号(4～20mA)；运算放大器(−10～+10V)

第1类信号本身具有二进制数的特性，因此很容易变成二进制形式的信号。这种输入输出接口可用与计算机字长相同，如8位、16位或32位的寄存器来组成。在这种情况下，过程信息的一个字长，例如16位二进制，就可分别代表16只泵或马达的开关状态，同时送入计算机并且存储起来。为了确定任何一路的状态，例如第3路信息，计算机只要测试第3位是0还是1，就可以确定这只泵或马达是开还是关。相应的输入和输出电路部件都是用0～+5V的电平来表示二进制的0和1，这与计算机的寄存器完全相同。对于第2类二进制编码代表十进制数的信号，此时一位十进制的BCD码可用4位二进制来表示，因此，16位字长的计算机，则每个字长可表示4位的十进制，即从最小的0000到最大的9999。第3类脉冲信号的输入，对每一路的脉冲输入用一寄存器来计数，这个计数器可由计算机程序来控制，经过一定时间脉冲计数后，其结果可以传送到计算机存储器存储。而输出脉冲装置可由一脉冲发生器和一控制门组成，此门的开关由计算机控制，通过控制门的开关时间，就可控制输出脉冲个数。

2.模数（A/D）和数模（D/A）变换

在过程工业中，很重要的过程信息是温度、流量、压力、液位、成分等。生化过程工业中也是如此。例如在生化工业中常用的是温度、流量、压力、pH、溶解氧、尾气 O_2 和 CO_2 的浓度信息。在这些信息中，温度用热电阻（其他工业可能用热电偶）测量，其余信息都由测量变送仪表测量，这些信号都是连续变化的模拟信号，其值为4～20mA。这些信号在进入计算机之前必须经过模拟数字转换器（ADC），或称A/D转换。模拟信号输入到A/D转换器可有两种不同的方法。第一种是采用各个独立的A/D转换器，即对应于每一个模拟量输入信号与一个A/D转换器相连接。而另一种方法是利用一个采样开关，通过扫描的办法，将模拟量信号逐个接到一只A/D转换器。因为A/D转换器价格昂贵，后一种方法较便宜，但是信号输入速率受到A/D转换器的转换速率限制。

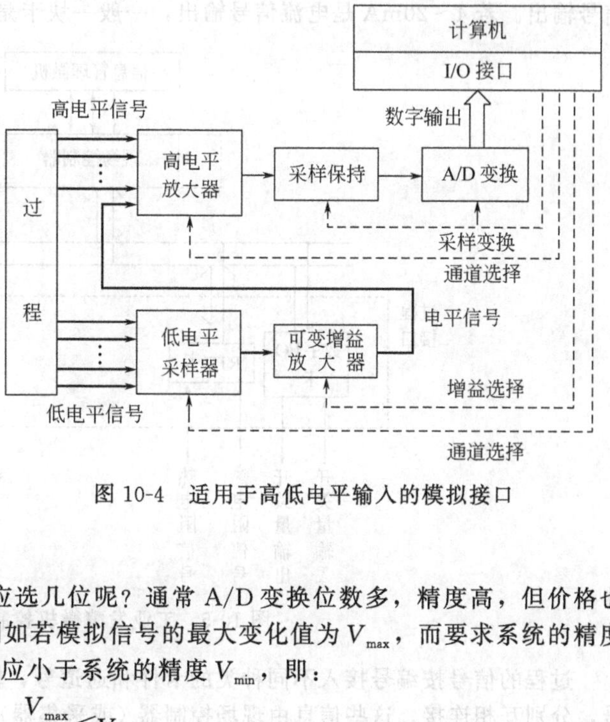

图10-4 适用于高低电平输入的模拟接口

图10-4是输入信号为高低电平都适用的模拟信号接口电路。热电偶和应变仪输出信号为低电平(mV)信号，用低阻抗的多路采样器采样多路低电平信号，然后，经过可变增益放大器放大为高电平信号，再经过高电平放大器，放大后送给采样保持器和A/D变换器变换后成为数字信号送入计算机的接口。

在模拟数字变换中，其A/D变换器应选几位呢？通常A/D变换位数多，精度高，但价格也贵。一般用变换分辨率或精度来表示。例如若模拟信号的最大变化值为 V_{max}，而要求系统的精度为 V_{min}，则模数转换器的最低有效位的值应小于系统的精度 V_{min}，即：

$$\frac{V_{max}}{2^n} \leqslant V_{min}$$

则：

$$n \geqslant \frac{\lg \dfrac{V_{max}}{V_{min}}}{\lg 2}$$

或：

$$n \geqslant \log_2 \frac{V_{max}}{V_{min}}$$

例如，有一温度物理变量其最大变化范围为0～250℃，要求转换成数字信号，转换精度为0.5℃，则A/D转换器的位数 n 选多少？利用上式可得：

$$\log_2 \frac{250}{0.5}=8.96$$

因此，A/D转换器应选9位字长以上。通常A/D转换器字长有10位、12位和16位。对这一例子，A/D转换器字长选用10位。

反过来，计算机的输出是数字信号，如何使过程仪表或执行器能接受这一信号，这中间要有一数字到模拟的变换器，即D/A变换器（DAC）。这种D/A变换器比A/D变换器简单而且便宜。从计算机输出的数字信号与过程的模拟仪表或执行器是一一对应的，因此每路都有自己的D/A变换器。大多数D/A变换器具有保持功能。如果计算机输出是送给步进马达执行机构，那么输出的模拟信号就是一串脉冲信号，这种变换更简单、方便和可靠。

3. 工业发酵过程微机控制过程接口

图10-5表示一工业发酵过程微机控制的过程接口示意图。其中数字I/O卡是输入和输出开关量信号，其信号为0～5V，数字输入、输出的路数一般为16路和32路。RTD卡是专为热电阻和热电偶信号输入而设计的卡件，因为热电阻和热电偶具有不同的分度号，在选用卡件时应考虑用的是什么型号的热电阻和热电偶，其输入路数一般8路或16路为一个卡件。A/D转换卡通常是将变送器的模拟输入信号（4～20mA）变成数字信号，在发酵过程中，空气流量（AF）、pH、溶解氧浓度、罐压以及氧和二氧化碳分析仪的输出信号接入此卡，其允许输入模拟量信号为16路或32路。D/A转换卡，也叫模拟输出卡，可选用4～20mA信号输出，也可以选用脉冲信号输出。若4～20mA是电流信号输出，一般一块卡是4路或8路。

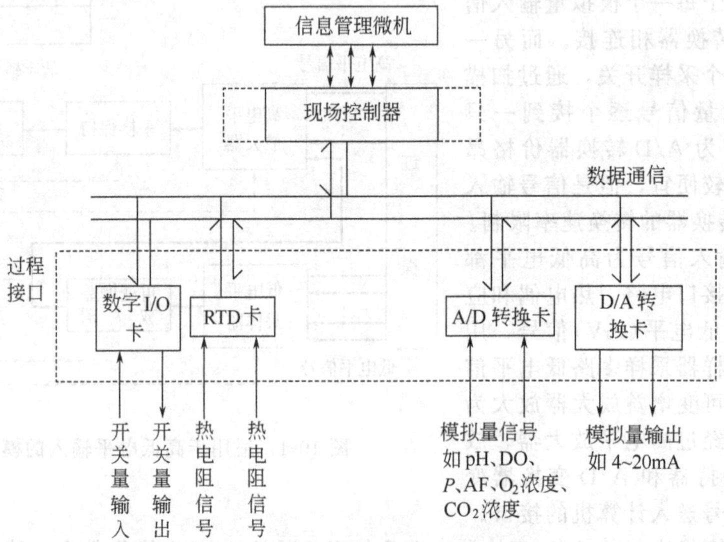

图10-5　工业发酵微机控制过程接口

过程的信号按编号接入不同种类的卡件和通道号，输出信号根据现场接收仪表或执行器的编号，分别互相连接。这些信息由现场控制器（或采集器）采集，然后送到操作站管理微机，进行各种形式参数显示、报警和存储等，若要进行控制，则由现场控制器完成控制运算，然后，将结果以开关量或模拟量形式输出控制发酵过程。

第三节　柠檬酸发酵过程计算机控制系统设计

柠檬酸发酵是间隙发酵过程，属兼性好氧发酵，主要是黑曲酶在发酵罐所提供的生理环境中，发生一系列复杂的生化反应，最终将淀粉转化为柠檬酸。在整个发酵过程中，温度、溶氧、通风量等参数控制的好坏直接关系到转化率的大小和产酸的多少，利用计算机对该过程实施控制，有利于稳定发酵工艺条件，提高控制质量，缩短生产周期。

一、系统结构设计

根据发酵厂规模及其对DCS的要求，整个系统由工程师站（含操作员站）和现场控制站二级微机组成对全车间的6只200t发酵罐、3只25t种子罐以及公共单元实现全自动控制。其中工程师站采用IPC-610 486DX/66计算机，并配有窗霸卡多屏显示、声霸卡语音报警等多媒体技术；现场控制站由4台IPC 486DX/66工控机加上A/D、D/A、I/O板构成，以一控三的方式，3台工业PC机分别控制两个200t发酵罐及一个25t种子罐，另用一台工业PC机负责公共单元数据的采集及控制，并留有扩充接口。每个罐可测控数据为温度、罐压、流量、pH、溶解氧浓度、搅拌电流、尾气O_2及CO_2浓度等。

DCS采用双RS-422构成主从式上、下位机通信网络，实现操作员站对控制站控制参数的设定修改及数据的采集、显示及打印；并通过NE2000网卡与公司MIS系统联网，通过通信接口与Ⅰ期柠檬酸发酵DCS相连，实现数据共享。系统总体框图如图10-6所示。

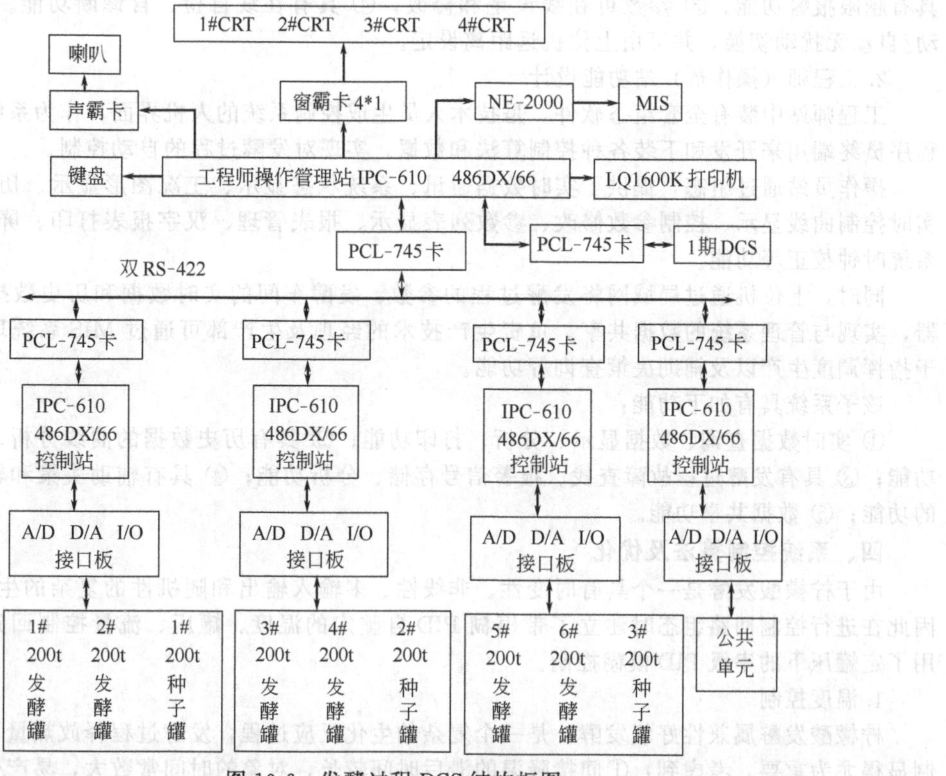

图10-6 发酵过程DCS结构框图

二、组态软件设计

为提高DCS的通用性、灵活性，缩短开发周期，便于维护扩展，设计了DCS组态软件。软件采用Visual C++5.0编程，由系统组态、工况图形组态、数据处理分析组态、通信组态四大模块组成，具有系统生成、实时数据库生成、历史数据库生成、图形生成、控制回路生成、报表生成、事件追忆库生成、数据库下传等功能。

组态软件支持各种信号或执行器类型、各种输出模式，提供了在生化过程控制实践中摸索得到的实用的控制和滤波算法供用户选择，并设计了用户自定义接口，利用这些工具可生成各种适合于发酵过程的控制策略。

1. 软件提供的控制算法

① 基本PID控制；② 带死区PID控制；③ 串级PID控制；④ QUICK-PID控制；⑤ 模糊PID控制；⑥ Bang-Bang控制；⑦自调整控制；⑧ 跟踪控制；⑨ 时间比例输出控制；⑩ 前馈控

制；⑪多变量解耦控制；⑫模糊控制；⑬专家控制；⑭离线优化控制；⑮用户定义控制方式。

2.软件提供的滤波方式

① 最大平均滤波；② 防脉冲干扰平均滤波；③ 低通数字滤波；④ 中位值滤波；⑤ 滑动算术平均滤波；⑥ 滑动加权平均滤波；⑦ 用户定义滤波方式。

在组态过程中，软件具有自校正和修改功能。用户在编辑过程中若对某个点进行了修改，系统会自动对所有数据库中的相关点进行相应的校正，使用相当方便。

三、系统功能设计

1.现场控制站功能设计

如图 10-6 所示每台现场控制站（下位机）由研华 IPC-610 486DX/66 配上康拓公司的 A/D、D/A、I/O 卡及 3 台 3 回路数显手操器组成。可控制 2 个发酵罐和一个种子罐。其功能如下。

① 检测各罐的温度、罐压、流量、溶解氧浓度、pH、搅拌电流、尾气 O_2 浓度、CO_2 浓度、泡沫，其中前 4 个参数为控制参数。② 各种参数控制方式由用户根据控制情况设定，各回路均具有越限报警功能。③ 参数可在线设定和修改。④ 具有在线自检、自诊断功能。⑤ 可实现手动/自动无扰动切换，并可由上位机远距离设定。

2.工程师（操作员）站功能设计

工程师站中装有全套组态软件，是技术人员生成控制系统的人机界面，作为系统的管理站和程序员终端用来开发和下装各种控制算法和数据，实现对发酵过程的自动控制。

操作员站通过组态，提供了实时数据通讯、系统状态显示、工况图形显示、历史趋势显示、实时控制曲线显示、控制参数修改、参数列表显示、报表管理、汉字报表打印、屏幕图形拷贝、系统时钟校正等功能。

同时，上位机通过局域网将发酵过程的参数、发酵车间的实时数据和历史数据发送到服务器，实现与管理系统的数据共享。负责生产技术的经理及生产部可通过 MIS 系统取得数据，用于指挥调度生产以及辅助决策查询等功能。

该子系统具有如下功能：

① 实时数据查询、数据显示、分析、打印功能；② 具有历史数据的曲线分析、查询及组态功能；③ 具有发酵过程故障查找、报警信号存储、分析功能；④ 具有辅助决策和辅助生产调度的功能；⑤ 数据共享功能。

四、系统控制算法及优化

由于柠檬酸发酵是一个具有时变性、非线性、多输入输出和随机性的复杂的生化反应过程，因此在进行控制回路组态时建立了带模糊 PID 自整定的温度、罐压、流量控制回路，对溶氧采用了定罐压下的串级 PID 模糊控制。

1.温度控制

柠檬酸发酵属兼性好氧发酵，是一个复杂的生化反应过程，发酵过程释放热量，因此温度控制显得尤为重要。考虑到：①间接降温的滞后时间较长，对象的时间常数大，易产生超调；②发酵过程的不同阶段，产生热量的速率不同，对象模型参数变化较大，而参数的辨识又较为困难，冷却水流量与温度关系无法精确测定等因素，采用了基于自适应控制思想的自适应PID控制算法。具体做法是先根据发酵的不同阶段，分段整定 PID 参数，再将各段参数固化于控制站内，这种方法虽然达不到最优，但实际效果是理想的。

2.压力和流量控制

工艺要求罐压和流量稳定，超调小，罐压由进气调节阀的开度控制，尾气流量则由出气调节阀的开度控制。两个回路之间相互关联，采用常规 PI 控制效果较差，难于稳定，易失控及振荡，有较大的超调。因此在这两个控制回路中引入模糊控制概念，即将二者的相互影响适当量化，存入计算机内，实时控制时，先根据经验整定两组 PI 参数，注意将二者的频域拉开，然后对系统的响应（即罐压 P、流量 Q）进行监测，根据预定的步骤和指标进行模糊推理启动对 PI 参数超前修正。实施该控制方案后，基本上消除了压力和流量回路的耦合，调节效果是满意的。

3. 溶解氧控制

根据工艺要求，对溶解氧回路进行八段定时控制。影响罐内物料溶解氧值的因素主要有4个，即细菌需氧量、通风量、罐压及搅拌器转速。其中发酵不同阶段细菌需氧量由实验确定，是不可控因素。而搅拌器转速是定值，因此可控因素为通风量和罐压。根据工艺条件要求，罐压尽可能稳定，此时流量仪表误差小，故溶解氧控制采用如图10-7所示的定罐压情况下的溶解氧PID模糊控制，将流量作为副控回路，溶解氧作为主控回路，达到较好的控制效果。

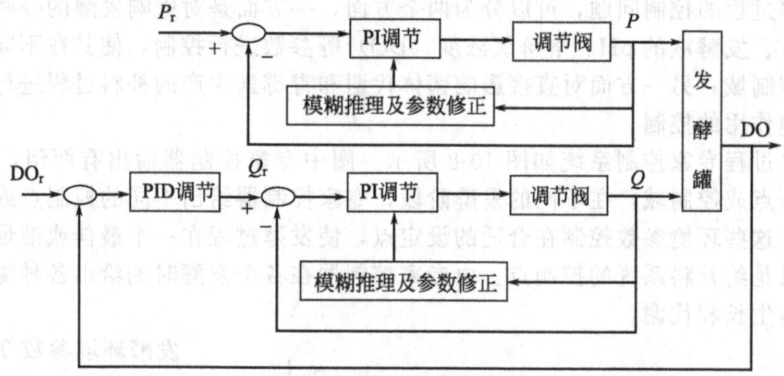

图 10-7　溶解氧控制框图

第四节　青霉素发酵过程专家控制系统

一、青霉素发酵过程的特点和控制上的困难

青霉素发酵过程是一个非常复杂的生物化学变化过程，参与影响发酵的酶有3000多种，相当一部分的作用仍然不十分清楚。青霉素是青霉菌次级代谢的产物，初级代谢与次级代谢相互交叉，产物最优生产与菌体最优生长之间不具有对应性。在发酵的不同阶段，既有菌体自身的生长、繁殖、老化，又有青霉素的合成及水解，存在多种生化过程，其复杂程度远远超过物理过程、化学过程。因此，建立青霉素发酵过程的数学模型就十分困难，其数学模型也非常复杂。

即使建立了初步的近似的数学模型，模型的适用性也是有限的。每批发酵开始时的菌体浓度、菌体活性、菌龄等都会有差异，这些都会造成模型参数的变化。培养基和营养物质的质量、发酵液的温度、pH、溶解氧浓度等参数在不同批次也会有差别，而微生物对环境条件的变化又甚为敏感，这也影响到模型的适用性。由于菌体细胞的变异性，多批传代操作也会引起模型的偏差。

发酵过程动力学模型的研究已有数十年的历史。J. Monod在20世纪40年代提出了一种菌体生长的简化的经验模型，此后在Monod模型基础上，又演变出很多经验模型，它们从不同角度对Monod模型进行了某些修正。如Moser模型、Teissier模型、Contois模型、Powel模型等。这些模型形式比较简单，参数较少，在这个意义上讲尚便于工程应用，但这些经验模型只适用于发酵过程的某些阶段，而且因为它们没有考虑到菌体内部结构物质的变化，这些物质对菌体代谢过程有着重要影响，因此不能从本质上揭示菌体代谢的规律，也仅是一种近似的处理。结构模型把结构物质作为状态变量，考虑到菌体生长的不同阶段其结构组分的变化，在一定程度上揭示了发酵过程的本质。然而结构模型比较复杂，且不可观测的状态很多，从而限制了它们在控制中的实用价值。

如上所述，由于青霉素发酵过程的机理复杂，难于建模，即使建立了数学模型其实用性也很有限。因此，依赖数学模型成功地进行青霉素发酵工业生产的报道很少见。

从另一个角度看，青霉素在我国的生产历史已有几十年，通过实验室的工艺研究和大规模的工业生产实践，有关专家和操作人员对控制发酵过程，稳定和提高产量，积累了丰富的经验。从某种意义上讲，正是这些宝贵的经验，维持着我国数以千百计的青霉素发酵罐的生产。

基于上述原因，在目前青霉素发酵机理模型的研究尚不很成熟的条件下，青霉素发酵过程专家控制系统方案是实现青霉素发酵过程尤其是大规模工业生产在线控制的一种较为现实可行的方案。

二、青霉素发酵过程专家控制系统

1. 青霉素发酵过程专家控制系统的结构

青霉素发酵过程的控制问题，可以分为两个方面，一方面是对影响发酵的一些环境参数主要是发酵罐温度 T、发酵液的 pH、溶解氧浓度（DO）等参数进行控制，使其在不同的阶段跟踪最佳的控制点或控制域；另一方面对直接影响菌体代谢和青霉素生产的补料过程进行控制，这是对发酵过程起关键作用的控制。

青霉素发酵过程专家控制系统如图 10-8 所示。图中专家控制器输出有两组，一组是到发酵环境控制的控制点或控制域，在不同的发酵阶段，专家控制器给出不同的控制点或控制域，发酵环境控制系统把这些环境参数控制在合适的设定点，使发酵过程在一个最佳或准最佳的环境下进行。另一组输出是给补料系统的控制点。由专家控制器在各个发酵时刻给出各种物料的补料流加量，以控制菌体生长和代谢。

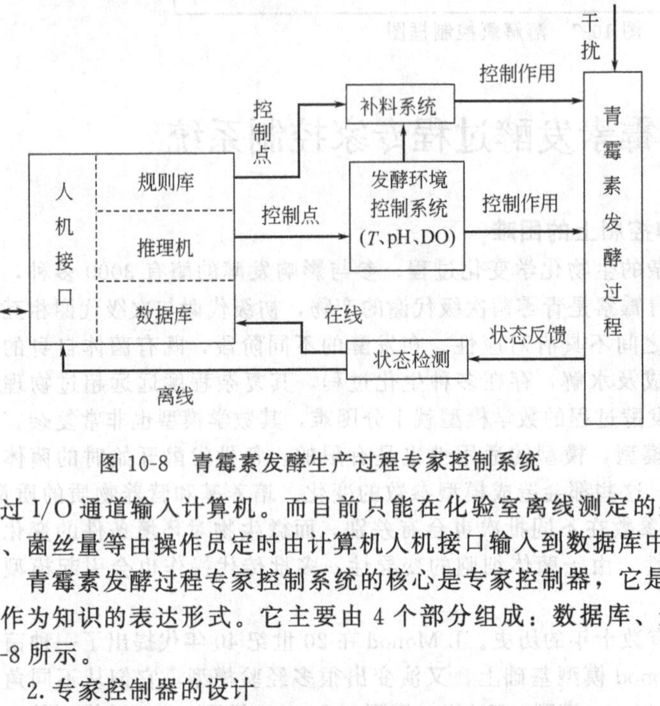

图 10-8 青霉素发酵生产过程专家控制系统

发酵环境参数 T、pH、DO 控制系统要使这些参数跟踪专家控制器给出的控制点或控制域，这些参数的控制已经较为成熟，可以用计算机甚至常规仪表实现。补料系统用计量罐流加补料方式，由计算机控制实现。

发酵过程的反馈信息由两种途径输入到专家控制器的数据库，一种是在线的，一种是离线的。有在线检测的传感器和分析仪器检测的参量，如温度、压力、pH、溶解氧浓度、尾气氧浓度、CO_2 浓度、空气流量、搅拌功率、搅拌速度等通过 I/O 通道输入计算机。而目前只能在化验室离线测定的某些参量，如各种物料的浓度、效价、菌丝量等由操作员定时由计算机人机接口输入到数据库中。

青霉素发酵过程专家控制系统的核心是专家控制器，它是一种产生式系统，它使用产生式规则作为知识的表达形式。它主要由 4 个部分组成：数据库、规则库、推理机和人机接口，如图 10-8 所示。

2. 专家控制器的设计

（1）数据库　数据库存储系统需要各种动态的和静态的，现在的和历史的、原始的和中间计算的等数据，这些数据主要包括以下几种。

① 在线检测的各种发酵过程的状态数据。如温度、压力、pH、溶解氧浓度、尾气氧浓度、CO_2 浓度、空气流量、搅拌速度和功率等。这些数据中部分历史数据要保存。

② 离线分析测定的各种生化数据。由于发酵工艺目前尚缺乏在线检测的某些传感器，尤其是生物探头，有些数据需离线分析测定，定时由键盘输入，这些量主要有菌体浓度、效价、糖浓度、氨氮（NH_3-N）浓度、苯醋酸浓度等，这些数据中部分历史数据要保存。

③ 各种静态数据。包括判断发酵阶段的参量水平阈值或时间界限；判断加料时机的参量水平阈值或时间界限；不同发酵阶段发酵环境控制的控制点或控制域，包括温度和 pH 的控制点，溶解氧的控制域等；各个发酵阶段各种补料（碳源、氮源、PAA）模型中的比例系数的调整值，比例系数的上、下限，补料量的上、下限，补料量变化的最大步差等；状态报警的界限。

④ 由在线检测数据计算出的数据，如 CO_2 释放率 CER、发酵物料体积、呼吸商等。

⑤ 专家控制器推理得出的数据，包括最终结果和中间结果，主要有发酵阶段的阶段值、各种物料的补料量、发酵环境参数的控制点（域）等。

(2) 规则库　规则库即产生式专家系统的知识库，应该说它是专家系统的关键所在，能否合理全面地获取发酵工艺专家的知识，用知识工程的语言正确地表达出来，决定了专家系统的智能水平，当然也就决定了控制效果。

青霉素发酵过程专家控制系统的规则库主要包括以下规则。

① 发酵阶段判断规则。

② 各种物料补料时机的判断规则。

③ 各种物料在各个发酵阶段的补料控制模型，这些模型的选择切换规则。

④ 发酵环境控制的各个量在不同阶段的控制点或控制域的调整规则。

规则库共有规则几十条，限于篇幅，此处仅举出加糖补料规则：

子规则①（加糖时机判断规则）

$$\text{IF}(\text{FSEG}=1)\wedge\{[(\Delta\text{pH}>\alpha_1)\wedge(\text{CO}_2\geqslant\beta_1)]\vee[(\Delta\text{pH}>\alpha_1)\wedge(\text{CER 稳定时间}>t_1)]\vee(t\geqslant t_2)\}$$

THEN 开始加糖

式中，FSEG 为发酵阶段值；$\Delta pH = pH - MinpH$，pH 为谷点回升值；α_1、β_1、t_1、t_2 为经验数据；t 为发酵周期；∧、∨分别代表与、或关系符。

以下为加糖规则。

子规则②

$$\text{IF}(\text{FSEG}=1)\wedge(\text{pH}\geqslant\alpha_2)$$

$$\text{THEN } R_{sr}=a+bf_1(t)+K_1(\text{pH}-\alpha_2)+\Delta R_{sr}$$

式中，α_2 为经验数据；K_1 为经验系数；R_{sr} 为加糖率；ΔR_{sr} 为 R_{sr} 的人工修正值；$f_1(t)$ 为发酵周期 t 的函数，回归得出；a、b 为回归系数。

子规则③

$$\text{IF}(\text{FSEG}=1)\wedge(\text{pH}<\alpha_2)$$

$$\text{THEN } R_{sr}=a+bf_1(t)+\Delta R_{sr}$$

子规则④

$$\text{IF}(\text{FSEG}=2)\wedge(\text{pH}\geqslant\alpha_3)$$

$$\text{THEN } R_{sr}=a+bf_1(t)+K_2(\text{pH}-\alpha_3)+\Delta R_{sr}$$

式中，α_3 为经验数据；K_2 为经验系数。

子规则⑤

$$\text{IF}(\text{FSEG}=2)\wedge(\text{pH}<\alpha_3)$$

$$\text{THEN } R_{sr}=a+bf_1(t)+\Delta R_{sr}$$

子规则⑥

$$\text{IF}(\text{FSEG}=3)\wedge(\text{pH}\geqslant\alpha_4)$$

$$\text{THEN } R_{sr}=R_0+K_3(\text{pH}-\alpha_4)+\Delta R_{sr}$$

式中，α_4 为经验数据；K_3 为经验系数；R_0 为经验补糖数据。

子规则⑦

$$\text{IF}(\text{FSEG}=3)\wedge(\text{pH}<\alpha_4)$$

$$\text{THEN } R_{sr}=R_1+\Delta R_{sr}$$

式中，R_1 为经验补糖数据。

子规则⑧

$$IF(FSEG=4)$$

$$THEN\ R_{sr}=K_4 f_2^2(t)e^{K_5 f_2(t)}+\Delta R_{sr}$$

式中，K_4、K_5 为经验系数；$f_2(t)$ 为发酵周期 t 的函数。

(3) 推理机　推理机主要解决在问题求解的每一步，如何控制规则的选择和运用。一般来讲，在AI问题中，产生式系统推理的控制策略是问题求解的关键所在，不同的控制策略导致不同的甚至是悬殊的解题效率，而且如果控制策略不当，还可能导致在有限时间内得不到问题的解答。然而，应用于生产过程控制的产生式专家系统问题却简单得多，这是因为这类系统规则库规模较小，这类系统的求解过程中，一般不会同时有很多条规则得到匹配，不会有很多搜索路径同时存在，求解问题的不确定性要小得多，因而控制策略也就简单。

在青霉素发酵过程产生式专家控制系统中，采用如下的控制策略。

① 数据驱动的正向推理。

② 规则优先级排序解决冲突消解。

③ 在每一步求解中，一条规则至多执行一次。

根据以上控制策略，系统每一步求解过程可以用图10-9所示流程表示。

由图10-9可知，青霉素发酵过程专家控制系统的推理过程主要包括匹配（Match)、选择(Select)、执行（Excute）3个步骤。函数Match（RB，DB）表示用数据库DB中的数据匹配规则库RB中的各规则的前件，匹配的诸规则产生一冲突集RS。函数Select（RS，CONTROL）根据一定的控制策略CONTROL由RS中选出一个规则R。控制策略CONTROL，即本系统规定的规则优先级排序解决冲突消解的控制策略和每步求解中一个规则至多执行一次的规定。函数Excute（R，DB）执行所选出的规则R，其结果修改数据库DB。这样反复匹配执行直至结束。

(4) 人机接口　系统的人机接口主要有两部分功能，一部分是为了支持系统的修改和扩展。如规则库的修改和扩充，静态数据的修改和增删等，另一部分是运行用户接口，支持在线运行中人机交互对话，在线输入化验室测定分析的数据，在线修改数据库的某些静态数据，在线对补料规则中的人工修正量进行修改，在线显示推理结果，在线显示发酵过程的各种工艺参数等。

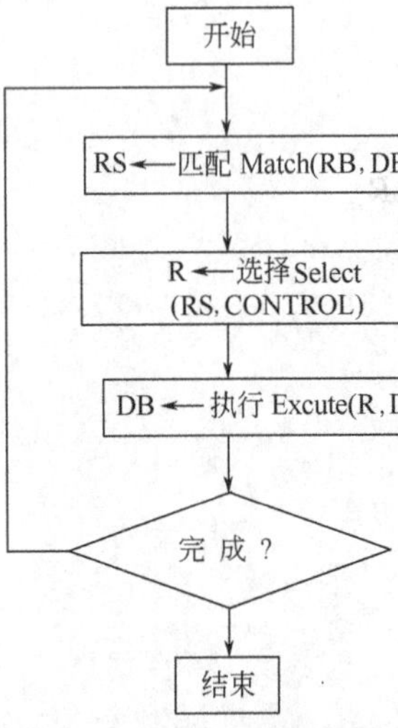

图10-9　专家控制系统的推理过程

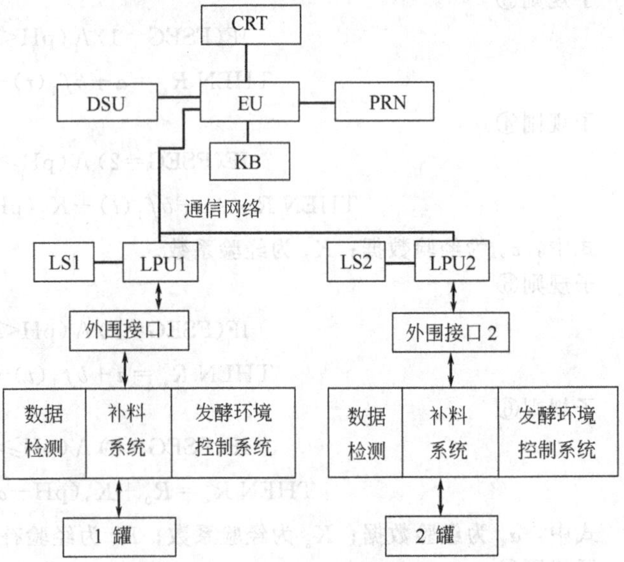

图10-10　控制系统结构框图

3. 青霉素发酵过程专家控制系统的硬件结构

青霉素发酵过程专家控制系统的结构如图10-10所示。其计算机控制系统采用美国的MICROMAX工业过程监控中心，该系统为两级分布式系统，即监控级和控制级，分别由管理站

(MS) 和现场站 (FS) 组成。现场站的最大配置为 16 个站。根据两个发酵罐的具体情况，选用 2 个现场站，每个现场站由一台就地处理单元 (LPU) 和一台就地站 (LS) 组成。LPU 的功能是数据采集和回路控制，对模拟量、开关量以及脉冲量均能进行处理。LS 是一种局部人机接口，给操作人员在现场操作提供方便。在 MS 故障的情况下，LS 可以作为代用人机接口。管理站是由电子单元 (EU)、数据存储单元 (nSU)、打印机、彩色 CRT 及触摸式键盘组成。MS 的功能是对整个受控过程实现监控，包括过程状态的显示、打印、存储、报警以及实现对受控过程的优化算法。LPU 的组态也是在 MS 进行。1# 和 2# 两个发酵罐配备了 pH、DO、尾气 CO_2、通气流量、温度、压力等参数的传感器和变送器，这些检测量汇集到外围接口箱之后输入到 LPU，青霉素发酵过程是要不断地补加碳源和氧源以维持菌体代谢和青霉素的生产。该车间的补料系统是该厂自行设计并获得国家专利权的新型补料系统。计算和输出的补料信号也通过外围接口箱加到补料系统，外围接口箱是集散系统 I/O 信号和受控对象的外层接口。由图 10-10 可见，青霉素发酵过程集散控制系统是一种分级分布式结构，由监控级和控制级两级组成，控制级又分布 2 个现场站，每个现场站分别控制一个 100t 发酵罐。

三、系统运行情况

青霉素发酵过程专家控制系统已经在制药厂 2 个 100t 青霉素发酵罐运行，效果良好。它集中了工艺专家控制青霉素发酵生产的知识，具有较高智能水平。部分统计数字表明，专家控制系统控制的生产罐与同期其他罐相比，放罐效价、发酵指数、发酵总效价分别增长 3.6%、5%和 6.5%，取得了显著的经济效益，同时也有着相当好的社会效益。

参考文献

[1] 王树青，元英青编著．生化过程自动化技术．北京：化学工业出版社，1999.
[2] 周强民，赵保国．集散型计算机控制系统的特点．山西电力技术，1995，(2)：60-63.
[3] 王晓刚．集散控制系统的发展．贵州化工，2001，26 (3)：54-56.
[4] 何克忠，李伟．计算机控制系统．北京：清华大学出版社，1998.
[5] 须文波，徐玲，刘飞等．发酵过程的微机集散控制系统．无锡轻工大学学报，1995，14 (2)：149-156.
[6] 徐玲，潘丰，刘飞等．DCS 在柠檬酸发酵过程控制中的应用．工业仪表与自动化装置，2001，(2)：29-31.
[7] 王常力，罗安主编．集散型控制系统选型与应用．北京：清华大学出版社，1996.
[8] 张曾科，朱善君，吉吟东等．青霉素发酵过程专家控制系统．化工自动化与仪表，1994，21 (6)：7-11.
[9] 王树青．生化反应过程模型化及计算机控制．杭州：浙江大学出版社，1998.
[10] Hampel W A. Application of Microcomputers in the Study of Microbial Processes. Advances in Biochemical Engineering/Biotechnology，1979：13.
[11] 王树青主编．生化过程模型与控制//中国微生物学会第二届生物技术模型与控制科学报告会论文集．杭州：浙江大学出版社，1990.
[12] 蔡自兴．智能控制．北京：电子工业出版社，1990.
[13] 刘裔安．人工智能在化学工程中的应用．北京：中国石化出版社，1995.
[14] 刘有才，刘增良．模糊专家系统原理与设计．北京：北京航空航天大学出版社，1995.